TEGAOYA DUODUAN HUNHE ROUXING ZHILIU
SHUJU CHULI JISHU

特高压多端混合柔性直流
数据处理技术

中国南方电网有限责任公司超高压输电公司广州局　组编

内 容 提 要

本书以昆柳龙直流工程为对象，针对特高压多端混合直流系统数据处理技术相关内容进行研究分析。本书共9章，主要内容包括昆柳龙直流工程基本情况介绍、一次测量设备结构及工作原理、二次测量系统结构及原理、直流工程测量值滤波器的原理与设计方法、直流控制系统数据处理方法、直流保护系统数据处理方法、柔性直流换流阀控制保护系统数据处理方法、柔性换流阀冷却系统数据处理方法、昆柳龙直流工程数据处理故障典型案例分析。

本书可供从事特高压直流输电工程设计、建设、运维、检修、培训等方面相关工作的专业技术人员使用，也可作为科研院所、高等院校相关专业及制造厂商的参考用书。

图书在版编目（CIP）数据

特高压多端混合柔性直流数据处理技术/中国南方电网有限责任公司超高压输电公司广州局组编. —北京：中国电力出版社，2023.3

ISBN 978-7-5198-6248-0

Ⅰ.①特… Ⅱ.①中… Ⅲ.①特高压输电—直流输电—研究 Ⅳ.①TM723

中国版本图书馆CIP数据核字（2022）第233042号

出版发行：中国电力出版社
地　　址：北京市东城区北京站西街19号（邮政编码100005）
网　　址：http://www.cepp.sgcc.com.cn
责任编辑：牛梦洁（010-63412528）　代　旭　贾丹丹
责任校对：黄　蓓　王海南
装帧设计：郝晓燕
责任印制：吴　迪

印　　刷：望都天宇星书刊印刷有限公司
版　　次：2023年3月第一版
印　　次：2023年3月北京第一次印刷
开　　本：787毫米×1092毫米　16开本
印　　张：25.25
字　　数：534千字
定　　价：98.00元

编 委 会

主　编　周登波　徐攀腾

副主编　宋述波　朱　博　袁　海　赵　明

参　编　顾硕铭　叶　鑫　周　勇　柳林海
李金安　王和雷　梁子鹏　陆启凡
李　倩　焦　石　陈海永　焦　华
邓健俊　严海健　张健成　郭云汉
王瑛龙　廖晨江　刘子鹏　胡覃毅
郑锐举　殷耀宗　裴昌文　杨学广
李建勋　谷　裕　郑星星　张　赛
李冬冬　赵成斌　李舒维　陈　凯
曾　鸿　刘志刚　莫熙喆　潘哈雨

前　言

乌东德电站送电广东广西特高压多端直流示范工程（简称昆柳龙直流工程）是国家《能源发展“十三五”规划》及《电力发展“十三五”规划》的跨省区输电重点工程，是落实国家西电东送战略的重大工程，是我国特高压多端直流输电示范工程，主要将世界第七大水电站——乌东德电站等云南水电送往粤港澳大湾区和广西负荷中心，对促进云南清洁能源消纳、保障粤港澳大湾区建设的电力供应具有重大意义。该工程于 2018 年 3 月取得国家核准，同年 12 月开工建设，历时 33 个月，于 2020 年 12 月 27 日全面投产。全体建设者用汗水、勇气、智慧和不懈的坚持锻造出了“胸怀大局、迎难而上、自立自强、勇攀高峰”的昆柳龙精神品质，践行和弘扬了“追求卓越、铸就经典”的国优精神。该工程的顺利投产，创造了“十九项世界第一”，进一步扩大了我国在特高压领域的领先优势，引领全球直流输电进入特高压柔性直流时代，有力地助推了新型电力系统建设！本工程每年输送电量可达 330 亿 kWh，相当于每年减少煤炭消耗 950 万 t、减少二氧化碳 2500 万 t，有力地助推了“双碳”目标的实现。

昆柳龙直流工程是西电东送工程高压直流输电技术创新的主战场，关键设备均属世界首次应用，主要装备了特高压柔直换流阀成套装置、特高压柔直变压器、特高压桥臂电抗器、800kV 纯光学式高速电流测量装置、特高压柔直启动电阻、特高压多端混合直流稳控装置、特高压多端混合直流控制保护系统等“首台套”设备。其中，测量装置主要包括电磁式、电子式和纯光式三种类型，其测量值是控制保护系统执行相应功能的基础。因此，本书对昆柳龙直流工程中的数据处理技术相关内容进行了研究分析。

本书为中国南方电网有限责任公司超高压输电公司“特高压常规及柔性换流站高压直流断路器控制保护策略异同点分析及其优化方案研究”科技项目：特高压多端混合柔性直流数据处理技术研究的电力科技著作。本书共 9 章，主要包括昆柳龙直流工程基本情况介绍、一次测量设备结构及工作原理、二次测量系统结构及原理、直流工程测量值滤波器的原理与设计方法、直流控制系统数据处理方法、直流保护系统数据处理方法、柔性直流换流阀控制保护系统数据处理方法、柔性换流阀冷却系统数据处理方法和昆柳龙直流工程数据处理故障典型案例分析。

本书的撰写得到了中国南方电网超高压输电公司广州局、华南理工大学项目组成员的大力支持，在此表示感谢。

由于时间仓促以及编者的水平有限，书中难免存在一些疏漏和不足之处，恳请广大读者不吝赐教、批评指正。

编者

2023 年 1 月

目 录

第1章　昆柳龙直流工程基本情况介绍

1.1　昆柳龙直流工程概述

乌东德电站送电广东广西特高压多端直流示范工程（简称“昆柳龙直流工程”）作为南方电网的头号工程，是国家《能源发展“十三五”规划》及《电力发展“十三五”规划》明确的南方区域跨省区输电重点工程，是落实国家西电东送战略的重大工程，是国家特高压多端直流的示范工程，也是电力行业重大科技示范项目。对于推动绿色发展、创新发展、区域协调发展具有里程碑式的意义。

乌东德电站送电广东广西特高压多端直流示范工程额定电压等级为±800kV，额定功率8000MW，主要依托乌东德电站，工程起点为云南省昆北换流站（8000MW），途经云南、贵州、广西、广东四省区，落点为广西壮族自治区柳州换流站（3000MW）及广东省惠州市龙门换流站（5000MW，如图1-1所示）。工程送电距离约1452km，其中昆柳段线路全长905km，柳龙段线路全长547km。工程建成后可直接将云南清洁水电输送到广东、广西的负荷中心，以满足“十四五”及后续南方区域经济协调发展和粤港澳大湾区经济发展用电需求，有效促进节能减排和大气污染防治，为打赢碧水蓝天保卫战做出积极贡献。

图1-1　龙门换流站全景图

昆柳龙直流工程实现了多项电网技术的创新，并创造了多达19项世界第一：

（1）世界上第一个±800kV特高压柔性直流输电工程；

（2）世界上容量最大的柔性直流输电工程（800万kW）；

（3）世界上容量最大的多端直流输电工程（换流容量1600万kW）；

（4）世界上单站容量最大的柔性直流输电工程（500万kW），具备世界上最大的电网黑启动能力；

（5）世界上输电距离最长的柔性直流输电工程（1452km）；

（6）世界上第一个采用柔性直流换流站与常规直流换流站混合运行模式的多端直流输电工程；

（7）世界上第一个采用全桥＋半桥混合拓扑结构的柔性直流工程（全桥比例70%，半桥比例30%）；

（8）世界上第一个高端换流器、低端换流器串联的特高压柔性直流输电工程，并首次实现特高压混合直流系统单换流器、单站在线投退；

（9）世界上第一个具备架空线路直流故障自清除能力的柔性直流输电工程；

（10）世界上第一个具有自适应谐振抑制功能的柔性直流输电工程；

（11）世界上首次实现柔直换流阀单一功率模块所有严重故障下均能自动安全隔离并长期可靠运行，模块抗浪涌电流能力达1000kA级；

（12）世界上第一套800kV特高压柔直换流阀，单极功率模块数量最多（2592个），数据处理量最大［现场可编程门阵列（field programmable gate array，FPGA）芯片实时处理电气量达数百万个］；

（13）世界上第一套特高压混合多端直流输电控制保护系统，实现了常规直流送端和2个柔性直流受端的协调控制；

（14）世界上第一台800kV柔性直流连接变压器；

（15）世界上第一台800kV桥臂电抗器；

（16）世界上第一支800kV柔性直流穿墙套管；

（17）世界上首次应用800kV纯光学式高速电流测量装置（采样频率100kHz）；

（18）世界上首次实现受端交流故障时，多端混合直流的无闭锁全穿越；

（19）世界上跨度最大的柔性直流换流阀阀厅（长89m×宽86.5m×高43.75m）。

昆柳龙直流工程的建成投产标志着特高压直流输电工程全面进入柔性直流时代。2020年7月31日，乌东德电站送电广东广西特高压多端直流示范工程提前实现云南至广东柔性直流双极低端的阶段性投产，并于2020年12月27日实现工程全面投产。

1.2　昆柳龙直流工程系统拓扑结构

送端昆北换流站为常规直流（LCC）换流站，采用双极四换流器、双 12 脉动结构，换流变压器采用 Yy 和 Yd 两种接线方式，网侧中性点接地。受端的广西柳州、广东龙门换流站为柔性直流（VSC）换流站，采用双极四换流器结构，换流变压器采用 Yy 接线方式，网侧中性点接地。三个换流站的主接线和测点分布如附图 1～附图 3 所示。

1.3　昆柳龙直流工程测量系统

1.3.1　昆柳龙直流工程测量系统设备配置情况

昆北、柳州和龙门三个换流站均采用 PCS - 9250 系列型号的直流电流、电压测量装置，其中：

（1）直流电流测量方面：

1）三个换流站均采用 PCS - 9250 - EACD 型直流电子式电流互感器进行直流线路、高低端换流器旁路开关回路和联络母线回路、中性母线与高速开关回路、大地回线开关回路、接地极线路直流电流的测量。

2）采用 PCS - 9250 - EAC 型滤波器电子式电流互感器进行直流滤波器高压侧、低压侧及不平衡支路电流的测量。

3）三个换流站均采用 PCS - 9250 - ENC 型霍尔传感器装置测量换流变压器中性点直流偏磁电流。

4）柔直换流站采用纯光学式电流互感器测量柔性换流阀桥臂电流和启动电阻回路电流，型号分别为 PCS - 9250 - OACD、PCS - 9250 - OACD - 525 - 165；另外，接地极线路采用零磁通电流测量装置。

（2）直流电压测量方面，采用型号为 PCS - 9250 - EAVD 系列的电子式电压互感器：

1）800kV 等级采用 PCS - 9250 - EAVD - 800 型电压互感器，测量直流线路、极高压母线、高端柔直变压器阀侧进线电压；

2）400kV 等级采用 PCS - 9250 - EAVD - 400 型电压互感器，测量联络母线电压、高低端换流器直流场 400kV 侧电压、低端柔直变压器阀侧进线电压；

3）PCS - 9250 - EAVD - 120 与 PCS - 9250 - EAVD - 75 型电压互感器，测量低端换流器直流侧低压母线电压、中性母线平波电抗器靠接地极线路侧电压；

4）PCS - 9250 - EAVD - 525 型电压互感器用于柔直变压器网侧进线电压的测量。

依据测点所在的区域，测量系统又可以大致分为：

（1）极及双极区测量系统：包括直流线路、极高压母线、极中性母线、联络母线、接地极线路、站内接地网、直流滤波器区域的直流电压和电流测点及其对应的二次设备；

（2）换流器测量系统：包括阀侧交流连接线、桥臂、旁路区域、启动电阻、换流变压器中性点等区域内的测点及其对应的二次设备；

（3）换流变压器测量系统：包括换流变压器交流馈线电压、换流变压器网侧和阀侧套管内等区域的电压和电流测点及其对应的二次设备。

1.3.2 测量系统与控制保护系统关系

三套测量系统对应送三套直流保护＋两套控制系统。以换流变压器测量为例，如图1-2所示，三套换流变压器测量接口柜（CMI）分别标记为CMI11A、CMI11B、CMI11C，分别送至三套换流器保护系统（CPR），分别标记为CPR11A、CPR11B、CPR11C，同时A、B套测量分别送换流器控制系统（CCP），分别标记为CCP11A、CCP11B，此处，还有两套换流变压器信号接口屏（CSI）分别标记为CSI11A、CSI1B。

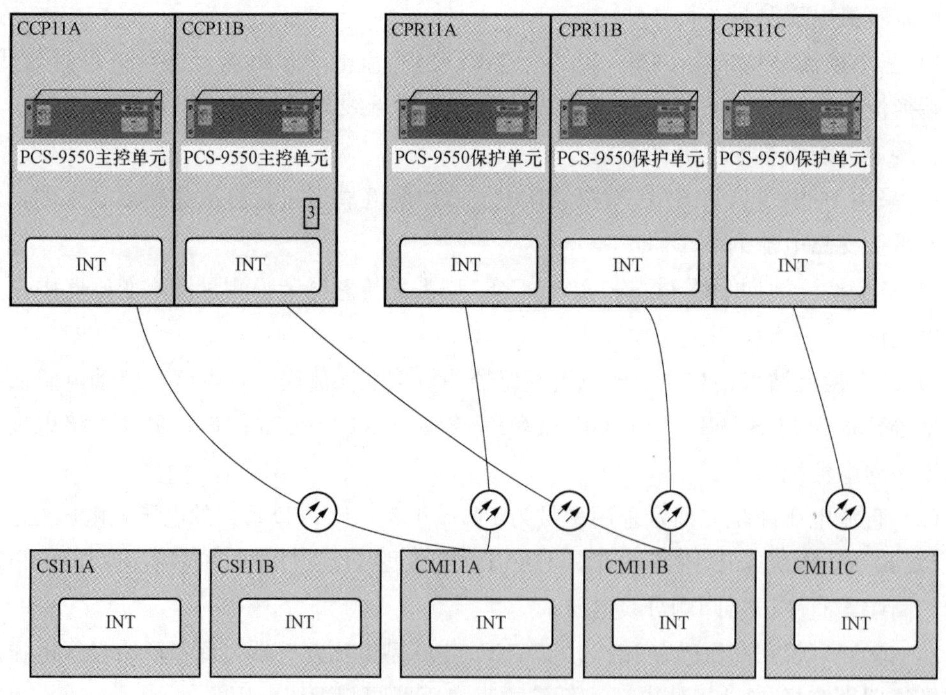

图1-2 换流变压器测量与控制保护系统连接结构

每个换流器配置2套换流阀控制系统，每套换流阀控制系统配置3个保护板，即保护板1、保护板2、保护板3，分别从三套换流器测量系统获取6个桥臂的电流值，如图1-3所示。

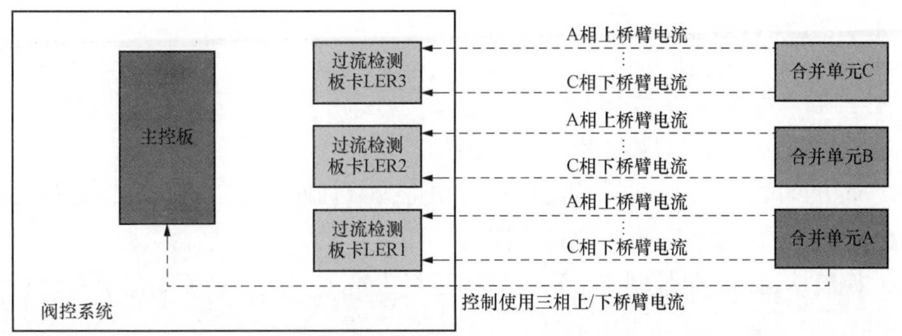

图 1-3　换流阀控制系统与测量系统联系图

极区部分测点、双极区测点同时送双极控制保护系统使用。如图 1-4 所示，极 1 测量量分别送极 1 和极 2 测量接口柜，供不同控制保护使用。双极区测点，双极测量系统完全解耦，当其中一个极的二次测量系统检修时，并不影响另一个极的正常运行。

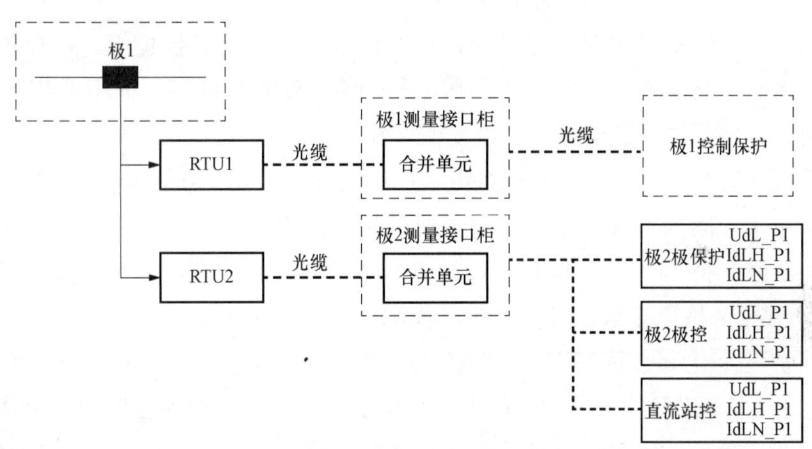

图 1-4　极间二次测量回路

1.4　昆柳龙直流工程控制保护配置情况

1.4.1　概况

昆柳龙直流工程直流控制保护系统基于新一代业界领先的 PCS-9540 直流控制保护平台开发，采用嵌入式软硬件技术，使用分散、分布式结构，采用面向对象的方法对应用进行更为合理的功能划分，使系统结构清晰、功能强大、运行更稳定可靠。PCS-9540 直流控制保护平台以保证系统稳定、可靠、可用、易用、高效为设计原则，满足直流系统目前及未来发展的需求。

1.4.2 总体结构

1.4.2.1 总体分层结构

换流站控制保护系统总体分层结构为：

(1) 远方调度控制层，远方调度中心经由电力数据网或专线通道，经过站内的远动工作站对换流站的设备实施远方监视与控制。

(2) 换流站运行人员控制层，通过站内运行人员工作站对换流站的所有设备实施监视与控制。

(3) 换流站控制层设备：含双重化配置的交、直流站控、极控、换流器控制及换流单元控制、站用电源及辅助系统控制设备。

(4) 就地测控单元（I/O 单元）层，执行其他控制层的指令，完成对应设备的操作控制。

1.4.2.2 冗余配置和可靠性

换流站控制系统都采用双重化设计，主要包括 I/O 单元、极控柜、站控柜、站用电接口及辅助系统、现场控制 LAN 网、站 LAN 网、系统服务器。屏柜或机箱直流电源上、下电时，控制保护系统确保不会误发信号和误出口。

控制系统的冗余设计可确保直流系统不会因为任一控制系统的单重故障（$N-1$）而发生停运，也不会因为单重故障而失去对换流站的监视。其中，当双套直流站控均失去时，直流可继续维持运行 2h，换流站人员应尽快排除故障使直流站控恢复正常状态，如 2h 后直流站控仍未恢复正常，极控将执行快速停运（FASOF）。

直流保护三重化冗余配置，分为 A、B、C 三面屏，在 A 和 B 屏内分别配置 1 台“三取二”装置。直流保护采用“三取二”出口逻辑，允许任意一套保护退出运行而不影响直流系统功率输送。每套保护遵循采用不同测量器件、通道、电源、出口的配置原则。当某个测点测量量故障时，仅退出该测点相关的保护功能。保护监测到装置本身故障时则闭锁全部保护功能。

对于双极共用的测点，极 1 和极 2 的控制保护具备完全独立的测量通道，可以实现双极测量系统的完全解耦，当其中一个极的测量系统检修时，并不影响另一个极的正常运行。

1.4.3 直流控制系统的分层与配置

1.4.3.1 控制系统分层

昆柳龙直流控制保护方案满足对直流控制系统的分层结构的定义，功能上可分为：站控层、极控制层、双极控制层、换流器控制层和换流阀控制层。

物理上，控制功能尽可能配置到较低的控制层次。与双极功能有关的装置尽可能地分设到极控制层和换流器控制层，使得与双极功能有关的装置减至最少。当发生任何单

重电路故障时，不会使两个极都受到扰动。

各个控制层次的功能如下：

（1）站控层。直流输电控制系统中级别最高的控制层次。昆柳龙直流工程中除交流站控外，设立独立的直流站控。直流站控的主要功能包括：

1）全站无功控制。

2）极层或双极层的直流顺序控制、联锁等。

3）其他功能。

（2）极控制层。直流输电系统一个极的控制层次。极控制级的主要功能有：

1）经计算向换流器控制级提供电流整定值，控制直流输电系统的电流。主控制站的电流整定值由功率控制单元给定或人工设置，并通过通信设备传送到从控制站。

2）直流输电功率控制。

3）极启动和停运控制。

4）故障处理控制。

5）各换流站同一极之间的通信，包括电流整定值和其他连续控制信息的传输、交直流设备运行状态信息和测量值的传输等。

（3）双极控制层。双极直流输电系统中同时控制两个极的控制层次，与双极控制有关的功能都分设到了极控制层实现。主要功能有：

1）多端协调控制。

2）设定双极的功率定值。

3）两极电流平衡控制。

4）极间功率转移控制。

5）换流站后备无功控制。

（4）换流器控制层。换流器单元的控制层，实现：

1）LCC 换流器：换流器触发角控制、闭环电流控制、电压调节器控制、点火控制、换流器顺序控制、换流变压器分接头控制、保护性监视功能。

2）VSC 换流器：换流器内外环控制、换流器顺序控制、换流变压器分接头控制、保护性监视功能。

（5）换流阀控制层。针对换流器设置的等级最低的控制层次，由阀控制保护屏、脉冲分配屏、状态监视及专家系统等组成，实现换流阀设备的保护、环流抑制和注入、功率模块触发和闭锁、旁路开关触发、功率模块状态监视等功能。

1.4.3.2　控制系统功能配置

极控系统是整个换流站控制系统的核心，其控制性能直接影响到系统的响应特性及功率/电流稳定性。据 1.4.3.1 所述，昆柳龙直流的控制系统在硬件设备配置上设置了四层，即站控层、极控制层、换流器控制层和换流阀控制层，具体如图 1-5 所示。

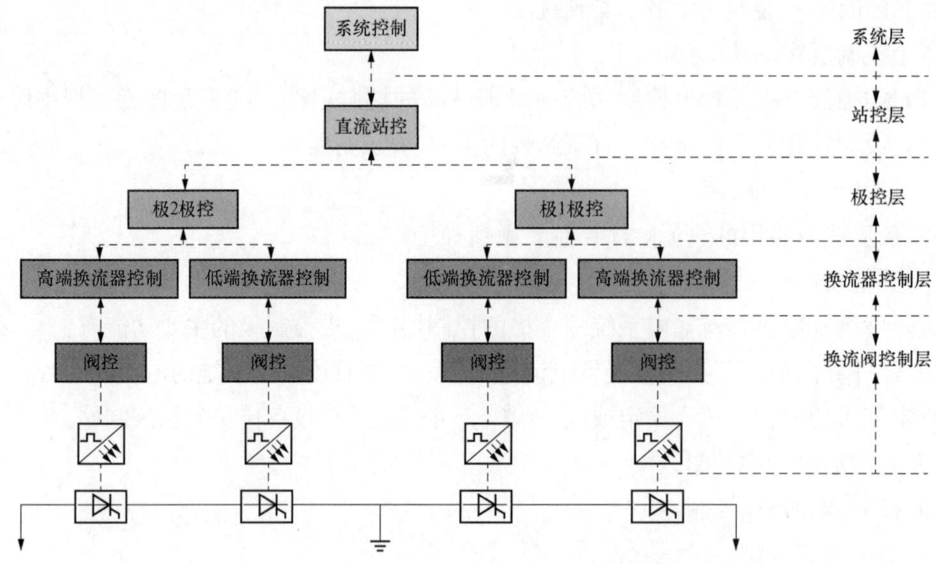

图 1-5　特高压混合直流工程控制系统物理分层示意图

（1）LCC 站站控主机功能。LCC 站控层的设备除了交流站控 ACC、交流滤波器控制 AFC、站用电控制 SPC 等，还有直流站控 DCC。

直流站控负责站一层的直流系统的控制，功能配置如下：

1）无功控制 RPC；

2）极/双极直流顺序控制 SSQ；

3）模式顺序控制 MSQ；

4）站间通信 TCOM；

5）其他功能。

（2）LCC 站极控主机功能。极控系统 PCP 实现极和双极一层的所有控制功能。

为提高系统可靠性，极控主机中还设置了后备无功控制，功能配置如下：

1）多端协调控制 SCC；

2）极功率控制/电流控制 PPC；

3）过负荷限制 OLL；

4）直流功率调制 MODS；

5）模式顺序控制 MSQ；

6）换流变压器分接头同步控制 TCC；

7）电压角度参考值计算 VARC；

8）空载加压试验控制 OLT；

9）后备无功控制 RPC；

10）站间、极间通信 TCOM。

（3）LCC 站换流器控制主机功能。LCC 站高低端换流器控制主机功能相同，分别用于高低端换流器触发控制、换流变压器分接头控制及旁路开关等设备的控制。主要分别包括以下功能模块：

1）换流器触发控制 CFC；

2）控制脉冲发生 CPG；

3）开关顺序控制 SSQ；

4）模式顺序控制 MSQ；

5）准备顺序控制 RSQ；

6）换流变压器分接头控制 TCC。

运行人员设定功率定值和各种直流功率调制后，功率定值经极功率控制/电流控制（PPC）单元计算得到电流定值，电流定值再送到换流器触发控制（CFC）单元计算得到相应的触发角，控制脉冲发生（CPG）单元产生触发脉冲送到换流阀控制系统（VCP），CFC 还确保触发脉冲在允许限制范围内。

（4）VSC 站控层设备。VSC 站控层的设备除了交流站控 ACC、站用电控制 SPC 等，还有直流站控 DCC。

直流站控负责站一层的直流系统的控制，由于柔直 VSC 站不配置交流滤波器，因此 VSC 站无功控制功能不配置在 DCC 中，DCC 功能配置如下：

1）极/双极直流顺序控制 SSQ；

2）模式顺序控制 MSQ；

3）站间通信 TCOM；

4）其他功能。

（5）VSC 站极控层设备。极控系统 PCP 实现极和双极一层的所有控制功能。功能配置如下：

1）多端协调控制 SCC；

2）极功率控制/电流控制 PPC；

3）无功控制 RPC；

4）过负荷限制 OLL；

5）直流功率调制 MODS；

6）模式顺序控制 MSQ；

7）换流变压器分接头同步控制 TCC；

8）电压电流参考值计算 VCRC；

9）空载加压试验控制 OLT；

10）站间、极间通信 TCOM。

（6）VSC 站换流器控制主机功能。VSC 站高低端换流器控制主机功能相同，分别用于高低端换流器调制波生成、换流变压器分接头控制及旁路开关的控制。主要分别包括以下功能模块：

1）内环电流控制 ICTL；

2）外环电压/功率控制 OCTL；

3）开关顺序控制 SSQ；

4）模式顺序控制 MSQ；

5）准备顺序控制 RSQ；

6）换流变压器分接头控制 TCC；

7）高低换流器平衡控制。

1.4.3.3 控制系统的冗余配置及切换逻辑

1. 控制系统冗余配置的设计思路和原则

直流控制系统采用了完全双重化的冗余配置。冗余配置的范围从测量二次线圈开始包括完整的测量回路、信号输入/输出回路、通信回路、服务器和所有相关的直流控制装置等。控制系统的冗余设计可确保直流系统不会因为任一控制系统的单重故障（$N-1$）而发生停运，也不会因为单重故障而失去对换流站的监视。

控制主机设计有“试验”“服务”“备用”和“运行”四种状态。其中“试验”为主机上电后的初始状态，表示主机退出使用；“服务”为主机使用状态；“备用”为主机处于热备用状态；“运行”为主机处于值班主用状态。当主机处于“运行”或“备用”状态时，也一定处于“服务”状态。

为满足高可靠性的要求，直流站控系统（DCC）、极控系统（PCP）和换流器控制系统（CCP）均采用冗余配置，冗余系统切换的设计思路为：一个系统处于“运行”状态，一个系统处于“备用”状态，只有“运行”系统发出的命令是有效的。为了防止切换时定值不一致或设备状态突变，主备控制系统之间采用状态跟随策略，处于“备用”的系统时刻跟随“运行”系统的状态。两个系统之间可以由运行人员进行手动系统切换或在故障状态下自动进行系统切换，处于“备用”状态的系统才能切换至“运行”系统。只有处于“运行”状态的控制系统之间才进行有效通信，以保证在任何一套控制系统发生故障时不会对另一个控制层次（极控制层或换流器控制层）上或另一个换流器未发生故障的两套控制系统的功能造成任何限制或不可用。

2. 控制系统的冗余切换逻辑

基于上述冗余切换的设计思路和原则，控制系统按故障的严重程度从低到高设置了四种故障等级：

（1）正常：无故障或仅需监视报事件的故障；

（2）轻微故障：不会对正常功率输送产生危害、不影响装置重要功能的故障；

（3）严重故障：影响装置重要功能、但仍能继续维持直流系统运行的故障；

（4）紧急故障：无法继续维持直流系统运行的故障。

以 PCP 和 CCP 主机为例，各故障的处理逻辑如图 1-6 所示。

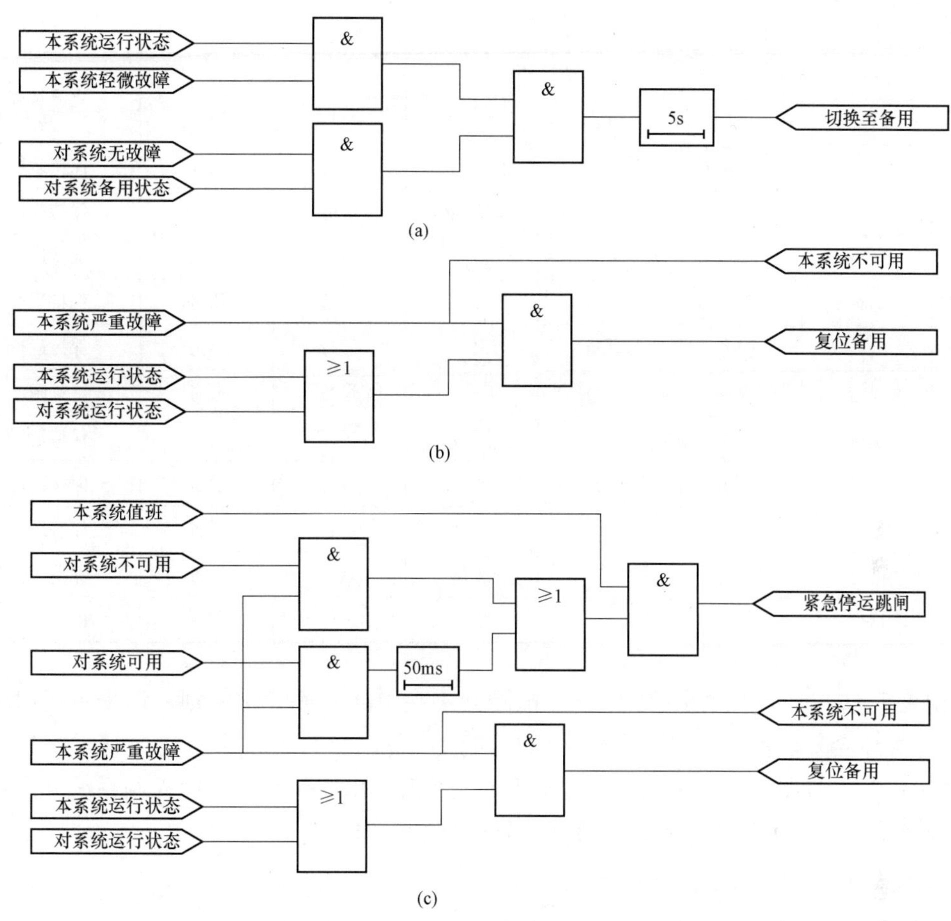

图 1-6　各故障的处理逻辑示意图

(a) 轻微故障；(b) 严重故障；(c) 紧急故障

当本系统为“备用”系统，且本系统可用、对系统不可用时，本系统会自动升至“运行”状态，然后对系统再退出“运行”状态。

DCC 主机的故障逻辑与上述逻辑类似，但屏蔽紧急停运跳闸出口功能。

结合主机的四种状态，以 PCP 和 CCP 为例，冗余切换逻辑真值表见表 1-1。

表 1-1　　冗余切换逻辑真值表

序号	原状态		故障等级		新状态		直流状态
	主机 A	主机 B	主机 A	主机 B	主机 A	主机 B	
1	运行	备用	轻微	保持正常	备用	运行	保持运行
2	运行	备用	严重		服务	运行	保持运行
3	运行	备用	紧急		服务	运行	保持运行

续表

序号	原状态		故障等级		新状态		直流状态
	主机 A	主机 B	主机 A	主机 B	主机 A	主机 B	
4	运行	备用	轻微	保持轻微	运行	备用	保持运行
5	运行	备用	严重		服务	运行	保持运行
6	运行	备用	紧急		服务	运行	保持运行
7	运行	服务	轻微	保持严重/紧急	运行	服务	保持运行
8	运行	服务	严重		运行	服务	保持运行
9	运行	服务	紧急		运行	服务	跳闸
10	运行	备用	保持正常	轻微	运行	备用	保持运行
11	运行	备用		严重	运行	服务	保持运行
12	运行	备用		紧急	运行	服务	保持运行
13	运行	备用	保持轻微	严重	运行	服务	保持运行
14	运行	备用		紧急	运行	服务	保持运行

由表 1-1 可知，冗余系统的 $N-1$ 故障并不会引起直流异常闭锁。但是主机出现严重/紧急故障会复位备用，即该主机无法再进入“备用”状态，从而使控制系统失去冗余；“运行”主机在无冗余系统可用时出现紧急故障会出口跳闸。因此控制系统冗余切换的主要风险集中在主机严重和紧急故障信号设计的合理性上。

1.4.3.4 控制模式的选择

1. 主控站

处于主控站控制模式的换流站所发出的控制命令是针对整个直流输电系统，即除了本站执行的命令外，主控站发出的控制命令还会自动在各站间协调执行。

与主控站对应的是从控站，跟随主控站的操作进行相应变化的换流站称为从控站。从控站所发出的控制命令只针对本站。

主控/从控模式是针对一个换流站双极系统的模式状态，而非单极的状态。主控站为协调各站进行相关操作的换流站，其可以在各站之间进行切换。

昆柳龙直流工程在三端运行时采用一主两从的配置，任何一个站均可作为主站，并根据运行方式改变。若处于“3+2”或“2+2”运行，则一般选昆北站为主控站。

2. 控制极

控制极是双极层的概念。双极功率控制时，控制极负责整个双极的功率指令。两个极均可作为控制极，但系统自动选择状态较完好的极作为控制极。

1.4.4 直流保护系统的分层与配置

1.4.4.1 直流保护分层

特高压直流工程采用双换流器串联的接线方式，为消除各换流器之间的联系，避免

单换流器维护对运行换流器产生影响，需保证换流器层保护的独立性，即每个换流器采用单独的保护装置。昆柳龙直流每极包含昆柳段和柳龙段两段直流线路，因此将直流线路保护独立出来，形成了直流线路保护、极/双极保护、换流器保护等三个层级的保护。其中，极/双极保护、换流器保护层级如图 1-7 所示。

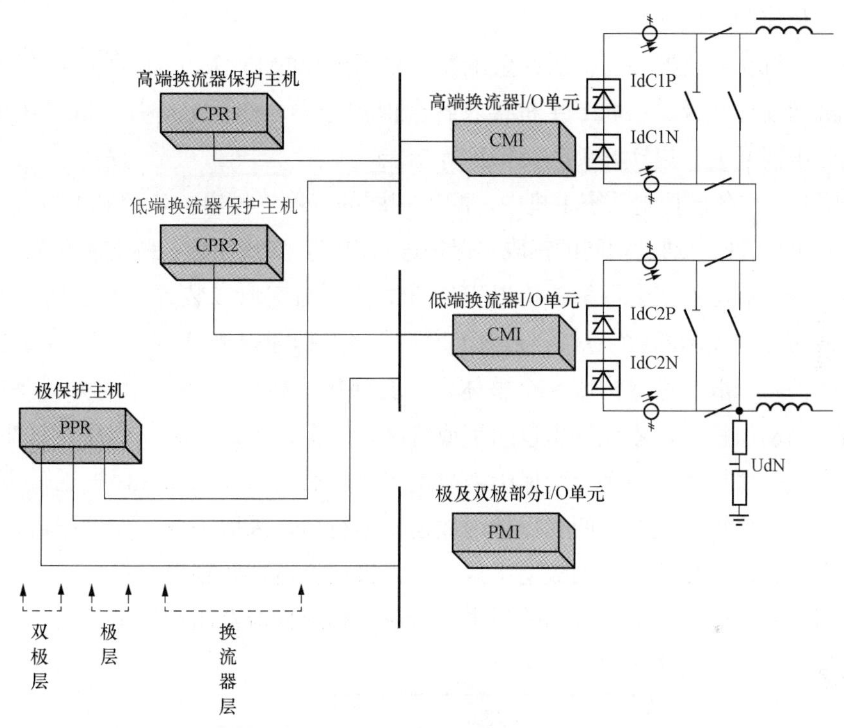

图 1-7　极/双极保护、换流器保护系统的分层（单套保护示意图）

其层次结构描述为：

每个层级的保护均配置 A、B、C 三套保护装置。

换流器是将直流转换成交流或将交流转换成直流的设备，一般由换流变和换流阀组成。一个极里面有两个换流器时，对地电压绝对值较低的称为低端换流器，对地电压绝对值较高的称为高端换流器。每个换流器有独立的三套保护主机，完成本换流器的所有保护功能，同时在 A 套和 B 套保护中各配置 1 台三取二保护装置。另由独立的极保护主机完成极、双极区域保护功能，同时在 A 套和 B 套保护中各配置 1 台三取二保护装置。直流线路保护单独配置主机，完成高压和低压直流线路区域的保护，不再配置三取二装置，而是通过极控软件中的三取二逻辑实现跳闸。

I/O 单元按换流器配置，当某一换流器退出运行，只需将对应的保护主机和 I/O 设备操作至试验状态，就可以针对该换流器做任何操作，而不会对系统运行产生任何影响。

双极保护设置在极层，无需独立设置。这遵循了高一层次的功能尽量下放到低一层次的设备中实现的原则，提高系统的可靠性，不会因双极保护设备故障时而同时影响两个极的运行。

1.4.4.2 保护三取二

1. 三取二实现方案

直流保护采用三重化配置，采取三取二逻辑判别，该三取二逻辑同时实现于独立的三取二主机和控制主机中。

三取二主机在换流器层、极层冗余配置，采用单独的 PCS - 9540 直流保护装置实现，与保护主机同硬件平台。三取二主机接收各套保护分类动作信息，其三取二逻辑出口实现跳换流变压器开关、启动开关失灵保护等功能。

与此同时，在各层控制系统主机中，配置相同的三取二逻辑。各控制主机同样接收各套保护分类动作信息，通过相同的三取二保护逻辑出口，实现闭锁、跳交流开关等功能。

极层、换流器层的三套保护，均以光纤方式分别与三取二装置和本层的控制主机进行通信，传输经过校验的数字量信号；而直流线路保护通过光纤直接与极控主机进行通信。三重保护与三取二逻辑构成一个整体，三套保护主机中有两套相同类型保护动作被判定为正确的动作行为，才允许出口闭锁或跳闸，以保证可靠性和安全性。此外：

（1）当三套保护系统中有一套保护因故退出运行后，采取二取一保护逻辑；

（2）当三套保护系统中有两套保护因故退出运行后，采取一取一保护逻辑；

（3）当三套保护系统全部因故退出运行后，极或换流器闭锁停运；

（4）当两套三取二主机全部因故退出运行后，极或换流器闭锁停运。

上述保护三取二功能如图 1 - 8 所示。

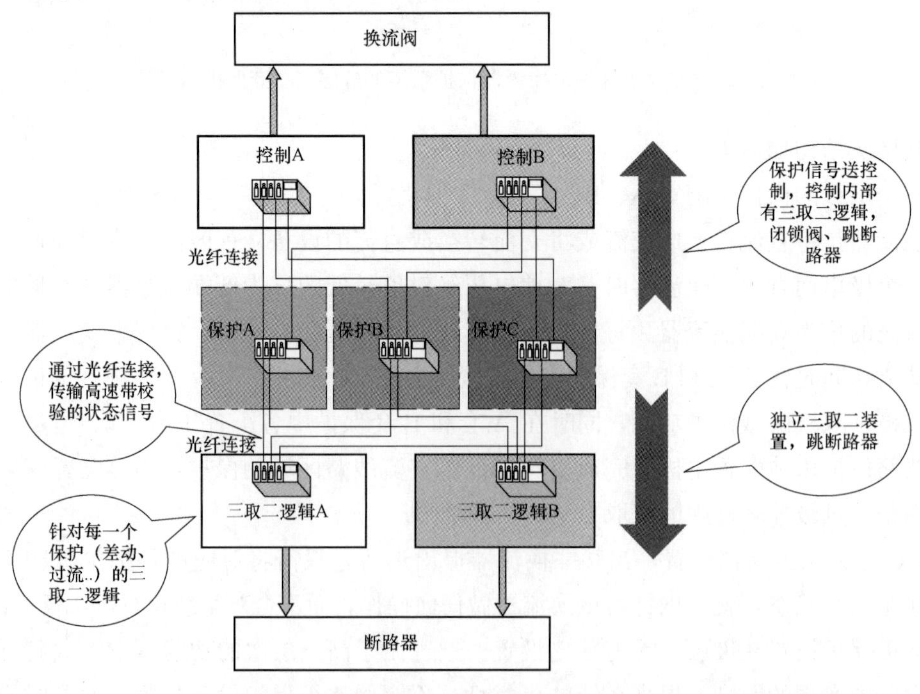

图 1 - 8　保护三取二

2. 三取二方案特点

该三取二方案具有如下特点：

（1）在独立的三取二主机和控制主机中分别实现三取二功能。极区的非电量接口装置单独组屏，1 面屏，内含三个非电量接口装置，三取二逻辑在极保护三取二主机和极控主机中实现。换流器区（包括换流变压器/柔直变压器及其他换流器区设备）的非电量接口装置单独组屏，3 面屏，三取二逻辑在换流器保护三取二和换流器控制主机中实现。

三取二装置出口实现跳换流变压器开关功能，控制主机三取二逻辑实现直流闭锁。

在保护动作后，如极端情况下冗余的三取二装置出口未能跳换流变压器开关，控制主机也将完成跳换流变压器开关工作。

在保护动作后，如极端情况下冗余的控制系统未能完成闭锁，在三取二装置出口跳开换流变压器开关后，由断路器的预跳指示信号去通知极控闭锁。

（2）保护主机与三取二主机、控制主机通过光纤连接，传输经校验的数字量信号，提高了信号传输的可靠性和抗干扰能力。

（3）三取二功能按保护分类实现，而非简单跳闸出口相“或”，提高了三取二逻辑的精确性和可靠性。

由于各保护装置送出至三取二主机和控制主机的均为数字量信号，三取二逻辑可以做到按保护类型实现，正常时只有两套及以上同一类型的保护动作时，三取二逻辑才会出口。由于根据具体的保护动作类型判别，而不是简单地取跳闸接点相“或”，大大提高了三取二逻辑的精确性和可靠性。

（4）三取二配置独立主机，其工作状态可以在运行人员工作站（OWS）上进行监视。

第 2 章　一次测量设备结构及工作原理

为了后续更好地讲解数据处理方法，本章着重介绍昆柳龙直流工程换流站测点分布、电流/电压互感器等一次测量设备的工作原理及其配置情况。

2.1　换流站测量装置配置图及其测点名称

昆柳龙直流工程换流站拓扑结构及测量装置配置简图如图 2-1 所示。

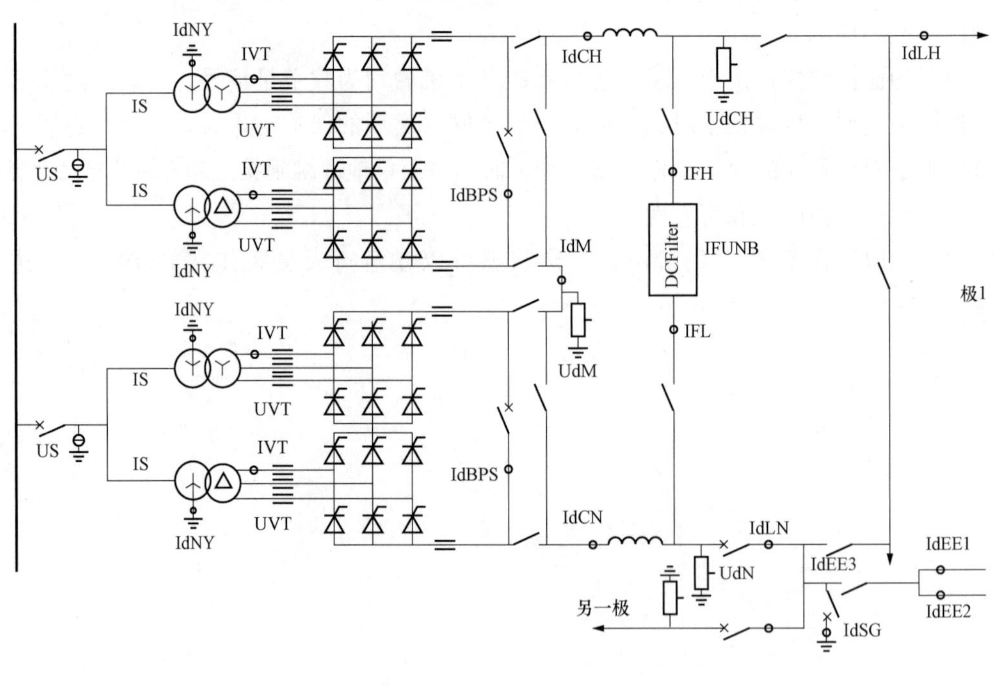

图 2-1　昆柳龙直流工程换流站拓扑结构及测量装置配置简图（一）

（a）昆北站测点（极 1）

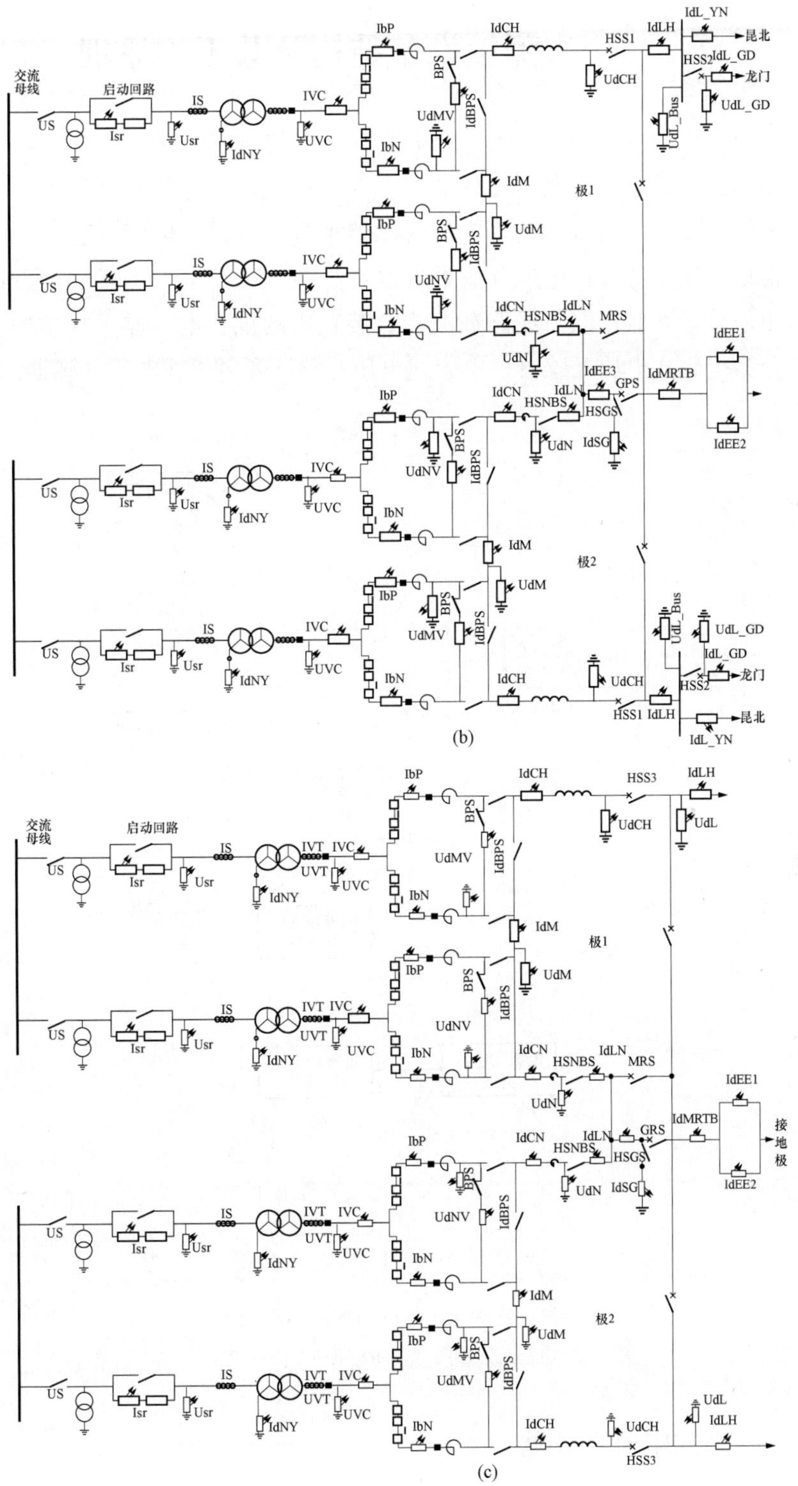

(b)

(c)

图 2-1　昆柳龙直流工程换流站拓扑结构及测量装置配置简图（二）

（b）柳州站测点；（c）龙门站测点

2.2　一次测量设备结构及其工作原理

昆柳龙直流工程的一次测量设备中的电流互感器与电压互感器的具体类型如图 2-2 所示。在特高压直流系统中，电流互感器串联在导线上，为电气测量仪器、仪表和控保装置提供电流信号，从结构型式上，电流互感器可分为电子式电流互感器、零磁通电流互感器以及常规电流互感器；电压互感器并联在导线上，为电气测量仪器、仪表和控保装置提供电压信号，并兼作电力线路载波耦合装置中的耦合电容器。从结构型式上，电压互感器可分为电磁式电压互感器、电容式电压互感器和电子式电压互感器。

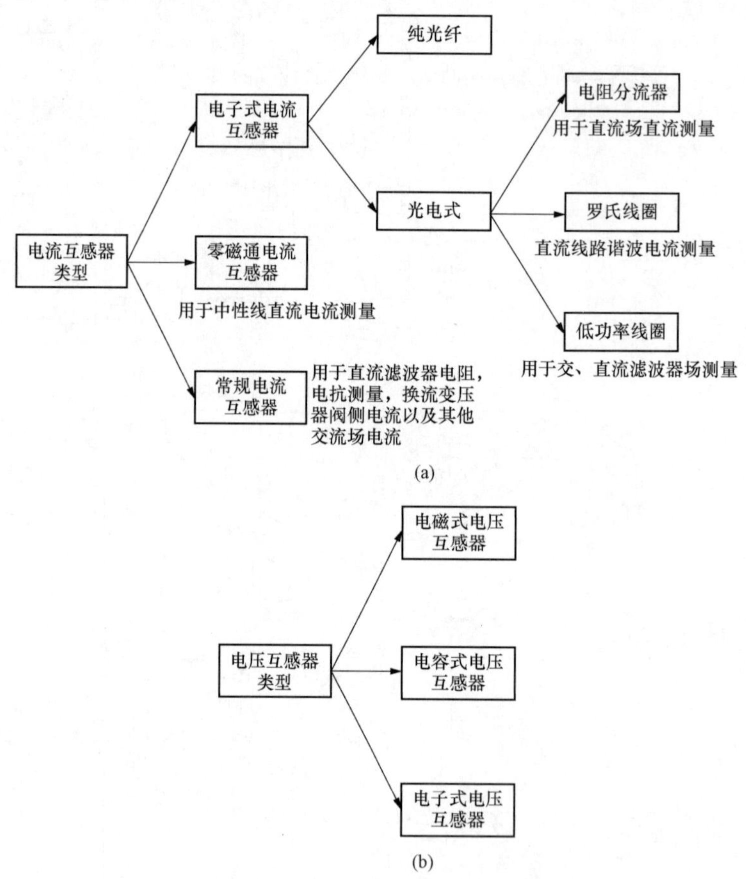

图 2-2　昆柳龙工程的一次测量设备类型

(a) 电流互感器类型；(b) 电压互感器类型

2.2.1　纯光式电流互感器

纯光式电流互感器（optical current transducer，OCT）采用全光纤结构，利用法拉第（Faraday）磁光效应和反射式萨格纳克（Sagnac）干涉原理实现对被测电流的感应和测量。采用光纤传送信号、采用复合绝缘子保证绝缘，具有悬式、支柱式、套管式等多种安装方式，可以满足不同现场的各种安装需求。产品安装方式灵活，绝缘简单可靠，并具有准确度高、响应快速、动态范围大、抗干扰能力强、安全性高、自监视功能完善、维护简便等特点。另外，纯光式电流互感器对小电流测量准确、精度高，有利于换流阀充电过程中小电流的控制。

纯光式电流互感器主要用于测量直流场、阀厅及极址接地极的直流电流和谐波电流，典型测点包括阀厅内桥臂、启动电阻电流等。昆柳龙直流工程中，柳州、龙门换流站配置了上下桥臂及启动电阻回路纯光式电流互感器电流测量装置，采样频率 100kHz，用于测量交直流混合叠加工况下的电流值，为换流器和换流阀控保系统提供电流信息。换流阀桥臂纯光式电流互感器实物图如图 2 - 3 所示。

图 2 - 3　换流阀桥臂纯光式电流互感器实物图

2.2.1.1　工作原理

在光的传播方向上，光矢量只沿一个固定的方向振动的光称为平面偏振光，由于光矢量端点的轨迹为一直线，又称为线偏振光。线偏振光通过处于磁场中的法拉第材料（如磁光玻璃或光纤）后，在与光传输方向平行的磁场的作用下，偏振光的偏振面将会发生旋转，偏转方向取决于介质性质和磁场，偏转角度与磁感应强度和光穿越介质长度的乘积成正比，这一现象称为法拉第磁滞旋光效应，是纯光式电流互感器感应导体电流的基本原理。当介质材料和大小确定时，偏转角度仅与磁感应强度成正比，而根据安培环路定理，导体周围磁感应强度和产生磁场的电流成正比关系，因此可以依据此关系由光的偏转角度计算得到相应电流的大小。法拉第磁滞旋光效应立体图示如图 2 - 4 所示。

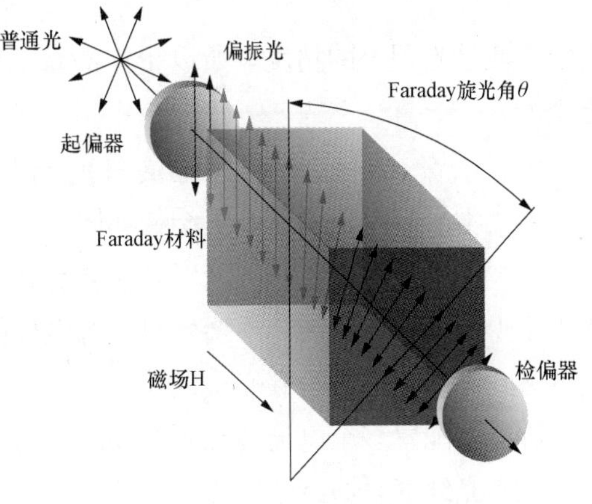

图 2 - 4　法拉第磁滞旋光效应立体图示

在纯光学式电流互感器中，光源发出的普通光经耦合器进入起偏器变为线偏振光，线偏振光经偏振分光器后转换为两束相互正交的线偏振光，两束相互正交的线偏振光沿传输光纤传输至光纤传感环，经 1/4 波片（使线偏振光变为圆偏振光，使互相垂直的两光振动间产生附加光程差）后两束相互正交的线偏振光分别转换为左旋圆偏振光和右旋圆偏振光。在一次导体中被测电流产生的磁场作用下，由于 Faraday 磁光效应，两束圆偏光产生了正比于被测电流的相位差。两束圆偏光经传感光纤环端部的反射镜处反射后沿传感光纤返回，返回的两圆偏光经波片后又变成两束相互正交的线偏振光，返回的两束线偏振光的相位差与电流有如下关系

$$\Delta\varphi_{\mathrm{F}}=\theta=\int_{l}VH\,\mathrm{d}l=VN\oint_{l}H\,\mathrm{d}l=VNN_{i}I$$

式中：θ 为 Faraday 旋光角；V 为韦尔代常数；H 为磁场强度；l 为光与磁场相互作用的距离；N_i 为传感环中载流导体的数量；I 为单个载流导体中的电流值。

相位差的测量基于 Sagnac 干涉原理。其原理是将同一光源发出的一束光分解为两束，让它们在同一个环路内沿相反方向循行一周后汇合，然后在屏幕上产生干涉，当在环路平面内有旋转角速度时，屏幕上的干涉条纹将会发生移动。返回的两束线偏光的相位差携带了被测电流信息，在起偏器处干涉后，相位差的变化转换为光强的变化，带有被测电流信息的光强信号经耦合器输出至光探测器，光探测器将光信号转换为电信号，通过解调电路即可从光探测器输出的电信号中解调出被测一次电流值。Sagnac 效应概述图如图 2-5 所示。

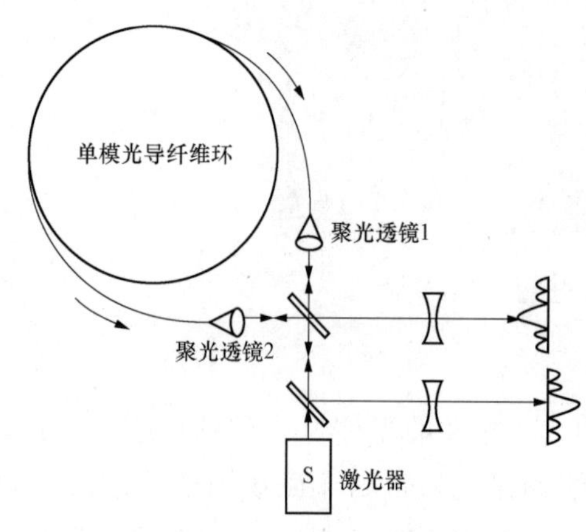

图 2-5　Sagnac 效应概述图

两束相干光波的光程差的任何变化会非常灵敏地导致其干涉后光功率的改变。测量精度决定于测量光程差的精度，所以干涉测量法的测量精度之高是任何其他测量方法所无法比拟的。

2.2.1.2　纯光式电流互感器的结构

纯光学直流电流测量装置结构如图 2-6～图 2-9 所示，主要组成部分包括：

(1) 传感光纤环。传感光纤环主要作用是感应被测电流。传感光纤环位于光纤复合绝缘子上端，无需供能，不会发热，有良好的抗干扰能力。传感光纤环体积小、质量轻、安装方式灵活，通常为穿心式结构，套装在一次管母外侧。直流纯光学电流互感器可根据工程需求配置多个电流传感光纤环。龙门站每个测点配置 4 个，三主一备。

(2) 光纤复合绝缘子。光纤复合绝缘子自身采用环氧树脂玻纤维引拔管作为芯棒，内嵌多芯保偏光纤，外附硅橡胶伞裙。绝缘子内部无油无气，一般采用胶注成型，内部

芯棒填充纤膏等绝缘材料，绝缘简单可靠。其主要作用是：一方面保证高低压绝缘，另一方面将传感环感应的被测电流信息通过绝缘子内的保偏光纤传输至低压侧采集单元。光纤复合绝缘子可以设计为支柱式，也可设计为悬挂式，龙门站启动电阻电流测量装置绝缘子采用的是支柱式，阀门内采用的都是悬挂式。光纤复合绝缘子实现了一、二次设备的隔离，其高压端光纤以熔接方式连接传感光纤环，低压端无电子器件，直接引出保偏光缆，光缆内含有多芯光纤（龙门站建站首批采用的绝缘子内保偏光缆为七根光纤，三根为主用、一根为热备用、三根为冷备用）。

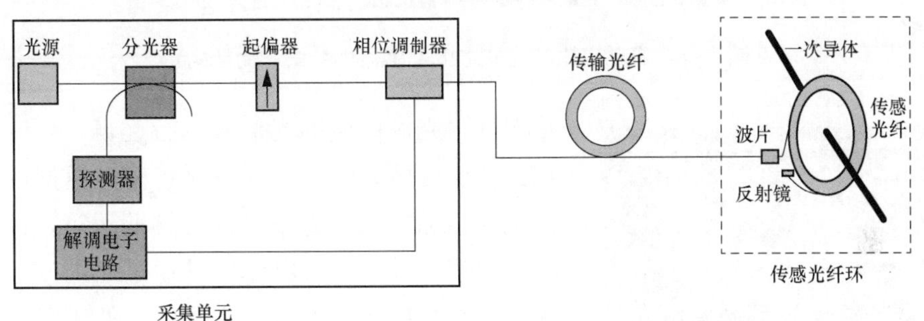

图 2-6　纯光式电流互感器结构示意图

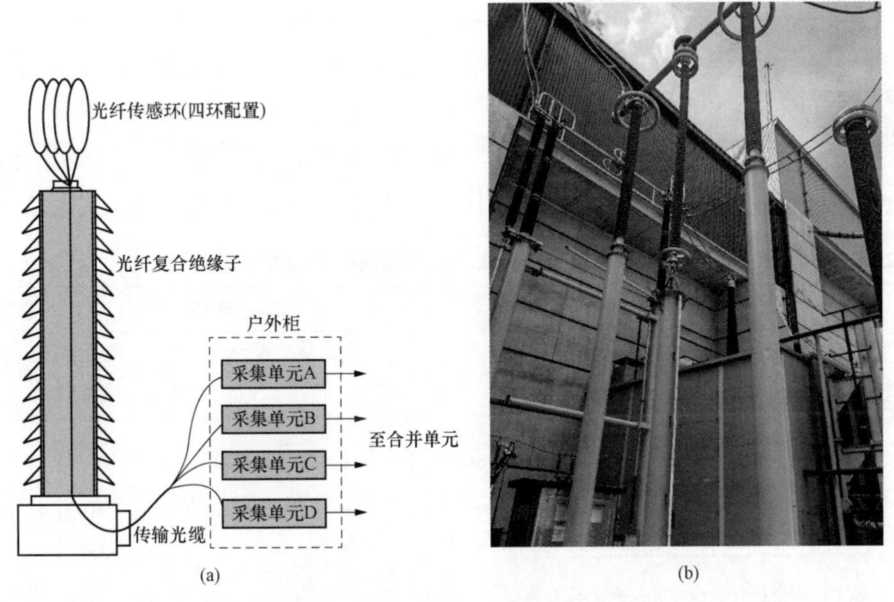

图 2-7　启动电阻纯光式电流互感器安装示意图与现场图（支柱式）

（a）安装示意图；（b）现场图

（3）采集单元，采集单元置于带空调户外柜或户内柜中，主要由光路模块及信号处理电路两部分构成，其中光路模块包含光源、分光器及探测器等全部有源光学元件。采

图 2-8 启动电阻纯光式电流互感器现场图（倒挂式）

图 2-9 纯光式电流互感器采集单元屏

集单元对光源产生的光信号进行起偏、调制等处理后发往流传感光纤环，同时对传感环返回的携带一次电流信息的调制光信号进行解调运算，计算出一次电流值，并将一次电流数据通过光纤发送至合并单元。采集单元具备自监视功能，便于运行监视及故障维护。主要的监视参数包括光源驱动电流、光源温度、采集单元温度、光功率、奇偶校验出错次数、丢帧出错次数等。

昆柳龙直流工程共使用 72 套 PCS-9250 型纯光式电流互感器，其中龙门站和柳州站各 36 套（昆北站中无纯光式电流互感器），测点配置相同，即 12 套用于测量启动回路电流，24 套用于测量桥臂电抗器电流，具体见表 2-1，其余为电子式电流互感器。

表 2-1 昆柳龙直流工程纯光式电流互感器配置型号及数量

序号	设备名称	型式、规格	数量
1	极 1 高阀上桥臂、极 2 高阀下桥臂电流测量装置（C11. Ibp. /C21. Ibn. A/B/C）	800kV，悬吊式 型号：PCS-9250-OACD-800S-3125/1875	龙门站 6 套 柳州站 6 套
2	极 1 高阀下桥臂、极 2 高阀上桥臂、极 1 低阀上桥臂、极 2 低阀下桥臂的电流测量装置（C11. Ibn. /C21. Ibp. /C12. Ibp. /C22. Ibn. A/B/C）	400kV，悬吊式 型号：PCS-9250-OACD-400S-3125/1875	龙门站 12 套 柳州站 12 套
3	极 1 低阀下桥臂、极 2 低高阀上桥臂电流测量装置（C12. Ibn. /C22. Ibp. A/B/C）	120kV，悬吊式 型号：PCS-9250-OACD-120S-3125/1875	龙门站 6 套 柳州站 6 套
4	启动回路电流测量装置（C11/C12/C21/C22. Isr. A/B/C）	525kV AC，户外安装/自立式 型号：PCS-9250-OACD-525-165	龙门站 12 套 柳州站 12 套

纯光式电流互感器结构主要包括传感头、光纤绝缘子、保偏光纤以及采集单元这四个部分，如图 2 - 10～图 2 - 13 所示。

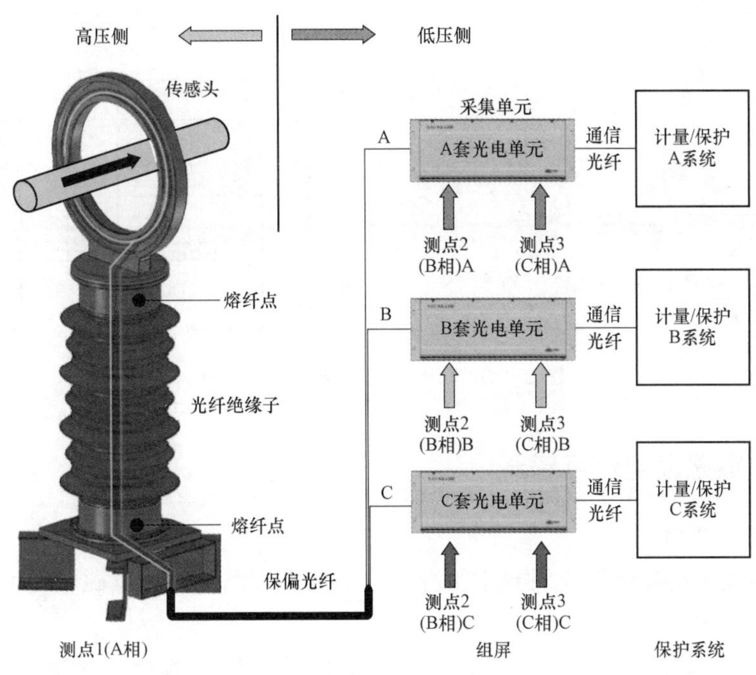

图 2 - 10　纯光式电流互感器本体结构示意图

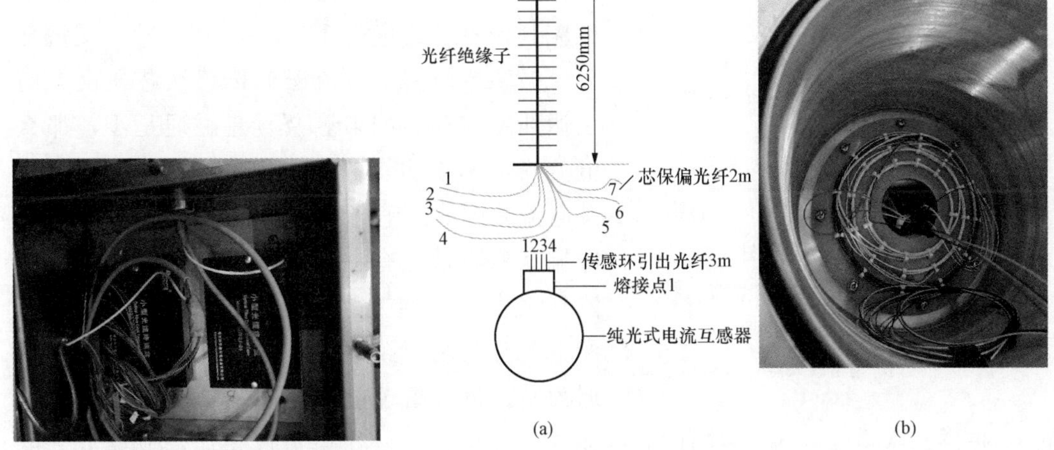

图2 - 11　纯光式电流互感器光纤终端盒

图 2 - 12　传感光纤环内部引出光纤

（a）原理图；（b）熔接点 1

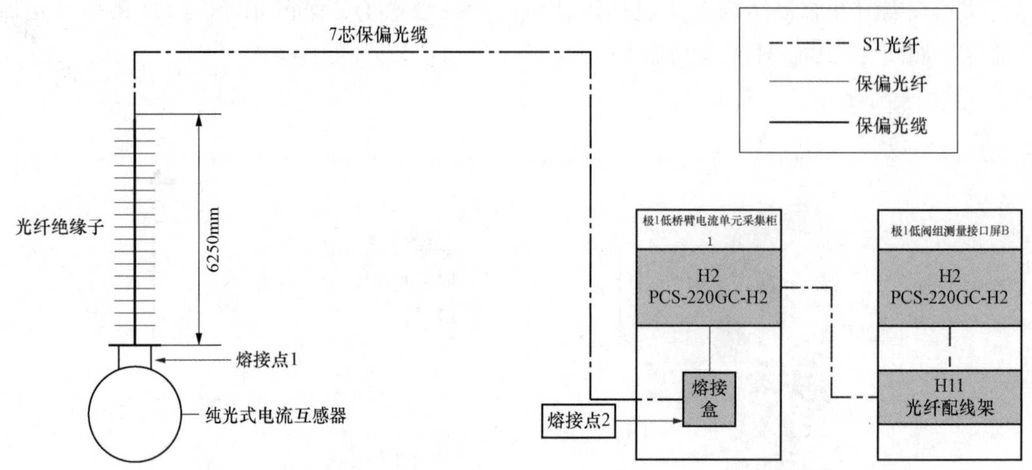

图 2-13　桥臂电流采样回路原理图

2.2.2　零磁通电流互感器

2.2.2.1　工作原理

零磁通电流互感器能够应对异常情况，比如抵抗短路电流、电磁和环境的干扰，具有高稳定性的特点。

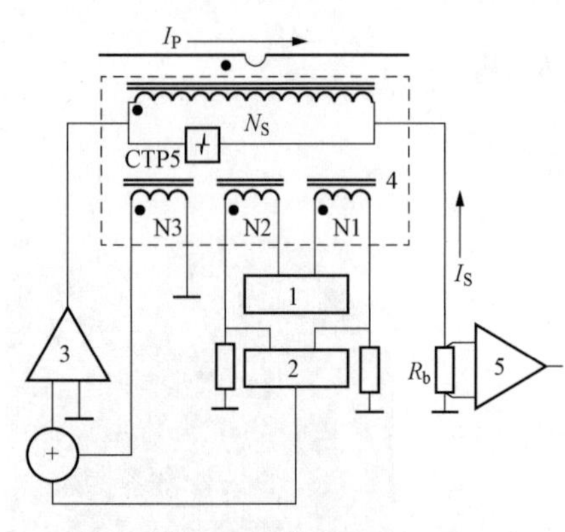

图 2-14　带有电压输出的零磁通电流互感器原理图
1—振荡器；2—双峰值检测器；3—功率放大器；4—测量头；5—精密放大器

带电压输出的零磁通电流互感器的原理图如图 2-14 所示。其工作原理为一次电流 I_P产生一个磁通，可以被测量头的二次绕组（N_S）的电流 I_S抵消，余下的磁通会被二次绕组内的 3 个曲面环形磁芯所感应，其中 N1、N2 用于感应剩余磁通的直流部分，N3 用于感应交流部分。振荡器使两个直流磁通传感铁芯在反方向上达到磁饱和。如果剩余直流磁通是零，那么电流峰值两个方向都是相等的；如果不为零，其电流差同剩余直流磁通成正比。双极零磁通电流互感器系统有一个双峰值检测器，可以检测到该直流磁通。加上交流元件 N3 后，就会产生一个控制回路，产生二次电流进而使得磁通为零。带有高过电流能力的功率放大器可以向 N_S提供二次电流，N_S通常有 2000 匝。二次电流与一次电流成正比，流经负载电阻器（R_b）后电流信号转换为电压信号。同时流过负荷的电流信号被一个精密放大器放大以后可供后续使用。基于上述原理，零磁通电流互感器既可以测量交流电流，

也可以测量直流电流。

作为另一个可选的功能，双极零磁通电流互感器系统也可以提供电流输出，带电流输出端的零磁通电流互感器原理图如图 2-15 所示。精密放大器的输出电压，即电压-电流转换器（图 2-15 中 8 所示）的输入电压被转化为电流，该电流的高频宽与精密放大器相同，该输出称为 HB 输出，HB 是高频宽。作为更强的可选功能，可以提供一个称为 NB（窄频宽）的输出，便于从大的交流电流中找到小的直流电流分量。此时精密放大器的信号进入到低通滤波器，然后进行放大，放大到电压-电流转换器（图 2-15中 9 所示）要求的水平。这个通路形成 NB 输出，并有一个总值大约为直流 8Hz 的频宽。

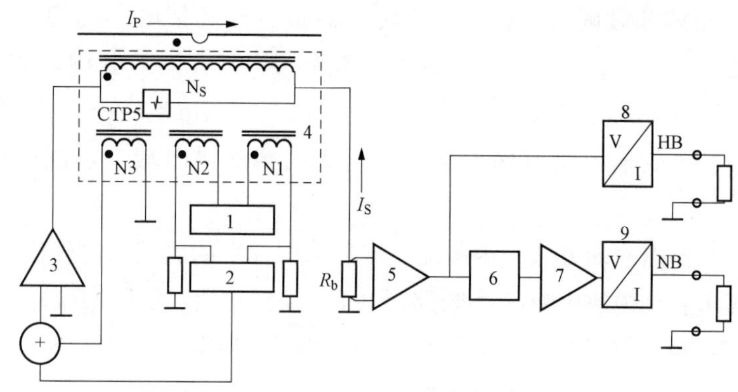

图 2-15　带有电流输出的零磁通电流互感器原理图

1—振荡器；2—双峰值检测器；3—功率放大器；4—测量头；5—精密放大器；6—低通滤波器；7—放大器；8、9—电压-电流转换器

超过几千赫兹后，功率放大器便无法对输出电流形成有效的控制，而是仅仅形成短路。零磁通电流互感器还可以作为一个宽频电流测量装置。值得注意的是，零磁通电流互感器的最终频宽会受头部和连接电缆的杂散电抗和电容限制，但是在实际应用中会经过精密放大器过滤，大约在 10kHz。

2.2.2.2　零磁通电流互感器的结构

零磁通电流互感器实物如图 2-16 所示。图 2-15 中虚线方框部分为测量头，其余部分封装为电子模块中，测量头与电子模块通过电缆相连接。

零磁通电流互感器的测量头通常放置在室外，因此采用树脂浇铸绝缘。测量头内部有一个磁屏蔽，防止 3 个感应磁芯因附近载流导体或空气线圈产生的外部磁场而饱和。此外，测量头内部完全被铜箔屏包围，形成

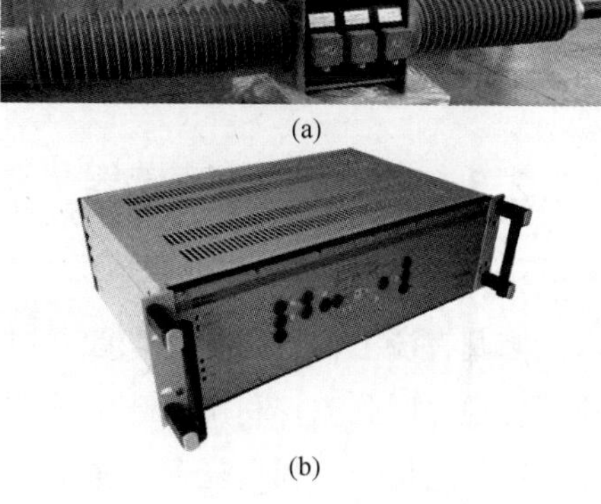

(a)

(b)

图 2-16　零磁通电流互感器实物图

(a) 带套管的测量头；(b) 电子模块

法拉第笼。测量头配备了套管，环绕 HVDC 电缆进行安装，围绕气体绝缘导线（SF_6）固定或安装在独立式的绝缘体中。测量头上安装有防护装置 CTP5。当测量头和电子模块之间的电力连接中断时，若没有该防护装置，则可能会造成绕组上的电压过高，从而可能导致测量头发生故障。正常运行时，防护装置 CPT5 不工作，也不会影响系统的运行和精度。

电子模块中，负载电阻器连接着精密放大器，即为图 2 - 14 中的 R_b，由稳定性极高的电阻合金制成，折叠起来的电阻丝会产生低电感。精度放大器是一个非常稳定的差分放大器，即图 2 - 14 和图 2 - 15 中的 5 号元件，它提供了一个高精准度的输出电压，该电压与通过负载电阻的二次电流成正比。为补偿负载和增益设定电阻器的公差，需对增益将进行粗调和微调。电压 - 电流转换器是一种高精度和高稳定性的跨导纳放大器，能够将 200mA 的电流（DC 或 AC）传输到 0～12Ω 的负载中，如图 2 - 15 中的 8、9 所示。电压 - 电流转换器的额定转换比率为 2V/100mA。在全频宽的情况下，可将电压 - 电流转换器的输入端直接连接在精密放大器的输出端上，或连接在低通频道的输出端上。

电子模块采取自然冷却方式，内部无风扇。前面板上的测试点可轻松插入 4mm 的插头。拿掉前面板可看到模块中有一些断路滑块，可用于进行试运行测试，如图 2 - 17 所示。控制板位于左侧，控制着电流测量系统的工作状态，调解负载电阻器和主电压输出端。控制板旁有 2 个插槽，可选配多重输出端，如宽输出范围或窄输出范围，或是在高交流电流中探测低直流电流的低通输出端。功率放大器位于中间。采用双极 DC 电源（±24V）供电时，可将电源板装在右侧。带 HARTING 连接器的电子模块是其中的一种型号装置，其后面板的具体样式如图 2 - 18 所示。

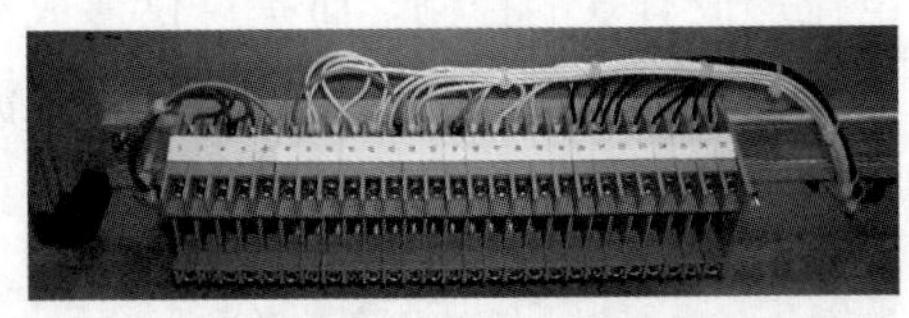

图 2 - 17　带断路滑块端子的电子模块前面板

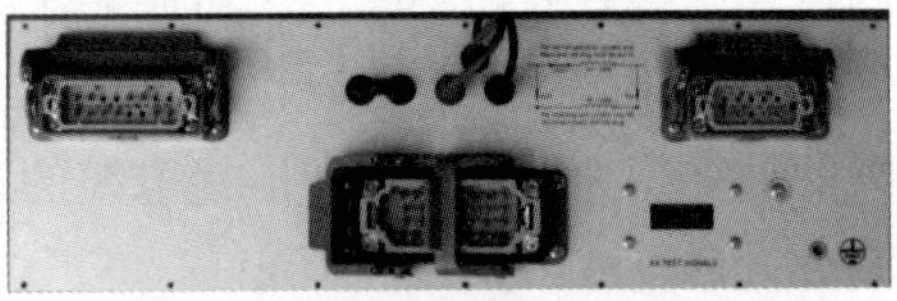

图 2 - 18　带 HARTING 连接器的电子模块后面板

2.2.3　电子式电流互感器

2.2.3.1　工作原理

昆柳龙直流工程采用 PCS - 9250 - EACD 型直流电子式电流互感器，基本原理是利用分流器实现并联分流，利用基于激光供电技术的远端模块就地采集分流器的输出信号，利用光纤传送信号，利用复合绝缘子保证绝缘性能。

2.2.3.2　电子式电流互感器的结构

电子式电流互感器的总体结构如图 2 - 19 所示。

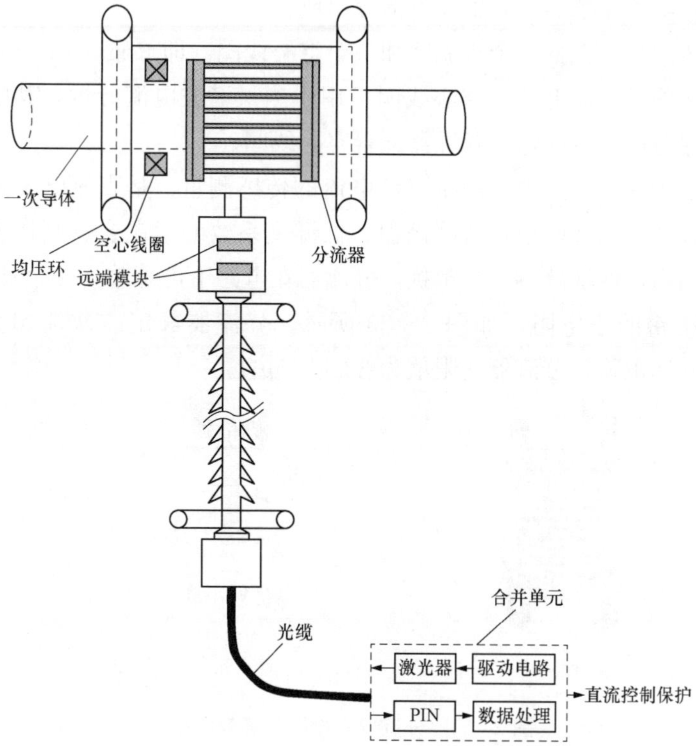

(a)

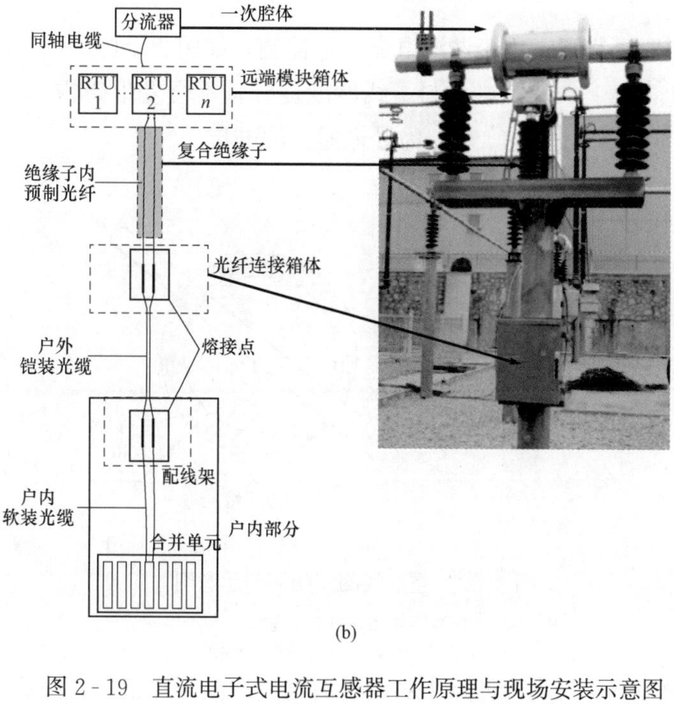

(b)

图2-19　直流电子式电流互感器工作原理与现场安装示意图

(a) 工作原理；(b) 现场安装

直流电子式电流互感器主要由以下部分组成：

(1) 一次传感器，包括一个分流器和一个空心线圈（即 Rogowsgi 线圈、罗氏线圈），其中分流器用于测量直流电流，空心线圈可用于测量谐波电流分量，其中仅用于直流场线路侧直流线路电流测量的电流互感器配置空心线圈。

分流器串联于一次回路中，用于直流电流的传感测量，是直流电子式电流互感器的关键部件，其设计采用性能稳定、耐高温、低温度系数的锰铜合金制作成全对称鼠笼式结构，双引线输出，保证散热、抗干扰，分流器在电路中可等效为一个低功率、耐高温、低温度系数、精密的小电阻，如图 2-20 所示。分流器额定二次输出为 75mV，对于 3200A 的额定一次电流，分流器的阻值为 23.4375$\mu\Omega$。

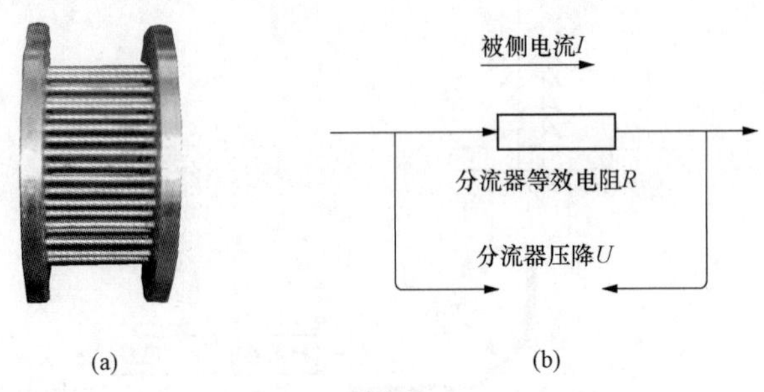

图 2-20　分流器实物图与等效电路图

(a) 实物图；(b) 等效电路图

空心线圈，即罗氏线圈，用于谐波电流分量监测，如图 2-21 所示。空心线圈的二次绕组缠绕在非磁性骨架上，无铁磁材料，线性度良好，不会发生磁饱和、磁滞现象。其中 $U_s(t)$ 为二次线圈端电压，$I_p(t)$ 为导体通过的电流。

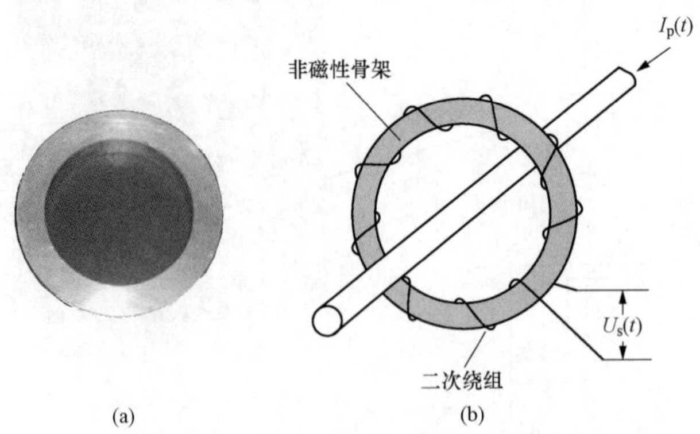

图 2-21　空心线圈实物图与示意图

(a) 实物图；(b) 示意图

空心线圈的输出电压与一次回路中被测谐波电流的微分成正比，满足如下关系

$$e(t)=-\frac{\mathrm{d}\Phi}{\mathrm{d}t}=-\mu_0 ns\frac{\mathrm{d}i}{\mathrm{d}t}=-2\pi\mu_0 nsfi$$

式中：μ_0 为空心线圈的传变系数，取 0.03mV/（A·Hz）；Φ 为空心线圈的磁通量；n 为导体数目；s 为空心圆的面积；空心线圈电压输出 e 与电流的幅值 i 和谐波的频率 f 成正比。罗氏线圈的额定输出为 0.3V，额定数字量为 10000。单位为 A·Hz，此时若基波为 50Hz，则其有效值为 200A。

（2）电阻盒，即信号分配盒，其内部结构如图 2-22 所示。用于分配信号，接收分流器输出的模拟电压小信号（75mV），并接后转换为多路模拟信号输出，分别接多个远端模块进行处理。根据一次传感器是否配置空心线圈，直流电子式电流互感器分别选用两种型号电阻盒：板卡 1477A、板卡 1477B。

图 2-22　信号分配盒内部结构图

板卡 1477A 电阻盒用于不带空心线圈的直流电子式电流互感器，如图 2-23 所示，分流器的输出信号接入双重冗余输入设计的 SHUNT _ IN1 和 SHUNT _ IN2 输入端，输入信号被等值分配至 CH1～CH12 共 12 个输出端。

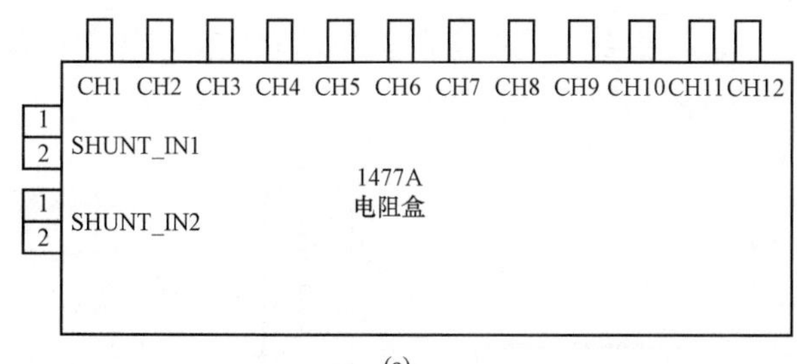

(a)

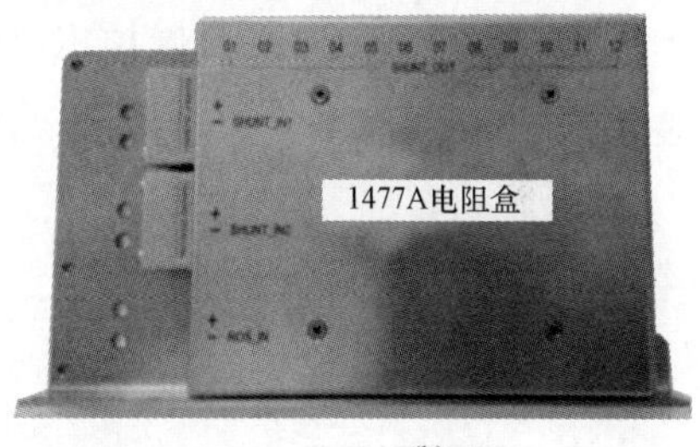

(b)

图 2-23　电阻盒板卡 1477A 示意图与实物图

（a）示意图；（b）实物图

板卡 1477B 电阻盒用于带有空心线圈的直流电子式电流互感器，如图 2-24 所示，分流器的输出信号接入双重冗余输入设计的 SHUNT _ IN1 和 SHUNT _ IN2 输入端，罗氏线圈的输入信号接入 ROS _ IN 输入端。SHUNT _ IN1 和 SHUNT _ IN2 的信号被等值分配给 CH1～CH10 共 10 个输出端，ROS _ IN 输入端的信号等值分配给 CH11～CH12 两个输出端。

（3）远端模块，位于高压侧，远端模块的工作电源由位于控制室的合并单元内的激光器提供。接收并处理分流器及空心线圈的输出信号（中间经电阻盒转换），进行滤波、采样、电光转换，输出为串行数字光信号。多个独立的远端模块的工作电源分别由位于控制室的合并单元内的激光器提供，每个远端模块通过若干光纤（数据和供电）与合并单元连接。每个远端模块有一个模拟量输入端口用于接收电阻盒的输出信号，一个光纤

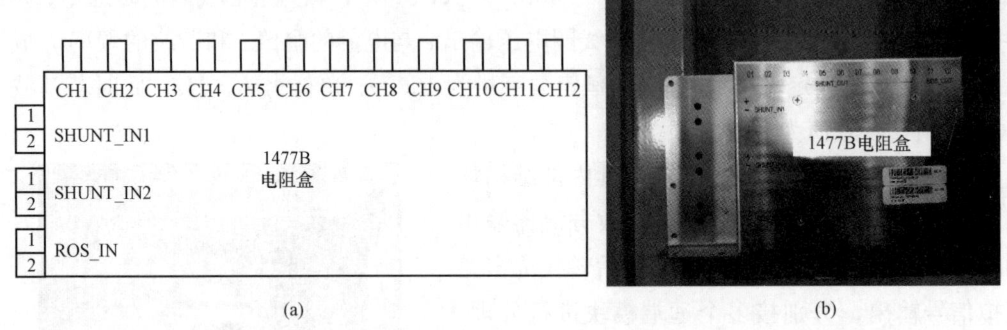

图 2-24　电阻盒板卡 1477B 示意图与实物图
(a) 示意图；(b) 实物图

接受头（FC 头）用于接收激光，一个光纤发射头（ST 头）用于发送包含电流测量值信息的数字信号。直流电子式电流互感器用远端模块型号有板卡 1479A 和板卡 1479F，其中板卡 1479A 用于处理分流器信息，板卡 1479F 用于处理空心线圈信号。

信号分配盒、远端模块均位于高压端密闭的金属箱体内。

（4）光纤绝缘子。由于直流电流互感器多以悬挂方式安装于线路上，故采用悬式光纤绝缘子，内部预埋多芯的多模光纤。同时保证绝缘及光纤传光性能，适应户外全温度范围。绝缘结构简单可靠、体积小、质量轻，主要承受本身自重和风力载荷，便于运输、安装。常规直流分流器光纤绝缘子结构示意图如图 2-25 所示。

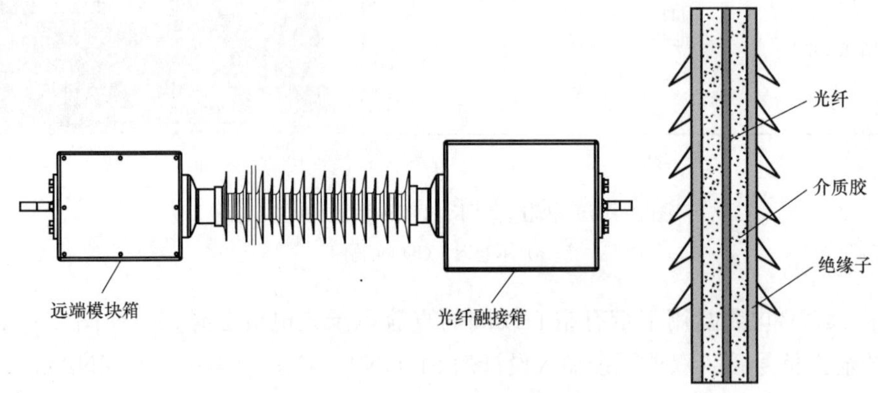

图 2-25　常规直流分流器光纤绝缘子结构示意图

2.2.4 电容式电压互感器

2.2.4.1 工作原理

当前电力系统中使用最广泛的电压互感器仍为 TV 与电容式电压互感器（CVT）。电磁式电压互感器本质上是一台容量不大的变压器，在较低电压等级中准确度较高，而且负荷恒定，输出绕组接测量仪表或数据采集器的输入通道。电容式电压互感器的基本原理是通过串联的电容进行分压，降低一次侧的高压后接入传统 TV。与 TV 相比，CVT 具有以下特点：

（1）一次侧通过电容分压器分压后接入电磁单元，绝缘性能更加优越；

（2）在高压系统中，CVT 成本比 TV 更低；

（3）使用 CVT 可以避免 TV 存在的工频谐振。

基于上述特点，目前我国超（特）高压直流工程（如昆柳龙直流工程）的交流电压测量装置已全部使用电容式电压互感器。CVT 主要由电容分压器和电磁单元两部分组成，其工作原理如图 2-26 所示。电容分压器由 C_1 高压电容和 C_2 中压电容串联组成。电磁单元由中间变压器、补偿电抗器、保护器件串联组成。一次电压经过电容分压变为中间电压，中间变压器将中间电压降为电压等级较低的二次电压，为计量、控保和测量装置提供电压信号。

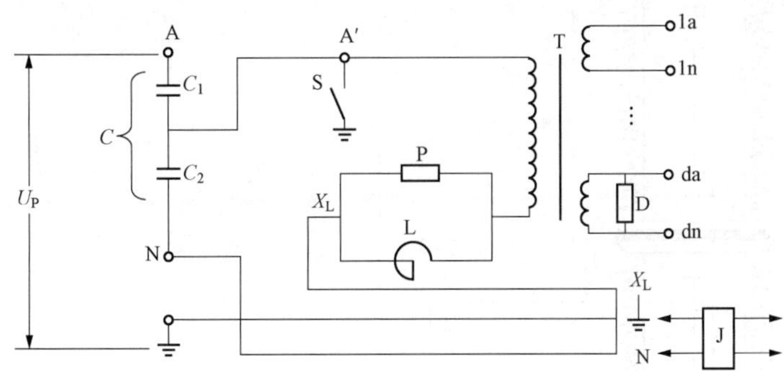

图 2-26　电容式电压互感器工作原理图

C—载波电容；C_1—高压电容；C_2—中压电容；X_L—电磁单元低压端子；

L—补偿电抗器；N—载波通信端子（即低压端子）；J—带有避雷器的载波结合设备；

1a、1n—二次绕组端子；da、dn—剩余电压绕组端子；U_P—一次电压；A′—中压端子；

T—中压变压器；D—阻尼装置；P—保护器件

图 2-26 中部分元件的作用如下：

（1）补偿电抗器：用于与容抗发生串联谐振以消除由于负载效应引起的电容分压器的容抗压降，使二次电压随负载变化减小。设计时使回路等效容抗和感抗值基本相等，以便得到规定的负荷范围和准确级的电压信号。补偿电抗器电抗与互感器漏抗之和与等值容抗相等，即满足

$$\omega L = \frac{1}{\omega(C_1 + C_2)}$$

（2）中间变压器：降低负载对测量仪器准确度的影响。

（3）阻尼装置：由于电容式电压互感器内部存在非线性阻抗和固有的电容，存在引起铁磁谐振的风险，阻尼装置用以抑制谐振。阻尼装置由电阻和电抗器组成，正常情况下阻尼装置有很高的阻抗，相当于开路，对 CVT 二次输出不造成影响；当铁磁谐振引起过电压，在中压变压器受到影响前，电抗器达到饱和只剩电阻负载，使振荡能量很快被消耗掉。

（4）保护器件：保护补偿电抗器。

根据电压互感器的原理图，我们可以算出中间变压器一次侧电压为

$$U_{\mathrm{A'N}}=\frac{C_1U_{\mathrm{P}}}{C_1+C_2}=KU_{\mathrm{P}}$$

式中：K 为分压比，改变 C_1 和 C_2 的值可以得到不同的分压比。

2.2.4.2　电容式电压互感器的结构

电容式电压互感器结构上可以分为叠装式和非叠装式结构。龙门站电容式电压互感器采用的是叠装式结构，如图 2 - 27 所示。

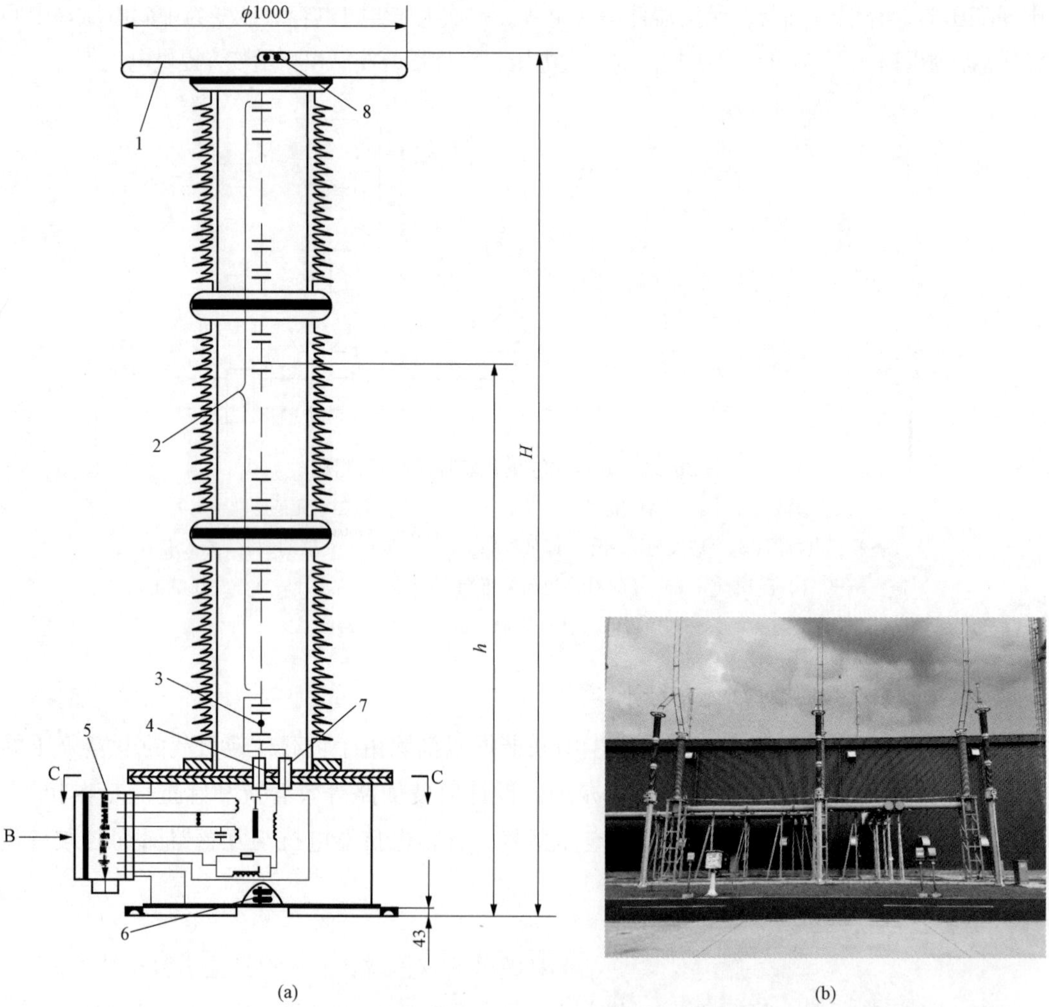

(a)　　(b)

图 2 - 27　叠装式电容式电压互感器结构示意图与现场安装图

（a）结构示意图；（b）现场安装图

1—均压环；2—高压电容 C_1；3—中压电容 C_2；4—中压套管；

5—二次出线盒；6—接地板；7—低压套管；8—线路端子；

B—出线端子盒；C—电磁单元

电容器组由 1～3 节套管式电容分压器叠装而成，每节电容分压器单元装有数十只串联而成的膜纸复合介质组成的电容元件，并充以绝缘油密封，高压电容 C_1 和中压电容 C_2 的全部电容元件被装在 3 节瓷套管内，由于它们保持相同的温度，所以由温度引起的分压比的变化可被忽略。电磁单元由中间变压器、补偿电抗器和阻尼器组成被密封于钢箱中，电容器组置于钢箱的顶部，箱内充以变压器油并被密封起来。油的容积及内部压力由油箱顶层的空气层来调节，中间变压器的一次线圈具有可调节电压变比的调节线圈，补偿电抗器的线圈具有调整电压相位角的调节线圈。补偿电抗器两端接有氧化锌避雷器或保护球隙，防止由于二次侧短路造成的电压升高而击穿补偿电抗器线圈。二次绕组端子及载波通信端子由油箱正面的出线端子盒引出。

2.2.5　电子式电压互感器

2.2.5.1　工作原理

电子式电压互感器传感直流电压的基本原理是串联分压，利用具有电容补偿的电阻分压器将一次侧的高压转化为二次侧正比于被测电压的低压量，利用基于激光供电技术的远端模块就地采集分压器的输出信号，利用光纤传送信号，利用复合绝缘子保证绝缘。

电子式电压互感器主要用于测量直流电压，为直流控制保护设备提供电压信息，典型测点包括直流线路电压、高压母线电压、联络母线电压、中性母线电压、换流变压器阀侧电压等。此类电压互感器具有绝缘结构简单可靠、测量准确度高、动态范围大、频率范围宽、响应快、运行稳定等特点。

电子式电压互感器具有如下特征：

（1）高准确度：采用具有电容补偿的电阻分压器传感直流电压，由高稳定性、高精密、高阻值的电阻串构成电阻分压器，由并联的电容器隔离杂散电容的影响，测量准确度高、频带宽。

（2）绝缘可靠：外绝缘一般采用复合绝缘，内绝缘为 SF_6 气体，径向绝缘裕度大。

（3）独立冗余配置：可根据工程需求配置多路独立冗余的测量通道，满足直流控制保护系统的各种配置需要，每个测量通道由独立的远端模块、光纤构成，独特设计的二次分压板保证任何一个通道故障不影响其他通道的信号输出，所有通道均有自检报警信号输出，当某一测量通道异常时，能够准确发出报警信号，并给控制或保护装置提供闭锁相关保护的信息。

（4）具备异常自检机制：双重化采样，完善的自监视功能，保证输出数据的可靠。

（5）热备用：直流电子式电压互感器一般至少配置 1 路热备用测量通道，光纤芯可为 100％备用且均已熔接好，当自检到光纤回路异常时，可在二次屏柜处更换光纤、替换为热备用通道来解决问题，便于运行维护。

（6）高安全性：一、二次设备完全隔离，光纤传输，传输距离远，不存在二次传递过电压风险。

(7) 供能方式：对远端模块采用闭环控制的激光供能设计，根据实际工况实时调节激光器功率，确保运行稳定的情况下延长器件寿命。

(8) 标准接口：合并多路数据后发送，支持 IEC 60044-8 协议。

2.2.5.2 电子式电压互感器的结构

电子式电压互感器的总体结构如图 2-28 所示，大致可分为直流分压器、电阻盒、远端模块、通信光缆四个部分，其信号连接示意图见图 2-29。

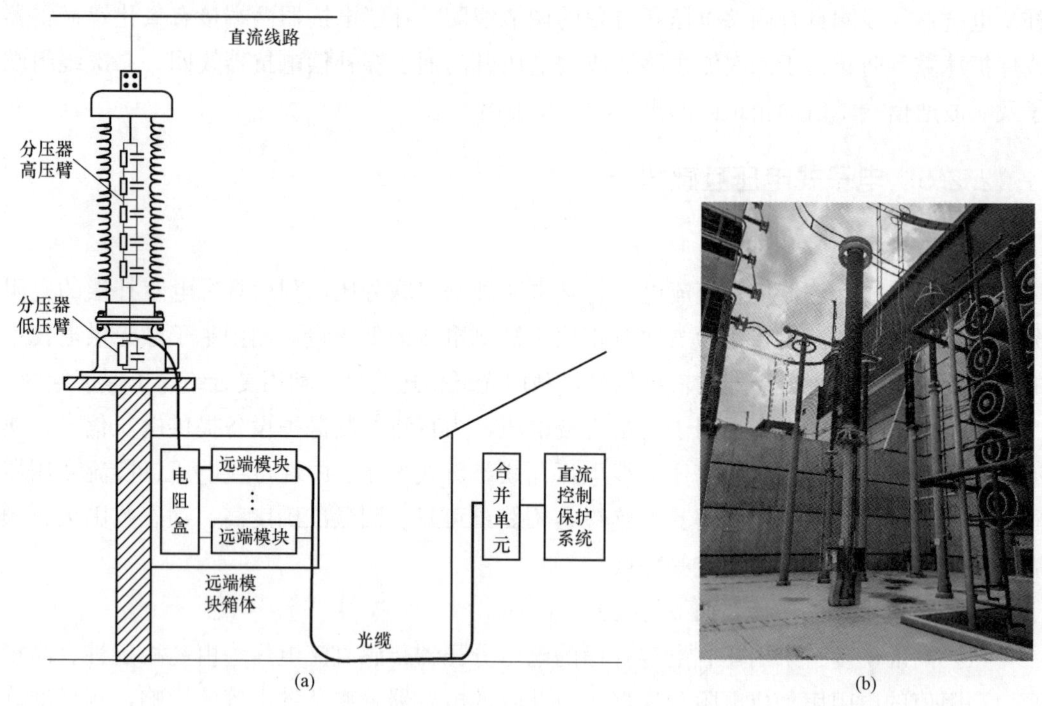

图 2-28 电子式电压互感器结构示意图与现场安装图（支柱式）

(a) 结构示意图；(b) 现场安装图

(1) 直流分压器，由高压臂、低压臂两部分组成，如图 2-30 所示。高压臂由多节阻容单元串联而成，每一节阻容单元的等效电阻为 100MΩ、等效电容为 1430pF。根据直流电子式电压互感器的电压等级设计串联级数：对于±800kV 直流分压器，由 8 节阻容单元串联而成；对于±400kV 直流分压器，由 4 节阻容单元串联而成；对于±125、±75kV直流分压器，由 1 节阻容单元构成。高压臂电阻元件采用大功率精密高值电阻用以传感直流电压，具有较好的温度稳定性及耐高压性能。高压电容用以均压并保证频率特性，采用耐高温设计，保证长期工作时性能稳定。高压臂与低压臂具有相同的时间常数，保证直流分压器具有很好的频率特性及暂态特性。低压臂输出额定二次电压为 38V，经四芯双屏蔽电缆进入远端模块。

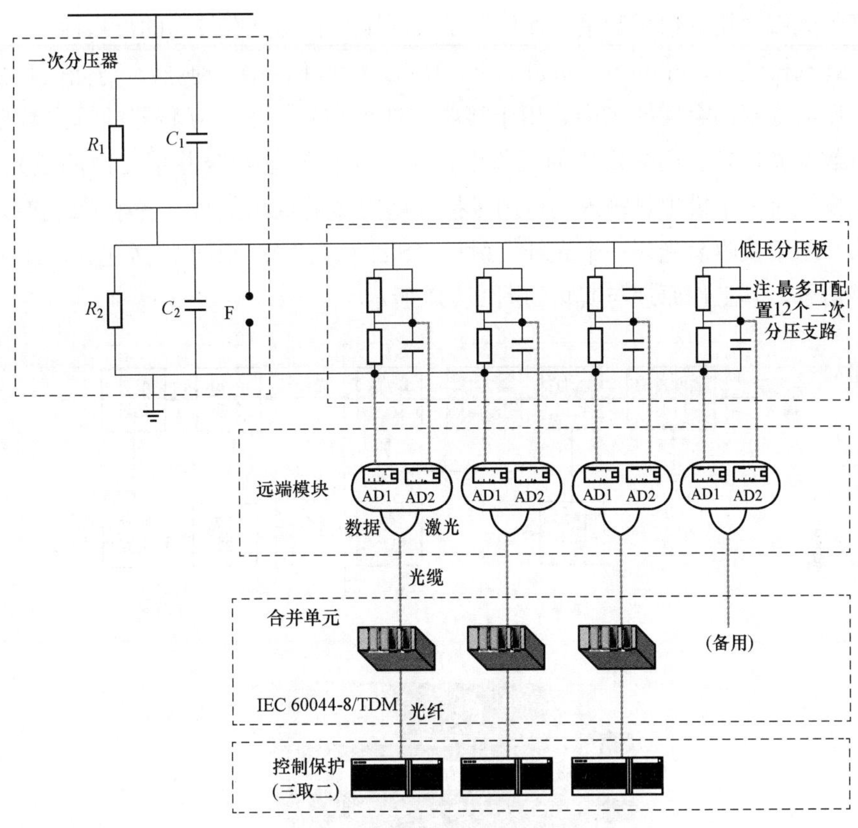

图 2-29　电压互感器信号连接示意图

直流分压器的高压臂电阻、电容元件固定在硅橡胶复合绝缘筒内，内部填充一定气压的 SF_6 气体。配置了 3 个 SF_6 气体密度计，每个 SF_6 气体密度计设置 2 副报警（分级）接点和 2 副闭锁接点。此外，配置了微水密度变送器来监测气体压力值、微水值，信号接到了安装在就地屏柜内的在线监测 IED 装置，支持在线远传。

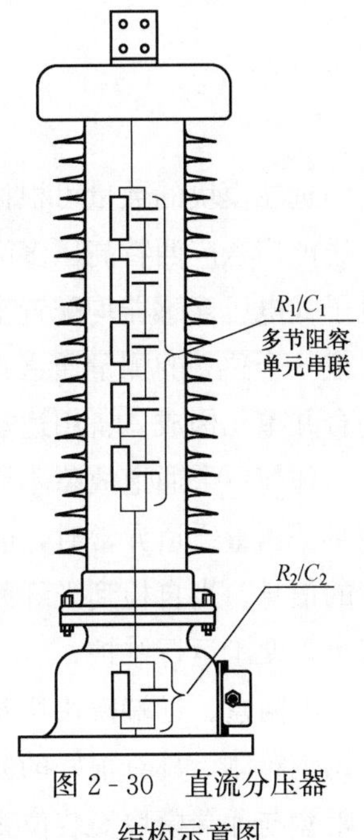

图 2-30　直流分压器结构示意图

（2）电阻盒，实际上是一个低压分压板，对直流分压器的输出进行二次分压并将直流分压器输出的低压信号转换为多路信号给多个远端模块进行处理。从结构上说低压分压板由阻容支路并接而成，每个二次分压支路对应一个远端模块，这一设计使得电压互感器可配置多个完全相同的远端模块，远端模块的数量可根据工程需求进行扩展，能够满足直流工程多重化冗余配置需求。同时并联的各个阻容单元具有相对独立的输出信号，从而使得各个远端模块的输入信号互不影响，即一个远端模块的通信故障（如输入端短路或开路）不会影响其他远端模块的信号测量，保证电子式电压互感器具有较高的可靠性。

（3）远端模块（remote terminal unit，RTU），也称一次转换器，与低压侧相连，置于直流分压器底部的金属挂箱内，用于接收、处理和发送电压互感器的输出数据，其输出为串行数字光信号。远端模块的工作电源由位于控制室的合并单元内的激光器提供。每个远端模块有一个模拟量输入端口用于接收电阻盒的输出信号，一个光纤接收口（FC 光纤接头）用于接收激光，一个光纤发射口（ST 光纤接头）用于发送包含电压测量值信息的数字信号，其工作原理与实物如图 2 - 31 所示。

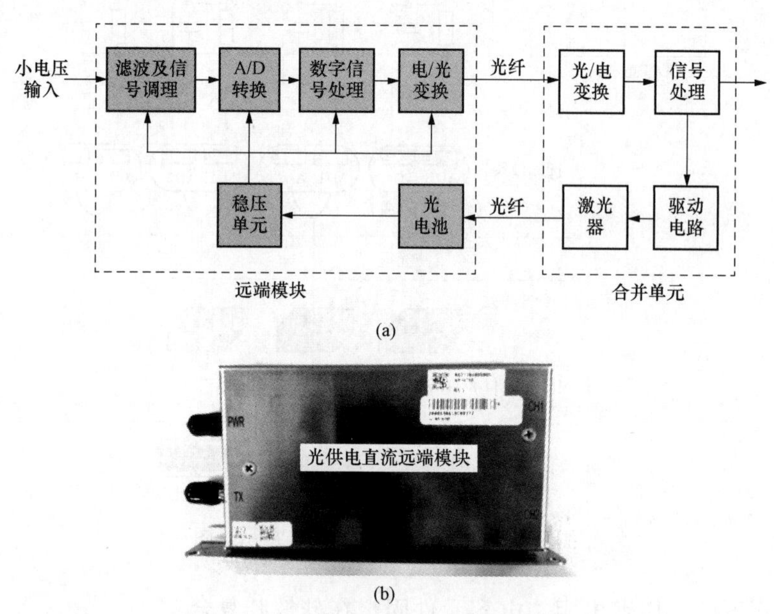

图 2 - 31　远端模块原理框图与实物图

（a）原理框图；（b）实物图

远端模块的数量可根据工程需求冗余配置，至少配置 1 个备用远端模块。乌东德电站送电广东广西特高压多端直流示范工程中，由于直流保护采用三取二配置，每台直流电子式电压互感器均配置多个远端模块。每个测点的直流电子式电压互感器包括至少 3 个或 6 个独立的测量通道，每一个测量通道由独立的远端模块、独立的传输光纤、独立的合并单元构成。备用远端模块（1 个或 2 个）至控制楼的光纤处于热备用状态。

任何一个通道故障不影响其他通道的信号输出，所有通道均有自检报警信号输出，当某一测量通道异常时，能够准确发出报警信号，并给控制或保护装置提供闭锁相关保护的信息。当自检到光纤回路异常时，可在二次屏柜处更换光纤、替换为热备用通道来解决，便于运行维护。

电阻盒、远端模块均安装在直流分压器底部的金属挂箱内，金属挂箱是密封结构的不锈钢箱体，具有很好的防雨水及灰尘能力，金属挂箱必须通过专用接地点可靠接地。电阻盒与远端模块安装位置如图 2 - 32 所示。

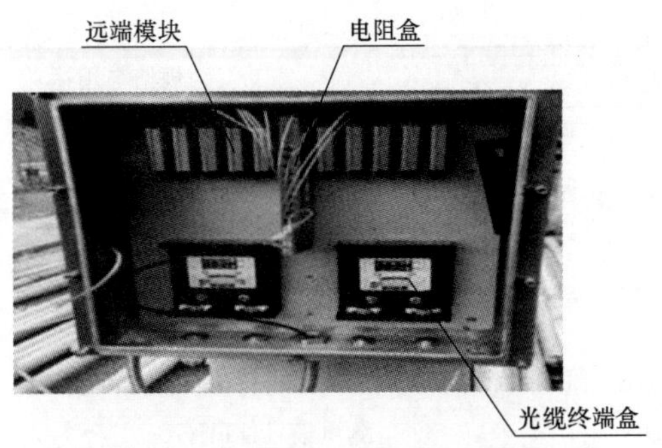

图 2-32　电阻盒与远端模块安装位置图

2.3　极及双极区测量设备配置

极及双极区的测量系统主要由直流线路、极高压母线、中性母线、接地极母线、接地极线路区域的各电子式电压、电流测点及其相应的二次设备组成。以昆柳龙直流工程为例，特高压多端混合直流输电系统各个换流站极区和双极区的测点对应的一次测量设备型号与数量见表 2-2～表 2-4。

表 2-2　　昆北站极区测量设备一览表

序号	名称	规格与用途	单位	数量
1	高压母线直流电压测量装置	800kV，SF_6充气自立式，户外安装 用于户外直流高压母线和直流线路电压测量 测量信号：UdCH	台	2
2	中性母线直流电压测量装置	75kV，SF_6充气自立式，户外安装 用于直流户外中性母线电压测量 测量信号：UdN	台	2
3	直流线路直流电流测量装置	800kV/5000A，户外安装 用于户外直流线路电流测量 测量信号：IdLH	台	2
4	直流高压母线直流电流测量装置	800kV/5000A，户外安装 用于直流阀厅出线直流高压母线电流测量 测量信号：IdCH	台	2
5	中性母线直流电流测量装置	120kV/5000A，户外安装 用于直流阀厅出线中性线电流测量 测量信号：IdCN	台	2

续表

序号	名称	规格与用途	单位	数量
6	中性线直流电流测量装置	120kV/5000A，户外安装 用于直流户外中性母线电流测量 测量信号：IdLN	台	2
7	直流站内接地开关直流电流测量装置	120kV/5000A，户外安装 用于站内接地开关电流测量 测量信号：IdSG	台	1
8	直流接地极线直流电流测量装置	120kV/5000A，户外安装 用于接地极线电流测量 测量信号：IdEE1/IdEE2	台	2
9	零磁通接地极线电流	传感头额定值为50A 用于接地极线电流测量 测量信号：IdEE3	台	1
10	直流滤波器高压侧电流测量装置	800kV/300A，户外安装 直流滤波器高压侧回路电流测量 测量信号：IFH	台	2
11	直流滤波器高压电容器不平衡保护电流测量装置	550kV/2A，户外安装 用于直流滤波器高压电容器不平衡保护回路电流测量 测量信号：IFUNB	台	2
12	直流滤波器低压回路电流测量装置	120kV/300A，户外安装 用于直流滤波器低压回路电流测量 测量信号：IFL	台	2

表 2-3　　柳州站极区测量设备一览表

序号	名称	规格与用途	单位	数量
1	直流电压测量装置	800kV，SF_6充气自立式，户外安装 用于户外直流线路电压测量 测量信号：UdL _ GD/UdL _ Bus/UdCH	台	6
2	直流电压测量装置	75kV，SF_6充气自立式，户外安装 用于直流户外中性母线（直流电抗器线路侧）电压测量 测量信号：UdN	台	2

续表

序号	名称	规格与用途	单位	数量
3	直流线路 800kV 直流电流测量装置	800kV/1875A，户外安装 用于户外直流线路电流测量 测量信号：IdLH	台	2
4	直流线路 800kV 直流电流测量装置	800kV/1875A，户外安装 用于阀厅出线直流线路电流测量 测量信号：IdCH	台	2
5	直流线路 800kV 直流电流测量装置	800kV/5000A，户外安装 用于汇流母线昆北站出线直流线路电流测量 测量信号：IdL _ YN	台	2
6	直流线路 800kV 直流电流测量装置	800kV/5000A，户外安装 用于汇流母线龙门站出线直流线路电流测量 测量信号：IdL _ GD	台	2
7	中性母线 120kV 直流电流测量装置	120kV/1875A，户外安装 用于直流阀厅出线中性母线电流测量 测量信号：IdCN	台	2
8	中性母线 75kV 直流电流测量装置	75kV/1875A，户外安装 用于直流户外中性母线电流测量 测量信号：IdLN	台	2
9	直流站内接地开关 75kV 直流电流测量装置	75kV/1875A，户外安装 用于站内接地开关电流测量 测量信号：IdSG	台	1
10	直流大地回线开关 75kV 直流电流测量装置	75kV/1875A，户外安装 用于大地回线开关电流测量 测量信号：IdMRTB	台	1
11	直流接地极线 75kV 直流电流测量装置	75kV/1875A，户外安装 用于接地极线电流测量 测量信号：IdEE1/IdEE2	台	2
12	零磁通接地极线电流测量装置	传感头额定值为 50A 用于接地极线电流测量 测量信号：IdEE3	台	1

表 2-4　　　　　　　　龙门站极区测量设备一览表

序号	名称	规格与用途	单位	数量
1	直流线路和高压母线直流电压测量装置	800kV，SF_6 充气自立式，户外安装 用于直流户外极线电压测量 测量信号：UdL/UdCH	台	4
2	中性母线直流电压测量装置	75kV，SF_6 充气自立式，户外安装 用于直流户外中性母线（直流电抗器线路侧）电压测量 测量信号：UdN	台	2
3	直流线路直流电流测量装置	800kV/3125A，户外安装 用于直流户外极线电流测量 测量信号：IdLH	台	2
4	高压母线直流电流测量装置	800kV/3125A，户外安装 用于直流户外高压母线电流测量 测量信号：IdCH	台	2
5	中性母线直流电流测量装置	120kV/3125A，户外安装 用于直流阀厅出线中性母线电流测量 测量信号：IdCN	台	2
6	中性线直流电流测量装置	75kV/3125A，户外安装 用于直流户外中性母线电流测量 测量信号：IdLN	台	2
7	直流站内接地开关直流电流测量装置	75kV/3125A，户外安装 站内接地开关电流测量 测量信号：IdSG	台	1
8	直流大地回线开关直流电流测量装置	75kV/3125A，户外安装 大地回线开关电流测量 测量信号：IdMRTB	台	1
9	直流接地极线直流电流测量装置	75kV/3125A，户外安装 用于接地极线电流测量 测量信号：IdEE1、IdEE2	台	2

2.4　换流器区测量设备配置

换流器测量系统主要实现换流器级的参数采集与处理，包括旁路开关电流、桥臂电流、高低端换流器联络母线回路电流与电压信号。以昆柳龙直流工程为例，特高压

多端混合直流输电系统各个换流站的换流器区测点对应的一次测量设备型号与数量见表 2-5～表 2-7。

表 2-5　　昆北站换流器区测量设备一览表

序号	名称	规格与用途	单位	数量
1	直流电压测量装置	400kV，SF_6充气自立式，户外安装 用于直流户外换流器间电压测量 测量信号：UdM	台	2
2	高端换流器旁路开关回路直流电流测量装置	400kV/5000A，户外安装 用于高端换流器旁路开关回路电流测量 测量信号：IdBPS	台	2
3	高低压换流器间直流电流测量装置	400kV/5000A，户外安装 用于高低端换流器联络母线回路电流测量 测量信号：IdM	台	2
4	低端换流器旁路开关回路直流电流测量装置	120kV/5000A，户外安装 用于低端换流器旁路开关回路电流测量 测量信号：IdBPS	台	2
5	换流变压器中性点直流偏磁电流测量装置	工频耐压 1min：3kV，额定电流：50A，户外安装 用于换流变压器中性点直流偏磁电流测量 测量信号：IdNY	台	8
6	换流变压器中性点交流电流互感器	单相，自立式、户外安装 用于换流变压器中性点交流三相电流之和测量 测量信号：IacSUM	台	8

表 2-6　　柳州站换流器区测量设备一览表

序号	名称	规格与用途	单位	数量
1	直流电压测量装置	400kV，SF_6充气自立式，户外安装 用于直流户外换流器间电压测量 测量信号：UdMV	台	4
2	高端换流器旁路开关回路直流电流测量装置	400kV/1875A，户外安装 用于高端换流器旁路开关回路电流测量 测量信号：IdBPS（高端）	台	2
3	高低端换流器联络母线回路直流电流测量装置	400kV/1875A，户外安装 用于高低端换流器联络母线回路电流测量 测量信号：IdM	台	2

续表

序号	名称	规格与用途	单位	数量
4	低端换流器旁路开关回路 120kV 直流电流测量装置	120kV/1875A，户外安装 用于低端换流器旁路开关回路电流测量 测量信号：IdBPS（低端）	台	2
5	桥臂电抗器（上桥臂）阀侧高端电流测量装置	800kV/1875A，户内安装 纯光学式，用于桥臂电抗器（上桥臂）电流测量 测量信号：IbP（高端）	台	6
6	桥臂电抗器（下桥臂）阀侧高端电流测量装置	400kV/1875A，户内安装 纯光学式，用于桥臂电抗器（下桥臂）电流测量 测量信号：IbN（高端）	台	6
7	桥臂电抗器（上桥臂）阀侧低端电流测量装置	400kV/1875A，户内安装 纯光学式，用于桥臂电抗器（上桥臂）电流测量 测量信号：IbP（低端）	台	6
8	桥臂电抗器（下桥臂）阀侧低端电流测量装置	120kV/1875A，户内安装 纯光学式，用于桥臂电抗器（下桥臂）电流测量 测量信号：IbN（低端）	台	6
9	启动回路电压测量装置	525kV，SF_6充气自立式，户外安装 用于启动回路电压测量测量 测量信号：Usr	台	12
10	启动回路电流测量装置	纯光式，户外安装 用于启动回路电流测量 测量信号：Isr	台	12
11	网侧中性点直流偏磁电流测量装置（霍尔元件）	工频耐压 1min：3kV，额定电流：50A，户外安装 用于联接变压器网侧中性点直流偏磁电流测量 测量信号：IdNY	台	4
12	柳州站柔直变压器中性点交流电流互感器	单相，自立式、户外安装 用于柔直变压器中性点交流三相电流之和测量 测量信号：IacSUM	台	4

表 2-7　龙门站换流器区测量设备一览表

序号	名称	规格与用途	单位	数量
1	直流电压测量装置	400kV，SF_6充气自立式，户外安装 用于直流户外换流器间电压测量 测量信号：UdMV/UdNV	台	4
2	高端换流器旁路开关回路直流电流测量装置	400kV/3125A，户外安装 用于高端换流器旁路开关回路电流测量 测量信号：IdBPS（高端）	台	2
3	高低端换流器联络母线回路直流电流测量装置	400kV/3125A，户外安装 用于高低端换流器联络母线回路电流测量 测量信号：IdM	台	2
4	低端换流器旁路开关回路直流电流测量装置	120kV/3125A，户外安装 用于低端换流器旁路开关回路电流测量 测量信号：IdBPS（低端）	台	2
5	桥臂电抗器（上桥臂）阀侧高端电流测量装置	800kV/3125A，户内安装 纯光学式，用于桥臂电抗器（上桥臂）电流测量 测量信号：IbP（高端）	台	6
6	桥臂电抗器（下桥臂）阀侧高端电流测量装置	400kV/3125A，户内安装 纯光学式，用于桥臂电抗器（下桥臂）电流测量 测量信号：IbN（高端）	台	6
7	桥臂电抗器（上桥臂）阀侧低端电流测量装置	400kV/3125A，户内安装 纯光学式，用于桥臂电抗器（上桥臂）电流测量 测量信号：IbP（低端）	台	6
8	桥臂电抗器（下桥臂）阀侧低端电流测量装置	120kV/3125A，户内安装 纯光学式，用于桥臂电抗器（下桥臂）电流测量 测量信号：IbN（低端）	台	6
9	柔直变压器中性点直流偏磁电流测量装置（霍尔元件）	工频耐压 1min：3kV，额定电流：50A，户外安装 用于联接变压器网侧中性点直流偏磁电流测量 用于柔直变压器中性点交流三相电流之和测量 测量信号：IacSUM	台	4

续表

序号	名称	规格与用途	单位	数量
10	龙门站柔直变压器中性点交流电流互感器	单相，自立式、户外安装 测量信号：IdNY	台	4
11	启动回路电压测量装置	525kV，SF_6充气；自立式，户外安装 用于启动回路电压测量 测量信号：Usr	台	12
12	启动回路电流测量装置	525kV，纯光式，户外安装 用于启动回路电流测量 测量信号：Isr	台	12

2.5 换流变压器区测量设备配置

换流变压器测量系统主要实现换流变压器网侧和阀侧参数采集与处理，包括换流变压器交流馈线电压 U_S，换流变压器网侧套管电流 I_S，阀侧套管电流 I_{VT}、电压 U_{VT}。换流变压器区测点对应的一次设备型号与数量见表 2-8～表 2-10。

表 2-8　　昆北站换流变压器区测量设备一览表

序号	名称	规格与用途	单位	数量
1	换流变压器网侧进线电压互感器	单相/户外/叠装 TYD500/$\sqrt{3}$－0.005H 额定变比：$\frac{525}{\sqrt{3}}/\frac{0.1}{\sqrt{3}}/\frac{0.1}{\sqrt{3}}/\frac{0.1}{\sqrt{3}}/\frac{0.1}{\sqrt{3}}/0.1$kV 级次组合：0.2/0.2（3P）/0.2（3P）/3P/3P 额定输出（VA）：10/15/15/15/15 额定电容量（pF）：5000 测量信号：US	台	12

表 2-9　　柳州站换流变压器区测量设备一览表

序号	名称	规格与用途	单位	数量
1	高端柔直变压器阀侧进线电压测量装置	600kV＋220/$\sqrt{3}$kV，SF_6充气自立式，户内安装 用于高端柔直变压器阀侧进线电压测量 测量信号：UVT（高端）	台	6

续表

序号	名称	规格与用途	单位	数量
2	低端柔直变压器阀侧进线电压测量装置	200kV＋220/$\sqrt{3}$kV，SF_6充气自立式，户内安装 用于低端柔直变压器阀侧进线电压测量 测量信号：UVT（低端）	台	6
3	柔直变压器网侧进线电压测量装置	525kV，SF_6充气自立式，户外安装 用于柔直变压器网侧进线电压测量 测量信号：US	台	12
4	高端柔直变压器阀侧 800kV 电流测量装置	800kV/2016A，户内安装 用于高端柔直变压器阀侧电流测量 测量信号：IVT（高端）	台	6
5	低端柔直变压器阀侧 400kV 电流测量装置	400kV/2016A，户内安装 用于低端柔直变压器阀侧电流测量 测量信号：IVT（低端）	台	6
6	换流变压器网侧套管电流测量装置	525kV，SF_6充气自立式，户外安装 用于柔直变压器网侧进线套管电流测量 测量信号：IS	台	12
7	柔直变压器网侧进线电压互感器	单相/户外/叠装 TYD500/$\sqrt{3}$－0.005H 额定变比：$\frac{525}{\sqrt{3}}/\frac{0.1}{\sqrt{3}}/\frac{0.1}{\sqrt{3}}/\frac{0.1}{\sqrt{3}}/\frac{0.1}{\sqrt{3}}/0.1$kV 级次组合：0.2/0.2（3P）/0.2（3P）/3P/3P 额定输出（VA）：10/15/15/15/15 额定电容量（pF）：5000 测量信号：US	台	12

表 2 - 10　　龙门站换流变压器区测量设备一览表

序号	名称	规格与用途	单位	数量
1	高端柔直变压器阀侧进线电压测量装置	600kV＋244/$\sqrt{3}$kV，SF_6充气自立式，户内安装 用于高端柔直变压器阀侧进线电压测量 测量信号：UVT（高端）	台	6

续表

序号	名称	规格与用途	单位	数量
2	低端柔直变压器阀侧进线电压测量装置	200kV+244/$\sqrt{3}$kV，SF_6充气自立式，户内安装 用于低端柔直变压器阀侧进线电压测量 测量信号：UVT（低端）	台	6
3	柔直变压器网侧进线电压测量装置	525kV，SF_6充气自立式，户外安装 用于柔直变压器网侧进线电压测量 测量信号：Usr	台	12
4	高端柔直变压器阀侧 800kV 电流测量装置	800kV/2921A，户内安装 用于高端柔直变压器阀侧电流测量 测量信号：IVT（高端）	台	6
5	低端柔直变压器阀侧 400kV 电流测量装置	400kV/2921A，户内安装 用于低端柔直变压器阀侧电流测量 测量信号：IVT（低端）	台	6
6	柔直变压器交流馈线 电压互感器	单相/户外/叠装 TYD500/$\sqrt{3}$−0.005H 额定变比：$\frac{525}{\sqrt{3}}/\frac{0.1}{\sqrt{3}}/\frac{0.1}{\sqrt{3}}/\frac{0.1}{\sqrt{3}}/\frac{0.1}{\sqrt{3}}/0.1$kV 级次组合：0.2/0.2（3P）/0.2（3P）/3P/3P 额定输出（VA）：10/15/15/15/15 额定电容量（pF）：5000 测量信号：US	台	12

第 3 章　二次测量系统结构及原理

在高压直流系统中，交直流电气量经一次测量设备变换后，通过硬接线或光纤送至二次测量系统，经预处理后提供直流控保、换流器控制等系统使用。二次测量系统根据直流控保系统需求实现双重化或三重化独立配置，可减少直流控保系统板卡，降低负载率，提高系统稳定性。二次测量系统是高压直流系统安全稳定运行的关键环节，了解其结构及原理，对提升直流系统运维水平具有重要意义。昆柳龙直流工程应用基于 UAPC 平台的二次测量系统，配置有合并单元装置。本章节以合并单元为例介绍特高压多端直流工程的二次测量系统结构及原理。

3.1　合并单元装置

3.1.1　概述

合并单元装置作为直流测量屏的重要组成部件，为直流控保系统提供真实可靠的电流或电压信息。合并单元装置接收直流测量装置的数字采样信号，对多个互感器采样数据进行处理（低通滤波、误差调整、插值同步等），合并各直流测量装置的采样数据并进行组帧，然后按照 IEC 60044－8 通信协议通过光纤分别发送给各控保设备；同时，合并单元装置还要通过供能光纤为电子式直流测量装置的远端模块提供作为工作电源的激光能量，并根据每个远端模块的工况实时调节供能功率。

合并单元支持 10kS/s、50kS/s 和 100kS/s 多种采样速率，能够适应直流电子式电流互感器、直流电子式电压互感器、纯光式电流互感器、霍尔电流传感器及交流电子式电压互感器多种接入场合，输出信号采用 62.5/125μm 多模光纤传送，信号连接如图 3－1 所示。

通常情况下，二次测量系统根据直流控制保护系统配置特点实现双重化或三重化独立配置。对于三重化配置的直流保护系统，合并单元装置同样采取三重化的冗余配置方案，具有较高的可靠性，具有以下特点：

（1）合并单元装置有完善的自检功能，防止由于装置本身故障而引起不必要的系统停运。

（2）合并单元装置采用三重化模式，并且任意一套装置退出运行而不影响直流系统功率输送。每重装置采用不同测量器件、通道、电源的配置原则。

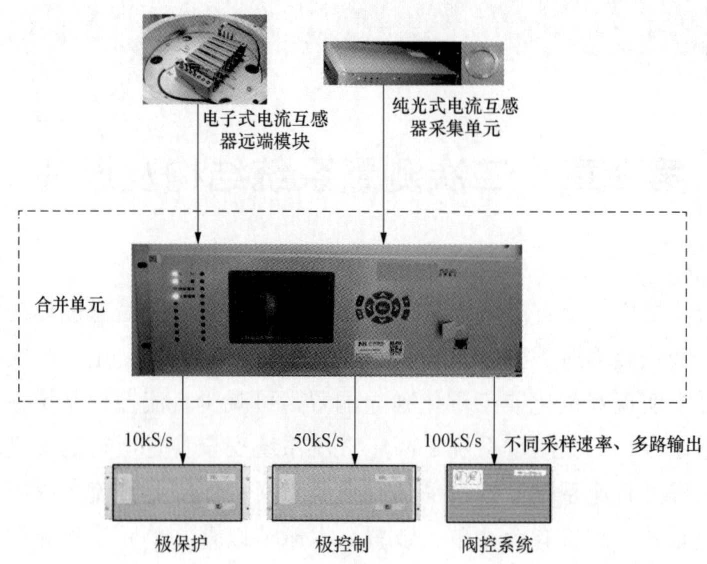

图 3-1　合并单元信号连接示意图

（3）每台合并单元装置是完全独立的。

（4）方便的定值修改功能。可以随时对装置定值进行检查和必要的修改。

（5）装置各通道采用独立的数据接收和发送模块。

（6）合并单元装置不需要站间通信。

（7）装置实时监视各采样通道状态，并将监视信息数据上送后台监控系统。

（8）装置报警信息均会在运行人员工作站事件列表中显示。

（9）装置采用双路电源供电，当某一路电源故障时，不会影响装置的正常运行。

（10）装置各通道具有独立的软件投退功能，投退某通道时不会影响其他通道数据的接收和发送。

（11）直流电源上、下电时装置不误输出数据。

（12）装置检测到某通道严重故障时，只闭锁本通道采样数据，正常通道的测点采样数据不会闭锁。

3.1.2　合并单元板卡与功能配置

基于 UAPC 硬件平台的合并单元装置配置 MON 插件、激光供能插件、光口扩展插件、电源插件等插件，采用高性能嵌入式 CPU 和 DSP，通过高速串行总线实现装置内各插件数据同步和高速数据交换。装置硬件采用模块化设计，通过 I/O 灵活扩展配置，易于维护，装置硬件结构如图 3-2 所示。

合并单元的不同功能通过各自对应的板卡实现，以装置型号为 PCS-221JD 的合并单元装置为例，板卡配置如图 3-3 所示。

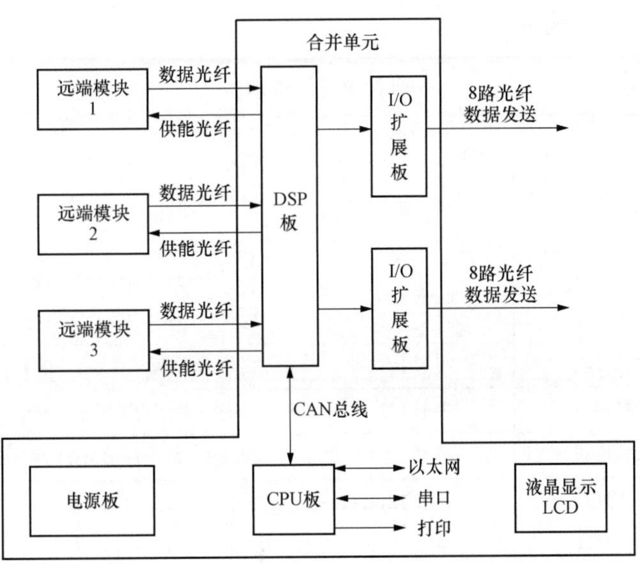

图 3-2　合并单元装置硬件结构图

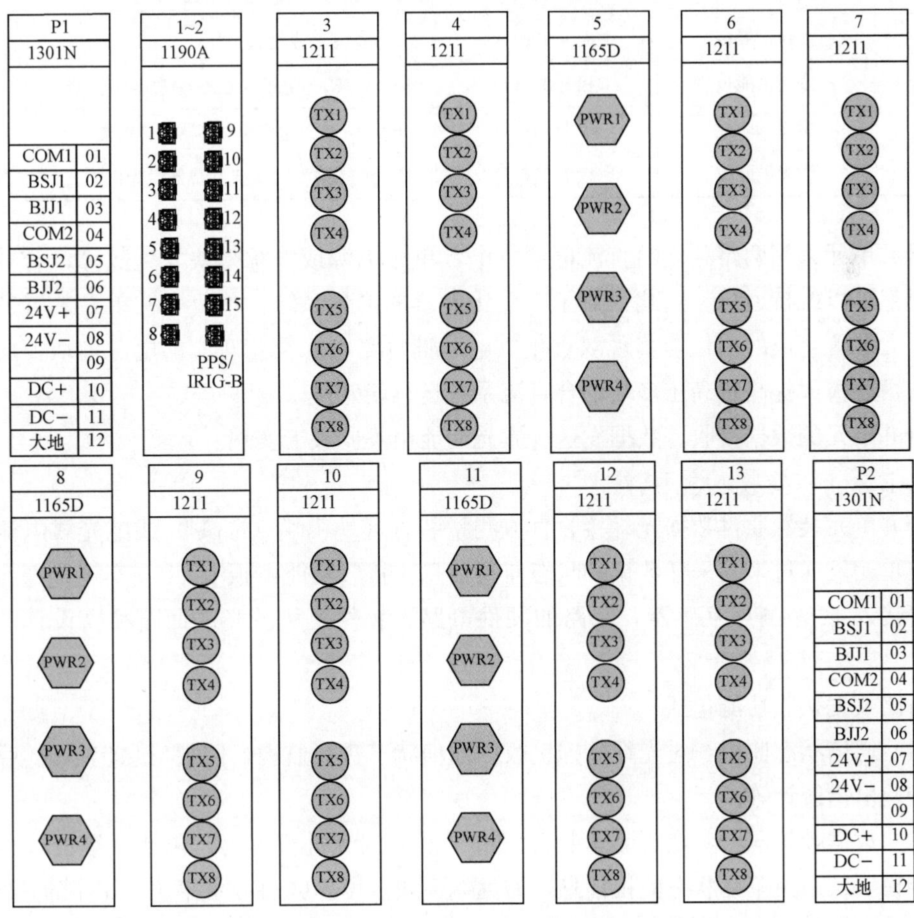

图 3-3　合并单元板卡配置图

合并单元各板卡功能见表3-1。

表3-1　合并单元板卡功能

槽号	功能	型号	功能说明
P1	电源板	板卡1301N	双电源配置
P2			
1～2	MON板	板卡1190A	12路（RX1～RX12）数据接收口（9～14，双收），1个PPS+IRIGB，双网口（7、8）
3	光口扩展板	板卡1211A	10kS/s数据合并发送（RX1～RX12）
4	光口扩展板	板卡1211A	50kS/s数据合并发送（RX1～RX12）
6	光口扩展板	板卡1211A	100kS/s数据透传（RX7）
7	光口扩展板	板卡1211A	100kS/s数据透传（RX8）
9	光口扩展板	板卡1211A	100kS/s数据透传（RX9）
10	光口扩展板	板卡1211A	100kS/s数据透传（RX10）
12	光口扩展板	板卡1211A	100kS/s数据透传（RX11）
13	光口扩展板	板卡1211A	100kS/s数据透传（RX12）
5	激光供能板	板卡1165D	RX1～RX4电子式互感器激光供能
8	激光供能板	板卡1165D	RX7～RX8电子式互感器激光供能
11	激光供能板	板卡1165D	RX9～RX12电子式互感器激光供能

合并单元采用两路独立的直流电源供电，单一电源或电源模块发生故障，合并单元装置仍然可以维持运行。因此，对于三重化配置的测量系统，单个合并单元装置及不同合并单元装置组成的屏柜均实现双重化供电，且每路电源及相对应的电源模块彼此相对独立，由此极大提高特高压多端混合直流系统运行稳定性。

合并单元的数据接收、数据发送、激光功能由不同板卡实现。

3.1.2.1　接收功能配置

合并单元装置通过数据光纤接收直流测量装置远端模块（RTU）或纯光式电流互感器采集单元发送过来的采样数据和状态监视信息。接收功能由板卡1190实现，每台装置最多可接入12个测点互感器，每路的硬件电路、软件模块及光纤回路独立设计，互不影响。

每路数据接收功能包括：

（1）通信状态监视：对光纤数据接收的通信状态进行监视，监视信息包括丢帧统计、数据校验出错统计等。

（2）数据帧解码：对直流测量装置发过来的数据帧进行解码，包括测量值采样数据和远端模块及采集单元状态监视信息，如远端模块温度、OCT光路温度、电路温度等。

板卡1190支持多种电子式互感器或光学电流互感器接入，可根据应用定值“RX接

收使能”设置，包括：直流电子式电流互感器、直流电子式电压互感器、纯光式电流互感器、谐波电流互感器、霍尔传感器、交流电压互感器、滤波器首端或不平衡电子式电流互感器。

合并单元的数据接收功能板卡通道见表 3-2。

表 3-2　　合并单元的数据接收功能板卡通道列表

序号	板卡通道	通道名称
1	2 号槽 1-1	RX1 远端模块数据接收
2	2 号槽 1-2	RX2 远端模块数据接收
3	2 号槽 2-1	RX3 远端模块数据接收
4	2 号槽 2-2	RX4 远端模块数据接收
5	2 号槽 3-1	RX5 远端模块数据接收
6	2 号槽 3-2	RX6 远端模块数据接收
7	2 号槽 4-1	RX7 远端模块/采集单元数据接收
8	2 号槽 4-2	RX8 远端模块/采集单元数据接收
9	2 号槽 5-1	RX9 远端模块/采集单元数据接收
10	2 号槽 5-2	RX10 远端模块/采集单元数据接收
11	2 号槽 6-1	RX11 远端模块/采集单元数据接收
12	2 号槽 6-2	RX12 远端模块/采集单元数据接收

3.1.2.2　激光供能配置

合并单元装置通过供能光纤为直流测量装置远端模块提供激光能量作为其工作电源，并根据接收到的远端模块状态信息动态调节其输出功率的大小。激光供能由板卡 1165 实现，每台装置最多支持 12 路激光供能输出，每路的硬件电路、软件模块及光纤回路独立设计，互不影响。每路激光供能功能包括：

（1）激光供能调节：根据接收到的远端模块状态信息动态调节其输出功率的大小。当远端模块功耗或光纤回路损耗增大时，自动提高激光器的输出功率；当远端模块功耗或光纤回路损耗较小时，自动降低激光器的输出功率。

（2）激光供能监视：对激光器的工作状态信息监视，主要包括激光器驱动电流和激光器温度。当激光器驱动电流大于 1100mA 时，装置发“B0x 激光器 y 驱动电流高”报警信号，不闭锁采样数据；当激光器温度大于 50℃时，装置发“B0x 激光器 y 温度高”报警信号，不闭锁采样数据。

（3）在线投退功能：压板定值“B0x 激光器 y 投入”置 1 则投入该通道激光器；置 0 则退出该路激光器。投退激光器时，装置不会重启，不会影响装置上其他通道的正常运行（注：x 代表 5、8、11，y 代表 1～4，当接收的数据来自纯光式电流互感器时，无需配置激光供能板卡）。合并单元的激光供能板卡通道见表 3-3。

表 3-3　　合并单元的激光供能板卡通道列表

序号	板卡通道	通道名称
1	5 号槽 PWR 1	RX1 激光供能
2	5 号槽 PWR 2	RX2 激光供能
3	5 号槽 PWR 3	RT3 激光供能
4	5 号槽 PWR 4	RX4 激光供能
5	8 号槽 PWR 1	RX5 激光供能
6	8 号槽 PWR 2	RX6 激光供能
7	8 号槽 PWR 3	RX7 激光供能
8	8 号槽 PWR 4	RX8 激光供能
9	11 号槽 PWR 1	RX9 激光供能
10	11 号槽 PWR 2	RX10 激光供能
11	11 号槽 PWR3	RX11 激光供能
12	11 号槽 PWR 4	RX12 激光供能

3.1.2.3　发送功能配置

合并单元装置对接收到的 12 路采样数据进行合并组帧后，再通过光纤发送板 1211 板卡以标准数据帧格式进行数据发送。采样数据格式遵循标准为 Q/GDW 441—2010《智能变电站继电保护技术规范》附录 A 规定的 IEC 60044-8 协议帧格式所定义的点对点串行 FT3 通用数据接口标准，通信波特率为 20M。合并单元的发送功能板卡通道见表 3-4。

表 3-4　　合并单元的发送功能板卡通道列表

序号	板卡通道	通道名称	备注
1	3 号槽 TX1	10kS/s 数据发送	所有光纤数据发送相同
2	3 号槽 TX2	10kS/s 数据发送	
3	3 号槽 TX3	10kS/s 数据发送	
4	3 号槽 TX4	10kS/s 数据发送	
5	3 号槽 TX5	10kS/s 数据发送	
6	3 号槽 TX6	10kS/s 数据发送	
7	3 号槽 TX7	10kS/s 数据发送	
8	3 号槽 TX8	10kS/s 数据发送	
9	4 号槽 TX1～TX8	50kS/s 数据发送	所有光纤数据发送相同
10	6 号槽 TX1～TX8	转发 RX7 接收的 100kS/s 数据	该板卡选配，所有光纤数据发送相同
11	7 号槽 TX1～TX8	转发 RX8 接收的 100kS/s 数据	该板卡选配

续表

序号	板卡通道	通道名称	备注
12	9 号槽 TX1～TX8	转发 RX9 接收的 100kS/s 数据	该板卡选配
13	10 号槽 TX1～TX8	转发 RX10 接收的 100kS/s 数据	该板卡选配
14	12 号槽 TX1～TX8	转发 RX11 接收的 100kS/s 数据	该板卡选配
15	13 号槽 TX1～TX8	转发 RX12 接收的 100kS/s 数据	该板卡选配

合并单元装置同时支持 10、50kS/s 和 100kS/s 采样数据输出，24 位采样数据（其中 bit23 为符号位）。10kS/s 数据帧定义见表 3-5～表 3-7，50kS/s 数据帧定义见表 3-8 和表 3-9，100kS/s 数据帧定义见表 3-10～表 3-13。

表 3-5　　10kS/s 数据帧定义

<table>
<tr><th>项目</th><th>2^7</th><th>2^6</th><th>2^5</th><th>2^4</th><th>2^3</th><th>2^2</th><th>2^1</th><th>2^0</th></tr>
<tr><td rowspan="2">起始符</td><td>0</td><td>0</td><td>0</td><td>0</td><td>0</td><td>1</td><td>0</td><td>1</td></tr>
<tr><td>0</td><td>1</td><td>1</td><td>0</td><td>0</td><td>1</td><td>0</td><td>0</td></tr>
<tr><td rowspan="16">数据载入 1
（8 个 word）</td><td>字节 1</td><td colspan="6" rowspan="2">数据集长度
（=62 十进制）</td><td></td></tr>
<tr><td>字节 2</td><td></td></tr>
<tr><td>字节 3</td><td colspan="6" rowspan="2">LNName（=02）
DataSetName</td><td></td></tr>
<tr><td>字节 4</td><td></td></tr>
<tr><td>字节 5</td><td colspan="6" rowspan="2">LDName</td><td></td></tr>
<tr><td>字节 6</td><td></td></tr>
<tr><td>字节 7</td><td colspan="6" rowspan="2">额定相电流
（PhsA. Artg）</td><td></td></tr>
<tr><td>字节 8</td><td></td></tr>
<tr><td>字节 9</td><td colspan="6" rowspan="2">额定中性点电流
（Neut. Artg）</td><td></td></tr>
<tr><td>字节 10</td><td></td></tr>
<tr><td>字节 11</td><td colspan="6" rowspan="2">额定相电压
（PhsA. Vrtg）</td><td></td></tr>
<tr><td>字节 12</td><td></td></tr>
<tr><td>字节 13</td><td colspan="6" rowspan="2">额定延迟时间（t_{dr}）</td><td></td></tr>
<tr><td>字节 14</td><td></td></tr>
<tr><td>字节 15</td><td colspan="6" rowspan="2">SmpCnt（样本计数器，0～9999）</td><td></td></tr>
<tr><td>字节 16</td><td></td></tr>
<tr><td rowspan="2">CRC
（循环冗余校验）</td><td>msb</td><td colspan="6" rowspan="2">数据载入 1 的 CRC</td><td></td></tr>
<tr><td></td><td>lsb</td></tr>
</table>

续表

项目	2^7	2^6	2^5	2^4	2^3	2^2	2^1	2^0
数据载入 2（8 个 word）	字节 1	测点 1 采样数据						
	字节 2							
	字节 3							
	字节 4	测点 2 采样数据						
	字节 5							
	字节 6							
	字节 7	测点 3 采样数据						
	字节 8							
	字节 9							
	字节 10	测点 4 采样数据						
	字节 11							
	字节 12							
	字节 13	测点 5 采样数据						
	字节 14							
	字节 15							
	字节 16	测点 6 采样数据（bit23～bit16）						
CRC	msb	数据载入 2 的 CRC						
								lsb
数据载入 3（8 个 word）	字节 1	测点 6 采样数据（bit15～bit0）						
	字节 2							
	字节 3	测点 7 采样数据						
	字节 4							
	字节 5							
	字节 6	测点 8 采样数据						
	字节 7							
	字节 8							
	字节 9	测点 9 采样数据						
	字节 10							
	字节 11							
	字节 12	测点 10 采样数据						
	字节 13							
	字节 14							
	字节 15	测点 11 采样数据（bit23～bit8）						
	字节 16							

续表

<table>
<tr><th>项目</th><th>2^7</th><th>2^6</th><th>2^5</th><th>2^4</th><th>2^3</th><th>2^2</th><th>2^1</th><th>2^0</th></tr>
<tr><td rowspan="2">CRC</td><td>Msb（高）</td><td colspan="6" rowspan="2">数据载入 3 的 CRC</td><td></td></tr>
<tr><td></td><td>Lsb（低）</td></tr>
<tr><td rowspan="16">数据载入 4
（8 个 word）</td><td>字节 1</td><td colspan="6">测点 11 采样数据（bit7～bit0）</td><td></td></tr>
<tr><td>字节 2</td><td colspan="6" rowspan="3">测点 12 采样数据</td><td></td></tr>
<tr><td>字节 3</td><td></td></tr>
<tr><td>字节 4</td><td></td></tr>
<tr><td>字节 5</td><td colspan="6" rowspan="2">备用</td><td></td></tr>
<tr><td>字节 6</td><td></td></tr>
<tr><td>字节 7</td><td colspan="6" rowspan="2">备用</td><td></td></tr>
<tr><td>字节 8</td><td></td></tr>
<tr><td>字节 9</td><td colspan="6">OCT 光纤序号（0～5）</td><td></td></tr>
<tr><td>字节 10</td><td colspan="6">OCT 设备状态序号（0～7）</td><td></td></tr>
<tr><td>字节 11</td><td colspan="6" rowspan="2">OCT 设备状态</td><td></td></tr>
<tr><td>字节 12</td><td></td></tr>
<tr><td>字节 13</td><td colspan="6" rowspan="2">状态字＃1（表 3 - 6）</td><td></td></tr>
<tr><td>字节 14</td><td></td></tr>
<tr><td>字节 15</td><td colspan="6" rowspan="2">状态字＃2（表 3 - 7）</td><td></td></tr>
<tr><td>字节 16</td><td></td></tr>
<tr><td rowspan="2">CRC</td><td>msb</td><td colspan="6" rowspan="2">数据载入 4 的 CRC</td><td></td></tr>
<tr><td></td><td>lsb</td></tr>
</table>

表 3 - 6　　状态字＃1（StatusWord ＃1）

<table>
<tr><th>字节位</th><th colspan="2">说明</th><th>注释</th></tr>
<tr><td>bit0</td><td>要求维修
（LPHD. PHHealth）</td><td>0：良好
1：警告或报警（要求维修）</td><td>用于设备状态检修</td></tr>
<tr><td>bit1</td><td>LLN0. Mode</td><td>0：接通（正常运行）
1：试验</td><td>检修标志位 test</td></tr>
<tr><td>bit2</td><td>唤醒时间指示
唤醒时间数据的有效性</td><td>0：接通（正常运行），数据有效
1：唤醒时间，数据无效</td><td>在唤醒时间期间应设置</td></tr>
<tr><td>bit3</td><td>合并单元的同步方法</td><td>0：数据集不采用插值法
1：数据集适用于插值法</td><td></td></tr>
</table>

续表

字节位	说明		注释
bit4	对同步的各合并单元	0：样本同步 1：时间同步消逝/无效	如合并单元用插值法也要设置
bit5	测点 1 采样数据状态	0：有效 1：无效	
bit6	测点 2 采样数据状态	0：有效 1：无效	
bit7	测点 3 采样数据状态	0：有效 1：无效	
bit8	测点 4 采样数据状态	0：有效 1：无效	
bit9	测点 5 采样数据状态	0：有效 1：无效	
bit10	测点 6 采样数据状态	0：有效 1：无效	
bit11	测点 7 采样数据状态	0：有效 1：无效	
bit12	电流互感器输出类型 $i(t)$ 或 $d[i(t)/dt]$	0：$i(t)$ 1：$d[i(t)/dt]$	对空心线圈应设置
bit13	RangeFlag	0：比例因子 SCP=01CF H 1：比例因子 SCP=01E7 H	比例因子 SCM 和 SV 皆无作用
bit14	供将来使用		
bit15	供将来使用		

表 3-7　　　　状态字＃2（StatusWord ＃2）

字节位	说明		注释
bit0	测点 8 采样数据状态	0：有效 1：无效	
bit1	测点 9 采样数据状态	0：有效 1：无效	
bit2	测点 10 采样数据状态	0：有效 1：无效	

续表

字节位	说明		注释
bit3	测点 11 采样数据状态	0：有效 1：无效	
bit4	测点 12 采样数据状态	0：有效 1：无效	
bit5	供将来使用		
bit6	供将来使用		
bit7	供将来使用		
bit8	供将来使用		
bit9	供将来使用		
bit10	供将来使用		
bit11	供将来使用		
bit12	供将来使用		
bit13	供将来使用		
bit14	供将来使用		
bit15	供将来使用		

（1）10kS/s 采样数据。采样率为 10kS/s，12 个测点数据合并发送，有效带宽 20Mbit/s，数据长度为 32word，4 个 block。

（2）电子式互感器 50kS/s 采样数据。采样率为 50kS/s，12 个电子式测点数据合并发送，或 6 个电子式和 6 个纯光式测量值合并（电子式前六路，纯光后六路），有效带宽 20Mbit/s，数据长度为 21word，1 个 block。

表 3-8　　50kS/s 数据帧内容

字段	长度	定义	备注
帧头	16	0x0564	
逻辑设备名	16	0～255	
数据状态	16	bit0～bit11 对应 ch1～ch12 数据状态	0：有效　1：无效
1 通道采样值	24	DataChannel ＃1	24 位数据，bit23 符号位
2 通道采样值	24	DataChannel ＃2	24 位数据，bit23 符号位
3 通道采样值	24	DataChannel ＃3	24 位数据，bit23 符号位
4 通道采样值	24	DataChannel ＃4	24 位数据，bit23 符号位
5 通道采样值	24	DataChannel ＃5	24 位数据，bit23 符号位
6 通道采样值	24	DataChannel ＃6	24 位数据，bit23 符号位

续表

字段	长度	定义	备注
7 通道采样值	24	DataChannel ＃7	24 位数据，bit23 符号位
8 通道采样值	24	DataChannel ＃8	24 位数据，bit23 符号位
9 通道采样值	24	DataChannel ＃9	24 位数据，bit23 符号位
10 通道采样值	24	DataChannel ＃10	24 位数据，bit23 符号位
11 通道采样值	24	DataChannel ＃11	24 位数据，bit23 符号位
12 通道采样值	24	DataChannel ＃12	24 位数据，bit23 符号位
采样计数器	16	0～49999	采样计数器
校验域	16	CRC 校验值	

表 3-9　50kS/s 数据帧定义

项目	2^7	2^6	2^5	2^4	2^3	2^2	2^1	2^0
起始符	0	0	0	0	0	1	0	1
	0	1	1	0	0	1	0	0
数据载入	字节 1	LDName（逻辑设备名）						
	字节 2							
	字节 3	数据状态（数据状态）						
	字节 4							
	字节 5	DataChannel ＃1						
	字节 6							
	字节 7							
	字节 8	DataChannel ＃2						
	字节 9							
	字节 10							
	字节 11	DataChannel ＃3						
	字节 12							
	字节 13							
	字节 14	DataChannel ＃4						
	字节 15							
	字节 16							
	字节 17	DataChannel ＃5						
	字节 18							
	字节 19							

续表

项目	2^7	2^6	2^5	2^4	2^3	2^2	2^1	2^0
数据载入	字节 20	DataChannel ＃6						
	字节 21							
	字节 22							
	字节 23	DataChannel ＃7						
	字节 24							
	字节 25							
	字节 26	DataChannel ＃8						
	字节 27							
	字节 28							
	字节 29	DataChannel ＃9						
	字节 30							
	字节 31							
	字节 32	DataChannel ＃10						
	字节 33							
	字节 34							
	字节 35	DataChannel ＃11						
	字节 36							
	字节 37							
	字节 38	DataChannel ＃12						
	字节 39							
	字节 40							
采样计数器	字节 41	0～49999						
	字节 42							
CRC	msb	数据载入 CRC						
								lsb

(3) 光学互感器 100kS/s 采样数据。采样率为 100kS/s，有效带宽 20Mbit/s，数据长度为 4word，1 个 block。

表 3-10　　100kS/s 数据帧定义

项目	2^7	2^6	2^5	2^4	2^3	2^2	2^1	2^0
起始符	0	0	0	0	0	1	0	1
	0	1	1	0	0	1	0	0

续表

项目	2^7	2^6	2^5	2^4	2^3	2^2	2^1	2^0
数据载入 1 （4 个 word）	字节 1	逻辑设备名（bit7～bit1）；数据状态（bit0）						
	字节 2	采样数据			高 8 位（bit23～bit16）			
	字节 3				中 8 位（bit15～bit8）			
	字节 4				低 8 位（bit7～bit0）			
	字节 5	设备状态序号						
	字节 6	设备状态						
	字节 7	SmpCnt（样本计数器，0～65535）						
	字节 8							
CRC	msb	数据载入 1 的 CRC						
								lsb

表 3-11　　设备状态序号与设备状态定义

设备状态序号	8（高 8 位）	0：额定延时 _ H 1：额定延时 _ L 2：装置状态字 1 _ H 3：装置状态字 1 _ L 4：装置状态字 2 _ H 5：装置状态字 2 _ L 6：光路温度 _ H（℃，int16） 7：光路温度 _ L（℃，int16） 8：电路温度 _ H（℃，int16） 9：电路温度 _ L（℃，int16） 10：光源温度 _ H（℃，int16） 11：光源温度 _ L（℃，int16） 12：驱动电流 _ H（mA，int16） 13：驱动电流 _ L（mA，int16） 14：温控电流 _ H（mA，int16） 15：温控电流 _ L（mA，int16） 16：半波电压 _ H（V，int16） 17：半波电压 _ L（V，int16） 18：光强水平 _ H（mV，int16） 19：光强水平 _ L（mV，int16） 20：级连光口接收光强 _ H（dBm，int16） 21：级连光口接收光强 _ L（dBm，int16） 其他：备用	为保留 1 位小数精度，光路温度等模拟监视量放大 10 倍后上送
设备状态	8（低 8 位）	采集单元的监视量和状态	分时上送。16 位数据拆成高低 2 个字节上送

表 3-12　　装置状态字 1 定义

bit15	bit14	bit13	bit12
采集单元异常	光路异常	光源驱动电流异常	光源温度异常
bit11	bit10	bit9	bit8
调制信号异常	负模拟输入电源异常	正模拟输入电源异常	数字输入电源异常
bit7	bit6	bit5	bit4
半波电压异常	DAC 负 5V 电源异常	DAC 正 5V 电源异常	ADC3.3V 电源异常
bit3	bit2	bit1	bit0
ADC 参考电源异常	ADC1.8V 电源异常	ADC 负 5V 电源异常	ADC 正 5V 电源异常
“0”：状态正常，“1”：状态异常			

表 3-13　　装置状态字 2 定义

bit15	bit14	bit13	bit12
备用	备用	备用	备用
bit11	bit10	bit9	bit8
备用	备用	备用	备用
bit7	bit6	bit5	bit4
备用	备用	电源插件 2 异常	电源插件 1 异常
bit3	bit2	bit1	bit0
半波电压越限	光源驱动电流越限	DSP 异常	FPGA 异常
“0”：状态正常，“1”：状态异常			

3.1.3　自检监视功能

合并单元装置具有监视与自诊断功能，覆盖从远端模块数据接收开始的所有设备，包括完整的光纤数据接收回路、激光供能回路、光纤数据发送回路、总线、微处理板和所有相关设备，能检测出上述设备内发生的所有故障，对各种故障定位到最小可更换单元，并根据不同的故障等级做出相应的响应，监视与自诊断功能覆盖率达到 100%。具体包括：装置双电源监视、装置内部总线监视、装置 CPU 与 DSP 运行监视、装置 CPU 与 DSP 负荷监视、装置 PPS 对时监视、装置光纤数据接收监视、装置激光供能监视、装置管理软件运行情况监视、装置站内网络通信监视、装置远端模块状态监视、装置采样数据相互校验监视。自检功能的监视、报警信息见表 3-14 和表 3-15。

表 3 - 14　　与后台通信的监视信息列表

信号名称	含义	来源于
B05 激光器 1 驱动电流	激光器驱动电流监视采样值	板 5 通道 1（PWR　1）
B05 激光器 2 驱动电流		板 5 通道 2（PWR　2）
B05 激光器 3 驱动电流		板 5 通道 3（PWR　3）
B05 激光器 4 驱动电流		板 5 通道 4（PWR　4）
B08 激光器 1 驱动电流		板 8 通道 1（PWR　1）
B08 激光器 2 驱动电流		板 8 通道 2（PWR　2）
B08 激光器 3 驱动电流		板 8 通道 3（PWR　3）
B08 激光器 4 驱动电流		板 8 通道 4（PWR　4）
B11 激光器 1 驱动电流		板 11 通道 1（PWR　1）
B11 激光器 2 驱动电流		板 11 通道 2（PWR　2）
B11 激光器 3 驱动电流		板 11 通道 3（PWR　3）
B11 激光器 4 驱动电流		板 11 通道 4（PWR　4）
B05 激光器 1 温度	激光器温度监视采样值	板 5 通道 1（PWR　1）
B05 激光器 2 温度		板 5 通道 2（PWR　2）
B05 激光器 3 温度		板 5 通道 3（PWR　3）
B05 激光器 4 温度		板 5 通道 4（PWR　4）
B08 激光器 1 温度		板 8 通道 1（PWR　1）
B08 激光器 2 温度		板 8 通道 2（PWR　2）
B08 激光器 3 温度		板 8 通道 3（PWR　3）
B08 激光器 4 温度		板 8 通道 4（PWR　4）
B11 激光器 1 温度		板 11 通道 1（PWR　1）
B11 激光器 2 温度		板 11 通道 2（PWR　2）
B11 激光器 3 温度		板 11 通道 3（PWR　3）
B11 激光器 4 温度		板 11 通道 4（PWR　4）

续表

信号名称	含义	来源于
RX1 接收数据异常	接收数据异常监视	
RX2 接收数据异常		
RX3 接收数据异常		
RX4 接收数据异常		
RX5 接收数据异常		
RX6 接收数据异常		
RX7 接收数据异常		
RX8 接收数据异常		
RX9 接收数据异常		
RX10 接收数据异常		
RX11 接收数据异常		
RX12 接收数据异常		
B05 激光器 1 驱动电流高	电子互感器驱动电流高报警	
B05 激光器 2 驱动电流高		
B05 激光器 3 驱动电流高		
B05 激光器 4 驱动电流高		
B08 激光器 1 驱动电流高		
B08 激光器 2 驱动电流高		
B08 激光器 3 驱动电流高		
B08 激光器 4 驱动电流高		
B11 激光器 1 驱动电流高		
B11 激光器 2 驱动电流高		
B11 激光器 3 驱动电流高		
B11 激光器 4 驱动电流高		

续表

信号名称	含义	来源于
B05 激光器 1 温度高	电子互感器激光器温度高报警	
B05 激光器 2 温度高		
B05 激光器 3 温度高		
B05 激光器 4 温度高		
B08 激光器 1 温度高		
B08 激光器 2 温度高		
B08 激光器 3 温度高		
B08 激光器 4 温度高		
B11 激光器 1 温度高		
B11 激光器 2 温度高		
B11 激光器 3 温度高		
B11 激光器 4 温度高		
B05 激光器 1 关闭	激光器关闭	
B05 激光器 2 关闭		
B05 激光器 3 关闭		
B05 激光器 4 关闭		
B08 激光器 1 关闭		
B08 激光器 2 关闭		
B08 激光器 3 关闭		
B08 激光器 4 关闭		
B11 激光器 1 关闭		
B11 激光器 2 关闭		
B11 激光器 3 关闭		
B11 激光器 4 关闭		

续表

信号名称	含义	来源于
B05 激光器 1 测试模式	激光器测试模式	
B05 激光器 2 测试模式		
B05 激光器 3 测试模式		
B05 激光器 4 测试模式		
B08 激光器 1 测试模式		
B08 激光器 2 测试模式		
B08 激光器 3 测试模式		
B08 激光器 4 测试模式		
B11 激光器 1 测试模式		
B11 激光器 2 测试模式		
B11 激光器 3 测试模式		
B11 激光器 4 测试模式		
RXx _ OCT 装置状态字 1	纯光式电流互感器采集单元监视，x 值取 7～12	
RXx _ OCT 装置状态字 2		
RXx _ OCT 光路温度		
RXx _ OCT 电路温度		
RXx _ OCT 光源温度		
RXx _ OCT 驱动电流		
RXx _ OCT 温控电流		
RXx _ OCT 光强水平		

表 3-15　　与后台通信的报警信号列表

序号	自检报警元件	指示灯		是否闭锁装置	含义	处理意见
		运行	报警			
1	板卡配置错误	○	×	是	装置板卡配置和具体工程的设计图纸不匹配	通过“装置信息”→“板卡信息”菜单，检查板卡异常信息；检查板卡是否安装到位和工作正常
2	定值超范围	○	×	是	定值超出可整定的范围	请根据说明书的定值范围重新整定定值
3	定值项变化报警	○	×	是	当前版本的定值项与装置保存的定值单不一致	通过“整定定值”→“定值确认”菜单确认；通知厂家处理
4	版本错误报警	×	●	否	装置的程序版本校验出错	工程调试阶段下载打包程序文件消除报警；投运时报警通知厂家处理
5	B05 激光器 1 驱动电流高	×	●	否	B05 激光器 1 驱动电流大于报警值（默认 1100mA）	检查 B05 激光器 1 供能光纤、1165D 板卡
6	B05 激光器 2 驱动电流高	×	●	否	B05 激光器 2 驱动电流大于报警值（默认 1100mA）	检查 B05 激光器 2 供能光纤、1165D 板卡
7	B05 激光器 3 驱动电流高	×	●	否	B05 激光器 3 驱动电流大于报警值（默认 1100mA）	检查 B05 激光器 3 供能光纤、1165D 板卡
8	B05 激光器 4 驱动电流高	×	●	否	B05 激光器 4 驱动电流大于报警值（默认 1100mA）	检查 B05 激光器 4 供能光纤、1165D 板卡
9	B08 激光器 1 驱动电流高	×	●	否	B08 激光器 1 驱动电流大于报警值（默认 1100mA）	检查 B08 激光器 1 供能光纤、1165D 板卡
10	B08 激光器 2 驱动电流高	×	●	否	B08 激光器 2 驱动电流大于报警值（默认 1100mA）	检查 B08 激光器 2 供能光纤、1165D 板卡

续表

序号	自检报警元件	指示灯		是否闭锁装置	含义	处理意见
		运行	报警			
11	B08 激光器 3 驱动电流高	×	●	否	B08 激光器 3 驱动电流大于报警值（默认 1100mA）	检查 B08 激光器 3 供能光纤、1165D 板卡
12	B08 激光器 4 驱动电流高	×	●	否	B08 激光器 4 驱动电流大于报警值（默认 1100mA）	检查 B08 激光器 4 供能光纤、1165D 板卡
13	B11 激光器 1 驱动电流高	×	●	否	B11 激光器 1 驱动电流大于报警值（默认 1100mA）	检查 B11 激光器 1 供能光纤、1165D 板卡
14	B11 激光器 2 驱动电流高	×	●	否	B11 激光器 2 驱动电流大于报警值（默认 1100mA）	检查 B11 激光器 2 供能光纤、1165D 板卡
15	B11 激光器 3 驱动电流高	×	●	否	B11 激光器 3 驱动电流大于报警值（默认 1100mA）	检查 B11 激光器 3 供能光纤、1165D 板卡
16	B11 激光器 4 驱动电流高	×	●	否	B11 激光器 4 驱动电流大于报警值（默认 1100mA）	检查 B11 激光器 4 供能光纤、1165D 板卡
17	B05 激光器 1 温度高	×	●	否	B05 激光器 1 温度大于 50℃	检查装置风扇和屏柜散热
18	B05 激光器 2 温度高	×	●	否	B05 激光器 2 温度大于 50℃	检查装置风扇和屏柜散热
19	B05 激光器 3 温度高	×	●	否	B05 激光器 3 温度大于 50℃	检查装置风扇和屏柜散热
20	B05 激光器 4 温度高	×	●	否	B05 激光器 4 温度大于 50℃	检查装置风扇和屏柜散热
21	B08 激光器 1 温度高	×	●	否	B08 激光器 1 温度大于 50℃	检查装置风扇和屏柜散热
22	B08 激光器 2 温度高	×	●	否	B08 激光器 2 温度大于 50℃	检查装置风扇和屏柜散热

续表

序号	自检报警元件	指示灯		是否闭锁装置	含义	处理意见
		运行	报警			
23	B08 激光器 3 温度高	×	●	否	B08 激光器 3 温度大于 50℃	检查装置风扇和屏柜散热
24	B08 激光器 4 温度高	×	●	否	B08 激光器 4 温度大于 50℃	检查装置风扇和屏柜散热
25	B11 激光器 1 温度高	×	●	否	B11 激光器 1 温度大于 50℃	检查装置风扇和屏柜散热
26	B11 激光器 2 温度高	×	●	否	B11 激光器 2 温度大于 50℃	检查装置风扇和屏柜散热
27	B11 激光器 3 温度高	×	●	否	B11 激光器 3 温度大于 50℃	检查装置风扇和屏柜散热
28	B11 激光器 4 温度高	×	●	否	B11 激光器 4 温度大于 50℃	检查装置风扇和屏柜散热
29	RX1 数据接收异常	×	●	否	RX1 采集单元通信异常	检查 RX1 数据光纤、采集单元
30	RX2 数据接收异常	×	●	否	RX2 采集单元通信异常	检查 RX2 数据光纤、采集单元
31	RX3 数据接收异常	×	●	否	RX3 采集单元通信异常	检查 RX3 数据光纤、采集单元
32	RX4 数据接收异常	×	●	否	RX4 采集单元通信异常	检查 RX4 数据光纤、采集单元
33	RX5 数据接收异常	×	●	否	RX5 采集单元通信异常	检查 RX5 数据光纤、采集单元
34	RX6 数据接收异常	×	●	否	RX6 采集单元通信异常	检查 RX6 数据光纤、采集单元
35	RX7 数据接收异常	×	●	否	RX7 采集单元通信异常	检查 RX7 数据光纤、采集单元
36	RX8 数据接收异常	×	●	否	RX8 采集单元通信异常	检查 RX8 数据光纤、采集单元
37	RX9 数据接收异常	×	●	否	RX9 采集单元通信异常	检查 RX9 数据光纤、采集单元

续表

序号	自检报警元件	指示灯		是否闭锁装置	含义	处理意见
		运行	报警			
38	RX10 数据接收异常	×	●	否	RX10 采集单元通信异常	检查 RX10 数据光纤、采集单元
39	RX11 数据接收异常	×	●	否	RX11 采集单元通信异常	检查 RX11 数据光纤、采集单元
40	RX12 数据接收异常	×	●	否	RX12 采集单元通信异常	检查 RX12 数据光纤、采集单元
41	B05 激光器 1 测试模式	×	●	否	B05 激光器 1 测试模式	退出 B05 激光器 1 测试模式
42	B05 激光器 2 测试模式	×	●	否	B05 激光器 2 测试模式	退出 B05 激光器 2 测试模式
43	B05 激光器 3 测试模式	×	●	否	B05 激光器 3 测试模式	退出 B05 激光器 3 测试模式
44	B05 激光器 4 测试模式	×	●	否	B05 激光器 4 测试模式	退出 B05 激光器 4 测试模式
45	B08 激光器 1 测试模式	×	●	否	B08 激光器 1 测试模式	退出 B08 激光器 1 测试模式
46	B08 激光器 2 测试模式	×	●	否	B08 激光器 2 测试模式	退出 B08 激光器 2 测试模式
47	B08 激光器 3 测试模式	×	●	否	B08 激光器 3 测试模式	退出 B08 激光器 3 测试模式
48	B08 激光器 4 测试模式	×	●	否	B08 激光器 4 测试模式	退出 B08 激光器 4 测试模式
49	B11 激光器 1 测试模式	×	●	否	B11 激光器 1 测试模式	退出 B11 激光器 1 测试模式
50	B11 激光器 2 测试模式	×	●	否	B11 激光器 2 测试模式	退出 B11 激光器 2 测试模式
51	B11 激光器 3 测试模式	×	●	否	B11 激光器 3 测试模式	退出 B11 激光器 3 测试模式
52	B11 激光器 4 测试模式	×	●	否	B11 激光器 4 测试模式	退出 B11 激光器 4 测试模式

续表

序号	自检报警元件	指示灯		是否闭锁装置	含义	处理意见
		运行	报警			
53	B05 激光器 1 关闭	×	●	否	B05 激光器 1 关闭	检查 B05 激光器 1 供能光纤、1165D 板卡、采集单元
54	B05 激光器 2 关闭	×	●	否	B05 激光器 2 关闭	检查 B05 激光器 2 供能光纤、1165D 板卡、采集单元
55	B05 激光器 3 关闭	×	●	否	B05 激光器 3 关闭	检查 B05 激光器 3 供能光纤、1165D 板卡、采集单元
56	B05 激光器 4 关闭	×	●	否	B05 激光器 4 关闭	检查 B05 激光器 4 供能光纤、1165D 板卡、采集单元
57	B08 激光器 1 关闭	×	●	否	B08 激光器 1 关闭	检查 B08 激光器 1 供能光纤、1165D 板卡、采集单元
58	B08 激光器 2 关闭	×	●	否	B08 激光器 2 关闭	检查 B08 激光器 2 供能光纤、1165D 板卡、采集单元
59	B08 激光器 3 关闭	×	●	否	B08 激光器 3 关闭	检查 B08 激光器 3 供能光纤、1165D 板卡、采集单元
60	B08 激光器 4 关闭	×	●	否	B08 激光器 4 关闭	检查 B08 激光器 4 供能光纤、1165D 板卡、采集单元
61	B11 激光器 1 关闭	×	●	否	B11 激光器 1 关闭	检查 B11 激光器 1 供能光纤、1165D 板卡、采集单元
62	B11 激光器 2 关闭	×	●	否	B11 激光器 2 关闭	检查 B11 激光器 2 供能光纤、1165D 板卡、采集单元
63	B11 激光器 3 关闭	×	●	否	B11 激光器 3 关闭	检查 B11 激光器 3 供能光纤、1165D 板卡、采集单元
64	B11 激光器 4 关闭	×	●	否	B11 激光器 4 关闭	检查 B11 激光器 4 供能光纤、1165D 板卡、采集单元
65	装置电源故障	×	●	否	电源板卡故障	检查装置电源

注 “●”表示点亮；“○”表示熄灭；“×”表示无影响。

合并单元“模拟量”菜单里面“状态监视”（如图 3-4 所示）包括：

（1）激光器驱动电流：1165 板卡激光器的工作电流大小，单位为 mA；

（2）激光器调制量：控制激光器驱动电流的大小，厂家内部监视量；

（3）远端模块调制量、裕度：反应远端模块功耗变化，用于控制激光器驱动电流的大小，厂家内部监视量。

1	B05激光器1驱动电流	706	mA
2	B05激光器2驱动电流	605	mA
3	B05激光器3驱动电流	579	mA
4	B05激光器4驱动电流	726	mA
5	B05激光器1调制量	381	
6	B05激光器2调制量	372	
7	B05激光器3调制量	372	
8	B05激光器4调制量	383	
9	RTU1远端模块调制量	42	
10	RTU2远端模块调制量	38	
11	RTU3远端模块调制量	39	
12	RTU4远端模块调制量	37	
13	RTU1远端模块裕度	2	mA
14	RTU2远端模块裕度	2	mA
15	RTU3远端模块裕度	2	mA
16	RTU4远端模块裕度	2	mA

图 3-4　合并单元“模拟量”菜单里面的“状态监视”

合并单元“模拟量”菜单里面“温度测量”监视 1165 板卡激光器温度和电子式互感器远端模块温度（如图 3-5 所示）：

（1）激光器温度：正常温度 35℃左右，报警值 50℃，大于该值装置报警；

（2）远端模块温度：一般高于室外温度（太阳直射＋密闭箱体内原因），报警值 80℃，大于该值装置报警。

1	B05激光器1温度	38	℃
2	B05激光器2温度	38	℃
3	B05激光器3温度	39	℃
4	B05激光器4温度	38	℃
5	RTU1远端模块温度	24	℃
6	RTU2远端模块温度	25	℃
7	RTU3远端模块温度	25	℃
8	RTU4远端模块温度	23	℃

图 3-5　合并单元“模拟量”菜单里面的“温度测量”

合并单元“调试”菜单里面“通信状态统计”监视 1190 板卡数据接收通信状态（如图 3-6 所示），当数据接收通信异常时，装置发“RX 数据接收异常”报警信息，通信状态统计包括：

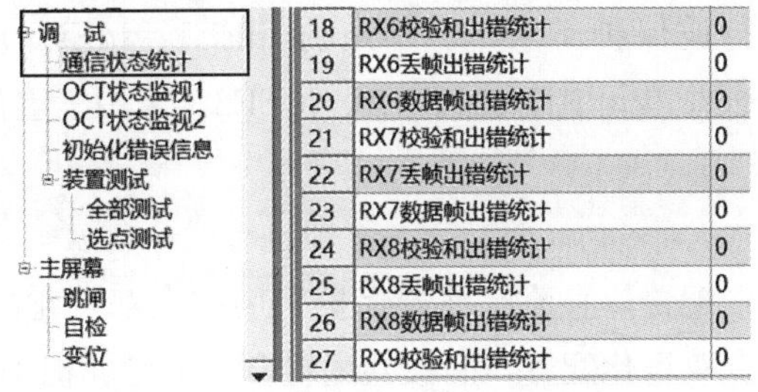

18	RX6校验和出错统计	0
19	RX6丢帧出错统计	0
20	RX6数据帧出错统计	0
21	RX7校验和出错统计	0
22	RX7丢帧出错统计	0
23	RX7数据帧出错统计	0
24	RX8校验和出错统计	0
25	RX8丢帧出错统计	0
26	RX8数据帧出错统计	0
27	RX9校验和出错统计	0

图 3-6　合并单元“调试”菜单中的“通信状态统计”

(1) 校验和出错统计：FT3 数据帧 CRC 校验错误；

(2) 丢帧出错统计：超时未接收到数据帧；

(3) 数据帧出错统计：数据帧组帧格式异常。

3.1.4 合并单元的接口

(1) 站 LAN 网与 PPS。合并单元装置与站内交换机双网连接，用于上送事件、波形等信息。合并单元全部接入全站时钟同步系统。

(2) IEC 60044-8 接口。合并单元装置采样数据通过 IEC 60044-8 接口发送到直流控制保护系统中。IEC 60044-8 接口物理层采用反曼彻斯特编码，MSB（最高位）先发。链路层兼容 IEC 60870-5-1 的 FT3 格式。IEC 60044-8 标准接口具有传输数据量大、延时短和无偏差的特点。这对于利用大量实时数据来实现 HVDC 控制保护功能来说是必须的。合并单元装置的采样数据输出接口详见 3.1.2.3 节。

(3) 暂态故障录波（TFR）。所有的合并单元装置都具有内置的故障录波功能，三套测量系统同样将测量量送到录波工作站，形成外置录波。录波文件采用电力系统暂态数据交换通用的标准 COMTRADE 格式，从而使所有能读取 COMTRADE 格式的软件分析程序都可以使用其来进行故障分析；合并单元装置内置的故障录波功能完整、丰富，能够满足所有的故障分析、异常情况确认的要求。利用具有丰富功能的故障录波分析软件，可以获得暂态过程中的所有信息，极大地方便了运行维护工作。

3.2 合并单元组屏方案

合并单元是直流测量系统的重要组成部件，每台合并单元最多接收 12 个测点远端模块或纯光式电流测量装置采集单元发送的采样数据。由于高压直流系统电压电流测点多，单个合并单元装置无法满足使用需求，需以屏柜形式进行分类组合。合并单元的组屏方案体现了测量系统的整体结构。通常情况下，高压直流系统各换流站根据不同电压电流测点所属区域进行屏柜组合，可以按直流线路、极、换流器、换流变压器进行划分。

以三端构成的特高压多端混合直流系统为例，昆北站为常规直流换流站，柳州站、龙门站为柔直换流站，柳州站配置汇流母线作为连接枢纽，从而将直流线路分为两段：昆柳段、柳龙段。考虑行波保护需求，三个站的 IdEE1、IdEE2 应分送线路保护单元。线路保护可从极保护的合并单元中读取 IdEE1、IdEE2。采用三重化配置的二次测量系统屏柜配置如下：

1. 昆北换流站

直流保护采用三取二配置，直流滤波器保护采用完全双重化配置，对应的合并单元装置也采用三取二和完全双重化配置，两极共配置合并单元屏柜 16 面。在昆柳龙直流工程中，昆北换流站合并单元的组屏方案配置见表 3-16。

表 3-16　昆北换流站测量系统屏

测量接口柜	硬件配置	数据发送至	采样数据及对应测点
极 1 及双极区测量接口柜 A	1 台合并单元	极控制系统 A 站控制系统 A 极保护系统 A 直流线路保护系统 A 换流器保护系统 A	P1. UdL=11B01. R5 P1. UdM=11B12. R5 P1. UdN=11B02. R5 P1. IdLH=11B01. R1 P1. IdCH=11B12. R1 P1. IdCN=11B22. R1 P1. IdLN=11B02. R1 P1. IdM=11B12. R3
	1 台合并单元	极控制系统 A 站控制系统 A 极保护系统 A 直流线路保护系统 A 换流器保护系统 A	IdEE1=10B20. R1 IdEE2=10B20. R2 IdSG=10B20. R3 P2. UdL=12B01. R5 P2. IdLH=12B01. R1 P2. IdLN=12B02. R1
极 1 及双极区测量接口柜 B	1 台合并单元	极控制系统 B 站控制系统 B 极保护系统 B 直流线路保护系统 B 换流器保护系统 B	P1. UdL=11B01. R5 P1. UdM=11B12. R5 P1. UdN=11B02. R5 P1. IdLH=11B01. R1 P1. IdCH=11B12. R1 P1. IdCN=11B22. R1 P1. IdLN=11B02. R1 P1. IdM=11B12. R3
	1 台合并单元	极控制系统 B 站控制系统 B 极保护系统 B 直流线路保护系统 B 换流器保护系统 B	IdEE1=10B20. R1 IdEE2=10B20. R2 IdSG=10B20. R3 P2. UdL=12B01. R5 P2. IdLH=12B01. R1 P2. IdLN=12B02. R1

续表

测量接口柜	硬件配置	数据发送至	采样数据及对应测点
极 1 及双极区测量接口柜 C	1 台合并单元	极保护系统 C 直流线路保护系统 C 换流器保护系统 C	P1. UdL=11B01. R5 P1. UdM=11B12. R5 P1. UdN=11B02. R5 P1. IdLH=11B01. R1 P1. IdCH=11B12. R1 P1. IdCN=11B22. R1 P1. IdLN=11B02. R1 P1. IdM=11B12. R3
	1 台合并单元	极保护系统 C 直流线路保护系统 C 换流器保护系统 C	IdEE1=10B20. R1 IdEE2=10B20. R2 IdSG=10B20. R3 P2. UdL=12B01. R5 P2. IdLH=12B01. R1 P2. IdLN=12B02. R1
极 1 高端换流器测量接口柜	1 台合并单元	换流器控制系统 A 换流器保护系统 A 换流阀控制保护系统 A、B	C11. IdBPS=11B12. R2 C11. IdNY=11T11. T5 C11. IdND=11T12. T5
	1 台合并单元	换流器控制系统 B 换流器保护系统 B 换流阀控制保护系统 A、B	C11. IdBPS=11B12. R2 C11. IdNY=11T11. T5 C11. IdND=11T12. T5
	1 台合并单元	换流器保护系统 C 换流阀控制保护系统 A、B	C11. IdBPS=11B12. R2 C11. IdNY=11T11. T5 C11. IdND=11T12. T5
极 1 低端换流器测量接口柜	1 台合并单元	换流器控制系统 A 换流器保护系统 A 换流阀控制保护系统 A、B	C12. IdBPS=11B22. R2 C12. IdNY=11T21. T5 C12. IdND=11T22. T5
	1 台合并单元	换流器控制系统 B 换流器保护系统 B 换流阀控制保护系统 A、B	C12. IdBPS=11B22. R2 C12. IdNY=11T21. T5 C12. IdND=11T22. T5
	1 台合并单元	换流器保护系统 C 换流阀控制保护系统 A、B	C12. IdBPS=11B22. R2 C12. IdNY=11T21. T5 C12. IdND=11T22. T5

续表

测量接口柜	硬件配置	数据发送至	采样数据及对应测点
极 2 及双极区测量接口柜 A	1 台合并单元	极控制系统 A 站控制系统 A 极保护系统 A 直流线路保护系统 A 换流器保护系统 A	P2. UdL=12B01. R5 P2. UdM=12B12. R5 P2. UdN=12B02. R5 P2. IdLH=12B01. R1 P2. IdCH=12B12. R1 P2. IdCN=12B22. R1 P2. IdLN=12B02. R1 P2. IdM=12B12. R3
	1 台合并单元	极控制系统 A 站控制系统 A 极保护系统 A 直流线路保护系统 A 换流器保护系统 A	IdEE1=10B20. R1 IdEE2=10B20. R2 IdSG=10B20. R3 P1. UdL=11B01. R5 P1. IdLH=11B01. R1 P1. IdLN=11B02. R1
极 2 及双极区测量接口柜 B	1 台合并单元	极控制系统 B 站控制系统 B 极保护系统 B 直流线路保护系统 B 换流器保护系统 B	P2. UdL=12B01. R5 P2. UdM=12B12. R5 P2. UdN=12B02. R5 P2. IdLH=12B01. R1 P2. IdCH=12B12. R1 P2. IdCN=12B22. R1 P2. IdLN=12B02. R1 P2. IdM=12B12. R3
	1 台合并单元	极控制系统 B 站控制系统 B 极保护系统 B 直流线路保护系统 B 换流器保护系统 B	IdEE1=10B20. R1 IdEE2=10B20. R2 IdSG=10B20. R3 P1. UdL=11B01. R5 P1. IdLH=11B01. R1 P1. IdLN=11B02. R1

续表

测量接口柜	硬件配置	数据发送至	采样数据及对应测点
极 2 及双极区测量接口柜 C	1 台合并单元	极保护系统 C 直流线路保护系统 C 换流器保护系统 C	P2. UdL=12B01. R5 P2. UdM=12B12. R5 P2. UdN=12B02. R5 P2. IdLH=12B01. R1 P2. IdCH=12B12. R1 P2. IdCN=12B22. R1 P2. IdLN=12B02. R1 P2. IdM=12B12. R3
	1 台合并单元	极保护系统 C 直流线路保护系统 C 换流器保护系统 C	IdEE1=10B20. R1 IdEE2=10B20. R2 IdSG=10B20. R3 P1. UdL=11B01. R5 P1. IdLH=11B01. R1 P1. IdLN=11B02. R1
极 2 高端换流器测量接口柜	1 台合并单元	换流器控制系统 A 换流器保护系统 A 换流阀控制保护系统 A、B	C21. IdBPS=12B12. R2 IdNY21=12T11. T5 IdND21=12T12. T5
	1 台合并单元	换流器控制系统 B 换流器保护系统 B 换流阀控制保护系统 A、B	C21. IdBPS=12B12. R2 C21. IdNY=12T11. T5 C21. IdND=12T12. T5
	1 台合并单元	换流器保护系统 C 换流阀控制保护系统 A、B	C21. IdBPS=12B12. R2 C21. IdNY=12T11. T5 C21. IdND=12T12. T5
极 2 低端换流器旁路测量接口柜	1 台合并单元	换流器控制系统 A 换流器保护系统 A 换流阀控制保护系统 A、B	C22. IdBPS=12B22. R2 C22. IdNY=12T21. T5 C22. IdND=12T22. T5
	1 台合并单元	换流器控制系统 B 换流器保护系统 B 换流阀控制保护系统 A、B	C22. IdBPS=12B22. R2 C22. IdNY=12T21. T5 C22. IdND=12T22. T5
	1 台合并单元	换流器保护系统 C 换流阀控制保护系统 A、B	C22. IdBPS=12B22. R2 C22. IdNY=12T21. T5 C22. IdND=12T22. T5

续表

测量接口柜	硬件配置	数据发送至	采样数据及对应测点
极 1 直流滤波器测量接口柜 A	1 台合并单元	极控制系统 A 站控制系统 A 极保护系统 A 直流线路保护系统 A 换流器保护系统 A	P1. IFH=11B03. T1 P1. IFUNB=11B03. T2 P1. IFL=11B03. T3 P1. UdL=11B01. R5
	1 台合并单元	极控制系统 A（启动） 站控制系统 A（启动） 极保护系统 A（启动） 直流线路保护系统 A（启动） 换流器保护系统 A（启动）	P1. IFH=11B03. T1 P1. IFUNB=11B03. T2 P1. IFL=11B03. T3 P1. UdL=11B01. R5
极 1 直流滤波器测量接口柜 B	1 台合并单元	极控制系统 B 站控制系统 B 极保护系统 B 直流线路保护系统 B 换流器保护系统 B	P1. IFH=11B03. T1 P1. IFUNB=11B03. T2 P1. IFL=11B03. T3 P1. UdL=11B01. R5
	1 台合并单元	极控制系统 B（启动） 站控制系统 B（启动） 极保护系统 B（启动） 直流线路保护系统 B（启动） 换流器保护系统 B（启动）	P1. IFH=11B03. T1 P1. IFUNB=11B03. T2 P1. IFL=11B03. T3 P1. UdL=11B01. R5
极 2 直流滤波器测量接口柜 A	1 台合并单元	极控制系统 A 站控制系统 A 极保护系统 A 直流线路保护系统 A 换流器保护系统 A	P2. IFH=12B03. T1 P2. IFUNB=12B03. T2 P2. IFL=12B03. T3 P2. UdL=12B01. R5
	1 台合并单元	极控制系统 A（启动） 站控制系统 A（启动） 极保护系统 A（启动） 直流线路保护系统 A（启动） 换流器保护系统 A（启动）	P2. IFH=12B03. T1 P2. IFUNB=12B03. T2 P2. IFL=12B03. T3 P2. UdL=12B01. R5

续表

测量接口柜	硬件配置	数据发送至	采样数据及对应测点
极2直流滤波器测量接口柜B	1台合并单元	极控制系统B 站控制系统B 极保护系统B 直流线路保护系统B 换流器保护系统B	P2. IFH=12B03. T1 P2. IFUNB=12B03. T2 P2. IFL=12B03. T3 P2. UdL=12B01. R5
	1台合并单元	极控制系统B（启动） 站控制系统B（启动） 极保护系统B（启动） 直流线路保护系统B（启动） 换流器保护系统B（启动）	P2. IFH=12B03. T1 P2. IFUNB=12B03. T2 P2. IFL=12B03. T3 P2. UdL=12B01. R5
极1零磁通测量接口柜	1台电子模块+1台I/O	极控制系统A	IdEE3=10B20. R5
	1台电子模块+1台I/O	极控制系统B	IdEE3=10B20. R5
极2零磁通测量接口柜	1台电子模块+1台I/O	极控制系统A	IdEE3=10B20. R5
	1台电子模块+1台I/O	极控制系统B	IdEE3=10B20. R5

注 表中“采样数据及对应测点”一列，等号左侧为采样电气量数据的名称，P1为极1、P2为极2，C11、C12、C21、C22分别代表极1高端换流器、极1低端换流器、极2高端换流器、极2低端换流器；等号右侧代表该电气量对应的测点，xxTyy、xxByy代表测点所在区域，Txy为换流变区域，Bxy为其余测量区域，Rx、Tx代表一次测量设备的编号，昆北站测点分布区域和位置如附图1所示。

2. 柳州换流站

直流保护采用三取二配置，合并单元按三重化配置，两极共配置合并单元、纯光学电流互感器采集柜38面。在昆柳龙直流工程中，柳州换流站合并单元的组屏方案配置见表3-17。

表3-17　　柳州换流站测量系统屏

测量接口柜	硬件配置	数据发送至	采样数据及对应测点
极1高端换流器测量接口柜A	1台合并单元	换流器控制系统A 换流器保护系统A 换流阀控制保护系统A、B	C11. Usr. A/B/C=21T10. A/B/C. R5 C11. Isr. A/B/C=21T10. A/B/C. R1 C11. IdNY=21T11. T5
	1台合并单元	换流器控制系统A 换流器保护系统A 换流阀控制保护系统A、B	C11. Ibp. A/B/C=21B11. A/B/C. R2 C11. Ibn. A/B/C=21B11. A/B/C. R3
	1台合并单元	换流器控制系统A 换流器保护系统A 换流阀控制保护系统A、B	C11. Uvc. A/B/C=21B11. A/B/C. R5 C11. Ivc. A/B/C=21B11. A/B/C. R1 C11. IdBPS=21B12. R2 C11. Udnv=21B12. R6

续表

测量接口柜	硬件配置	数据发送至	采样数据及对应测点
极 1 高端换流器测量接口柜 B	1 台合并单元	换流器控制系统 B 换流器保护系统 B 换流阀控制保护系统 A、B	C11. Usr. A/B/C=21T10. A/B/C. R5 C11. Isr. A/B/C=21T10. A/B/C. R1 C11. IdNY=21T11. T5
	1 台合并单元	换流器控制系统 B 换流器保护系统 B 换流阀控制保护系统 A、B	C11. Ibp. A/B/C=21B11. A/B/C. R2 C11. Ibn. A/B/C=21B11. A/B/C. R3
	1 台合并单元	换流器控制系统 B 换流器保护系统 B 换流阀控制保护系统 A、B	C11. Uvc. A/B/C=21B11. A/B/C. R5 C11. Ivc. A/B/C=21B11. A/B/C. R1 C11. IdBPS=21B12. R2 C11. Udnv=21B12. R6
极 1 高端换流器测量接口柜 C	1 台合并单元	换流器保护系统 C 换流阀控制保护系统 A、B	C11. Usr. A/B/C=21T10. A/B/C. R5 C11. Isr. A/B/C=21T10. A/B/C. R1 C11. IdNY=21T11. T5
	1 台合并单元	换流器保护系统 C 换流阀控制保护系统 A、B	C11. Ibp. A/B/C=21B11. A/B/C. R2 C11. Ibn. A/B/C=21B11. A/B/C. R3
	1 台合并单元	换流器保护系统 C 换流阀控制保护系统 A、B	C11. Uvc. A/B/C=21B11. A/B/C. R5 C11. Ivc. A/B/C=21B11. A/B/C. R1 C11. IdBPS=21B12. R2 C11. Udnv=21B12. R6
极 1 低端换流器测量接口柜 A	1 台合并单元	换流器控制系统 A 换流器保护系统 A 换流阀控制保护系统 A、B	C12. Usr. A/B/C=21T20. A/B/C. R5 C12. Isr. A/B/C=21T20. A/B/C. R1 C12. IdNY=21T21. T5
	1 台合并单元	换流器控制系统 A 换流器保护系统 A 换流阀控制保护系统 A、B	C12. Ibp. A/B/C=21B21. A/B/C. R2 C12. Ibn. A/B/C=21B21. A/B/C. R3
	1 台合并单元	换流器控制系统 A 换流器保护系统 A 换流阀控制保护系统 A、B	C12. Uvc. A/B/C=21B21. A/B/C. R5 C12. Ivc. A/B/C=21B21. A/B/C. R1 C12. IdBPS=21B22. R2 C12. Udnv=21B22. R6

续表

测量接口柜	硬件配置	数据发送至	采样数据及对应测点
极1低端换流器测量接口柜B	1台合并单元	换流器控制系统B 换流器保护系统B 换流阀控制保护系统A、B	C12. Usr. A/B/C=21T20. A/B/C. R5 C12. Isr. A/B/C=21T20. A/B/C. R1 C12. IdNY=21T21. T5
	1台合并单元	换流器控制系统B 换流器保护系统B 换流阀控制保护系统A、B	C12. Ibp. A/B/C=21B21. A/B/C. R2 C12. Ibn. A/B/C=21B21. A/B/C. R3
	1台合并单元	换流器控制系统B 换流器保护系统B 换流阀控制保护系统A、B	C12. Uvc. A/B/C=21B21. A/B/C. R5 C12. Ivc. A/B/C=21B21. A/B/C. R1 C12. IdBPS=21B22. R2 C12. Udnv=21B22. R6
极1低端换流器测量接口柜C	1台合并单元	换流器保护系统C 换流阀控制保护系统A、B	C12. Usr. A/B/C=21T20. A/B/C. R5 C12. Isr. A/B/C=21T20. A/B/C. R1 C12. IdNY=21T21. T5
	1台合并单元	换流器保护系统C 换流阀控制保护系统A、B	C12. Ibp. A/B/C=21B21. A/B/C. R2 C12. Ibn. A/B/C=21B21. A/B/C. R3
	1台合并单元	换流器保护系统C 换流阀控制保护系统A、B	C12. Uvc. A/B/C=21B21. A/B/C. R5 C12. Ivc. A/B/C=21B21. A/B/C. R1 C12. IdBPS=21B22. R2 C12. Udnv=21B22. R6
极2高端换流器测量接口柜A	1台合并单元	换流器控制系统A 换流器保护系统A 换流阀控制保护系统A、B	C21. Usr. A/B/C=22T20. A/B/C. R5 C21. Isr. A/B/C=22T20. A/B/C. R1 C21. IdNY=22T11. T5
	1台合并单元	换流器控制系统A 换流器保护系统A 换流阀控制保护系统A、B	C21. Ibp. A/B/C=22B11. A/B/C. R2 C21. Ibn. A/B/C=22B11. A/B/C. R3
	1台合并单元	换流器控制系统A 换流器保护系统A 换流阀控制保护系统A、B	C21. Uvc. A/B/C=22B11. A/B/C. R5 C21. Ivc. A/B/C=22B11. A/B/C. R1 C21. IdBPS=22B12. R2 C21. Udnv=22B12. R6

续表

测量接口柜	硬件配置	数据发送至	采样数据及对应测点
极 2 高端换流器测量接口柜 B	1 台合并单元	换流器控制系统 B 换流器保护系统 B 换流阀控制保护系统 A、B	C21. Usr. A/B/C=22T20. A/B/C. R5 C21. Isr. A/B/C=22T20. A/B/C. R1 C21. IdNY=22T11. T5
	1 台合并单元	换流器控制系统 B 换流器保护系统 B 换流阀控制保护系统 A、B	C21. Ibp. A/B/C=22B11. A/B/C. R2 C21. Ibn. A/B/C=22B11. A/B/C. R3
	1 台合并单元	换流器控制系统 B 换流器保护系统 B 换流阀控制保护系统 A、B	C21. Uvc. A/B/C=22B11. A/B/C. R5 C21. Ivc. A/B/C=22B11. A/B/C. R1 C21. IdBPS=22B12. R2 C21. Udnv=22B12. R6
极 2 高端换流器测量接口柜 C	1 台合并单元	换流器保护系统 C 换流阀控制保护系统 A、B	C21. Usr. A/B/C=22T20. A/B/C. R5 C21. Isr. A/B/C=22T20. A/B/C. R1 C21. IdNY=22T11. T5
	1 台合并单元	换流器保护系统 C 换流阀控制保护系统 A、B	C21. Ibp. A/B/C=22B11. A/B/C. R2 C21. Ibn. A/B/C=22B11. A/B/C. R3
	1 台合并单元	换流器保护系统 C 换流阀控制保护系统 A、B	C21. Uvc. A/B/C=22B11. A/B/C. R5 C21. Ivc. A/B/C=22B11. A/B/C. R1 C21. IdBPS=22B12. R2 C21. Udnv=22B12. R6
极 2 低端换流器测量接口柜 A	1 台合并单元	换流器控制系统 A 换流器保护系统 A 换流阀控制保护系统 A、B	C22. Usr. A/B/C=22T20. A/B/C. R5 C22. Isr. A/B/C=22T20. A/B/C. R1 C22. IdNY=22T21. T5
	1 台合并单元	换流器控制系统 A 换流器保护系统 A 换流阀控制保护系统 A、B	C22. Ibp. A/B/C=22B21. A/B/C. R2 C22. Ibn. A/B/C=22B21. A/B/C. R3
	1 台合并单元	换流器控制系统 A 换流器保护系统 A 换流阀控制保护系统 A、B	C22. Uvc. A/B/C=22B21. A/B/C. R5 C22. Ivc. A/B/C=22B21. A/B/C. R1 C22. IdBPS=22B22. R2 C22. Udnv=22B22. R6

续表

测量接口柜	硬件配置	数据发送至	采样数据及对应测点
极 2 低端换流器测量接口柜 B	1 台合并单元	换流器控制系统 B 换流器保护系统 B 换流阀控制保护系统 A、B	C22. Usr. A/B/C=22T20. A/B/C. R5 C22. Isr. A/B/C=22T20. A/B/C. R1 C22. IdNY=22T21. T5
	1 台合并单元	换流器控制系统 B 换流器保护系统 B 换流阀控制保护系统 A、B	C22. Ibp. A/B/C=22B21. A/B/C. R2 C22. Ibn. A/B/C=22B21. A/B/C. R3
	1 台合并单元	换流器控制系统 B 换流器保护系统 B 换流阀控制保护系统 A、B	C22. Uvc. A/B/C=22B21. A/B/C. R5 C22. Ivc. A/B/C=22B21. A/B/C. R1 C22. IdBPS=22B22. R2 C22. Udnv=22B22. R6
极 2 低端换流器测量接口柜 C	1 台合并单元	换流器保护系统 C 换流阀控制保护系统 A、B	C22. Usr. A/B/C=22T20. A/B/C. R5 C22. Isr. A/B/C=22T20. A/B/C. R1 C22. IdNY=22T21. T5
	1 台合并单元	换流器保护系统 C 换流阀控制保护系统 A、B	C22. Ibp. A/B/C=22B21. A/B/C. R2 C22. Ibn. A/B/C=22B21. A/B/C. R3
	1 台合并单元	换流器保护系统 C 换流阀控制保护系统 A、B	C22. Uvc. A/B/C=22B21. A/B/C. R5 C22. Ivc. A/B/C=22B21. A/B/C. R1 C22. IdBPS=22B22. R2 C22. Udnv=22B22. R6
极 1 及双极区测量接口柜 A	1 台合并单元	极控制系统 A 站控制系统 A 极保护系统 A 直流线路保护系统 A 换流器控制保护系统 A	P1. UdL _ BUS=21B04. R5 P1. UdM=21B12. R5 P1. UdN=21B02. R5 P1. UdCH=21B01. R5 P1. IdLH=21B01. R1 P1. IdCH=21B12. R1 P1. IdCN=21B22. R1 P1. IdM=21B12. R3
	1 台合并单元	极控制系统 A 极保护系统 A 直流线路保护系统 A	P1. IdLN=21B02. R1 IdEE1=20B20. R1 IdEE2=20B20. R2 IdSG=20B20. R3 IdMRTB=20B20. R4 P2. IdLN=22B02. R1

续表

<table>
<tr><th>测量接口柜</th><th>硬件配置</th><th>数据发送至</th><th>采样数据及对应测点</th></tr>
<tr><td rowspan="2">极 1 及双极区测量接口柜 B</td><td>1 台合并单元</td><td>极控制系统 B
站控制系统 B
极保护系统 B
直流线路保护系统 B
换流器控制保护系统 B</td><td>P1. UdL _ BUS=21B04. R5
P1. UdM=21B12. R5
P1. UdN=21B02. R5
P1. UdCH=21B01. R5
P1. IdLH=21B01. R1
P1. IdCH=21B12. R1
P1. IdCN=21B22. R1
P1. IdM=21B12. R3</td></tr>
<tr><td>1 台合并单元</td><td>极控制系统 B
极保护系统 B
直流线路保护系统 B</td><td>P1. IdLN=21B02. R1
IdEE1=20B20. R1
IdEE2=20B20. R2
IdSG=20B20. R3
IdMRTB=20B20. R4
P2. IdLN=22B02. R1</td></tr>
<tr><td rowspan="2">极 1 及双极区测量接口柜 C</td><td>1 台合并单元</td><td>极保护系统 C
直流线路保护系统 C
换流器控制保护系统 C</td><td>P1. UdL _ BUS=21B04. R5
P1. UdM=21B12. R5
P1. UdN=21B02. R5
P1. UdCH=21B01. R5
P1. IdLH=21B01. R1
P1. IdCH=21B12. R1
P1. IdCN=21B22. R1
P1. IdM=21B12. R3</td></tr>
<tr><td>1 台合并单元</td><td>极保护系统 C
直流线路保护系统 C</td><td>P1. IdLN=21B02. R1
IdEE1=20B20. R1
IdEE2=20B20. R2
IdSG=20B20. R3
IdMRTB=20B20. R4
P2. IdLN=22B02. R1</td></tr>
</table>

续表

测量接口柜	硬件配置	数据发送至	采样数据及对应测点
极 2 及双极区测量接口柜 A	1 台合并单元	极控制系统 A 站控制系统 A 极保护系统 A 直流线路保护系统 A 换流器控制保护系统 A	P2. UdL _ BUS=22B03. R5 P2. UdM=22B12. R5 P2. UdN=22B02. R5 P2. UdCH=22B01. R5 P2. IdLH=22B01. R1 P2. IdCH=22B12. R1 P2. IdCN=22B22. R1 P2. IdM=22B12. R3
	1 台合并单元	极控制系统 A 极保护系统 A 直流线路保护系统 A	P2. IdLN=22B02. R1 IdEE1=20B20. R1 IdEE2=20B20. R2 IdSG=20B20. R3 IdMRTB=20B20. R4 P1. IdLN=21B02. R1
极 2 及双极区测量接口柜 B	1 台合并单元	极控制系统 B 站控制系统 B 极保护系统 B 直流线路保护系统 B 换流器控制保护系统 B	P2. UdL _ BUS=22B03. R5 P2. UdM=22B12. R5 P2. UdN=22B02. R5 P2. UdCH=22B01. R5 P2. IdLH=22B01. R1 P2. IdCH=22B12. R1 P2. IdCN=22B22. R1 P2. IdM=22B12. R3
	1 台合并单元	极控制系统 B 极保护系统 B 直流线路保护系统 B	P2. IdLN=22B02. R1 IdEE1=20B20. R1 IdEE2=20B20. R2 IdSG=20B20. R3 IdMRTB=20B20. R4 P1. IdLN=21B02. R1

续表

测量接口柜	硬件配置	数据发送至	采样数据及对应测点
极 2 及双极区测量接口柜 C	1 台合并单元	极保护系统 C 直流线路保护系统 C 换流器控制保护系统 C	P2. UdL _ BUS=22B03. R5 P2. UdM=22B12. R5 P2. UdN=22B02. R5 P2. UdCH=22B01. R5 P2. IdLH=22B01. R1 P2. IdCH=22B12. R1 P2. IdCN=22B22. R1 P2. IdM=22B12. R3
	1 台合并单元	极保护系统 C 直流线路保护系统 C	P2. IdLN=22B02. R1 IdEE1=20B20. R1 IdEE2=20B20. R2 IdSG=20B20. R3 IdMRTB=20B20. R4 P1. IdLN=21B02. R1
极 1 零磁通测量接口柜	1 台电子模块+1 台 I/O	极控制系统 A	IdEE3=20B20. R5
	1 台电子模块+1 台 I/O	极控制系统 B	IdEE3=20B20. R5
极 2 零磁通测量接口柜	1 台电子模块+1 台 I/O	极控制系统 A	IdEE3=20B20. R5
	1 台电子模块+1 台 I/O	极控制系统 B	IdEE3=20B20. R5
极 1 线路及汇流母线测量接口柜 A	1 台合并单元	极控制系统 A 站控制系统 A 极保护系统 A 直流线路保护系统 A 换流器保护系统 A	P1. UdL _ BUS=21B04. R5 P1. IdL _ YN=21B04. R1 P1. IdLH=21B01. R1 P2. UdL _ BUS=22B04. R5 P2. IdL _ YN=22B04. R1
	1 台合并单元	极控制系统 A 站控制系统 A 极保护系统 A 直流线路保护系统 A 换流器保护系统 A	P1. UdL _ GD=21B04. R6 P1. IdL _ GD=21B04. R2 P1. IdLH=21B01. R P2. UdL _ GD=22B04. R6 P2. IdL _ GD=22B04. R2

续表

测量接口柜	硬件配置	数据发送至	采样数据及对应测点
极 1 线路及汇流母线测量接口柜 B	1 台合并单元	极控制系统 B 站控制系统 B 极保护系统 B 直流线路保护系统 B 换流器保护系统 B	P1. UdL _ BUS=21B04. R5 P1. IdL _ YN=21B04. R1 P1. IdLH=21B01. R1 P2. UdL _ BUS=22B04. R5 P2. IdL _ YN=22B04. R1
	1 台合并单元	极控制系统 B 站控制系统 B 极保护系统 B 直流线路保护系统 B 换流器保护系统 B	P1. UdL _ GD=21B04. R6 P1. IdL _ GD=21B04. R2 P1. IdLH=21B01. R P2. UdL _ GD=22B04. R6 P2. IdL _ GD=22B04. R2
极 1 线路及汇流母线测量接口柜 C	1 台合并单元	极保护系统 C 直流线路保护系统 C 换流器保护系统 C	P1. UdL _ BUS=21B04. R5 P1. IdL _ YN=21B04. R1 P1. IdLH=21B01. R1 P2. UdL _ BUS=22B04. R5 P2. IdL _ YN=22B04. R1
	1 台合并单元	极保护系统 C 直流线路保护系统 C 换流器保护系统 C	P1. UdL _ GD=21B04. R6 P1. IdL _ GD=21B04. R2 P1. IdLH=21B01. R P2. UdL _ GD=22B04. R6 P2. IdL _ GD=22B04. R2
极 2 线路及汇流母线测量接口柜 A	1 台合并单元	极控制系统 A 站控制系统 A 极保护系统 A 直流线路保护系统 A 换流器保护系统 A	P2. UdL _ BUS=22B04. R5 P2. IdL _ YN=22B04. R1 P2. IdLH=22B01. R1 P1. UdL _ BUS=21B04. R5 P1. IdL _ YN=21B04. R1
	1 台合并单元	极控制系统 A 站控制系统 A 极保护系统 A 直流线路保护系统 A 换流器保护系统 A	P2. UdL _ GD=22B04. R6 P2. IdL _ GD=22B04. R2 P2. IdLH=22B01. R1 P1. UdL _ GD=21B04. R6 P1. IdL _ GD=21B04. R2

续表

测量接口柜	硬件配置	数据发送至	采样数据及对应测点
极 2 线路及汇流母线测量接口柜 B	1 台合并单元	极控制系统 B 站控制系统 B 极保护系统 B 直流线路保护系统 B 换流器保护系统 B	P2. UdL _ BUS=22B04. R5 P2. IdL _ YN=22B04. R1 P2. IdLH=22B01. R1 P1. UdL _ BUS=21B04. R5 P1. IdL _ YN=21B04. R1
	1 台合并单元	极控制系统 B 站控制系统 B 极保护系统 B 直流线路保护系统 B 换流器保护系统 B	P2. UdL _ GD=22B04. R6 P2. IdL _ GD=22B04. R2 P2. IdLH=22B01. R1 P1. UdL _ GD=21B04. R6 P1. IdL _ GD=21B04. R2
极 2 线路及汇流母线测量接口柜 C	1 台合并单元	极保护系统 C 直流线路保护系统 C 换流器保护系统 C	P2. UdL _ BUS=22B04. R5 P2. IdL _ YN=22B04. R1 P2. IdLH=22B01. R1 P1. UdL _ BUS=21B04. R5 P1. IdL _ YN=21B04. R1
	1 台合并单元	极保护系统 C 直流线路保护系统 C 换流器保护系统 C	P2. UdL _ GD=22B04. R6 P2. IdL _ GD=22B04. R2 P2. IdLH=22B01. R1 P1. UdL _ GD=21B04. R6 P1. IdL _ GD=21B04. R2
极 1 高端启动电阻电流采集单元柜	纯光学电流互感器采集单元 8 台	换流器保护系统 A/B/C	C11. Isr. A/B/C=21T10. A/B/C. R1
极 1 高端换流器上桥臂电流采集单元柜	纯光学电流互感器采集单元 8 台	换流器保护系统 A/B/C	C11. Ibp. A/B/C=21B11. A/B/C. R2
极 1 高端换流器下桥臂电流采集单元柜	纯光学电流互感器采集单元 8 台	换流器保护系统 A/B/C	C11. Ibn. A/B/C=21B11. A/B/C. R3
极 1 低端启动电阻电流采集单元柜	纯光学电流互感器采集单元 8 台	换流器保护系统 A/B/C	C12. Isr. A/B/C=21T20. A/B/C. R1
极 1 低端换流器上桥臂电流采集单元柜	纯光学电流互感器采集单元 8 台	换流器保护系统 A/B/C	C12. Ibp. A/B/C=21B21. A/B/C. R2
极 1 低端换流器下桥臂电流采集单元柜	纯光学电流互感器采集单元 8 台	换流器保护系统 A/B/C	C12. Ibn. A/B/C=21B21. A/B/C. R3

续表

测量接口柜	硬件配置	数据发送至	采样数据及对应测点
极 2 高端启动电阻电流采集单元柜	纯光学电流互感器采集单元 8 台	换流器保护系统 A/B/C	C21. Isr. A/B/C=22T20. A/B/C. R1
极 2 高端换流器上桥臂电流采集单元柜	纯光学电流互感器采集单元 8 台	换流器保护系统 A/B/C	C21. Ibp. A/B/C=22B11. A/B/C. R2
极 2 高端换流器下桥臂电流采集单元柜	纯光学电流互感器采集单元 8 台	换流器保护系统 A/B/C	C21. Ibn. A/B/C=22B11. A/B/C. R3
极 2 低端启动电阻电流采集单元柜	纯光学电流互感器采集单元 8 台	换流器保护系统 A/B/C	C22. Isr. A/B/C=22T20. A/B/C. R1
极 2 低端换流器上桥臂电流采集单元柜	纯光学电流互感器采集单元 8 台	换流器保护系统 A/B/C	C22. Ibp. A/B/C=22B21. A/B/C. R2
极 2 低端换流器下桥臂电流采集单元柜	纯光学电流互感器采集单元 8 台	换流器保护系统 A/B/C	C22. Ibn. A/B/C=22B21. A/B/C. R3

注 表中“采样数据及对应测点”一列，等号左侧为采样电气量数据的名称，P1 为极 1、P2 为极 2，C11、C12、C21、C22 分别代表极 1 高端换流器、极 1 低端换流器、极 2 高端换流器、极 2 低端换流器，A/B/C 代表三相交流电气量；等号右侧代表该电气量对应的测点，xxTyy、xxByy 代表测点所在区域，Txy 为换流变区域，Bxy 为其余测量区域，Rx、Tx 代表一次测量设备的编号，柳州站测点分布区域和位置如附图 2 所示。

3. 龙门换流站

直流保护采用三取二配置，合并单元按三重化配置，龙门换流站两极共配置合并单元、纯光学电流互感器采集柜 30 面。在昆柳龙直流工程中，龙门换流站合并单元的组屏方案配置见表 3 - 18。

表 3 - 18　　龙门换流站测量系统屏

测量接口柜	硬件配置	数据发送至	采样数据及对应测点
极 1 高端换流器测量接口柜 A	1 台合并单元	换流器控制系统 A 换流器保护系统 A 换流阀控制保护系统 A、B	C11. Usr. A/B/C=31T10. A/B/C. R5 C11. Isr. A/B/C=31T10. A/B/C. R1 C11. IdNY=31T11. T5
	1 台合并单元	换流器控制系统 A 换流器保护系统 A 换流阀控制保护系统 A、B	C11. Ibp. A/B/C=31B11. A/B/C. R2 C11. Ibn. A/B/C=31B11. A/B/C. R3
	1 台合并单元	换流器控制系统 A 换流器保护系统 A 换流阀控制保护系统 A、B	C11. Uvc. A/B/C=31B11. A/B/C. R5 C11. Ivc. A/B/C=31B11. A/B/C. R1 C11. IdBPS=31B12. R2 C11. Udnv=31B12. R6

续表

测量接口柜	硬件配置	数据发送至	采样数据及对应测点
极 1 高端换流器测量接口柜 B	1 台合并单元	换流器控制系统 B 换流器保护系统 B 换流阀控制保护系统 A、B	C11. Usr. A/B/C=31T10. A/B/C. R5 C11. Isr. A/B/C=31T10. A/B/C. R1 C11. IdNY=31T11. T5
	1 台合并单元	换流器控制系统 B 换流器保护系统 B 换流阀控制保护系统 A、B	C11. Ibp. A/B/C=31B11. A/B/C. R2 C11. Ibn. A/B/C=31B11. A/B/C. R3
	1 台合并单元	换流器控制系统 B 换流器保护系统 B 换流阀控制保护系统 A、B	C11. Uvc. A/B/C=31B11. A/B/C. R5 C11. Ivc. A/B/C=31B11. A/B/C. R1 C11. IdBPS=31B12. R2 C11. Udnv=31B12. R6
极 1 高端换流器测量接口柜 C	1 台合并单元	换流器保护系统 C 换流阀控制保护系统 A、B	C11. Usr. A/B/C=31T10. A/B/C. R5 C11. Isr. A/B/C=31T10. A/B/C. R1 C11. IdNY=31T11. T5
	1 台合并单元	换流器保护系统 C 换流阀控制保护系统 A、B	C11. Ibp. A/B/C=31B11. A/B/C. R2 C11. Ibn. A/B/C=31B11. A/B/C. R3
	1 台合并单元	换流器保护系统 C 换流阀控制保护系统 A、B	C11. Uvc. A/B/C=31B11. A/B/C. R5 C11. Ivc. A/B/C=31B11. A/B/C. R1 C11. IdBPS=31B12. R2 C11. Udnv=31B12. R6
极 1 低端换流器测量接口柜 A	1 台合并单元	换流器控制系统 A 换流器保护系统 A 换流阀控制保护系统 A、B	C12. Usr. A/B/C=31T20. A/B/C. R5 C12. Isr. A/B/C=31T20. A/B/C. R1 C12. IdNY=31T21. T5
	1 台合并单元	换流器控制系统 A 换流器保护系统 A 换流阀控制保护系统 A、B	C12. Ibp. A/B/C=31B21. A/B/C. R2 C12. Ibn. A/B/C=31B21. A/B/C. R3
	1 台合并单元	换流器控制系统 A 换流器保护系统 A 换流阀控制保护系统 A、B	C12. Uvc. A/B/C=31B21. A/B/C. R5 C12. Ivc. A/B/C=31B21. A/B/C. R1 C12. IdBPS=31B22. R2 C12. Udnv=31B22. R6

续表

测量接口柜	硬件配置	数据发送至	采样数据及对应测点
极 1 低端换流器测量接口柜 B	1 台合并单元	换流器控制系统 B 换流器保护系统 B 换流阀控制保护系统 A、B	C12. Usr. A/B/C=31T20. A/B/C. R5 C12. Isr. A/B/C=31T20. A/B/C. R1 C12. IdNY=31T21. T5
	1 台合并单元	换流器控制系统 B 换流器保护系统 B 换流阀控制保护系统 A、B	C12. Ibp. A/B/C=31B21. A/B/C. R2 C12. Ibn. A/B/C=31B21. A/B/C. R3
	1 台合并单元	换流器控制系统 B 换流器保护系统 B 换流阀控制保护系统 A、B	C12. Uvc. A/B/C=31B21. A/B/C. R5 C12. Ivc. A/B/C=31B21. A/B/C. R1 C12. IdBPS=31B22. R2 C12. Udnv=31B22. R6
极 1 低端换流器测量接口柜 C	1 台合并单元	换流器保护系统 C 换流阀控制保护系统 A、B	C12. Usr. A/B/C=31T20. A/B/C. R5 C12. Isr. A/B/C=31T20. A/B/C. R1 C12. IdNY=31T21. T5
	1 台合并单元	换流器保护系统 C 换流阀控制保护系统 A、B	C12. Ibp. A/B/C=31B21. A/B/C. R2 C12. Ibn. A/B/C=31B21. A/B/C. R3
	1 台合并单元	换流器保护系统 C 换流阀控制保护系统 A、B	C12. Uvc. A/B/C=31B21. A/B/C. R5 C12. Ivc. A/B/C=31B21. A/B/C. R1 C12. IdBPS=31B22. R2 C12. Udnv=31B22. R6
极 2 高端换流器测量接口柜 A	1 台合并单元	换流器控制系统 A 换流器保护系统 A 换流阀控制保护系统 A、B	C21. Usr. A/B/C=32T20. A/B/C. R5 C21. Isr. A/B/C=32T20. A/B/C. R1 C21. IdNY=32T11. T5
	1 台合并单元	换流器控制系统 A 换流器保护系统 A 换流阀控制保护系统 A、B	C21. Ibp. A/B/C=32B11. A/B/C. R2 C21. Ibn. A/B/C=32B11. A/B/C. R3
	1 台合并单元	换流器控制系统 A 换流器保护系统 A 换流阀控制保护系统 A、B	C21. Uvc. A/B/C=32B11. A/B/C. R5 C21. Ivc. A/B/C=32B11. A/B/C. R1 C21. IdBPS=32B12. R2 C21. Udnv=32B12. R6

续表

测量接口柜	硬件配置	数据发送至	采样数据及对应测点
极 2 高端换流器测量接口柜 B	1 台合并单元	换流器控制系统 B 换流器保护系统 B 换流阀控制保护系统 A、B	C21. Usr. A/B/C=32T20. A/B/C. R5 C21. Isr. A/B/C=32T20. A/B/C. R1 C21. IdNY=32T11. T5
	1 台合并单元	换流器控制系统 B 换流器保护系统 B 换流阀控制保护系统 A、B	C21. Ibp. A/B/C=32B11. A/B/C. R2 C21. Ibn. A/B/C=32B11. A/B/C. R3
	1 台合并单元	换流器控制系统 B 换流器保护系统 B 换流阀控制保护系统 A、B	C21. Uvc. A/B/C=32B11. A/B/C. R5 C21. Ivc. A/B/C=32B11. A/B/C. R1 C21. IdBPS=32B12. R2 C21. Udnv=32B12. R6
极 2 高端换流器测量接口柜 C	1 台合并单元	换流器保护系统 C 换流阀控制保护系统 A、B	C21. Usr. A/B/C=32T20. A/B/C. R5 C21. Isr. A/B/C=32T20. A/B/C. R1 C21. IdNY=32T11. T5
	1 台合并单元	换流器保护系统 C 换流阀控制保护系统 A、B	C21. Ibp. A/B/C=32B11. A/B/C. R2 C21. Ibn. A/B/C=32B11. A/B/C. R3
	1 台合并单元	换流器保护系统 C 换流阀控制保护系统 A、B	C21. Uvc. A/B/C=32B11. A/B/C. R5 C21. Ivc. A/B/C=32B11. A/B/C. R1 C21. IdBPS=32B12. R2 C21. Udnv=32B12. R6
极 2 低端换流器测量接口柜 A	1 台合并单元	换流器控制系统 A 换流器保护系统 A 换流阀控制保护系统 A、B	C22. Usr. A/B/C=32T20. A/B/C. R5 C22. Isr. A/B/C=32T20. A/B/C. R1 C22. IdNY=32T21. T5
	1 台合并单元	换流器控制系统 A 换流器保护系统 A 换流阀控制保护系统 A、B	C22. Ibp. A/B/C=32B21. A/B/C. R2 C22. Ibn. A/B/C=32B21. A/B/C. R3
	1 台合并单元	换流器控制系统 A 换流器保护系统 A 换流阀控制保护系统 A、B	C22. Uvc. A/B/C=32B21. A/B/C. R5 C22. Ivc. A/B/C=32B21. A/B/C. R1 C22. IdBPS=32B22. R2 C22. Udnv=32B22. R6

续表

测量接口柜	硬件配置	数据发送至	采样数据及对应测点
极2低端换流器测量接口柜B	1台合并单元	换流器控制系统B 换流器保护系统B 换流阀控制保护系统A、B	C22. Usr. A/B/C=32T20. A/B/C. R5 C22. Isr. A/B/C=32T20. A/B/C. R1 C22. IdNY=32T21. T5
	1台合并单元	换流器控制系统B 换流器保护系统B 换流阀控制保护系统A、B	C22. Ibp. A/B/C=32B21. A/B/C. R2 C22. Ibn. A/B/C=32B21. A/B/C. R3
	1台合并单元	换流器控制系统B 换流器保护系统B 换流阀控制保护系统A、B	C22. Uvc. A/B/C=32B21. A/B/C. R5 C22. Ivc. A/B/C=32B21. A/B/C. R1 C22. IdBPS=32B22. R2 C22. Udnv=32B22. R6
极2低端换流器测量接口柜C	1台合并单元	换流器保护系统C 换流阀控制保护系统A、B	C22. Usr. A/B/C=32T20. A/B/C. R5 C22. Isr. A/B/C=32T20. A/B/C. R1 C22. IdNY=32T21. T5
	1台合并单元	换流器保护系统C 换流阀控制保护系统A、B	C22. Ibp. A/B/C=32B21. A/B/C. R2 C22. Ibn. A/B/C=32B21. A/B/C. R3
	1台合并单元	换流器保护系统C 换流阀控制保护系统A、B	C22. Uvc. A/B/C=32B21. A/B/C. R5 C22. Ivc. A/B/C=32B21. A/B/C. R1 C22. IdBPS=32B22. R2 C22. Udnv=32B22. R6
极1及双极区测量接口柜A	1台合并单元	极控制系统A 站控制系统A 极保护系统A 直流线路保护系统A 换流器控制保护系统A	P1. UdL=31B01. R6 P1. UdM=31B12. R5 P1. UdN=31B02. R5 P1. UdCH=31B01. R5 P1. IdLH=31B01. R1 P1. IdCH=31B12. R1 P1. IdCN=31B22. R1 P1. IdM=31B12. R3
	1台合并单元	极控制系统A 站控制系统A 极保护系统A 直流线路保护系统A 换流器控制保护系统A	IdEE1=30B20. R1 IdEE2=30B20. R2 IdSG=30B20. R3 IdMRTB=30B20. R4 P1. IdLN=31B02. R1 P2. IdLN=32B02. R1 P2. UdL=32B01. R6 P2. IdLH=32B01. R1

续表

测量接口柜	硬件配置	数据发送至	采样数据及对应测点
极 1 及双极区测量接口柜 B	1 台合并单元	极控制系统 B 站控制系统 B 极保护系统 B 直流线路保护系统 B 换流器控制保护系统 B	P1. UdL＝31B01. R6 P1. UdM＝31B12. R5 P1. UdN＝31B02. R5 P1. UdCH＝31B01. R5 P1. IdLH＝31B01. R1 P1. IdCH＝31B12. R1 P1. IdCN＝31B22. R1 P1. IdM＝31B12. R3
	1 台合并单元	极控制系统 B 站控制系统 B 极保护系统 B 直流线路保护系统 B 换流器控制保护系统 B	IdEE1＝30B20. R1 IdEE2＝30B20. R2 IdSG＝30B20. R3 IdMRTB＝30B20. R4 P1. IdLN＝31B02. R1 P2. IdLN＝32B02. R1 P2. UdL＝32B01. R6 P2. IdLH＝32B01. R1
极 1 及双极区测量接口柜 C	1 台合并单元	极保护系统 C 直流线路保护系统 C 换流器控制保护系统 C	P1. UdL＝31B01. R6 P1. UdM＝31B12. R5 P1. UdN＝31B02. R5 P1. UdCH＝31B01. R5 P1. IdLH＝31B01. R1 P1. IdCH＝31B12. R1 P1. IdCN＝31B22. R1 P1. IdM＝31B12. R3
	1 台合并单元	极保护系统 C 直流线路保护系统 C 换流器控制保护系统 C	IdEE1＝30B20. R1 IdEE2＝30B20. R2 IdSG＝30B20. R3 IdMRTB＝30B20. R4 P1. IdLN＝31B02. R1 P2. IdLN＝32B02. R1 P2. UdL＝32B01. R6 P2. IdLH＝32B01. R1

续表

测量接口柜	硬件配置	数据发送至	采样数据及对应测点
极 2 及双极区测量接口柜 A	1 台合并单元	极控制系统 A 站控制系统 A 极保护系统 A 直流线路保护系统 A 换流器控制保护系统 A	P2. UdL＝32B01. R6 P2. UdM＝32B12. R5 P2. UdN＝32B02. R5 P2. UdCH＝32B01. R5 P2. IdLH＝32B01. R1 P2. IdCH＝32B12. R1 P2. IdCN＝32B22. R1 P2. IdM＝32B12. R3
	1 台合并单元	极控制系统 A 站控制系统 A 极保护系统 A 直流线路保护系统 A 换流器控制保护系统 A	IdEE1＝30B20. R1 IdEE2＝30B20. R2 IdSG＝30B20. R3 IdMRTB＝30B20. R4 P2. IdLN＝32B02. R1 P1. IdLN＝31B02. R1 P1. UdL＝31B01. R6 P1. IdLH＝31B01. R1
极 2 及双极区测量接口柜 B	1 台合并单元	极控制系统 B 站控制系统 B 极保护系统 B 直流线路保护系统 B 换流器控制保护系统 B	P2. UdL＝32B01. R6 P2. UdM＝32B12. R5 P2. UdN＝32B02. R5 P2. UdCH＝32B01. R5 P2. IdLH＝32B01. R1 P2. IdCH＝32B12. R1 P2. IdCN＝32B22. R1 P2. IdM＝32B12. R3
	1 台合并单元	极控制系统 B 站控制系统 B 极保护系统 B 直流线路保护系统 B 换流器控制保护系统 B	IdEE1＝30B20. R1 IdEE2＝30B20. R2 IdSG＝30B20. R3 IdMRTB＝30B20. R4 P2. IdLN＝32B02. R1 P1. IdLN＝31B02. R1 P1. UdL＝31B01. R6 P1. IdLH＝31B01. R1

续表

测量接口柜	硬件配置	数据发送至	采样数据及对应测点
极 2 及双极区测量接口柜 C	1 台合并单元	极保护系统 C 直流线路保护系统 C 换流器控制保护系统 C	P2. UdL=32B01. R6 P2. UdM=32B12. R5 P2. UdN=32B02. R5 P2. UdCH=32B01. R5 P2. IdLH=32B01. R1 P2. IdCH=32B12. R1 P2. IdCN=32B22. R1 P2. IdM=32B12. R3
	1 台合并单元	极保护系统 C 直流线路保护系统 C 换流器控制保护系统 C	IdEE1=30B20. R1 IdEE2=30B20. R2 IdSG=30B20. R3 IdMRTB=30B20. R4 P2. IdLN=32B02. R1 P1. IdLN=31B02. R1 P1. UdL=31B01. R6 P1. IdLH=31B01. R1
极 1 高端启动电阻电流采集单元柜	纯光学电流互感器采集单元 8 台	换流器保护系统 A/B/C	C11. Isr. A/B/C=31T10. A/B/C. R1
极 1 高端换流器上桥臂电流采集单元柜	纯光学电流互感器采集单元 8 台	换流器保护系统 A/B/C	C11. Ibp. A/B/C=31B11. A/B/C. R2 C11. Ibn. A/B/C=31B11. A/B/C. R3
极 1 高端换流器下桥臂电流采集单元柜	纯光学电流互感器采集单元 8 台	换流器保护系统 A/B/C	C11. Ibp. A/B/C=31B11. A/B/C. R2 C11. Ibn. A/B/C=31B11. A/B/C. R3
极 1 低端启动电阻电流采集单元柜	纯光学电流互感器采集单元 8 台	换流器保护系统 A/B/C	C12. Isr. A/B/C=31T20. A/B/C. R1
极 1 低端换流器上桥臂电流采集单元柜	纯光学电流互感器采集单元 8 台	换流器保护系统 A/B/C	C12. Ibp. A/B/C=31B21. A/B/C. R2 C12. Ibn. A/B/C=31B21. A/B/C. R3
极 1 低端换流器下桥臂电流采集单元柜	纯光学电流互感器采集单元 8 台	换流器保护系统 A/B/C	C12. Ibp. A/B/C=31B21. A/B/C. R2 C12. Ibn. A/B/C=31B21. A/B/C. R3
极 2 高端启动电阻电流采集单元柜	纯光学电流互感器采集单元 8 台	换流器保护系统 A/B/C	C12. Isr. A/B/C=32T20. A/B/C. R1
极 2 高端换流器上桥臂电流采集单元柜	纯光学电流互感器采集单元 8 台	换流器保护系统 A/B/C	C21. Ibp. A/B/C=32B11. A/B/C. R2 C21. Ibn. A/B/C=32B11. A/B/C. R3

续表

测量接口柜	硬件配置	数据发送至	采样数据及对应测点
极 2 高端换流器下桥臂电流采集单元柜	纯光学电流互感器采集单元 8 台	换流器保护系统 A/B/C	C21. Ibp. A/B/C=32B11. A/B/C. R2 C21. Ibn. A/B/C=32B11. A/B/C. R3
极 2 低端启动电阻电流采集单元柜	纯光学电流互感器采集单元 8 台	换流器保护系统 A/B/C	C22. Isr. A/B/C=32T20. A/B/C. R1
极 2 低端换流器上桥臂电流采集单元柜	纯光学电流互感器采集单元 8 台	换流器保护系统 A/B/C	C22. Ibp. A/B/C=32B21. A/B/C. R2 C22. Ibn. A/B/C=32B21. A/B/C. R3
极 2 低端换流器下桥臂电流采集单元柜	纯光学电流互感器采集单元 8 台	换流器保护系统 A/B/C	C22. Ibp. A/B/C=32B21. A/B/C. R2 C22. Ibn. A/B/C=32B21. A/B/C. R3

注 表中“采样数据及对应测点”一列，等号左侧为采样电气量数据的名称，P1 为极 1、P2 为极 2，C11、C12、C21、C22 分别代表极 1 高端换流器、极 1 低端换流器、极 2 高端换流器、极 2 低端换流器，A/B/C 代表三相交流电气量；等号右侧代表该电气量对应的测点，xxTyy、xxByy 代表测点所在区域，Txy 为换流变区域，Bxy 为其余测量区域，Rx、Tx 代表一次测量设备的编号，龙门站测点分布区域和位置如附图 3 所示。

第 4 章　直流工程测量值滤波器的原理与设计方法

在特高压多端混合直流输电系统的控制与保护功能中，对于测点电气量测量值数据，往往需要经过一定的滤波预处理后才能应用于具体的控制或保护功能中。因此在进行控制保护系统的数据处理方法介绍以前，本章首先对直流工程控制保护系统应用的滤波器的原理与设计方法进行介绍。

4.1　数字滤波器的分类

数字滤波器根据单位脉冲响应特性的不同，可以分为无限长脉冲响应（infinite impluse response，IIR）和有限长脉冲响应（finite impluse response，FIR）数字滤波器；根据幅频响应特性的不同，可以分为：

（1）低通滤波器（lowpass filter），允许信号中的低频或直流分量通过，抑制高频分量与噪声、干扰；

（2）高通滤波器（highpass filter），允许信号中的高频分量通过，抑制低频与直流分量；

（3）带通滤波器（band - pass filter），允许信号一定频段内的分量通过，抑制高于或低于该频段的信号和噪声、干扰；

（4）带阻滤波器（band - stop filter），抑制信号一定频段内的分量，允许该频段外的分量通过。

如果数字滤波器的单位冲激响应只有有限个非零值，称为有限冲激响应数字滤波器。如果单位冲激响应具有无限多个非零值，称为无限冲激响应数字滤波器。

有限冲激响应数字滤波器一般采取非递归型算法结构，因此也称非递归型数字滤波器。无限冲激响应数字滤波器只能采取递归型算法结构，故又称递归型数字滤波器。

IIR 滤波器一般采用递归型的结构，其输入和输出符合 N 阶差分方程

$$y(n)=\sum_{i=1}^{N}a_i y(n-i)+\sum_{j=0}^{M}b_j x(n-j)$$

式中：a_i、b_i 为滤波器系数；N、M 为滤波器的阶数。

其传递函数可以表示为

$$H(z)=\frac{Y(z)}{X(z)}=\frac{\sum_{j=0}^{M}b_jz^{-j}}{1-\sum_{i=1}^{N}a_iz^{-i}}$$

且 $a_i(i=1, 2, \cdots, N)$不全为 0 时，该系统的单位脉冲响应必然持续时间无限长，即该系统必为无限脉冲响应系统，上述传递函数可进行因式分：

$$H(z)=\frac{K(z-z_1)(z-z_2)\cdots(z-z_M)}{(z-p_1)(z-p_2)\cdots(z-p_N)}$$

式中：z_1、z_2、…、z_M 为传递函数的零点；p_1、p_2、…、p_N 为传递函数的极点。

4.2 数字滤波器的设计

设计 IIR 数字滤波器，即确定一个可实现的传递函数 $H(z)$来逼近其频率响应，此时，需保证传递函数 $H(z)$是稳定的。IIR 滤波器的典型设计过程分为如下 5 个步骤：

(1) 设计者给出滤波器的性能规范，即给出滤波器的函数以及期望得到的性能指标；

(2) 计算滤波器传递函数 $H(z)$的系数 a_i、b_j 的值，使期望的性能得到满足；

(3) 实现结构，将传递函数转化成合适的滤波器结构，典型结构是将一阶/二阶滤波器单元进行串联和并联；

(4) 误差分析，误差来源主要是系数以及算数运算采用有限尾数引起的舍入误差；

(5) 实现，利用软件编写和执行滤波运算。

图 4-1 表示低通滤波器的幅频特性，ω_p 为通带截止频率，ω_s 为阻带截止频率。通带频率范围为 $0\leqslant\omega\leqslant\omega_p$，要求 $1-\delta_1<|H(e^{j\omega})|\leqslant1$；阻带频率范围为 $\omega_s\leqslant\omega\leqslant\pi$，要求 $|H(e^{j\omega})|\leqslant1-\delta_2$；从 ω_p 到 ω_s 称为过渡带，一般是单调下降。通带内和阻带内允许的衰减一般用 dB 数表示，通带内允许的最大衰减为 α_p，阻带内允许的最小衰减为 α_s，其表达式为

$$\alpha_p=-10\lg|H(e^{j\omega_p})|^2\text{dB}=-20\lg|H(e^{j\omega_p})|\text{dB}$$

$$\alpha_s=-10\lg|H(e^{j\omega_s})|^2\text{dB}=-20\lg|H(e^{j\omega_s})|\text{dB}$$

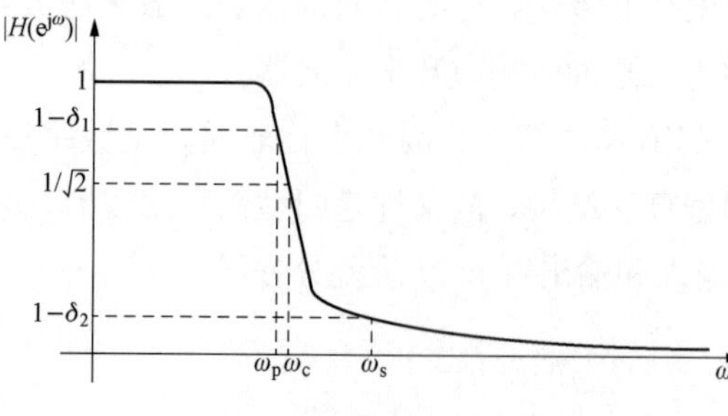

图 4-1 低通滤波器的幅频特性

当 $\alpha_p=3$dB 时，称 ω_c 为 3dB 截止频率，此时处于能量的一半位置，即 $1/\sqrt{2}$。

IIR 数字滤波器的设计就是在给定了滤波器的技术指标后，确定滤波器的阶数 N 和系数$\{a_i, b_j\}$。

一般采用脉冲响应不变法和双线性变换法实现连续函数到数字函数的转换。

其中，脉冲响应不变法的核心是通过对连续函数 $h_a(t)$ 等间隔采样得到离散序列 $h_a(nT)$，使 $h(n)=h_a(nT)$（T 为采样间隔），变换流程为

$$H(s)=\xrightarrow{\text{拉普拉斯逆变换}} h_a(t)\xrightarrow{\text{等间隔采样}} h_a(nT)=h(n)\xrightarrow{Z\text{ 变换}} H(z)$$

任何一个模拟滤波器频率响应都不是严格带限的，变换后就会产生周期延拓分量的频谱交叠，即产生频率响应的混叠失真。如果原模拟信号 $h_a(t)$ 的频带不是限于 $\pm\pi/T$ 之间，则会在 $\pm\pi/T$ 的奇数倍附近产生频率混叠，从而映射到 Z 平面上，在 $\omega=\pm\pi$ 附近产生频率混叠。为了解决该问题，目前广泛采用非线性频率压缩方法，即非线性变换法，它将整个模拟频率轴压缩到 $\pm\pi/T$ 之后再进行转换。

下面是应用脉冲响应不变法设计数字低通滤波器的一个例子：要求通带和阻带具有单调下降特性，设计指标为 $\omega_p=0.3\pi\text{rad}$，$\alpha_p=1\text{dB}$，$\omega_s=0.5\pi\text{rad}$，$\alpha_s=15\text{dB}$。

（1）设采样周期为 T，转化为相应的模拟滤波器设计指标

$$\Omega_p=\frac{\omega_p}{T}=\frac{0.3\pi}{T}\text{rad},\alpha_p=1\text{dB}$$

$$\Omega_s=\frac{\omega_s}{T}=\frac{0.5\pi}{T}\text{rad},\alpha_s=15\text{dB}$$

（2）根据模拟滤波器指标得到传递函数 $H_a(s)$，由于带通和带阻具有单调下调特性，因此可以选择巴特沃斯滤波器。

（3）应用脉冲响应不变法将 $H_a(s)$ 转换为数字滤波器传输函数 $H(z)$。

（4）分析数字滤波器的频率响应，验证所设计滤波器的性能。

上述方法的 MATLAB 程序：

```
T = 1;  %设定采样间隔
fs = 1/T;
Omegas = 2 * pi * fs;
wp = 0.3 * pi/T;  %设定通带截止频率
ws = 0.5 * pi/T;  %设定阻带截止频率
rp = 1;  %设定通带最大衰减
rs = 15;  %设定阻带最小衰减
%根据技术指标求取巴特沃斯模拟滤波器阶数 N 和 3dB 截止频率 WC
[N,wc] = buttord(wp,ws,rp,rs,'s');
[b,a] = butter(N,wc,'s');  %求取巴特沃斯模拟滤波器
ww = linspace(0,Omegas/2,1000);  %linspace(x1,x2,N)产生 x1,x2 之间的 N 点矢量
[h,w] = freqz(b,a,ww);  %求取模拟滤波器的频率响应
[bz,az] = impinvar(b,a,1/T);  %利用脉冲响应不变法转化为数字滤波器
[h,w] = freqz(bz,az);  %求取数字滤波器的频率响应
```

4.3 模拟滤波器的设计

模拟滤波器的设计就是将设计指标转化为相应的模拟系统函数 $H_a(s)$，使其逼近某个理想的滤波器特性，它是根据幅度平方函数来确定的，即模拟滤波器设计中通常只考虑幅频特性，一般是先设计低通滤波器，然后经过频率变换将低通滤波器转换成期望类型的滤波器。

4.3.1 模拟低通滤波器的设计指标及逼近方法

模拟低通滤波器的设计指标（如图 4-2 所示）有：通带截止频率 Ω_p、阻带截止频率 Ω_s。α_p 是通带 $\Omega(0\sim\Omega_p)$ 中的最大的衰减系数，α_s 是阻带 $\Omega\geqslant\Omega_s$ 的最小衰减系数，两者一般用 dB 表示。对于单调下降的幅度特性，可表示成

$$\alpha_p=10\lg\frac{|H_a(j0)|^2}{|H_a(j\Omega_p)|^2}$$

$$\alpha_s=10\lg\frac{|H_a(j0)|^2}{|H_a(j\Omega_s)|^2}$$

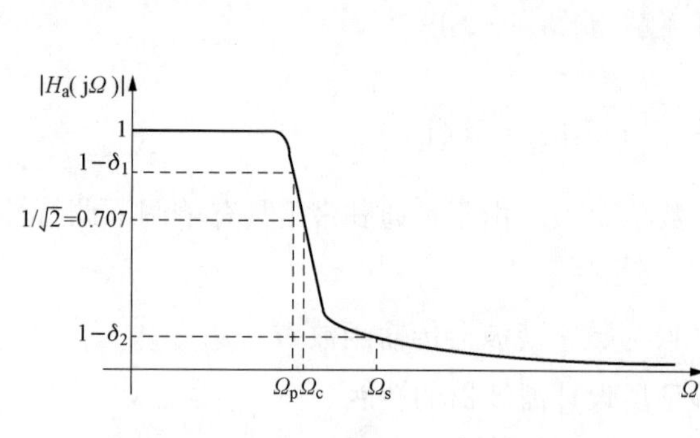

图 4-2 模拟低通滤波器性能指标

如果 $\Omega=0$ 的幅度已经归一化到 1，即 $|H_a(j0)|=1$，则

$$\alpha_p=-10\lg|H_a(j\Omega_p)|^2=-20\lg|H_a(j\Omega_p)|$$

$$\alpha_s=-10\lg|H_a(j\Omega_s)|^2=-20\lg|H_a(j\Omega_s)|$$

当 $|H_a(j\Omega_c)|=1/\sqrt{2}$ 时，$-20\lg|H_a(j\Omega_c)|=-20\lg\left|1/\sqrt{2}\right|=10\lg2=10\times0.301029=3.01029\approx3$ (dB)，称 Ω_c 为 3dB 截止频率。

4.3.2 巴特沃斯滤波器的设计

4.3.2.1 巴特沃斯滤波器的幅度平方函数及其特点

巴特沃斯滤波器的幅度平方函数为

$$|H_a(j\Omega)|^2=\frac{1}{1+(j\Omega/j\Omega_c)^{2N}}=\frac{1}{1+(\Omega/\Omega_c)^{2N}}$$

式中：N 为整数，是滤波器的阶数。$\Omega=0$ 时，$|H_a(j\Omega)|=1$；$\Omega=\Omega_c$ 时，$|H_a(j\Omega)|=\frac{1}{\sqrt{2}}$，所以 Ω_c 为半功率点，此时的通带衰减系数为 3dB，因此，Ω_c 又被称为 3dB 截止频率。同时可知，Ω_c 与滤波器的阶数无关。

4.3.2.2 巴特沃斯滤波器频率归一化问题

将所有的频率除以 Ω_c，得到巴特沃斯滤波器的归一化频率 $\lambda=\Omega/\Omega_c$。

4.4　基于 MATLAB 的 IIR 型数字滤波器设计方法

4.4.1　IIR 数字滤波器的设计原理

滤波器的设计本质上是寻找一个既能物理实现，又能满足给定频率特性指标要求的系统传输函数。IIR 滤波器一般采用递归型的结构，系统的输入和输出服从 N 阶差分方程。主要包括两个方面：①根据设计指标，先设计出相应的模拟滤波器，再通过脉冲响应不变法或双线性变换法转换成对应的数字滤波器；②选择一种优先准则，如最小均方准则，再在最小误差准则下求出滤波器传输函数的系数。

4.4.2　IIR 数字滤波器的设计方法

4.4.2.1　IIR 数字滤波器的典型设计法

由于数字滤波器传输函数只与频域的相对值有关，故在设计时可先将滤波器设计指标进行归一化处理。设采样频率为 f_s，归一化频率的计算公式为

$$\text{归一化频率}=\frac{\text{实际模拟角频率(rad/s)}}{\pi\times f_s}=\frac{\text{实际数字频率}}{\pi}=\frac{\text{实际模拟频率(Hz)}}{f_s/2}$$

利用典型法设计滤波器的步骤如下：

（1）将设计指标归一化，若采用双线性变换法，还需进行预畸变；

（2）根据归一化频率，确定最小阶数 N 和频率参数 W_n（应该是 3dB 截止频率），此类函数包括 buttord、cheblord、cheb2ord、ellipord 等。

（3）运用最小阶数 N 设计模拟低通滤波器原型，其创建函数包括 buttap、cheblap、cheb2ap、ellipap 和 besselap。他们输出的是零极点增益形式，还需用 zp2tf 函数转换成分子分母多项式形式。若想根据最小阶数直接设计模拟低通滤波器，可用 butter、cheby1、cheby2、ellip、bessel 等函数，只是要注意将 W_n 设为 1。

（4）根据第（2）步的频率参数 W_n，模拟低通滤波器原型转模拟低通、高通、带通、带阻滤波器，可用函数：lp2lp、lp2hp、lp2bp、lp2bs。

（5）运用脉冲响应不变法或双线性变换法把模拟滤波器转换成数字滤波器，调用的函数有 impinvar 和 bilinear。脉冲响应不变法适用于采样频率大于 4 倍截止频率的锐截止低通带通滤波器，而双线性变换法适合于相位特性要求不高的各型滤波器。

（6）根据输出的分子分母系数，用 tf 函数生成 $H(z)$ 的表达式。

下面是一个设计实例：设计一个 butterworth 数字低通滤波器，通带临界频率 $f_p=$ 3400Hz，最大衰减 $R_p=2$dB；阻带临界频率 $f_s=5000$Hz，最小衰减 $R_s=20$dB。采用频率 $F_s=22020$Hz。脉冲响应不变法设计的程序如下：

```
clear;
```

```
close all;
clc;
fp = 3400;
Rp = 2;
fs = 5000;
Rs = 20;
Fs = 22050;
T = 1/Fs;
W1p = fp/(Fs * 2);  %求归一化频率;
W1s = fs/(Fs * 2);
[N,Wn] = buttord(W1p,W1s,Rp,Rs,'s');  %确定 butterworth 的最小阶数 N 和频率参数 Wn
[z,p,k] = buttap(N);  %设计模拟低通原型的零极点增益参数
[bp,ap] = zp2tf(z,p,k);  %将零极点增益转化为分子分母参数
%上两步也可用[bp,ap] = butter(N,1,'s')直接获取归一化低通原型
[bs,as] = lp2lp(bp,ap,Wn * pi * Fs);  %将低通原型转化为模拟低通
[bz,az] = impinvar(bs,as,Fs);  %用脉冲响应不变法进行模数变换
sys = tf(bz,az,T);  %给出传输函数 H(z)
[H,W] = freqz(bz,az,512,Fs)  %生成频率响应参数
plot(W,20 * log10(abs(H)))  %绘制幅频响应
grid on
```

计算结果：

```
bz = [ - 0 0.009 0.024 0.0609 0.0318 0.0034 0];
az = [1 - 2.6662 3.66714  - 3.075 1.6613  - 0.5677 0.1127  - 0.0099]
```

如果用双线性变换法完成上述设计实例，归一化频率需预畸变处理，公式应修改为：

```
W1p = 2 * tan(2 * pi * fp * T/2)/pi;  %求归一化频率;
W1s = 2 * tan(2 * pi * fs * T/2)/pi;
```

从模拟到数字的变换函数也应改为：

```
[bz,az] = bilinear(bs,as,Fs);
```

运行结果：

```
bz = [0.0047 0.028 0.07 0.0933 0.07 0.028 0.0047];
az = [1 - 1.9161 2.1559  - 1.3866 0.5585  - 0.1257 0.0125]
```

4.4.2.2 IIR 数字滤波器完全设计法

完全设计法是将典型设计法中第（3）～（5）步合为一步，涉及的函数：butter、cheby1、cheby2、ellip 和 bessel。用 type 命令可知它们是利用双线性变换原理，预畸变在函数内部进行，且要求输入归一化频率参数，但是不需要进行预畸变处理。4.4.2.1

的实例采用完全设计法设计时，只需将第 3、4、5 步的程序改为 [bz，az] =butter (N，Wn)；运行结果：

```
bz = [0.0016 0.0109 0.0328 0.0546 0.0328 0.0109 0.0016];
az = [1 - 2.411 3.2031 - 2.5741 1.3506 - 0.4483 0.0869]
```

该结果与典型设计法中双线性变换结果不同，是因为预畸变处理位置不同所致。

4.4.2.3　IIR 数字滤波器的最优设计法

典型设计法和完全设计法都是经典设计法。如果设计的 IIR 数字滤波器频率特性有特殊要求，经典设计法往往显得无能为力，最优设计法在这些频率特性有特殊要求的场合很有用场。MATLAB 提供了 yulewalk 和 maxflat 两个最优设计函数。yulewalk 函数以平方误差最小为设计准则，可设计出任意频率响应的数字滤波器。调用格式为 [B，A] =yulewalk (N，F，M)，其中，相量 F 和 M 表示理想滤波器的幅频特性，F 为归一化的频率向量，该向量中每个元素都在 0 到 1 之间取值，而且元素必须递增排序，并要求第一个元素为 0，最后一个元素为 1；M 是对应 F 频率处的幅度，它是一个长度和 F 相同的向量。当确定理想滤波器的幅频响应后，为了避免带通到带阻的陡峭过渡，应该对过渡带进行多次的试验，以便得到最佳的滤波器。4.4.2.1 的实例中指标可定义为：

```
N = 7,F = [0,0.3084,0.4535,1];M = [1,1,0,0];
```

运行 [bz，az] =yulewalk (N，F，M) 程序，结果是：

```
bz = [0.0349 0.0618 0.0761 0.0602 0.0334 0.0161 0.0088 0.0148]
az = [1 - 2.4025 3.6134 - 3.4805 2.4116 - 1.1287 0.3402 - 0.0473]
```

Maxflat 函数以频率特性平滑为目标，可设计出分子分母阶数不同，甚至高于分母阶数的 butterworth 数字低通滤波器，以满足频率特性的平滑要求，其调用格式为 [B，A] = maxflat (NB，NA，Wn)，其中，NB 和 NA 是设定的分子分母阶数，Wn 为衰减 3dB 归一化频率。

4.4.2.4　IIR 数字滤波器 MATLAB 软件设计方法

在 MATLAB 命令窗口输入小写的 fdatool，即可打开图 4 - 3 所示设计界面，上部分是设计结果显示，下部分用来设定所需的技术参数。参数主要包括响应类型、设计方法、滤波器阶数及选项、频率参数和幅度参数等。

设定好之后点击 DesignFilter 按键，即可完成设计。

若想对设计结果进行分析，可通过先运行 Edit/convert to single export... 命令，在弹出的对话框中给出变量命名为 bz 和 az，即可在工作空间得到如下的结果：

```
bz = [0.0047 0.028 0.07 0.0933 0.07 0.028 0.0047];
az = [1 - 1.9161 2.1559 - 1.3866 0.5585 - 0.1257 0.0125]。
```

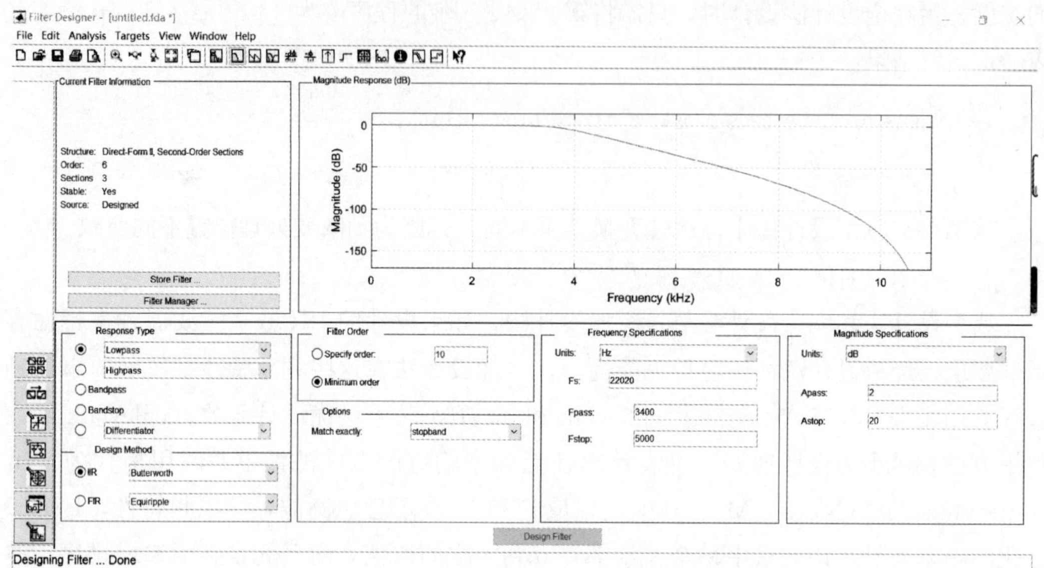

图 4-3　fdatool 滤波器设计界面

4.5　特高压直流工程常用数据处理模块的基本功能

4.5.1　IIR2 模块功能说明

IIR2 模块结构如图 4-4 所示。

工作模式：该模块根据滤波器系数对输入量进行滤波处理。由于递归算法，零点和极点的设置都可以改变。

具体计算过程：

$$Y(k)=\sum_{n=0}^{2}(B_{2-n})*X(k-n)-\sum_{n=1}^{2}(C_{2-n})*Y(k-n)$$

$$H(z)=\frac{Y(z)}{X(z)}=\frac{B_2+B_1z^{-1}+B_0z^{-2}}{1+C_1z^{-1}+C_0z^{-2}}=\frac{\sum_{j=0}^{2}B_{2-j}z^{-j}}{1+\sum_{i=1}^{2}C_iz^{-i}}$$

4.5.2　IIR2S 模块功能说明

IIR2S 模块结构如图 4-5 所示。

工作模式：该模块根据滤波器系数对输入量进行滤波处理。由于递归算法，零点和极点的设置都可以改变。

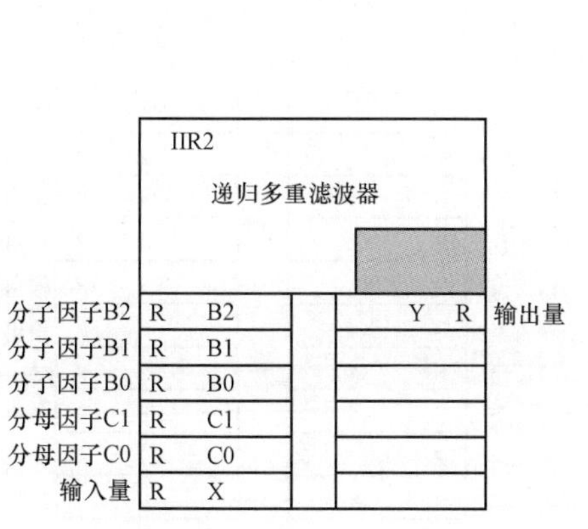

图 4-4　IIR2 模块结构

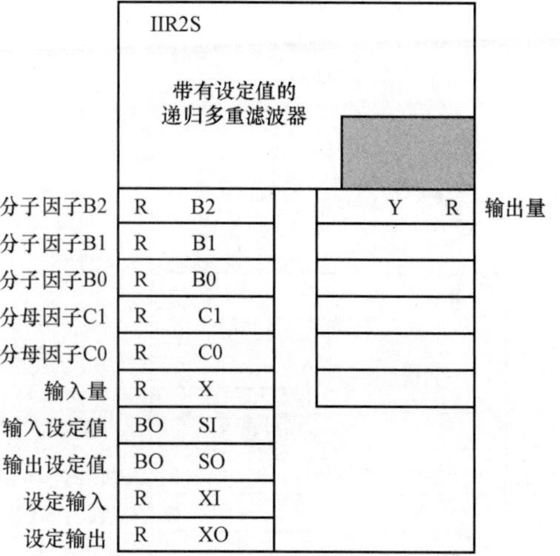

图 4-5　IIR2S 模块结构

与 IIR2 模块的区别：

(1) 如果输入 SI=1 或输入 SO=1，不进行滤波计算；

(2) 如果输入 SI=1，X (k−1) 和 X (k−2) 为输入 XI 的值；

(3) 如果输入 SO=1，Y、Y (k−1) 和 Y (k−2) 为输入 XO 的值。

具体计算过程：

$$Y(k)=\sum_{n=0}^{2}(B_{2-n})*X(k-n)-\sum_{n=1}^{2}(C_{2-n})*Y(k-n)$$

4.5.3　KRST 模块功能说明

KRST 模块结构如图 4-6 所示。

工作模式：该模块通过因子 K 对 3 个相位进行调整。

具体计算过程：

$$YR = XR * K$$

$$YS = XS * K$$

$$YT = XT * K$$

4.5.4　HPN 模块功能说明

HPN 模块结构如图 4-7 所示。

工作模式：当通过高通滤波器传递周期量（如正弦或余弦函数，即三相交流电压和电流）时，该模块消除 AD 通道的偏移量。

具体计算过程：

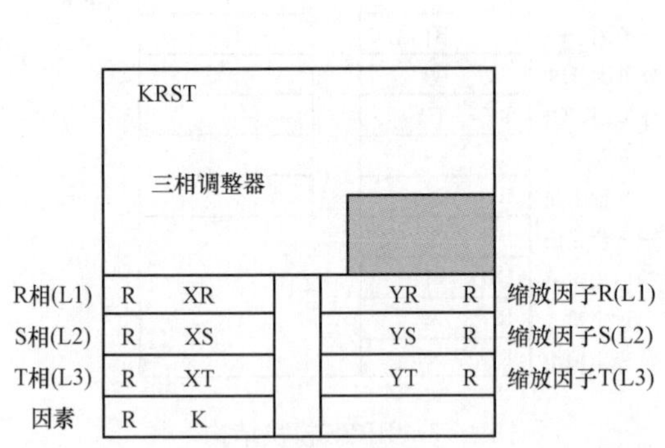

图 4-6 KRST 模块结构

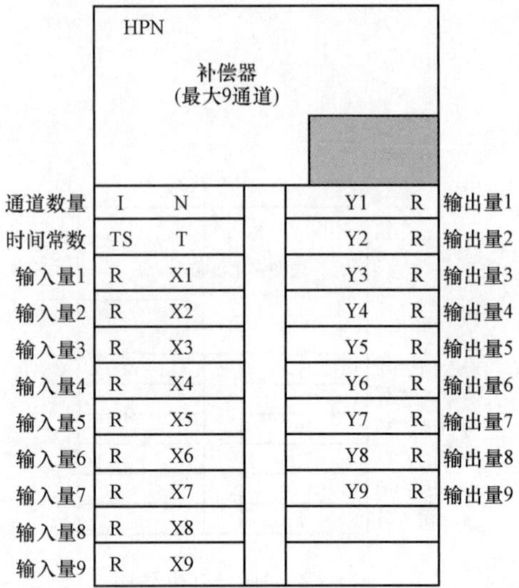

图 4-7 HPN 模块结构

$$y(k)=\frac{1+\alpha}{2}[x(k)-x(k-1)]+\alpha * y(k-1)$$

$$H(z)=\frac{Y(z)}{X(z)}=\frac{1+\alpha}{2} * \frac{1-z^{-1}}{1-\alpha * z^{-1}}$$

$$\alpha=\mathrm{e}^{-\frac{TA}{T}}$$

4.5.5 SPGA 模块功能说明

SPGA 模块结构如图 4-8 所示。

工作模式：该模块计算三个输入量的直流值，并输出计算值到 y。

具体计算过程：

$$y=[\mathrm{Abs}(x1)/2+\mathrm{Abs}(x2)/2+\mathrm{Abs}(x3)/2]$$

4.5.6 DSW 模块功能说明

DSW 模块结构如图 4-9 所示。

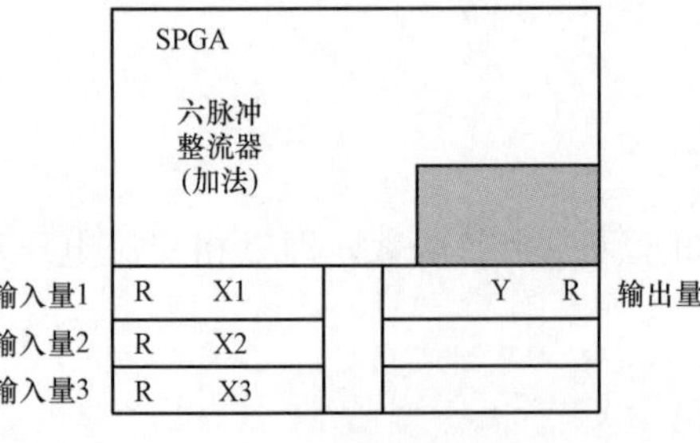

图 4-8 SPGA 模块结构

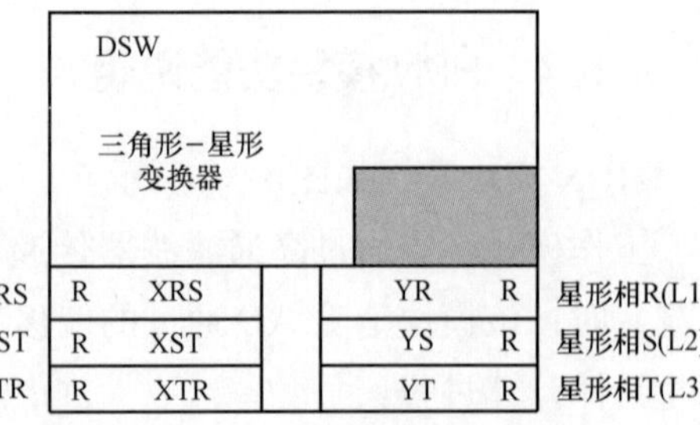

图 4-9 DSW 模块结构

工作模式：该模块用于执行三角形到星形的变换。

具体计算过程：

$$YR = (XRS - XTR)/\sqrt{3}$$

$$YS = (XST - XRS)/\sqrt{3}$$

$$YT = (XTR - XST)/\sqrt{3}$$

4.5.7　DRW 模块功能说明

DRW 模块结构如图 4 - 10 所示。

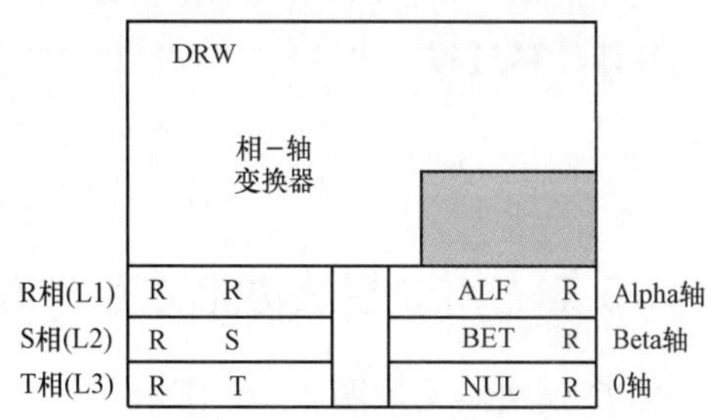

图 4 - 10　DRW 模块结构

工作模式：该模块用于将 R、S、T 量（L1，L2，L3）转换为直角坐标，并确定零分量。

具体计算过程：

$$ALF = (2 * R - S - T)/3$$

$$BET = (S - T)/\sqrt{3}$$

$$NUL = (R + S + T)/3$$

4.5.8　PKW 模块功能说明

PKW 模块结构如图 4 - 11 所示。

工作模式：该模块用于在幅值和相位的基础上计算向量。

具体计算过程：

$$YA = XB * \cos(XP)$$

$$YB = XB * \sin(XP)$$

4.5.9　KPW 模块功能说明

KPW 模块结构如图 4 - 12 所示。

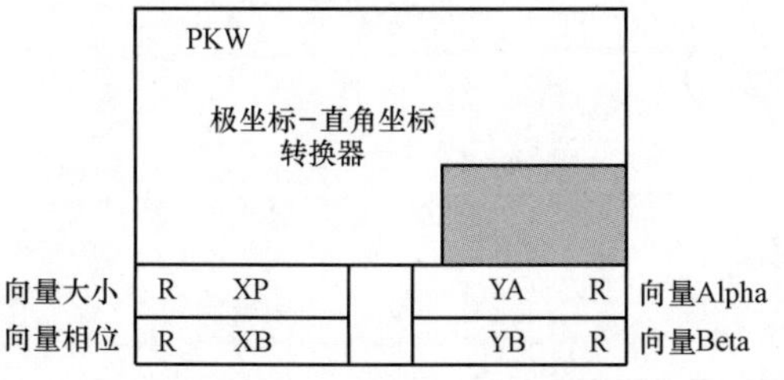

图 4 - 11　PKW 模块结构

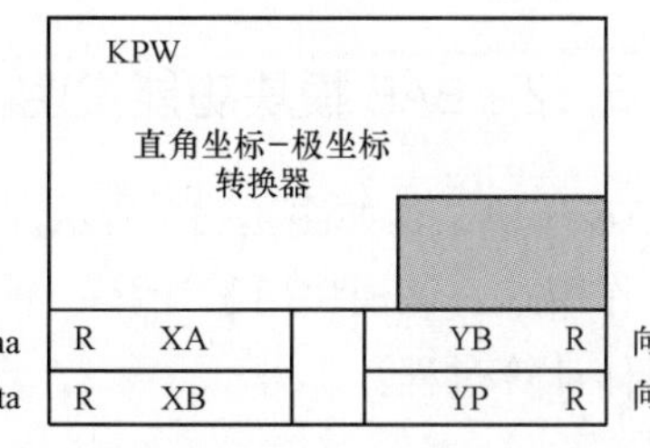

图 4 - 12　KPW 模块结构

工作模式：该模块用于计算一个向量的幅值和相位。

具体计算过程：

$$YB = \sqrt{XA * XA + XB * XB}$$

$$YP = main[value(arctan(XB/XA) + \pi)]$$

其中，main value 函数的计算方法为：当 $Y > \pi$ 时，有 $Y = Y - 2\pi$；当 $Y < \pi$ 时，有 $Y = Y + 2\pi$。

4.5.10 VDV 模块功能说明（向量的乘积）

VDV 模块结构如图 4-13 所示。

工作模式：该模块根据向量 XA2/XB2 的幅值和相位对向量 XA1/XB1 进行调整。

具体计算过程：

$$YA = XA1 * XA2 - XB1 * XB2$$

$$YB = XB1 * XA2 + XA1 * XB2$$

4.5.11 XPQ 模块功能说明（有功和无功计算模块）

XPQ 模块结构如图 4-14 所示。

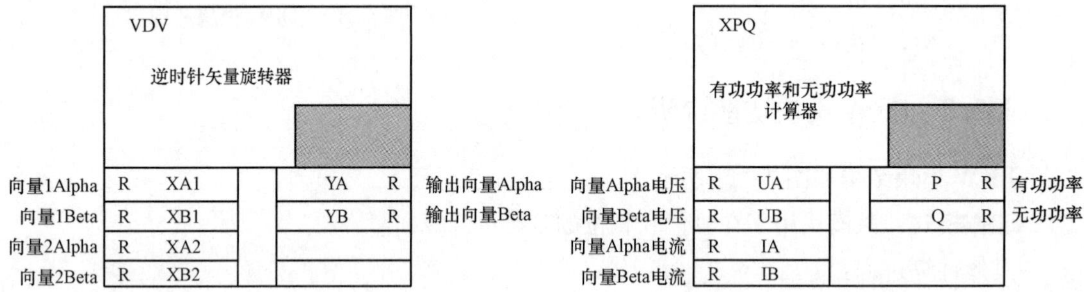

图 4-13 VDV 模块结构　　　　图 4-14 XPQ 模块结构

工作模式：该模块用于从电压和电流向量中计算有功功率和无功功率。

具体计算过程：

$$P = UA * IA + UB * IB$$

$$Q = UA * IB - UB * IA$$

4.5.12 BAB 模块功能说明（幅值计算）

BAB 模块结构如图 4-15 所示。

工作模式：该模块用于计算一个向量的幅值。

具体计算过程：

$$YB = \sqrt{XA * XA + XB * XB}$$

4.5.13 VIX 模块功能说明

VIX 模块结构如图 4-16 所示。

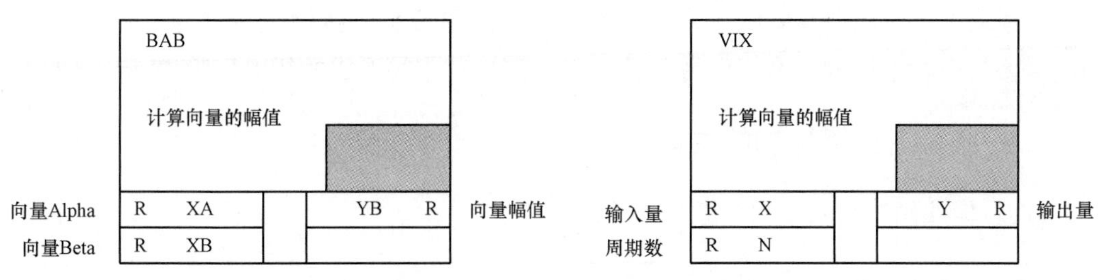

图 4-15　BAB 模块结构　　　　图 4-16　VIX 模块结构

工作模式：该带有全通特性的模块用于从余弦函数中获得正弦函数（滞后 90°）。常数 XC 是通过输入 N（每个周期的周期数）从一个内部列表中取得的。

具体计算过程：

$$Y(k) = XC * Y(k-1) + X(k-1) - XC * X(k)$$

值得注意的是，输入 N 必须在 8～256 中选取，该模块必须配置在具有线性同步采样频率的任务中，该模块获得 X 的正切值，即纵向值。

4.5.14　SDW 模块功能说明

SDW 模块结构如图 4-17 所示。

工作模式：该模块用于执行星形到三角形的变换。

具体计算过程：

$$YRS = (XR - XS)/\sqrt{3}$$

$$YST = (XS - XT)/\sqrt{3}$$

$$YTR = (XT - XR)/\sqrt{3}$$

该功能的计算结果就是将原来的量前移了 30°，具体如图 4-18 所示。

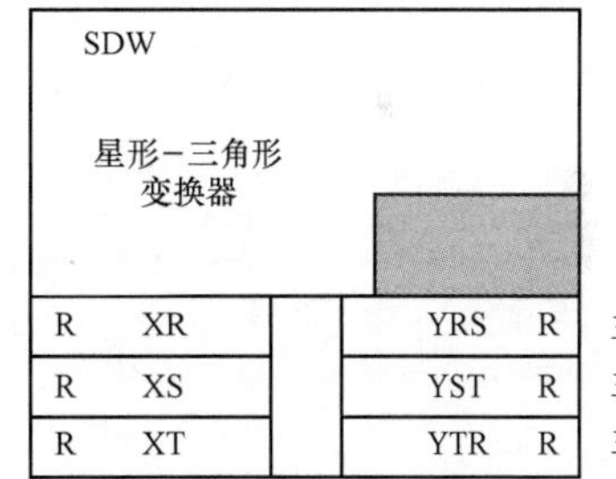

图 4-17　SDW 模块结构

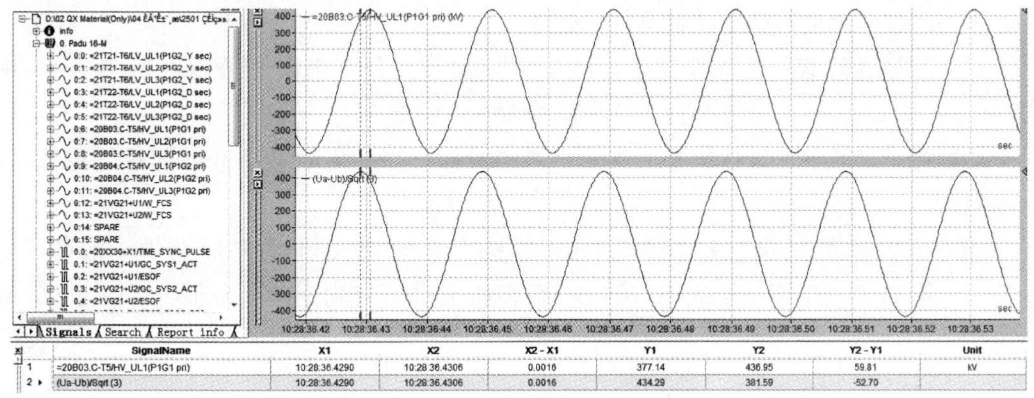

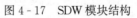

图 4-18　SDW 模块计算结果

本模块主要是求取相间电压，用于判断相间故障或相间接地故障（含两相和三相）。但是需要与单相电压的基准值保持一致，因此需要对相间形成的线电压除以 sqrt（3）。

4.5.15 UVD 模块功能说明

UVD 模块结构如图 4-19 所示。

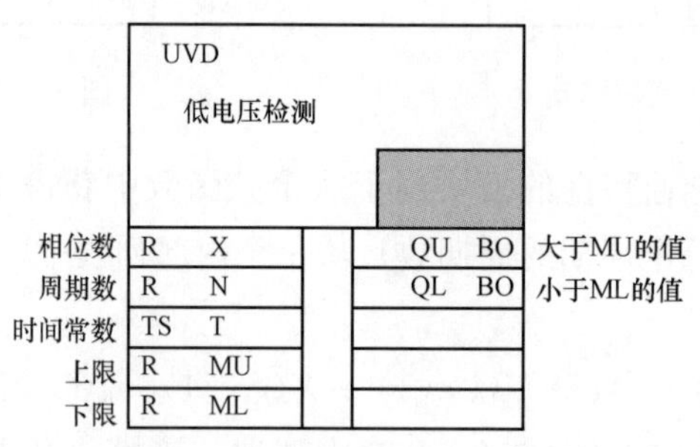

图 4-19 UVD 模块结构

工作模式：该模块用于检测，无论单相交流电压的幅值是高于还是低于某一特定的阈值，该函数完全对应于如图 4-20 所示模块的连接。

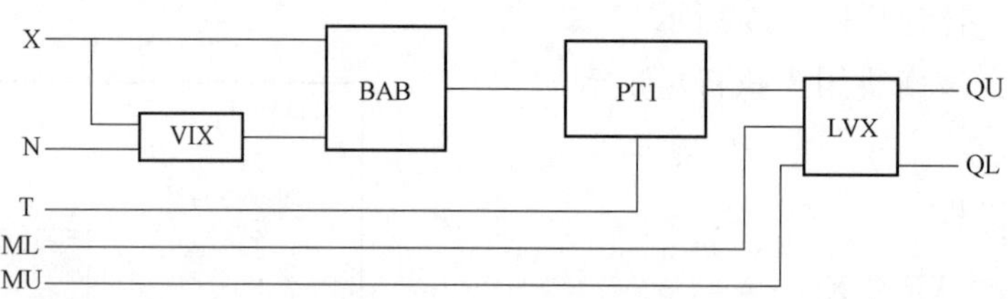

图 4-20 模块之间的连接关系

4.5.16 测量总线故障功能

测量总线故障逻辑如图 4-21 所示。

测量总线故障通过两个计数器进行处理：

（1）快速计数器：该计数器统计故障发生次数。若发生两个故障，则FU=1，即FC=25+25≥50，50 个周期后，FC=0，此时 FU 将置零。

（2）慢速计数器：该计数器主要针对零星故障，当一定数量的故障超过规定值后，才会置位。

第一个故障发生后，SC 变为 1600，若接下来的 1600 个循环周期内无故障，则 SC=0。若 1s 内发生下一个故障，则 SC 会叠加 1600，直到到达上限值 SLU（10000），此时 SU=1。

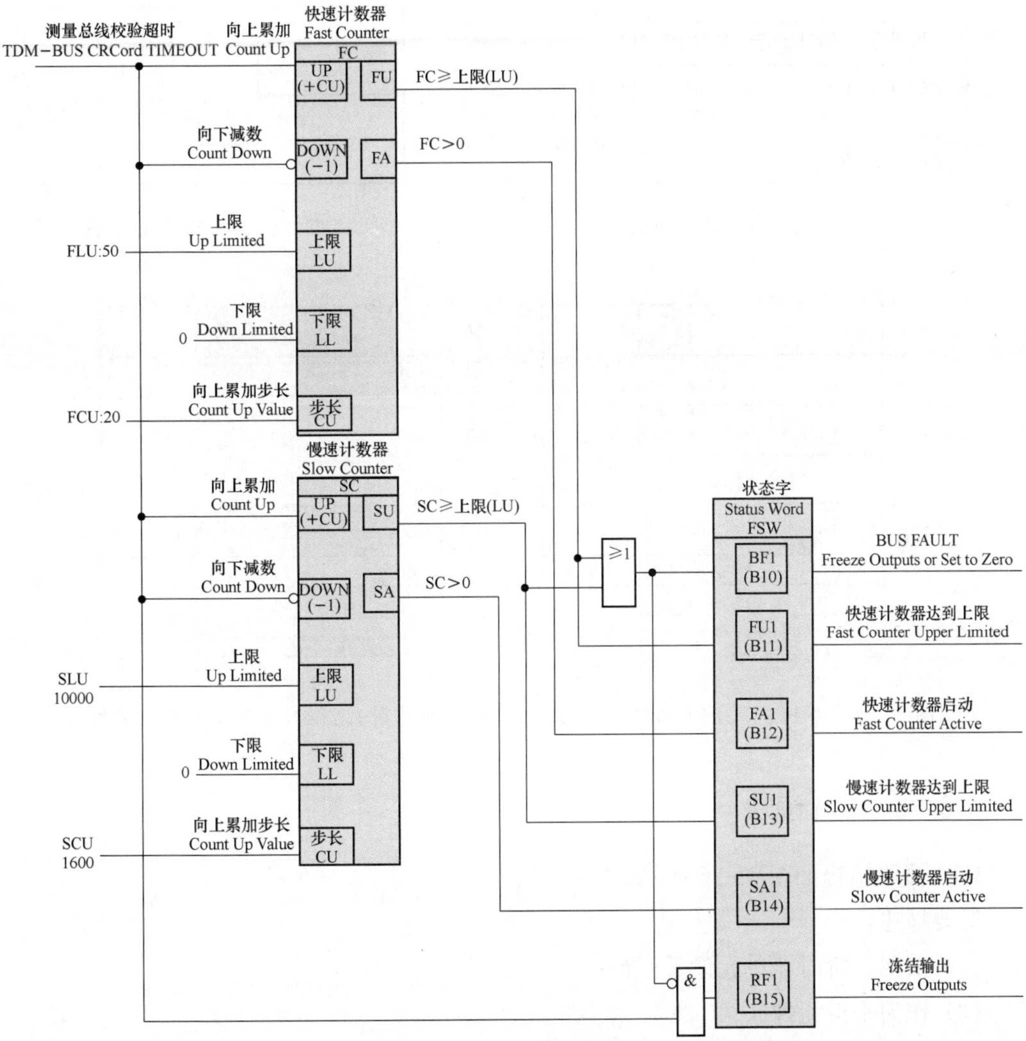

图 4 - 21　测量总线故障逻辑

4.5.17　LVM 模块

LVM 模块结构如图 4 - 22 所示。

简要描述：

（1）bool 类型的函数模块通过比较可选择的参考量来监视输入量；

（2）该模块用于监控设定值、实际值和测量值来抑制频繁的开关；

（3）该模块提供了窗口鉴别功能。

工作模式：该模块运用一个带有滞后传递特性功能的结构计算内部中间值，将中间值与区间限制作比较，结果输出在 QU、QM 和 QL 处，其中传递特性由平均值 M、区间限制 L 和迟滞量 HY 来配置，如图 4 - 23～图 4 - 25 所示。

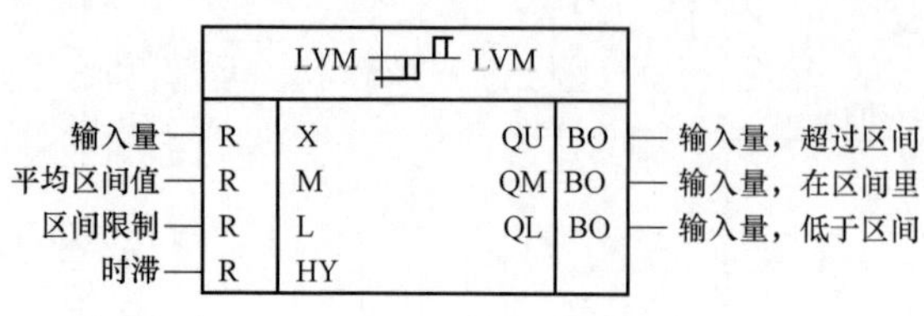

图 4-22　LVM 模块结构

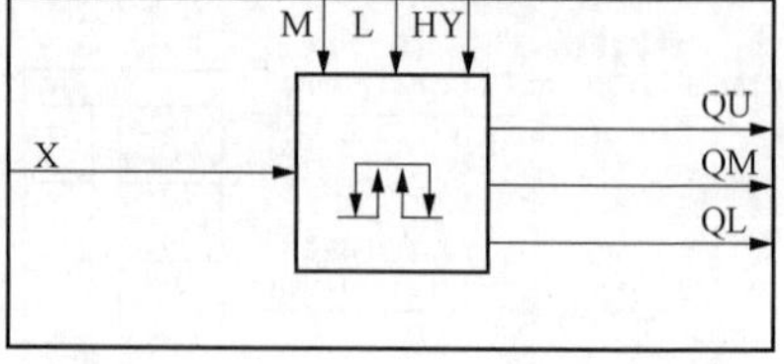

图 4-23　LVM 传递特性流程框图

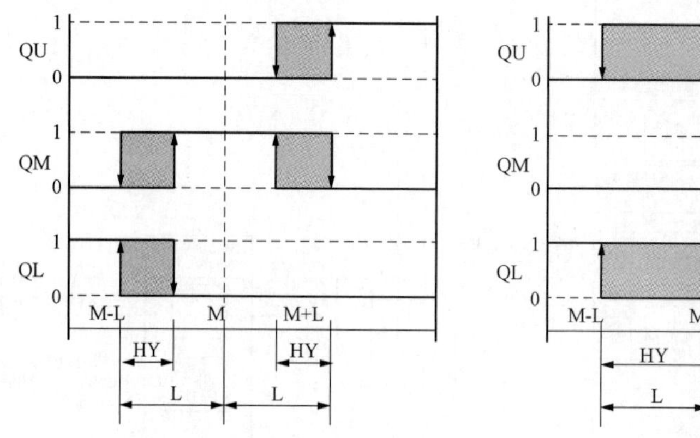

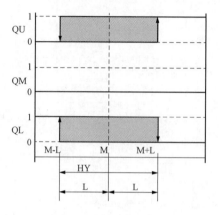

图 4-24　当 HY＜L 时有效的传递特性　　图 4-25　当 HY＝2L 时有效的传递特性

4.5.18　PT1 模块

PT1 模块结构如图 4-26 所示。

简要描述：

（1）采用一阶时滞单元设置函数；

（2）作为平滑元件。

工作模式：

（1）当设置函数未激活时（$S=0$）：被平滑时间常数 T 动态延迟的输入量 X 在 Y 输出，其中 T 定义为输出量的上升速率，由传递函数增加到其最终值的 63%的时间来确定。当 $t=3T$ 时，传递函数已经增长到大约其最终值的 95%。内部固定的增益比例为 1，且不能改变。如果 T/T_A 足够大（比如 $T/T_A>10$），其中 T_A 为配置给函数的采样时间，传递函数具有以下特点

$$Y(t)=X\cdot(1-e^{-t/T}),t=n\cdot T_A$$

离散值的计算方法如下

$$Y_n=Y_{n-1}+\frac{T_A}{T}\cdot(X_n-Y_{n-1})$$

式中：Y_n 为 Y 的第 n 个采样值；Y_{n-1} 为 Y 的第 $n-1$ 个采样值；X_n 为 X 的第 n 个采样值。

(2) 当设置函数已激活时 (S=1)：如果设置函数是激活的，实际的设置值 SV_n 变为输出量：$Y_n = SV_n$ 值得注意的是，如果 T/T_A 越大，Y 从一个采样点到另一个采样点的振幅变化就越小，其中 T_A 为配置给函数的采样时间，而 $T > T_A$。

该模块的流程框图与传递函数如图 4-27 和图 4-28 所示。

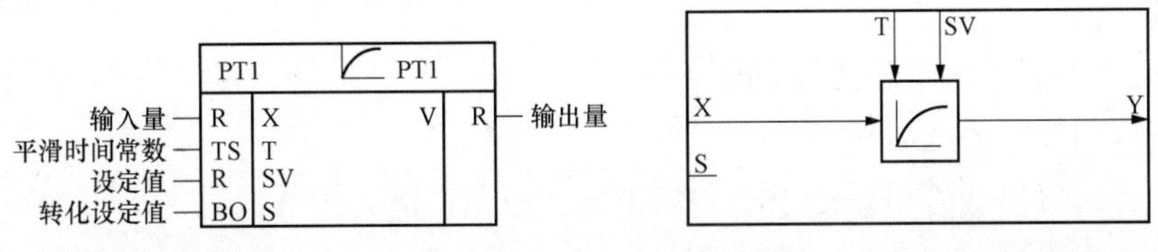

图 4-26　PT1 模块结构

图 4-27　PT1 模块流程框图

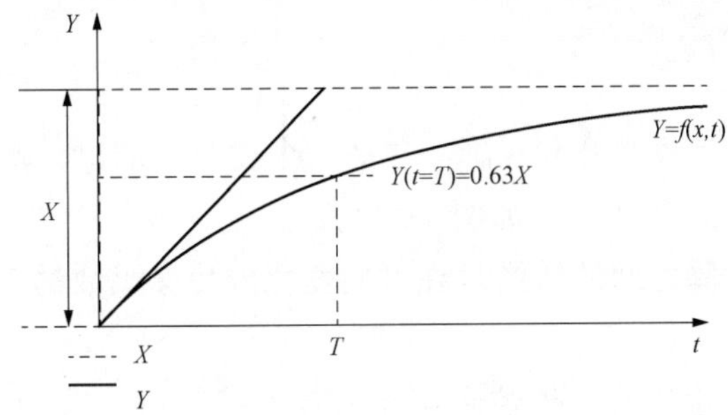

图 4-28　传递函数

4.5.19　RGE 模块

RGE 模块结构如图 4-29 所示。

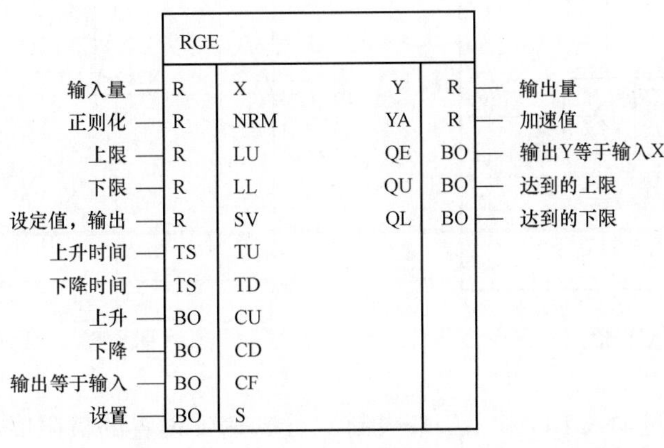

图 4-29　RGE 模块结构

简要描述：

(1) 斜坡函数发生器限制输入量 X 的额定变化。

（2）输出量是有限的。

（3）以下量可以在操作中独立设定和更改：

1）爬升和缓降次数。

2）输出限制 LU 和 LL。

3）设定值。

（4）灵活的斜坡函数发生器功能：

1）积分到设定值 X（跟踪）。

2）设置斜坡函数发生器输出为初始值（负载 SV 进入积分器）。

3）升高和降低斜坡函数发生器的输出。

工作模式：该功能块包括具有两个积分时间常数的积分器，它们可以彼此独立地设置。输出 Y 按照如下算法变化

$$Y_n = Y_{n-1} + YA_n$$

加速度值 YE 分别计算爬升和缓降，并在一个输出点输出；爬升是指输出值 Y 远离零；缓降是指输出值 Y 趋于零时，如图 4-30 所示。

斜坡爬升和斜坡缓降之间的转换是在方向变化或传递函数的零交叉点上实现的，如图 4-31 所示。

通过控制逻辑来指定模式，该控制逻辑依赖于控制输入 S、CF、CU 和 CD 的逻辑状态。

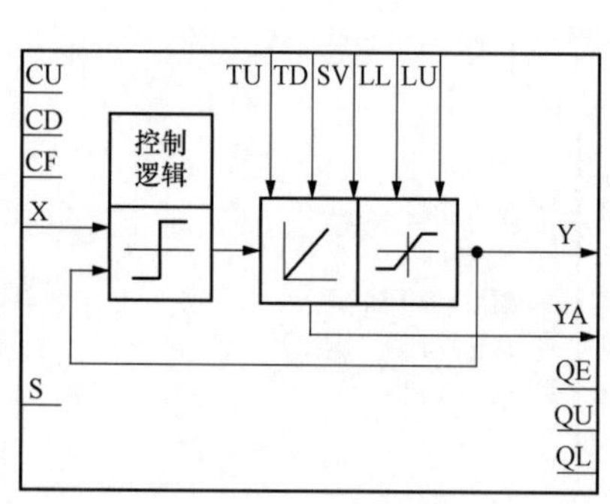

图 4-30　流程框图

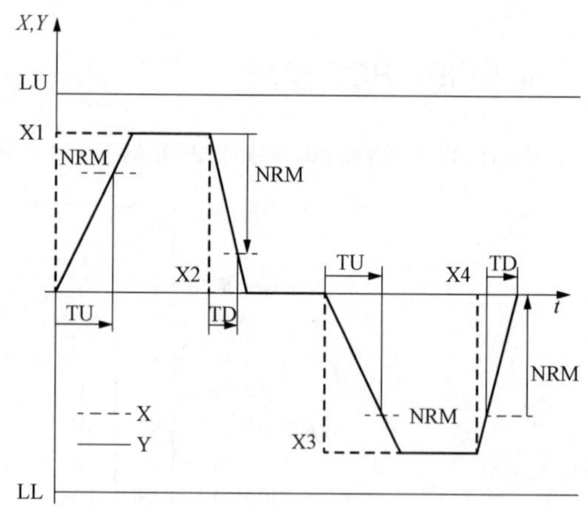

图 4-31　传递函数

输出量可以通过输入 LU 和 LL 来限制。当 Y 达到设置的极限时，二进制输出 QU 或二进制输出 QL 设置为 1。如果 $Y=X$，二进制输出 QE 变为 1。

爬升和缓降时间：

（1）爬升时间 TU 是输出绝对值增加 NRM 的时间。

（2）缓降时间 TD 是输出绝对值减去 NRM 的时间。

爬升时间和缓降时间可以不同。

TA/TU 或 TA/TD 值越低，Y 点从一个采样瞬间到下一个采样瞬间的振幅变化越小。TA 是函数块执行的采样时间。

斜坡函数发生器的模式和控制：

控制输入的优先级依次为：S 优先于 CF，CU 优先于 CD。

控制输入的功能：

S=1 负载设定值 SV 进入积分器，无积分。

CF=1 输出 Y 集成到设定值 X，跟踪。

CU=1 输出 Y 向 LU 积分，跟踪。

CD=1 输出 Y 向 LL 积分，跟踪。

控制输入的命令组合和可能的模式可以从真值表中获取。标准的斜坡函数生成操作包括 LL≤0≤LU 和 LL<Yn<LU。然而，其他可能的设置将会在之后解释。对于 LL≥LU 的设置，以下是有效的：LU 的限定值大于 LL 的限定值。

积分器在一个极限时的响应：

如果在控制操作中，输出量 Y 达到一个设定值 LL 或 LU，则积分器值保持不变。当输入量改变时，输出量 Y 保持不变，直到积分器值离开限制。

如果积分器处于一个极限值，并且极限值发生变化，则积分器的行为随极限值变化的方向而不同。如果绝对限制值增加，并且如果控制逻辑指定斜坡函数发生器应在同一方向集成，积分器从先前保持的值爬升，直到输出再次达到限制值。使用所选的爬升时间。

如果绝对限制值减少，则积分器从先前保持的值进行积分，直到输出再次达到限制值。使用所选的缓降时间。

注意：积分器内部运行的精度很高，因此即使设置值和实际值相差很小，仍然能够实现积分操作。同时应该确保采样时间相对于爬升或缓降时间足够低。

TU 和 TD 在内部有限制：TU≥TA，TD≥TA。

4.5.20　LVX 模块

LVX 模块结构如图 4-32 所示。

应用程序说明：功能模块 LVX 监控两个限制之间的值。

操作方法：该模块的功能原理如图 4-33 所示。

说明：当 MU<ML 时功能模块 LVX 未处理；功能模块初始化后，输出连接器 QU 和 QL 设置为“0”。

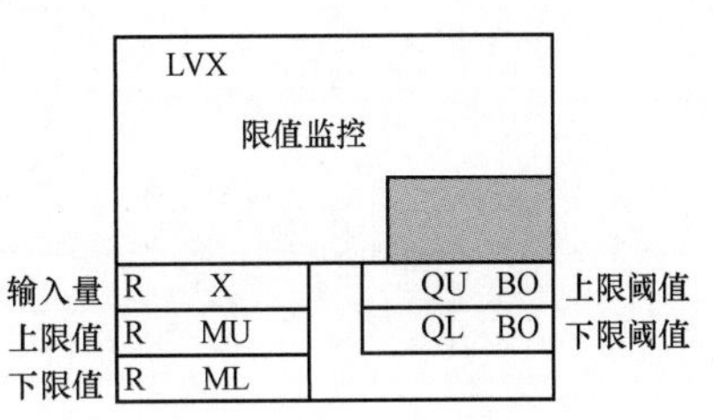

图 4-32　LVX 模块结构

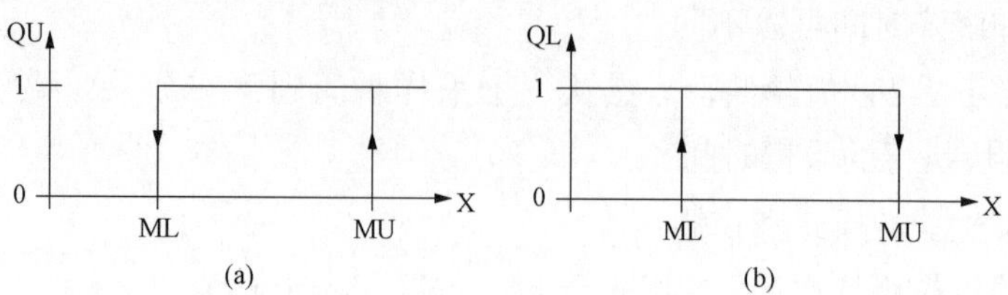

图 4-33　LVX 模块原理

(a) 输入值与上限阈值的变化关系；(b) 输入值与下限阈值的变化关系

4.5.21　LIM 模块

LIM 模块结构如图 4-34 所示。

简要描述：

(1) 带极限函数的函数块。

(2) 上下限可调。

(3) 指示何时达到了设置的限制。

工作模式：

(1) 函数块将输入量 X 传递给其输出量 Y，输入量根据 LU 和 LL 进行限制。

(2) 当输入量达到上限值 LU 时，输出 QU 为 1。

(3) 当输入量达到下限值 LL 时，输出 QL 为 1。

(4) 当下限值大于或等于上限值时，输出 Y 设置为上限值 LU。

具体计算过程：

$$Y=\begin{cases}\mathrm{LU}, X>\mathrm{LU}\\ X, \mathrm{LL}<X<\mathrm{LU}, \quad \mathrm{LL}<\mathrm{LU}\\ \mathrm{LL}, X<\mathrm{LL}\end{cases}$$

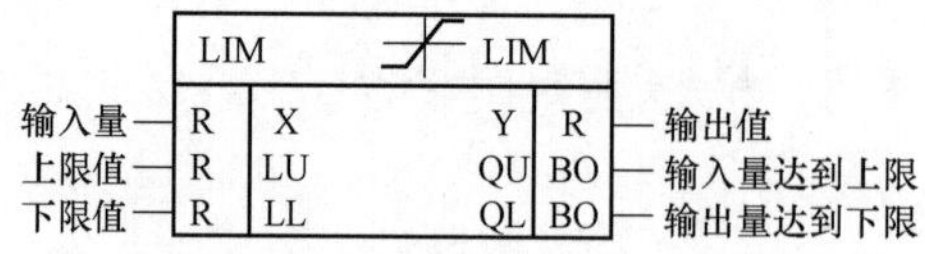

图 4-34　LIM 模块结构

第 5 章　直流控制系统数据处理方法

5.1　柔直站控系统数据处理方法

5.1.1　柔直站控系统硬件配置

特高压多端混合直流输电系统的柔直站控系统采用完全双重化设计，其双重化范围包括 I/O 单元、控制主机及现场控制 LAN 网、实时控制 LAN、数据采集与监视控制系统（SCADA）LAN 网等。每个站 2 面屏，主要包含采集单元（I/O）、主机、站间通信切换装置。

直流站控屏（DCC）的屏柜硬件配置如图 5 - 1 所示，包括主控单元和 I/O 设备，其功能包括完成数据采集与处理、模式选择、直流场顺控与联锁、第三站在线投退、线路重启协调控制功能，完成与 SCADA LAN、站层控制 LAN（STN _ LAN）的接口，完成与运行人员工作站、远动工作站、安稳系统的通信，完成冗余系统间及站间通信，完成与极控系统、主时钟系统以及现场总线的接口。昆柳龙直流工程直流站控主机硬件系统采用 PCS - 9558，模拟/数字 I/O 接口采用 PCS - 9559，均属于 PCS - 9550 系列直流控制保护系统设备。

直流站控主机是直流站控系统 DCC 的核心，其配置如图 5 - 2 所示。

站控主机核心控制功能由以下板卡完成：

（1）管理 CPU 板 1107 - B01 板卡：该板卡运行嵌入式实时 Linux 操作系统，完成后台通信、事件记录、录波、人机界面等辅助功能。

（2）浮点 DSP 板 1192C - B03 板卡：完成核心控制保护功能，如采样数据的接收和计算处理、安稳接口。

（3）1118D - B08、B09 板卡：实现主要的控制及相关逻辑计算功能，与站层控制 LAN、极层和换流器层控制 LAN 冗余网络的通信，系统间、站间、极间通信。

（4）1118F - B11、B12 板卡：完成与 I/O 系统的通信功能。

直流站控屏采用本屏柜内配置的 I/O 机箱来采集交流场母线电压，该 I/O 机箱典型配置如图 5 - 3 所示（最终配置以现场图纸为准）。

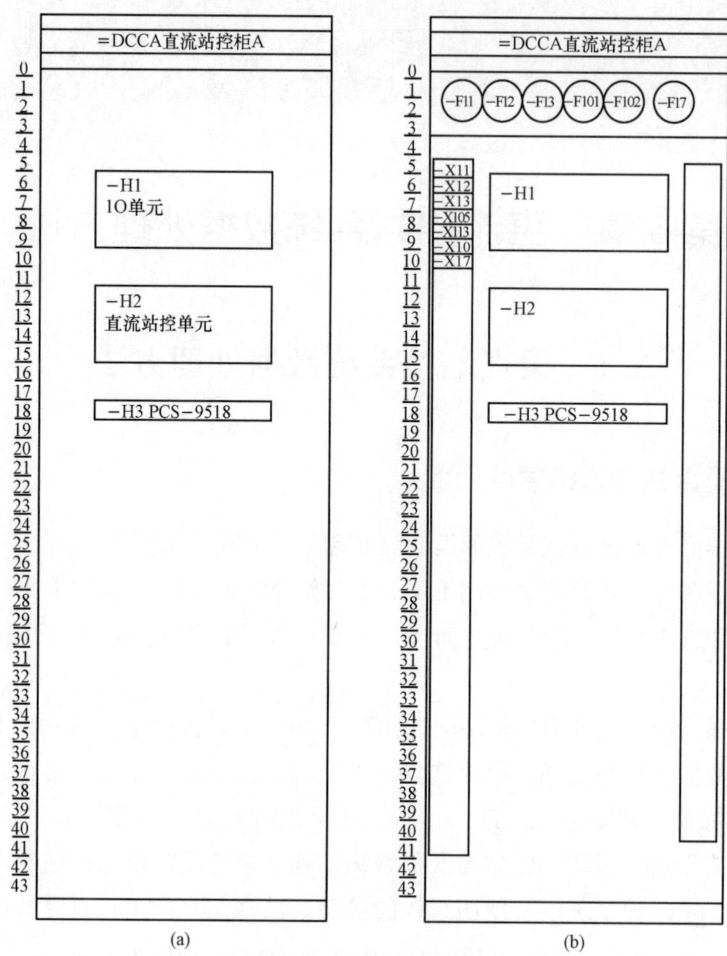

图 5-1　直流站控屏屏柜硬件配置

(a) 柜正面视图；(b) 柜背面视图

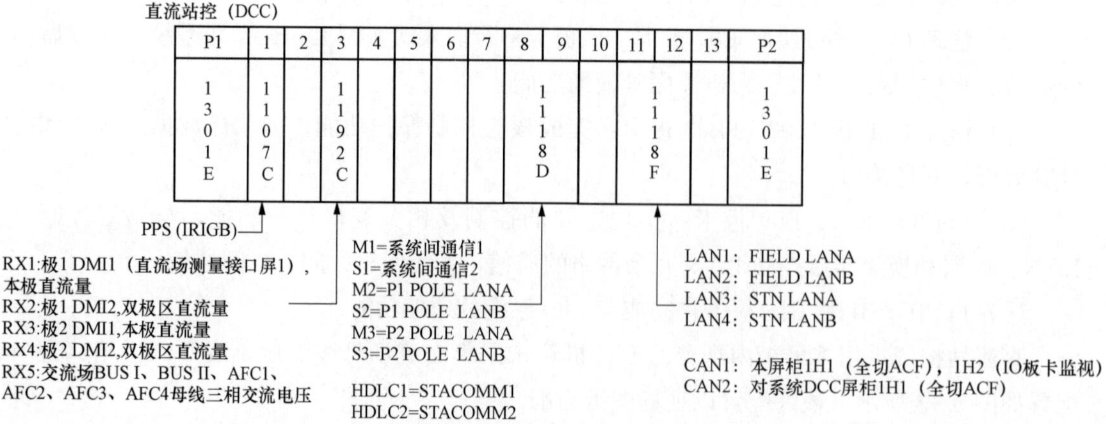

图 5-2　直流站控主机配置图

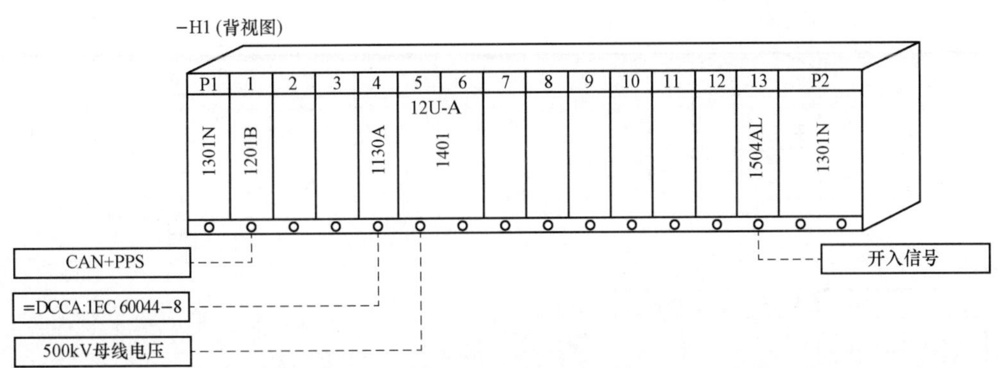

图 5-3　直流站控屏 I/O 机箱配置图

交流场母线 TV 采集的电压量经 1401 板卡采样后通过 1130 板卡送到控制主机，每块模拟量接口板一般有 12 路模拟量通道，2 块模拟量接口板也就是 24 路模拟量，同时被 1130 板卡采集，具体的接口板卡型号以及参数可参考表 5-1。

表 5-1　　　　1401 板卡型号及参数说明

型号	接口说明	参数	用途
1401-mUnI	m 路电压输入，n 路电流输入	有效值 $110/\sqrt{3}$V，有效值 1A	电压采样接口

直流站控屏与分布式 I/O 机箱的连接和通信方式见 5.1.2.2 节。

5.1.2　柔直站控系统数据接口

直流站控系统通过局域网及现场总线与站内其他设备完成信息交互。通过分布式I/O接口单元的硬接线采集直流场一次断路器、隔离开关状态等信息，同时下发直流站控系统产生的分、合闸命令；通过控制主机的 IEC 60044-8 总线完成交流母线电压等模拟量的采样；通过 CTRL LAN（站层、极层实时控制 LAN 网）与极控 PCP 等进行通信；通过 SCADA LAN（站 LAN 网）与后台交互信息；以及通过系统间、站间的通信通道实现信息交互。其外部接口的设置如图 5-4 所示，其中 H1 为 ID 单元，H2 为直流站控单元。

5.1.2.1　局域网

1. SCADA LAN

SCADA LAN 即是直流站控系统连接到站 LAN 网上，站 LAN 网络为冗余的网络，直流站控系统通过管理板 1106 的前面板上的网口 1、2 分别连接到冗余的站 LAN 网络的 A 网和 B 网。

主控楼公用控制保护室的 SCADA LAN 交换机放置在公用控制保护室的通信接口 COM 柜中；各个继电器小室的 SCADA LAN 交换机分别放置在各个继电器小室的通信接口 COM 柜中。

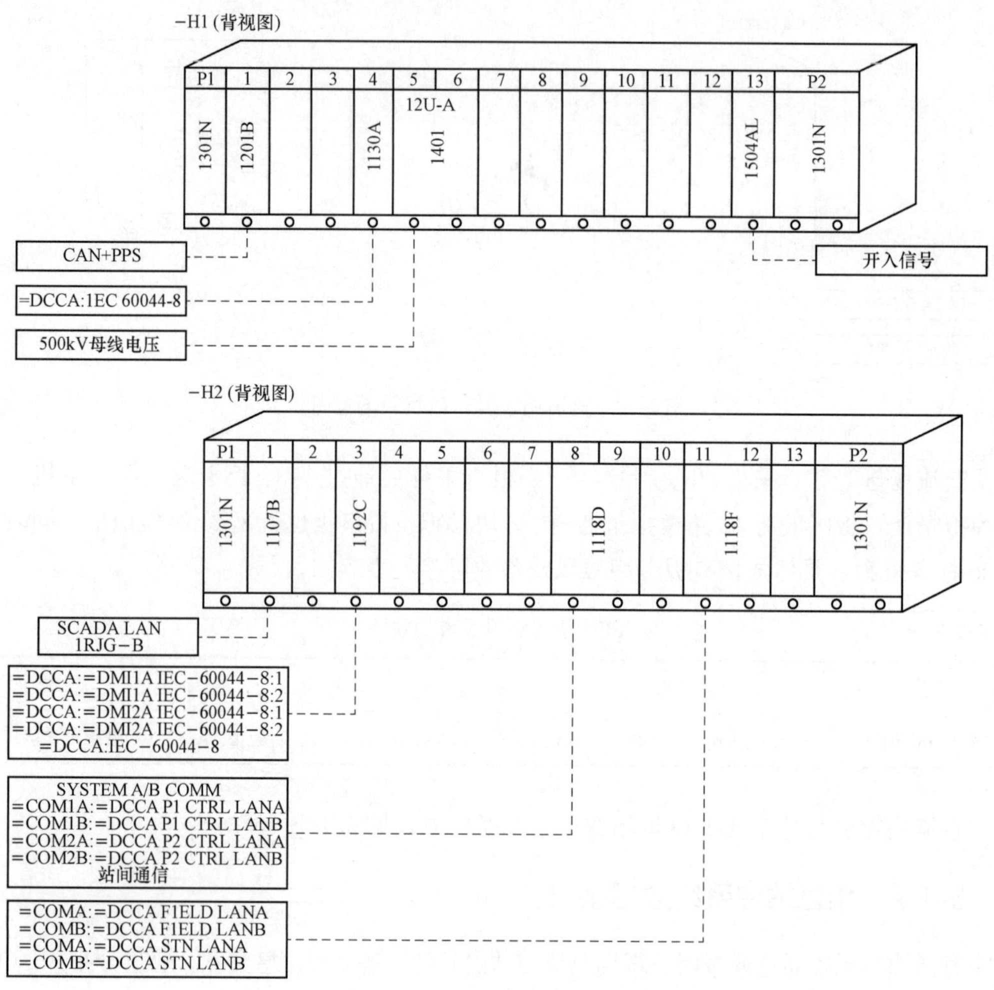

图 5-4　直流站控屏的外部接口

直流站控系统通过站 LAN 网与 SCADA 系统进行通信，通信的主要内容包括：

（1）遥测、遥信信息的上传；

（2）遥控、遥调命令的下发；

（3）事件记录的上传；

（4）故障录波数据的上传；

（5）装置在线调试时的调试信息传输；

（6）装置下载程序时的程序的传输等。

2. 就地 LAN 网

就地 LAN 网为单重网络，用于实现直流控制保护系统的就地控制；其后台位于直流就地控制屏 DLC 中。通过 DLC 中的就地操作后台，在站 LAN 网络故障时，能够实现与直流站控系统相关的所有的操作和监控功能。

直流站控系统通过就地 LAN 网与就地操作后台通信的主要内容包括：

（1）遥测、遥信信息的上传；

（2）遥控、遥调命令的下发；

（3）事件记录的上传等。

5.1.2.2　现场总线

1. 站层控制 LAN

直流站控系统需要与交流站控系统进行信号交换，以配合完成相关的直流控制功能。直流站控系统与交流站控系统所连的实时控制 LAN 网称为站层控制 LAN。站层控制 LAN 网用于 ACC、CCP、PCP、DCC 等主控单元之间的实时通信，主要用于无功控制、主机间的辅助监视和慢速的状态信息交换，比如交流线路断路器的状态。站层控制 LAN 网的接口形式采用冗余的光纤 LAN 进行通信，如图 5-5 方框部分所示，站层控制 LAN 网配置了 LAN A/B 两套相互独立的 LAN 网。

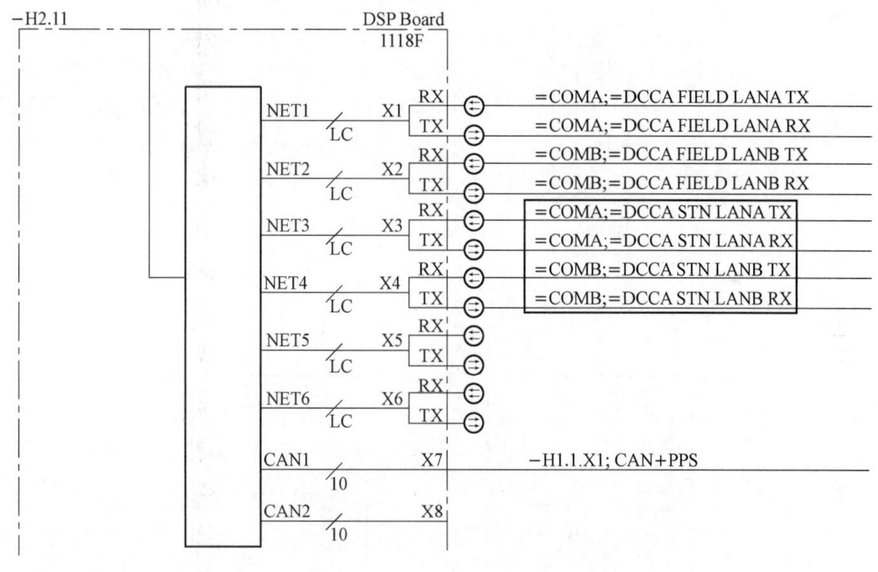

图 5-5　站层控制 LAN 网连接图

2. 极层控制 LAN

直流站控系统 DCC 需要与直流极控系统 PCP 进行信号交换，以配合完成相关的直流控制功能，直流站控系统 DCC 与极控系统 PCP 所连的实时控制 LAN 网称为极层控制 LAN。极层控制 LAN 网连接本极的极控主机、保护主机以及直流站控主机，完成直流站控系统与该极直流极控系统的信息交换。直流站控系统与极层控制 LAN 网的接口通过冗余的光纤 LAN 网实现，具有高速可靠的特点。极层控制 LAN 网连接图如图 5-6 所示。

在控制保护程序中，实时控制 LAN 的通信模块如图 5-7 所示。

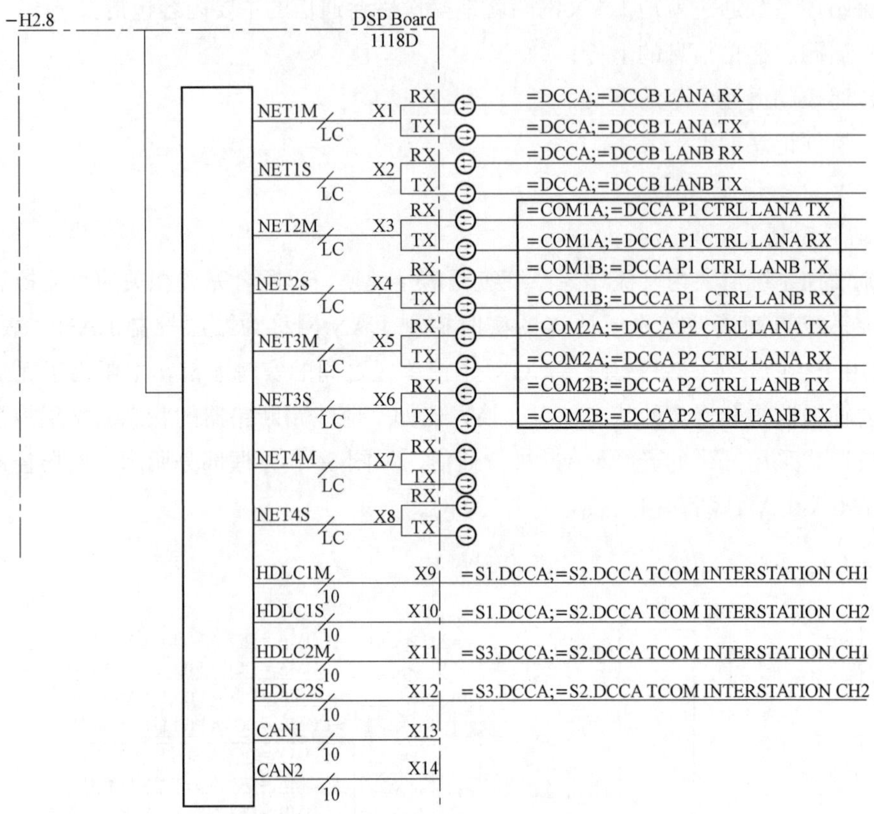

图 5-6　极层控制 LAN 网连接图

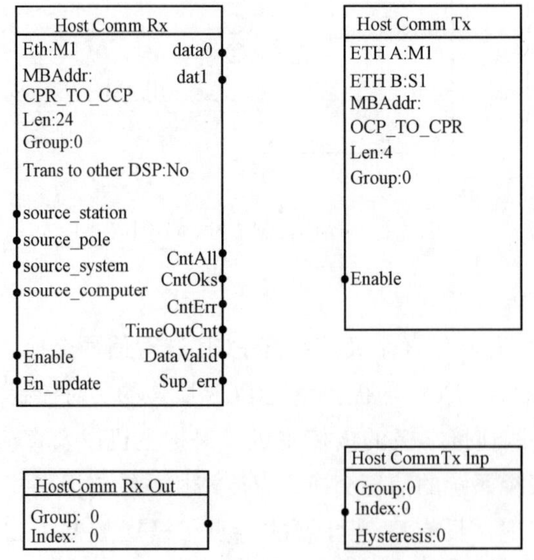

图 5-7　实时控制 LAN 总线通信模块

3. 现场控制 LAN

直流站控屏通过现场控制 LAN 网与各接口屏进行通信。直流站控相关接口屏包括 PSI、BSI、DBI，主要完成开关量的采集。各接口屏所采集信号如下：

（1）直流场接口屏 PSI：直流场极区的断路器、隔离开关和接地开关接口；

（2）直流场接口屏 BSI：直流场双极区的断路器、隔离开关和接地开关接口；

（3）汇流母线接口屏 DBI：汇流母线区的断路器、隔离开关和接地开关接口。

PSI 和 BSI、DBI 屏采集的开关量通过以太网光纤送至 DCC 屏柜，最终接入 DCC 主机 1118F 板卡的现场控制 LAN 网接口，连接方式如图 5-8 所示。

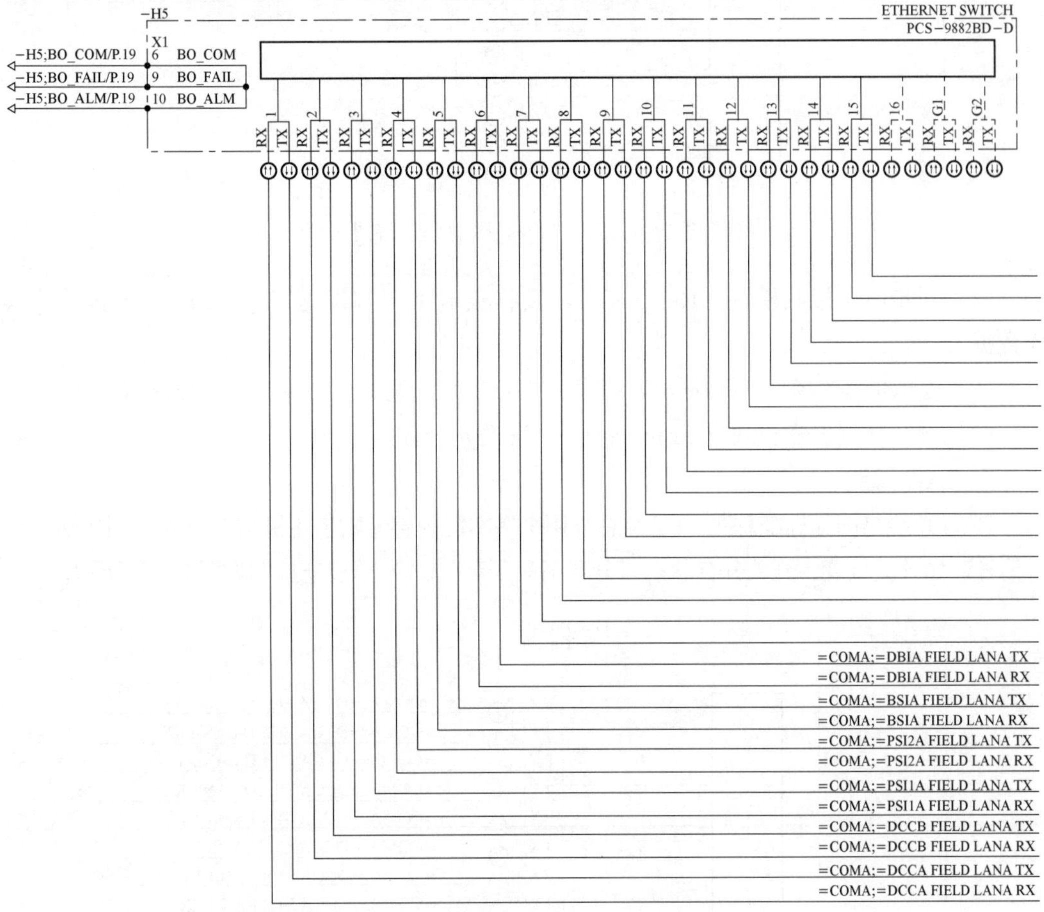

图 5-8　站层现场控制 LAN 网连接图

4. IEC 60044-8 总线

PCS-9550 直流控制保护系统中，模拟量采样后通过 IEC 60044-8 总线传送到直流站控系统中。IEC 60044-8 总线为单向总线类型，用于高速传输测量信号。两侧数字处理器的端口按点对点的方式连接。IEC 60044-8 总线连接图如图 5-9 所示。

控制系统软件程序中有相应模块完成 IEC 60044-8 发送/接收：

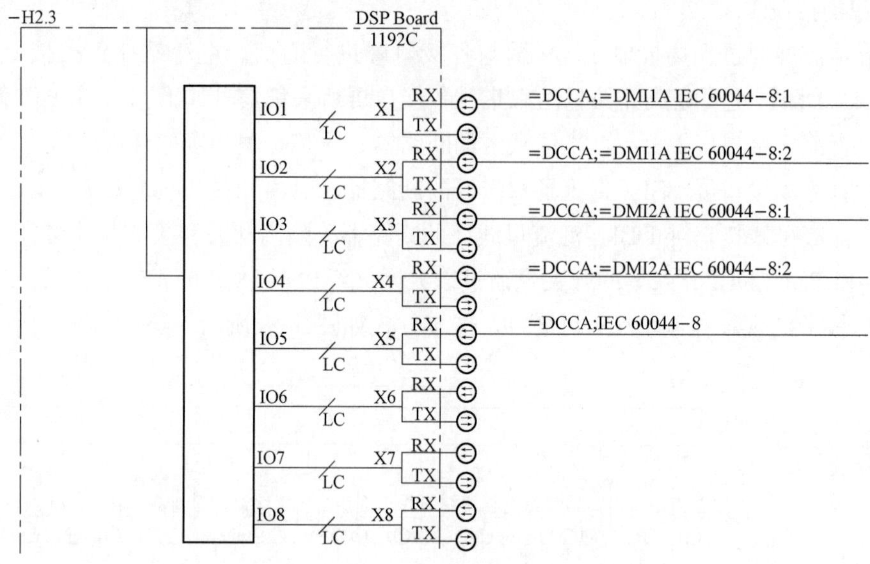

图 5-9　IEC 60044-8 总线连接图

（1）同步电压接收模块（Rec _ addr，接收板卡 1130B 发送来的 24μs、12 通道的采样数据）；

（2）模拟量接收模块（Receiver，接收板卡 1130A 发送来的 100μs、48 通道的采样数据）；

（3）光纤数据发送模块（Transmitter，发送光纤数据）。

5. CAN 总线

CAN 总线是国际标准总线。CAN 总线用来在本屏内直流站控主机与 I/O 设备间传输开关量信号，如开关位置、开关分合状态、分合闸命令等。CAN 总线连接图如图 5-10 所示。

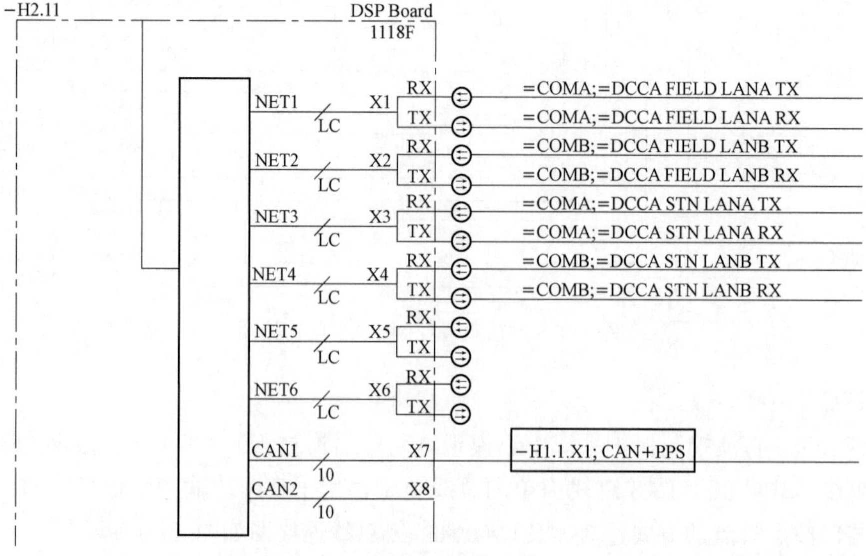

图 5-10　CAN 总线连接图

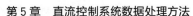

主机单元与屏内 I/O 的 CAN 总线通信采用模块与现场控制 LAN 总线一致，具体如图 5 - 11 所示。

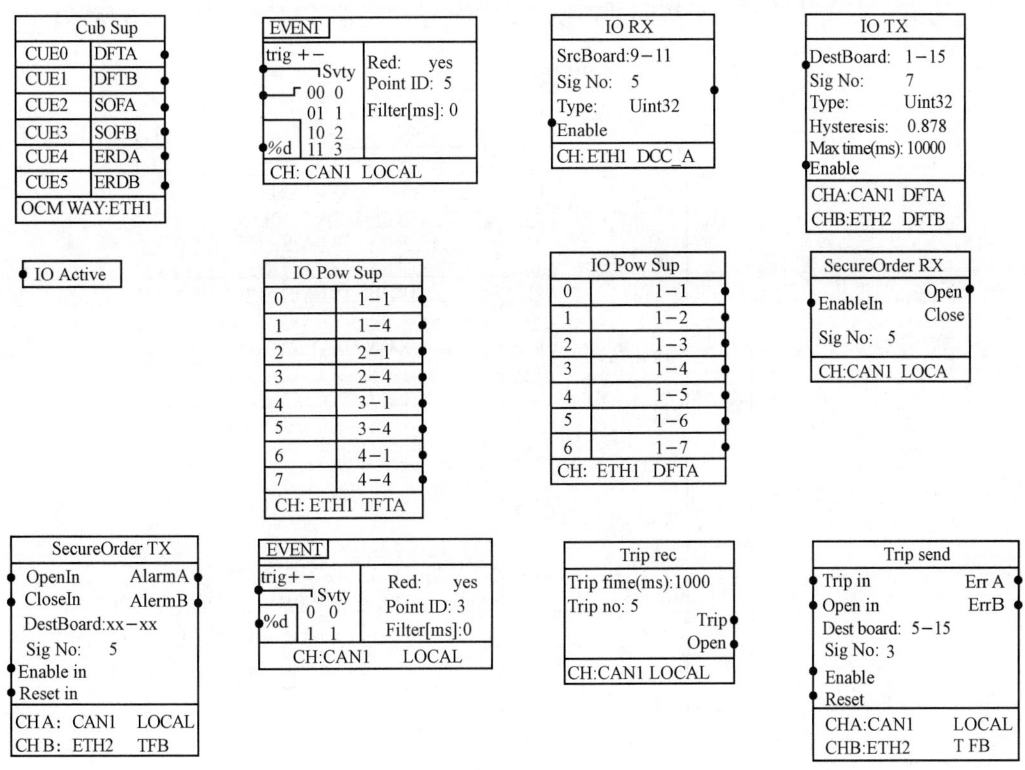

图 5 - 11　CAN 总线通信模块

5.1.2.3　站间通信

直流站控系统通过站间通信接口装置 PCS - 9518 实现与站间通信主、备通道的连接。直流站控系统站间通信的连接示意图如图 5 - 12 所示。

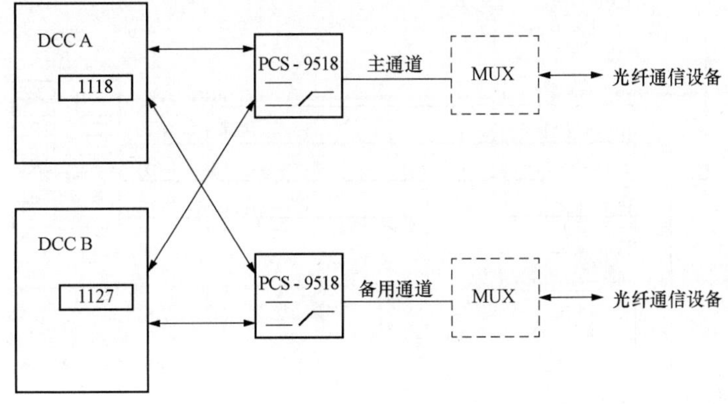

图 5 - 12　直流站控站间通信连接示意图

DCC 主机中 1118D 板卡的接口 1 和接口 2 分别对应主机站间通信的主、备通道，接口 1 和接口 2 分别通过十芯电缆与 PCS-9518 的站间通信端口连接，通过 PCS-9518 实现站间通道在直流站控冗余系统间的切换、选择。站间通信连接图如图 5-13 所示。

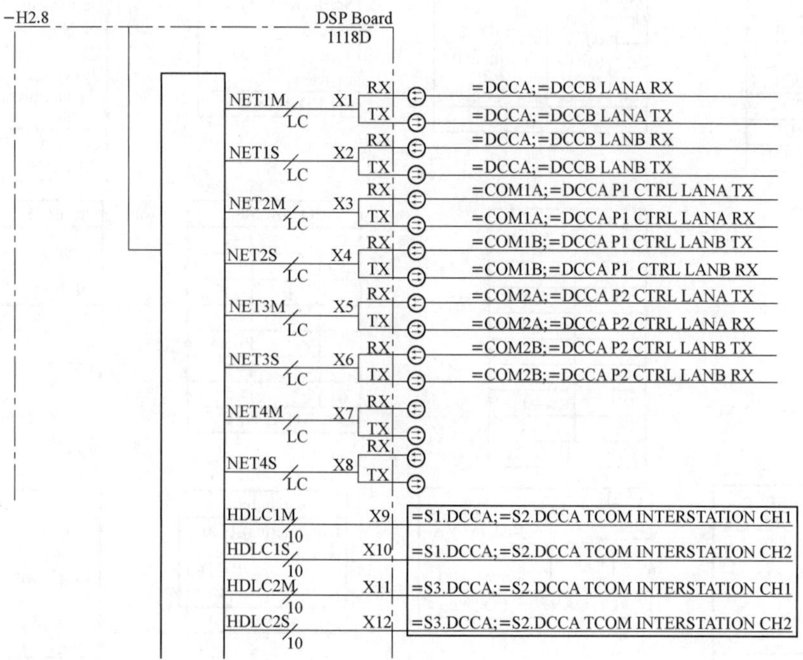

图 5-13　站间通信连接图

5.1.2.4　全站时钟同步系统（PPS）

直流站控系统全部接入全站时钟同步系统。PCS-9785E-H2 对时扩展装置经过对接收到的 IRIG-B 码进行解码和转换处理后，同步扩展输出 IRIG-B 时间码、秒脉冲和分脉冲，通过 RS-485 接口输出给控制保护系统。全站时钟同步系统接口如图 5-14 所示。

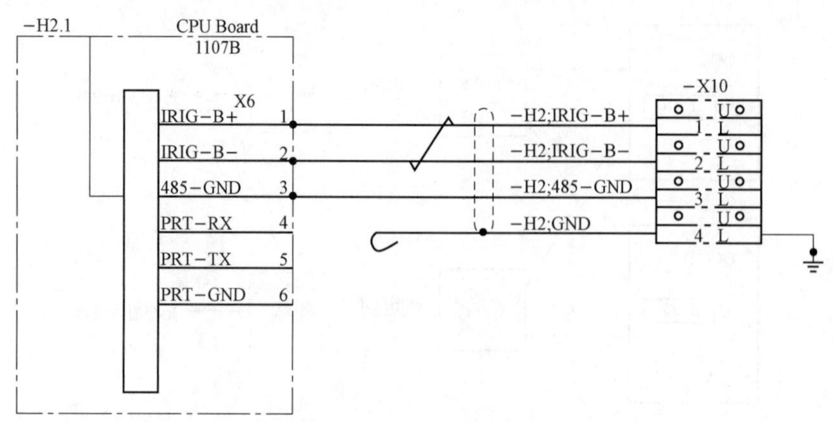

图 5-14　全站时钟同步系统接口

5.1.2.5　顺序事件记录（SER）

直流站控系统通过 SCADA LAN 上传的 SER 主要有以下内容：

（1）直流场顺序控制命令及状态转换；

（2）直流站控装置对外部信号的监视信息；

（3）直流站控装置自身硬件的监视信息；

（4）模式切换、系统切换信息；

（5）故障录波启动信号。

5.1.2.6　暂态故障录波（TFR）

直流站控系统与故障录波设备的接口采用数字光纤形式，通过直流站控主机中 1114 板卡上光纤输出口连接的光纤将录波信号输出至录波装置。DCC 与故障录波装置的接口信号包括但不限于：

（1）模拟量：双极功率、单极功率、消耗无功功率、系统交换无功功率、交流母线电压等；

（2）开关量：极 1 运行状态、极 2 运行状态、线路重启动状态、功率回降状态、系统切换命令、对站保护状态、极 1 停运状态、极 2 停运状态等。

完整的站控系统 TFR 录波点见表 5-2。

表 5-2　　柔直站控系统 TFR 录波点表

序号	物理量名称	物理含义
模拟量		
1	TOT _ SUM _ CONN	交流滤波器投入组数
2	POW _ BIP	双极功率
3	Q _ CONV _ BIP	双极无功功率消耗
4	Qexp	系统交换无功功率
5	UAC100	交流网侧电压（经 100ms 滤波）
6	AFC1 _ MAX _ HOLD	第 1 大组滤波器电压
7	AFC2 _ MAX _ HOLD	第 2 大组滤波器电压
8	AFC3 _ MAX _ HOLD	第 3 大组滤波器电压
9	AFC4 _ MAX _ HOLD	第 4 大组滤波器电压
10	BUS1 _ MAX _ HOLD	Ⅰ母电压
11	BUS2 _ MAX _ HOLD	Ⅱ母电压
12	UAC _ STN	交流网侧电压（不经滤波），用于无功功率控制
13	RPC _ RUNBACK _ LEV	无功功率控制命令功率回降水平
14	DC _ PWR _ R _ P1	极 1 直流功率
15	DC _ PWR _ R _ P2	极 2 直流功率
16	IF1H _ RMS	极 1 直流滤波器高端电流有效值

续表

序号	物理量名称	物理含义
		模拟量
17	IF2H _ RMS	极 2 直流滤波器高端电流有效值
18	IF1H _ IN	极 1 直流滤波器高端电流瞬时值
19	IF2H _ IN	极 2 直流滤波器高端电流瞬时值
20	IdL1 _ IN	极 1 直流线路电流
21	IdL2 _ IN	极 2 直流线路电流
22	IdH1 _ IN	极 1 高压母线电流
23	IdH2 _ IN	极 2 高压母线电流
24	IdLO1 _ IN	极 1 柳龙线路电流
25	IdLO2 _ IN	极 2 柳龙线路电流
26	UdH1 _ IN	极 1 高压母线电压
27	UdL1 _ IN	极 1 直流线路电压
28	UdLO1 _ IN	极 1 柳龙线路电压
29	UdH2 _ IN	极 2 高压母线电压
30	UdL2 _ IN	极 2 直流线路电压
31	UdLO2 _ IN	极 2 柳龙线路电压
		数字量
1	ACTIVE	值班状态
2	RPC _ TRIP _ SIGN	无功控制跳闸
3	UAC _ SELECT _ TRIG	UAC 选择变化信号
4	CHANGE _ INC	交流滤波器投入
5	CHANGE _ DEC	交流滤波器退出
6	RPC _ RUNBACK _ ORD	无功功率控制命令功率回降指令
7	OPN _ P1	极 1 运行
8	OPN _ P2	极 2 运行
9	DISC _ ALL _ FILT _ AC _ CONN	全切滤波器指令
10	UMAX _ DISC _ CONV _ ACB	全切滤波器功能命令切除换流变压器
11	DEC _ FILT _ U _ MAX	Umax 功能动作
12	DEC _ FILT _ U _ MAX _ TRIP1	过电压Ⅰ段动作
13	DEC _ FILT _ U _ MAX _ TRIP2	过电压Ⅱ段动作
14	DEC _ FILT _ U _ MAX _ TRIP3	过电压Ⅲ段动作
15	DEC _ FILT _ U _ MAX _ TRIP4	过电压Ⅳ段动作
16	DISC _ CONV _ ACB _ ENB	允许跳换流变压器进线开关信号
17	OPN _ OFF _ P1	极 1 不运行或保护停运

续表

序号	物理量名称	物理含义
		数字量
18	OPN _ OFF _ P2	极 2 不运行或保护停运
19	BLOCK _ TEST	双极闭锁试验功能
20	TLINE _ POWER _ LOW	孤岛备用
21	ISLLP _ SWITCH _ SYS	孤岛备用
22	ISLLP _ SWITCH _ TRIP	孤岛备用
23	BLOCK _ IND _ P1	极 1 换流器闭锁
24	BLOCK _ IND _ P2	极 2 换流器闭锁
25	P1HSS _ CLOSE _ IND	极 1 高压母线 HSS 合位
26	P1XLHSS _ CLOSE _ IND	极 1 柳龙线路 HSS 合位（柳北站）
27	P2HSS _ CLOSE _ IND	极 2 高压母线 HSS 合位
28	P2XLHSS _ CLOSE _ IND	极 2 柳龙线路 HSS 合位（柳北站）
29	P1XLHSS _ CL _ IND _ S2	极 1 柳龙线路 HSS 合位（龙门站）
30	P2XLHSS _ CL _ IND _ S2	极 2 柳龙线路 HSS 合位（龙门站）
31	IdL _ VLOW _ P1	极 1 直流线路电流（幅值）满足 HSS 分闸要求
32	IdH _ VLOW _ P1	极 1 高压母线电流（幅值）满足 HSS 分闸要求
33	IdLGD _ VLOW _ P1	极 1 柳龙线路电流（幅值）满足 HSS 分闸要求
34	IdL _ VLOW _ P2	极 2 直流线路电流（幅值）满足 HSS 分闸要求
35	IdH _ VLOW _ P2	极 2 高压母线电流（幅值）满足 HSS 分闸要求
36	IdLGD _ VLOW _ P2	极 2 柳龙线路电流（幅值）满足 HSS 分闸要求
37	EXIT _ RST _ P1	本站极 1 退出信号（发出的）
38	EXIT _ RST _ P2	本站极 2 退出信号（发出的）
39	EXIT _ RST _ P1 _ FOSTA1	柳北站极 1 退出信号（昆北站）
40	EXIT _ RST _ P2 _ FOSTA1	柳北站极 2 退出信号（昆北站）
41	EXIT _ RST _ P1 _ FOSTA2	另一柔直站极 1 退出信号
42	EXIT _ RST _ P2 _ FOSTA2	另一柔直站极 2 退出信号
43	IdLGD _ MEAN _ VLOW _ P1	极 1 柳龙线路电流（平均值）满足 HSS 分闸要求
44	IdLGD _ MEAN _ VLOW _ P2	极 2 柳龙线路电流（平均值）满足 HSS 分闸要求
45	RLCOORD _ TRIP _ P1	极 1 双极重启协调跳闸信号
46	RLCOORD _ TRIP _ P2	极 2 双极重启协调跳闸信号
47	RLCOORD _ BLOCK _ P1	极 1 双极重启协调禁止重启信号
48	RLCOORD _ BLOCK _ P2	极 2 双极重启协调禁止重启信号
49	BP _ PL _ P1	极 1 限流在线退起动信号
50	BP _ PL _ P2	极 2 限流在线退起动信号

5.1.3 柔直站控系统数据处理逻辑

柔直站控系统接收 IEC 60044 - 8 数据的模块和数据处理逻辑功能模块位于 B03/1192：DSP 板卡中。本节主要分析该板卡程序中与数据的接收和预处理功能逻辑，以及柔直站控系统对该板卡所接收的测量信号的自动监视功能逻辑。

5.1.3.1 数据预处理

柔直站控系统通过若干光纤接收模拟量数据，信号传输速率（波特率）为20Mbit/s，其中部分光纤用于接收直流测点信号，当接收模块超过 20μs 没有收到数据时判断为超时；另一部分光纤用于接收交流电压信号，该光纤的接收模块超过 100μs 没有收到数据时判断为超时。柔直站控系统通过 IEC 60044 - 8 总线接收现场测量设备采集的模拟量数据后将根据控制策略需要进行数据还原、滤波等预处理。

1. 数据还原

1192 板卡接收 IEC 60044 - 8 模块的每一个输出量均为 16 位数据，柔直站控系统接收的直流测点模拟量信号的原始数据均需要根据通信规约进行还原，将各个通道的输出进行强制类型后，把 16 位原始数据还原为 2 个 24 位采样数据（带符号位扩展），如图 5 - 15所示。交流电压测量量则不需要转化为 24 位数据，接收模块输出的 16 位数据在经强制类型转换后直接应用于后续的处理过程。

图 5 - 15 中的接收模块对每一个模拟量数据的有效性均进行了判断，接收模块的输出量 DATA _ STA1 包含了该模块输出的所有模拟量数据的可用状态。以图 5 - 15 所示的极 1 直流线路电压 UdL 为例，进行数据还原时从变量 DATA _ STA1 取出对应位（第 0 位）的量进行判断，当该位的数值为 1 时数据不可用，此时数据 P1 _ UdL _ DATA 保持之前的状态不变；当该位的数值为 0 时，该路数据输出正常，作为模拟量数据 PI _ UdL _ DATA 供后续处理使用。

2. 变比设定与折算还原

柔直站控 B03/1192：DSP 板卡程序中的 MIF _ SET _ 1 页面中对每一个模拟量的变比值依据测点对应的测量设备与板卡配置的变比进行了初步设定，在程序页面 MIF _ SET _ 2 中将每个测量量变比值的极性置位为 1 或－1，并且与上述的变比初值相乘得到最终的变比值。仍以极 1 直流线路电压 P1 _ UdL 为例，其变比值 UdL1 _ P1 _ SCAL 设定如图 5 - 16 所示。

站控系统完成变比值的设定后，依据该变比值对采样数据 UdL1 _ DATA 进行折算还原，得到输出量 UdL1 _ IN：

UdL1_IN = UdL1_DATA × UdL1_P1_SCAL

经变比折算还原后的测量数据有多种用途，包括进行滤波后应用于控制功能、模拟量测量状态自动监视功能模块、遥测、TFR 录波、系统间信息通信等。其余接收模块和

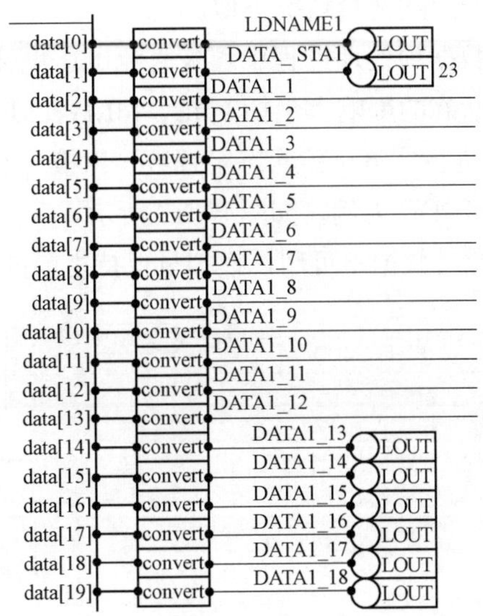

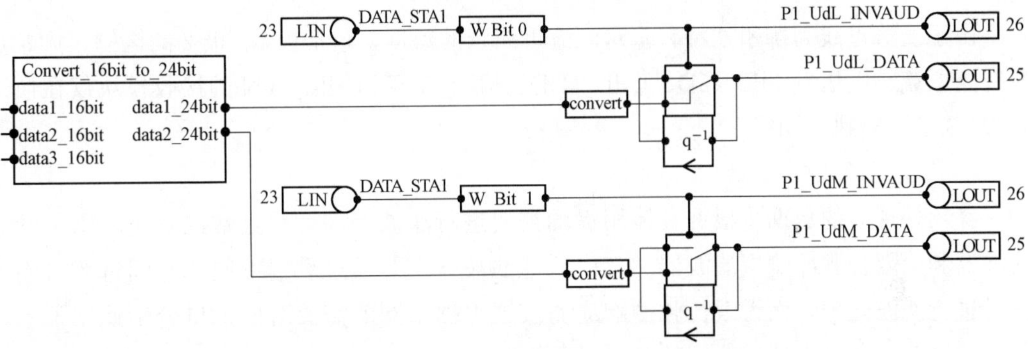

图 5 - 15　模拟量数据还原过程（UdL、UdM）

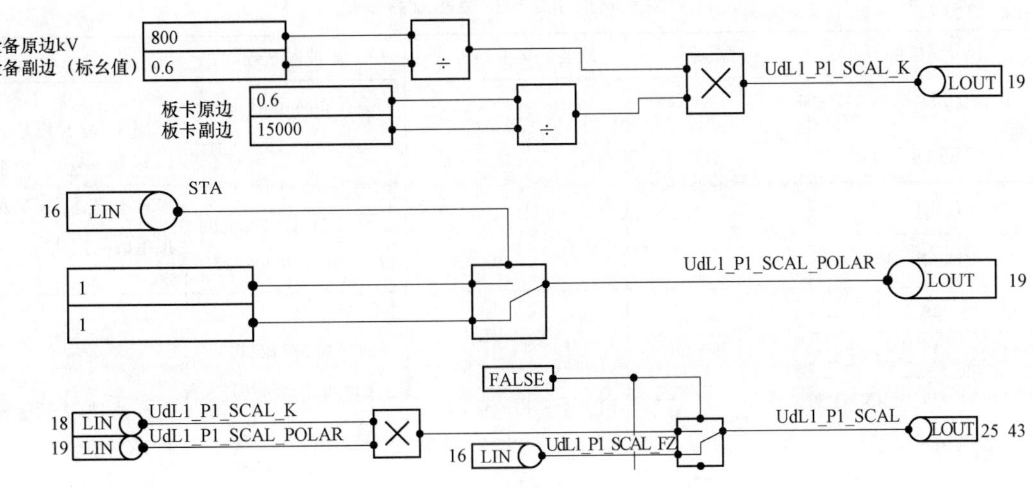

图 5 - 16　变比设定过程（UdL）

模拟量的数据还原方式与上述两种情况类似。

此外，在进行上述数据预处理过程中，极直流电压电流以及双极电流测点部分数据的选择逻辑受注流试验状态的影响，包括 UdL、IdLH、IdLN、IdSG、IdEE、IdMRTB。板卡 B12/1118F 的程序进行注流试验状态字置数，以极 1 直流线路电流注流模式控制字的 IdL _ O _ P1 _ FL _ MODE 为例，如图 5 - 17 所示，若进入注流试验模式，IdL _ O _ P1 _ FL _ MODE=1，此时数据不可用，模拟量保持之前的状态不变。

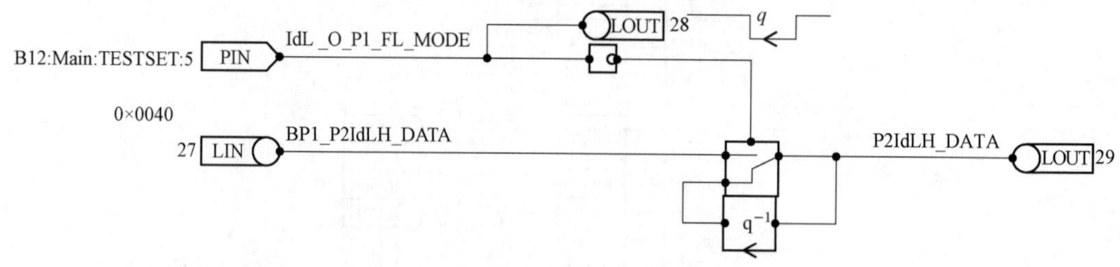

图 5 - 17　变比设定过程（UdL）

由于汇流母线为柳州站特有，对汇流母线区的数据，包括极 1、极 2 的昆柳、柳龙直流线路电流、电压量 IdL _ GD、UdL _ GD、IdL _ YN、UdL _ YN 的接收模块仅在换流站 ID 为站 2 时执行功能。

5.1.3.2　滤波处理

经预处理后的数据将根据具体用途的需要进行滤波处理。柔直站控系统采用了低通滤波器和无限长脉冲响应滤波器。其中低通滤波器主要通过设置不同的时间常数对输入信号进行滤波处理，而无限长脉冲响应滤波器根据不同的需要对模拟量分别使用了一阶与二阶滤波，各个模拟量使用的滤波器参数如表 5 - 3。

表 5 - 3　　柔直站控系统模拟量滤波器参数

模拟量	滤波器	滤波器 Z 变换方程	滤波器系数	备注
UdH1 _ IN UdLO1 _ 1N UdL1 _ IN UdN1 _ IN	二阶滤波器	H(z) = (b0 + b1 * z^ − 1 + b2 * z^ − 2)/(1 − a1 * z^ − 1 − a2 * z^ − 2)	b0=0.0029650354308 b1=0.0059300708616 b2=0.0029650354308 a1=1.8401702289896 a2=−0.852030370713	用于 ACS 模块进行比较、SSQ 控制操作和发送 B 类模拟量的数据帧
UAC _ AFC1 _ IN _ L1 UAC _ AFC1 _ IN _ L2 UAC _ AFC1 _ IN _ L3 UAC _ BUS1 _ IN _ L1 UAC _ BUS1 _ IN _ L2 UAC _ BUS1 _ IN _ L3	二阶滤波器	H(z) = (b0 + b1 * z^ − 1 + b2 * z^ − 2)/(1 − a1 * z^ − 1 − a2 * z^ − 2)	b0=0.027422309 b1=0.054844619 b2=0.027422309 a1=1.4799989 a2=−0.58968815	经滤波用于遥测和 ACS 模块

续表

模拟量	滤波器	滤波器 Z 变换方程	滤波器系数	备注
IDN1 _ IN	一阶滤波器	H(z) = (b0 + b1 * z^ − 1)/(1 − a1 * z^ − 1)	b0=0.08389457874 b1=0.08389457874 b1=0.83221084252	用于 ACS 模块进行比较、SSQ 控制操作、系统间模拟量传输和输出至 PCP
UAC _ AFC1 _ IN _ L1	二阶滤波器	H(z) = (b0 + b1 * z^ − 1 + b2 * z^ − 2)/(1 − a1 * z^ − 1 − a2 * z^ − 2)	b0=1.0 b1=2.0 b2=1.0 a1=−1.06224442694 a2=−0.37861929941	经滤波后，乘 0.61021 后进行电压转换与坐标变换，得到交直轴分量
UAC _ AFC1 _ IN _ L2				
UAC _ AFC1 _ IN _ L3				
UAC _ BUS1 _ IN _ L1				
UAC _ BUS1 _ IN _ L1				
UAC _ BUS1 _ IN _ L1				
UAC _ AFC1 _ DP	二阶滤波器	H(z) = (b0 + b1 * z^ − 1 + b2 * z^ − 2)/(1 − a1 * z^ − 1 − a2 * z^ − 2)	b0=1.0 b1=2.0 b2=1.0 a1=1.973344249781 a2=−0.973694871973	经滤波后，对数据进行还原，传送到 TFR 录波的模拟量记录模块
UAC _ AFC1 _ QP				
UAC _ BUS1 _ DP				
UAC _ BUS1 _ QP				

5.1.3.3　数据监视策略

数据接收模块将对电流、电压等模拟量从两方面进行数据有效性判断：

（1）对光纤数据进行校验，若发现光纤数据有效性异常/光纤通信中断（如光纤通道断链、连续超时等情况），延时 4ms，将判断该数据无效，闭锁该模拟量相关保护功能。当数据帧异常时，发出 SER 报文“光纤数据帧错误”；当光纤通信中断时，发出 SER 报文“光纤数据接收错误”。当不存在上述两项错误且接收模拟量数据不存在错误时，判定该模拟量有效性正常，可应用于相应的极和双极区保护功能。当进入注流试验模式时，对于极电压电流和双极电流测点数据还需要结合注流模式状态字共同构成有效性判据。

（2）依据直流一次接线及电路原理，对模拟量数值进行比对，当出现明显异常数据时，报保护装置轻微故障，同时发出模拟量异常的 SER 信号。该部分监视功能由 ACS 模块完成，典型的测点模拟量监视策略如下：

1）极区直流线路电流测量异常。该部分主要检测直流中性母线电流 IdCN、IdLN 以及直流线路 IdCH、IdLH 电流测量值是否正常，在测量数据有效（VALID=1）和极解锁（DEBL=1）情况下，以上 4 个电气量的数值应相等或相近。若有出现不正常的情况，该电气量所在的极区控制系统将报错。以极 1 为例，如图 5-18 所示，具体步骤为：

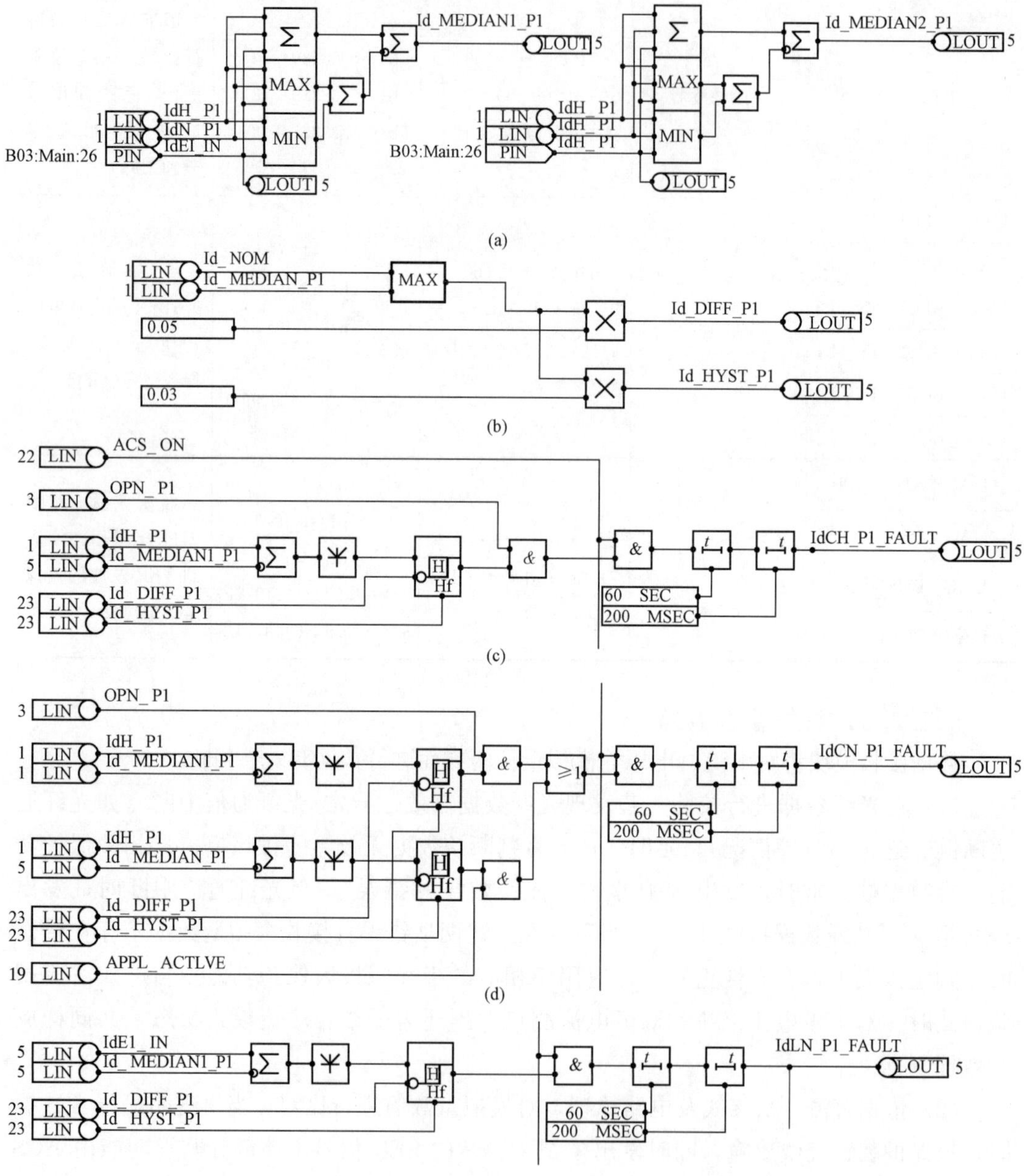

(a)

(b)

(c)

(d)

(e)

图 5-18　柔直站控极区直流线路测量异常的数据监视策略（一）

(a) 极区直流线路电流测量异常监视策略步骤 1；(b) 极区直流线路电流测量异常监视策略步骤 2；
(c) 极区直流线路电流测量异常监视策略步骤 3；(d) 极区直流线路电流测量异常监视策略步骤 4；
(e) 极区直流线路电流测量异常监视策略步骤 5

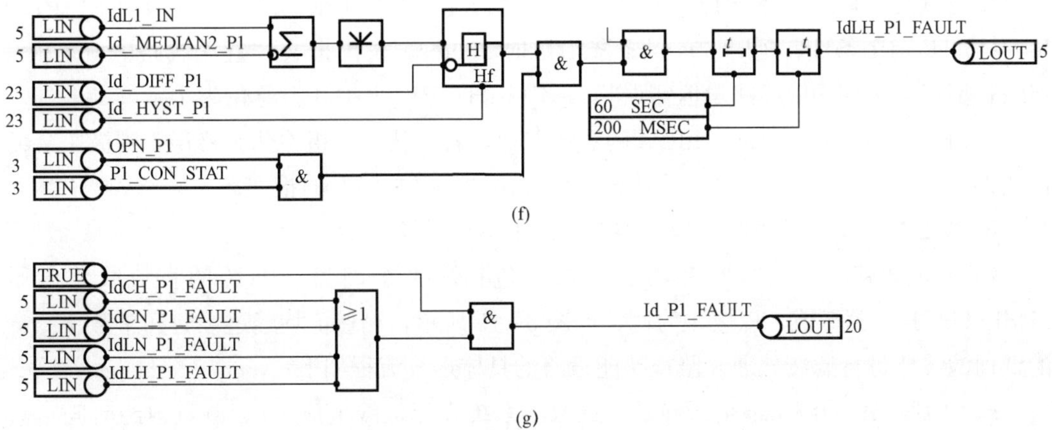

图 5-18　柔直站控极区直流线路测量异常的数据监视策略（二）

(f) 极区直流线路电流测量异常监视策略步骤 6；

(g) 极区直流线路电流测量异常监视策略步骤 7

a. 取极 1 中性母线电流测量值 IdN _ P1、极 1 直流高压母线电流测量值 IdH _ P1、来自另一套系统的极 1 中性母线电流测量值 IdN _ FOSYS _ P1 进行相加运算，再与这三者中的最大值与最小值之和进行相减运算得到中间值 Id _ MEDIAN _ P1；取 IdN _ P1、IdH _ P1、接地极母线电流测量值 IdE1 _ IN 进行上述相同的运算得到中间值 Id _ MEDIAN1 _ P1；同理，取 IdN _ P1、IDH _ P1、直流线路电流 IdL1 _ IN 进行运算得到中间值 Id _ MEDIAN2 _ P1。

b. 取本换流站直流线路额定值 Id _ NOM 与 Id _ MEDIAN _ P1 的最大值，即 max（Id _ NOM，Id _ MEDIAN _ P1），分别乘 0.05、0.03 得到误差值 Id _ DIFF _ P1、死区值 Id _ HYST _ P1。

c. 若满足｜IdH _ P1－Id _ MEDIAN1 _ P1｜＞Id _ DIFF _ P1 且 Id _ DIFF _ P1＞Id _ HYST _ P1 条件，延时 60s 且下降沿延时 200ms，发出报文“高压侧阀厅直流电流，极 IdCH 错误”，并将 IdCH 测量值错误状态字 IdCH _ P1 _ FAULT 置位为 1。

d. 若满足｜IdN _ P1－Id _ MEDIAN1 _ P1｜＞Id _ DIFF _ P1 且 Id _ DIFF _ P1＞Id _ HYST _ P1 条件，或者满足｜IdN _ P1 - Id _ MEDIAN _ P1｜＞Id _ DIFF _ P1 且 Id _ DIFF _ P1＞Id _ HYST _ P1 条件，延时 60s 且下降沿延时 200ms，发出报文“直流中性母线电流，极 1 IdCN 错误”，并将 IdCN 测量值错误状态字 IdCN _ P1 _ FAULT 置位为 1。

e. 若满足｜IdE1 _ IN－Id _ MEDIAN1 _ P1｜＞Id _ DIFF _ P1 且 Id _ DIFF _ P1＞Id _ HYST _ P1 条件，延时 60s 且下降沿延时 200ms，发出报文“直流接地极母线电流，极 1 IdLN 错误”，并将 IdLN 测量值错误状态字 IdLN _ P1 _ FAULT 置位为 1。

f. 若满足｜IdL1 _ IN－Id _ MEDIAN2 _ P1｜＞Id _ DIFF _ P1 且 Id _ DIFF _ P1＞Id _ HYST _ P1 条件，延时 60s 且下降沿延时 200ms，发出报文“直流线路电流，极 1 IdLH 错误”，并将 IdLH 测量值错误状态字 IdLH _ P1 _ FAULT 置位为 1。

g. IdCH、IdCN、IdLN、IdLH 的系统监视，若有任一一组检测到错误，则极 1 会输出错误信号 Id _ P1 _ FAULT，系统监视将发出“轻微故障”的报文。

h. 极 2 对测量值的检测与极 1 类似，这里不再重复。

2）直流线路电压。本监视功能的对象包括本系统与另一系统的直流线路电压（UdL/UdCH）测量值，以极 1 为例，如图 5 - 19 所示，测量值均经过经时间常数 100ms 的低通滤波器进行滤波处理，监视功能策略的具体运算流程如下：

a. 检测 UdL 的测量值是否异常，选取本系统直流极线电压 UdL 测量值经时间常数 100ms 的低通滤波后的 UdL _ 100 _ P1、来自另一套换流器控制系统的 UdL 值 UdL _ 100 _ FOSYS _ P1 以及直流极线的另一测点 UdH _ 100 _ P1，三者相加后减去三者中最大值和最小值，得到中间值 UdL _ P1 _ MEDIAN；同理，取直流极线的另一测点 UdH _ 100、来自另一套换流器控制系统的 UdH 值 UdH _ 100 _ FOSYS _ P1 以及由 P1 _ CON _ STAT 的取值而选取的 UdL _ 100 _ P1 或 UdH _ 100 _ P1，三者相加后减去三者中最大值和最小值，得到中间值 UdCH _ P1 _ MEDIAN。

b. 根据 FULL _ VG _ MODE _ P1 的取值得到 800kV 或 400kV 的 UdL _ NOM _ P1，分别乘 0.06、0.01，得到误差值 Ud _ DIFF _ P1、死区值 Ud _ HYST _ P1。

c. 将 UdL _ 100 _ P1、UdL _ 100 _ FOSYS _ P1 分别与 UdL _ P1 _ MEDIAN 相减后取绝对值，若满足｜UdL _ 100 _ P1－UdL _ P1 _ MEDIAN｜＞Ud _ DIFF _ P1 且 Ud _ DIFF _ P1＞Ud _ HYST _ P1 或｜UdL _ 100 _ FOSYS _ P1－UdL _ P1 _ MEDIAN｜＞Ud _ DIFF _ P1 且 Ud _ DIFF _ P1＞Ud _ HYST _ P1，则分别延时 4、60s 且下降沿延时 200ms 发出报文“直流线路电压，极 1 测量值 错误”或“直流线路电压，来自另一个系统 极 1 测量值 错误”，并将对应的状态字：测量值错误状态字 UdL _ P1 _ FAULT、另一系统测量值错误状态字 UdL _ P1 _ FOSYS _ FAULT 置位为 1。

d. 将 UdH _ 100 _ P1、UdH _ 100 _ FOSYS _ P1 分别与 UdCH _ P1 _ MEDIAN 相减后取绝对值，若满足｜UdH _ 100 _ P1－UdCH _ P1 _ MEDIAN｜＞Ud _ DIFF _ P1 且 Ud _ DIFF _ P1＞Ud _ HYST _ P1 或｜UdH _ 100 _ FOSYS _ P1－UdCH _ P1 _ MEDIAN｜＞Ud _ DIFF _ P1 且 Ud _ DIFF _ P1＞UD _ HYST _ P1，则分别延时 4、60s 且下降沿延时 200ms，发出报文“直流极线电压，极 1 测量值 错误”或“直流极线电压，来自另一个系统极 1 测量值 错误”，并将对应的状态字：测量值错误状态字 UdCH _ P1 _ FAULT、另一系统测量值错误状态字 UdCH _ P1 _ FOSYS _ FAULT 置位为 1。

e. 极 2 对测量值的检测与极 1 类似，这里不再重复。

3）中性母线电压。柔直站控系统中性母线电压测量状态的监控功能的对象包括本套系统中性母线电压测量值、另一套系统中性母线电压测量值以及中性母线电压计算值。

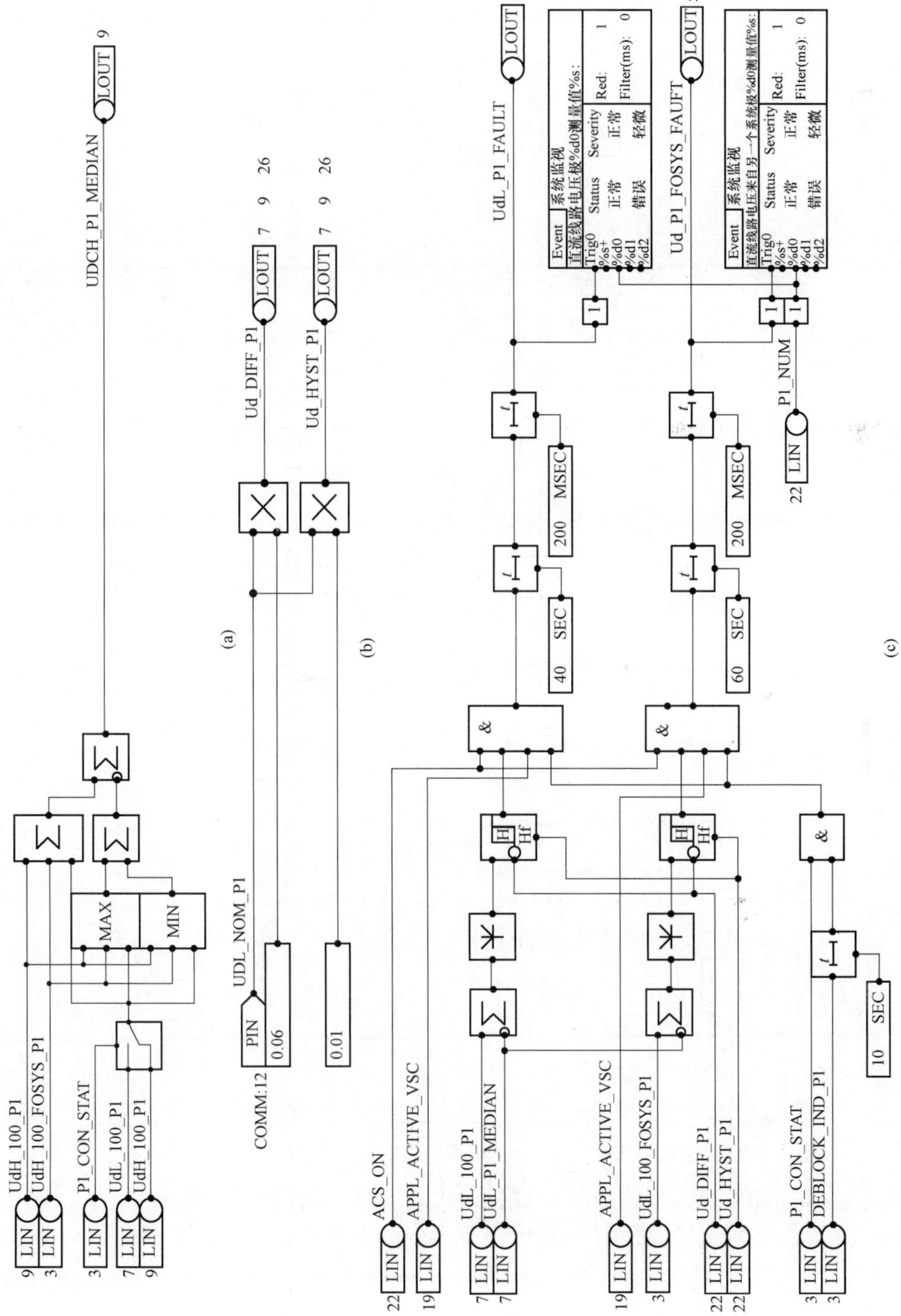

(a)

(b)

(c)

图 5-19　柔直站控直流线路电压的数据监视策略(一)

(a) 直流线路电压监视策略步骤 1;(b) 直流线路电压监视策略步骤 2;(c) 直流线路电压监视策略步骤 3

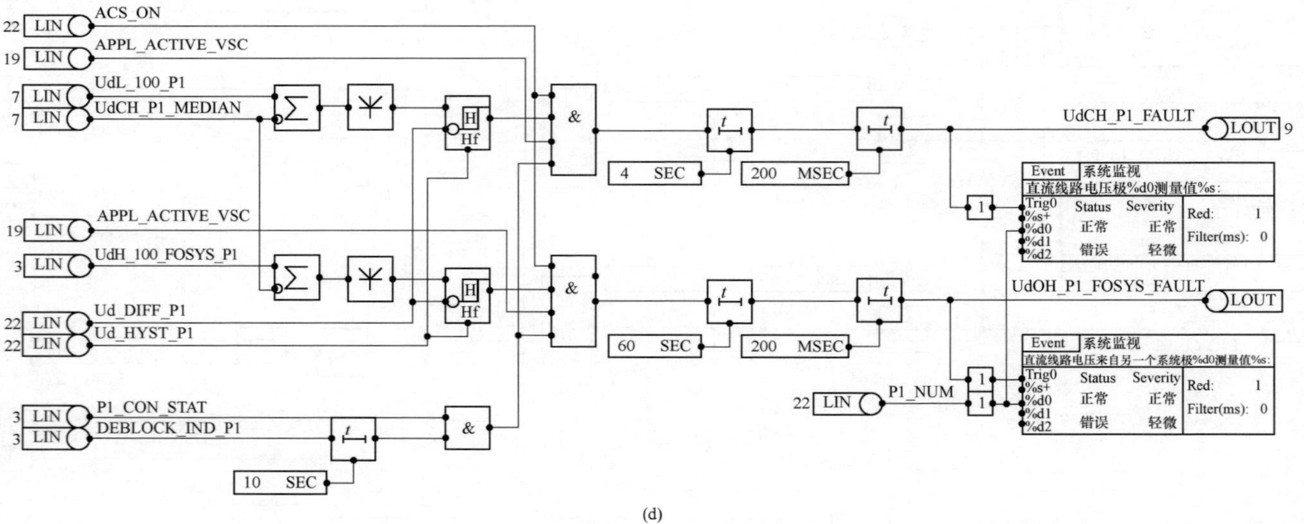

图 5-19　柔直站控直流线路电压的数据监视策略(二)

(d) 直流线路电压监视策略步骤 4

在金属回线方式下，中性母线电压的计算公式为中性点电流 IDN 与线路电阻的乘积，在大地回线方式下中性母线电压计算公式为两条接地极线电流与接地极线路电阻的乘积：

UdN = IdN * RL(金属回线方式)

UdN = (IdEE1 + IdEE2) * RL(大地回线方式)

以极 1 为例，如图 5 - 20 所示，中性母线电压监视功能策略的具体运算流程如下：

a. 选取中性母线电压 UdN 测量值经时间常数 100ms 的低通滤波后的量 UdN _ 100 _ P1、来自另一套系统的 UdN 值 UdN _ FOSYS _ P1 以及计算值 UdNCALC _ P1，三者相加后减去三者中最大值和最小值，得到中间值 UdN _ MEDIAN _ P1。

b. 取 200kV 与 UdN _ MEDIAN _ P1 的最大值，即 max（200，｜UdN _ MEDIAN _ P1｜），分别乘 0.06、0.03 得到误差值 UdN _ DIFF _ P1、死区值 UdN _ HYST _ P1。

c. 将 UdN _ 100 _ P1、UdN _ FOSYS _ P1、UdNCALC _ P1 分别与 UdN _ MEDIAN _ P1 相减后取绝对值，若满足｜UdN _ 100 _ P1－UdN _ MEDIAN _ P1｜＞UdN _ DIFF _ P1 且 UdN _ DIFF _ P1＞UdN _ HYST _ P1 或｜UdN _ FOSYS _ P1－UdN _ MEDIAN _ P1｜＞UdN _ DIFF _ P1 且 UdN _ DIFF _ P1＞UdN _ HYST _ P1 或｜UdNCALC _ P1－UdN _ MEDIAN _ P1｜＞UdN _ DIFF _ P1 且 UdN _ DIFF _ P1＞UdN _ HYST _ P1，则分别延时 4、60、4s 且下降沿延时 200ms 发出报文“中性母线电压，极 1 测量值 错误”或“中性母线电压，来自另一个系统 极 1 测量值 错误”或“中性母线电压，极 1 计算值 错误”，并将对应的状态字：测量值错误状态字 UdN _ FAULT _ P1、另一系统测量值错误状态字 UdN _ FOSYS _ FAULT _ P1、计算值错误状态字 UdN _ CALC _ FAULT 置位为 1。

4）交流母线电压。交流母线电压测量异常与直流电压和直流电流的判断逻辑类似，以母线 BUS1 为例，如图 5 - 21 所示，监视功能策略的具体运算流程如下：

a. 取 UAC _ NOM，分别乘 0.06、0.01，得到误差值 UAC _ DIFF、死区值 UAC _ HYST。

b. 交流母线三相电压 U _ BUS1 _ L1、U _ BUS1 _ L2、U _ BUS1 _ L3，三者相加减去三者中的最大值与最小值，得到其中间值，若三相电压与中间值相减的绝对值比误差值 UAC _ DIFF 大于死区值 UAC _ HYST，或对应相的直流偏置电压 UAC _ BUS1 _ OFFSET 为 1（每 6ms 采样一次交流电压瞬时值，采样 20 次的和的绝对值乘以 0.05 减去 0.1 倍交流电压额定值大于死区 0.1），延时 60s 且下降沿延时 200ms，发出报文“交流场母线极 1 相电压测量异常”。

c. 交流母线 BUS2 的监视功能策略的具体运算流程类似，不再重复。

5）换流变压器网侧交流滤波器电压。柔直站控系统除了监视交流母线电压，还对换流变压器网侧交流滤波器电压进行监视，以换流变压器第 1 大组交流滤波器为例，如图 5 - 22 所示，监视功能策略的具体运算流程如下：

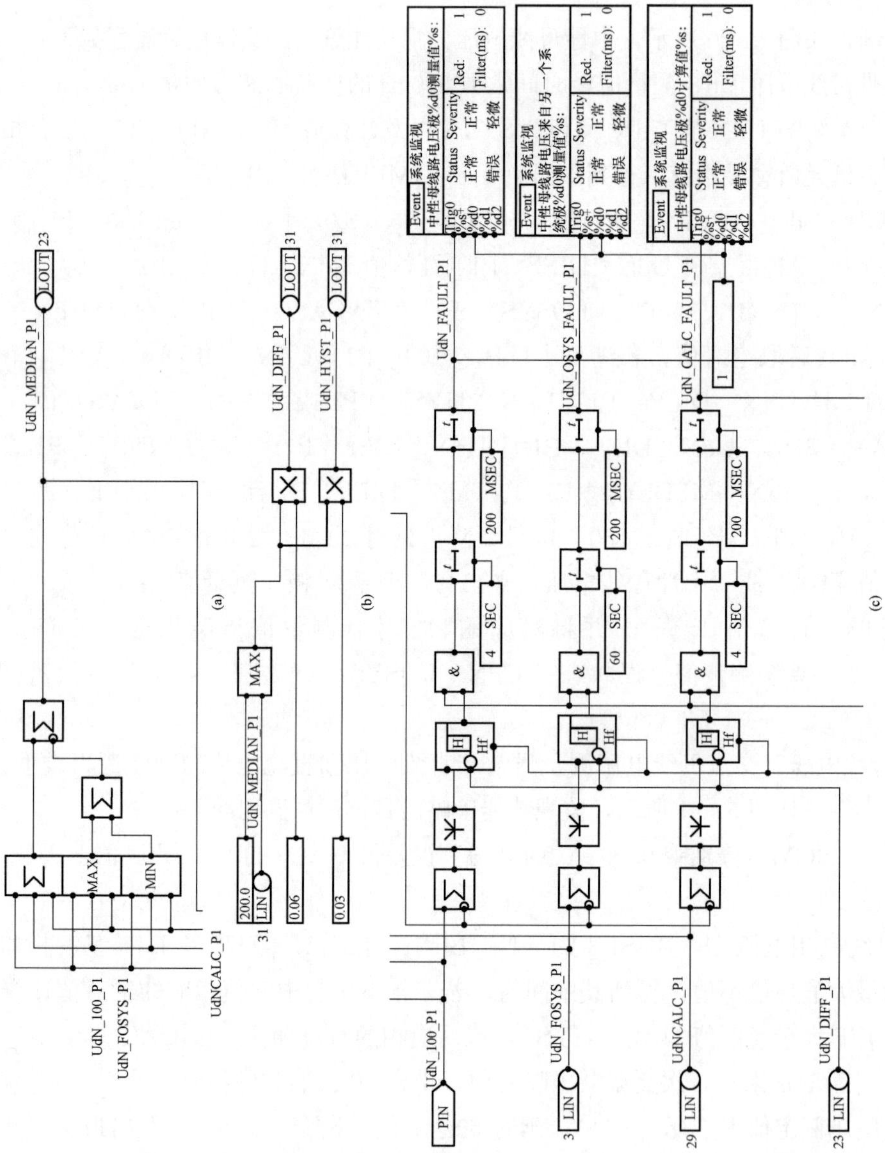

图 5-20　柔直站控中性母线电压的数据监视策略

(a)中性母线电压监视策略步骤 1;(b)中性母线电压监视策略步骤 2;(c)中性母线电压监视策略步骤 3

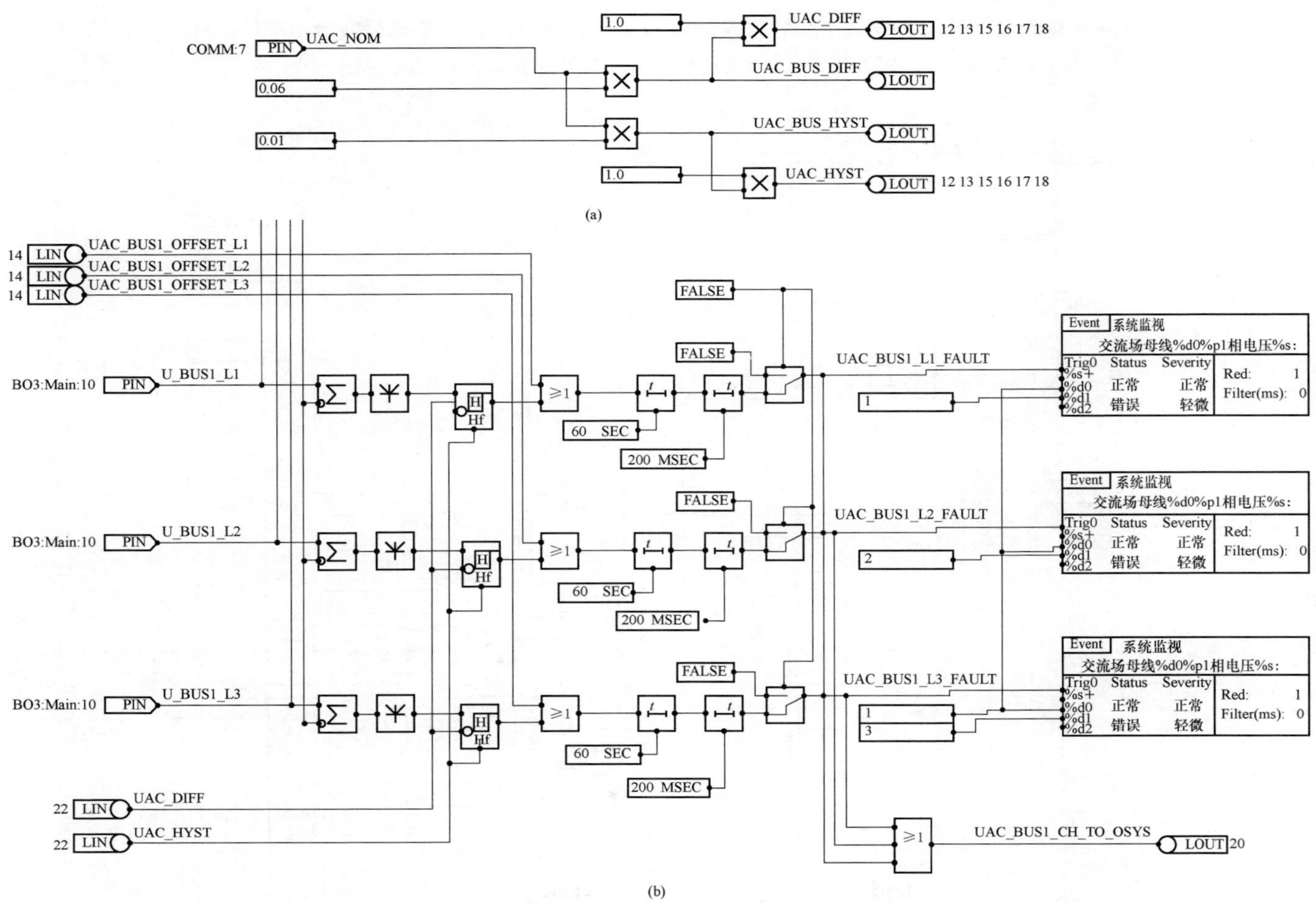

图 5-21　某直流站控交流母线电压的数据监视策略

(a) 交流母线电压监视策略步骤 1;(b) 交流母线电压监视策略步骤 2

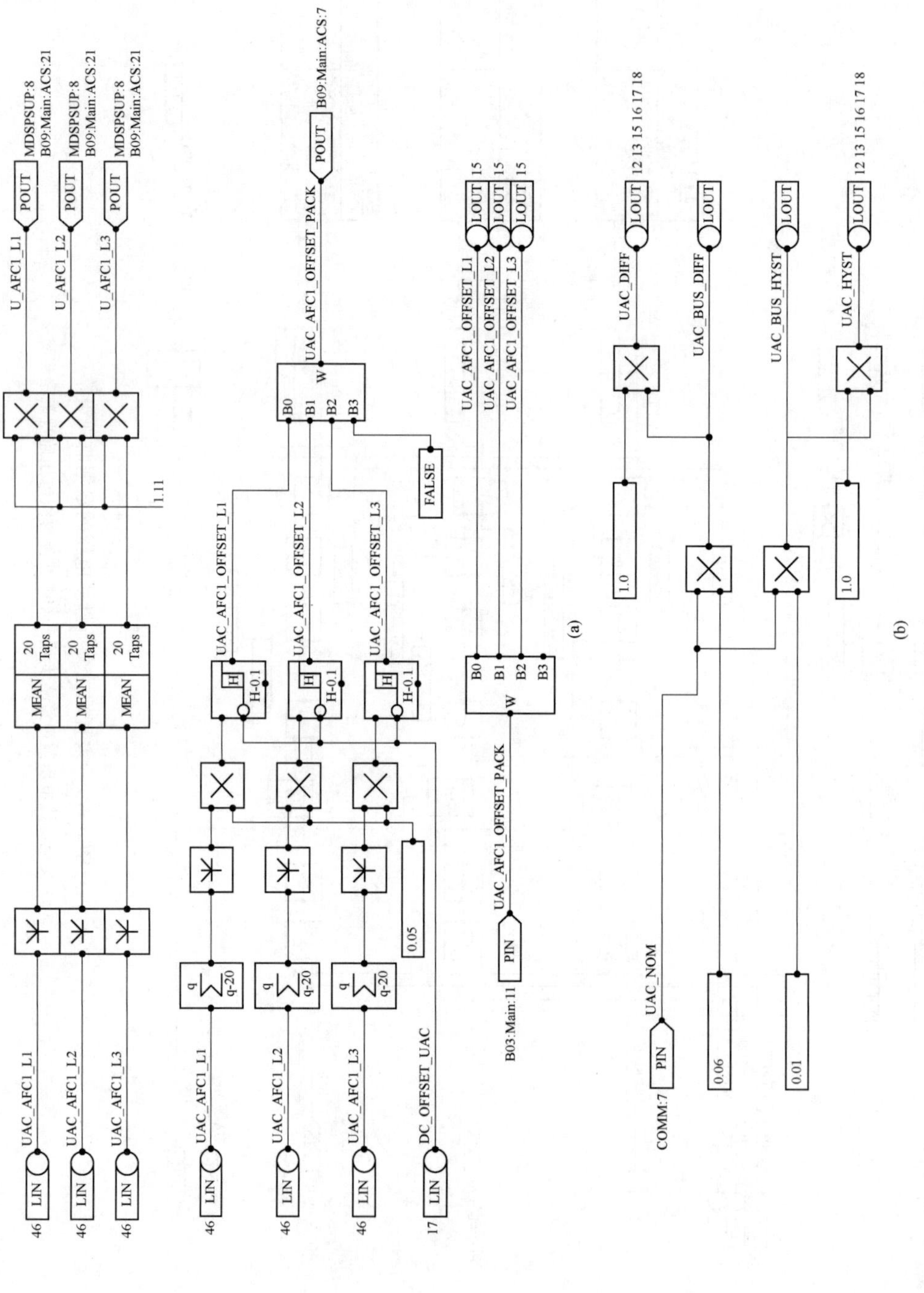

图 5-22　柔直站控换流变网侧交流滤波器的数据监视策略(一)

(a) 换流变压器网侧交流滤波器电压监视策略步骤 1;(b) 换流变压器网侧交流滤波器电压监视策略步骤 2

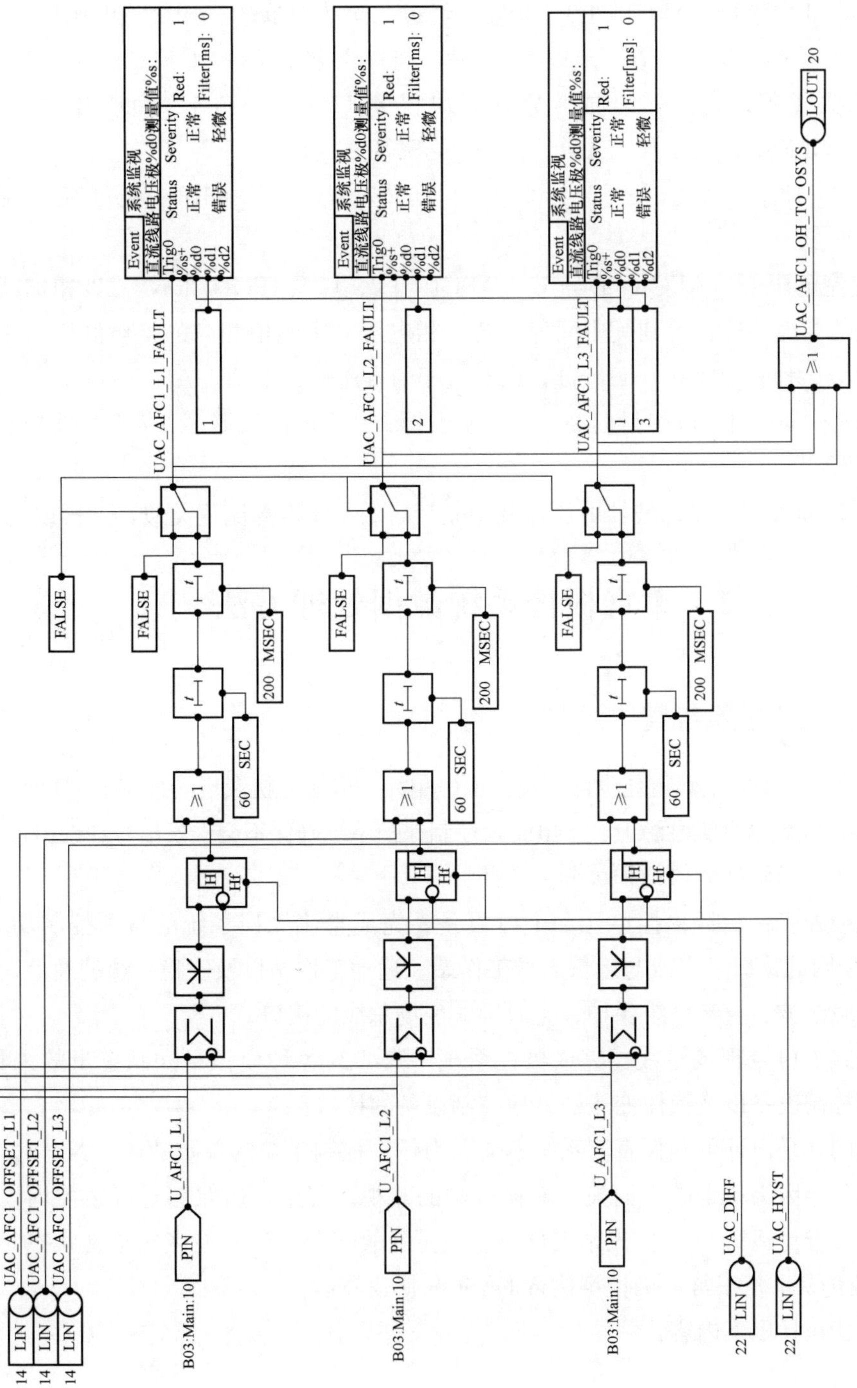

(c)

图 5-22　柔直站控换流变网侧交流滤波器的数据监视策略(二)

(c) 换流变压器网侧交流滤波器电压监视策略步骤 3

a. 三相交流电压 UAC _ AFC1 _ L1、UAC _ AFC1 _ L2 与 UAC _ AFC1 _ L3 经过二阶滤波器，取绝对值后求 20 次采样值之和的平均值再乘以 1.11，得到 U _ AFC1 _ L1、U _ AFC1 _ L2 与 U _ AFC1 _ L3。此外，经过二阶滤波器的三相交流电压求 20 次采样值之和的平均值再取绝对值并乘以 0.05 后，与一误差值 DC _ OFFSET _ UAC 比较，若大于该误差值，则经过合成、分解模块得到 UAC _ AFC1 _ OFFSET _ L1、UAC _ AFC1 _ OFFSET _ L2 与 UAC _ AFC1 _ OFFSET _ L3。

b. 取 UAC _ NOM，分别乘 0.06、0.01，得到误差值 UAC _ DIFF、死区值 UAC _ HYST。

c. 三相交流电压 U _ AFC1 _ L1、U _ AFC1 _ L2、U _ AFC1 _ L3，三者相加减去三者中的最大值与最小值，得到其中间值，若三相电压与中间值相减的绝对值比误差值 UAC _ DIFF 大于死区值 UAC _ HYST，或对应相的直流偏置电压 UAC _ AFC1 _ OFFSET 为 1，则延时 60s 且下降沿延时 200ms，发出报文“交流滤波器第 1 大组母线极 1 相电压测量异常”。

d. 第 2、3、4 大组交流滤波器电压监视功能策略的具体运算流程类似，不再重复。

5.2 柔直极控系统数据处理方法

5.2.1 柔直极控系统整体架构

直流极控系统采用完全双重化设计，包括 I/O 单元、极控主机及现场控制 LAN 网、站 LAN 网等。屏柜或机箱直流电源上、下电时，控制保护系统确保不会误发信号和误出口。

直流极控系统的硬件整体结构可分为两部分：

（1）直流极控柜：包括主控单元和 I/O 设备，完成直流极控系统的各项控制功能，完成与站 LAN 网的接口，完成与运行人员工作站、远动工作站以及安稳系统的通信，完成与站控、故障录波、直流系统保护、主时钟、现场总线的接口。

（2）分布式 I/O 及现场总线：完成极控系统所需要的各种模拟量和状态量的采集，完成与换流器控制设备以及换流变压器就地控制设备的接口。

控制系统的冗余设计可确保直流系统不会因为任一控制系统的单重故障（$N-1$）而发生停运，也不会因为单重故障而失去对换流站的监视。其中，当双套直流站控均失去时，直流可继续维持运行 2h，换流站人员应尽快排除故障使直流站控恢复正常状态，如 2h 后直流站控仍未恢复正常，极控将执行 FASOF 快速停运。

极控制功能包括以下内容：

（1）总体功能：

1）就地控制工作站。

2）通信：

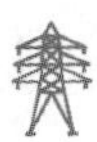

a. LAN 网通信。

b. 与 I/O 单元的现场总线通信。

c. 各站间的站间通信。

d. 极间通信。

3）极相关的事件顺序记录（SER）。

4）冗余功能。

5）测量功能。

a. 交流母线电压测量。

b. 直流电压测量。

c. 直流电流测量。

d. 频率测量。

e. 直流功率计算。

（2）极功能层：

1）极功率/极电流控制。

a. 双极功率控制。

b. 同步极电流控制。

c. 应急极电流控制。

d. 过负荷限制。

e. 最小电流限制。

f. 电流裕度补偿。

g. 电压指令生成。

h. 低压限流。

2）极顺序控制。

a. 解锁顺序。

b. 闭锁顺序。

c. 空载加压试验顺序控制。

3）换流变压器分接开关控制：双换流器分接开关同步。

4）保护性监视功能。

a. 线路再启动逻辑。

b. 直流零电流检测。

c. 空载加压试验保护。

d. 不平衡运行保护。

5.2.2　柔直极控系统硬件配置

特高压多端混合柔性直流输电工程柔直极控系统的硬件系统采用了当今先进的、高性能的 CPU、DSP 处理器，大容量 FPGA 芯片等技术，硬件处理能力更强，为未来应用功能扩展留有较大裕度。

昆柳龙直流工程控制主控单元机箱及其板卡配置如图 5-23 所示。

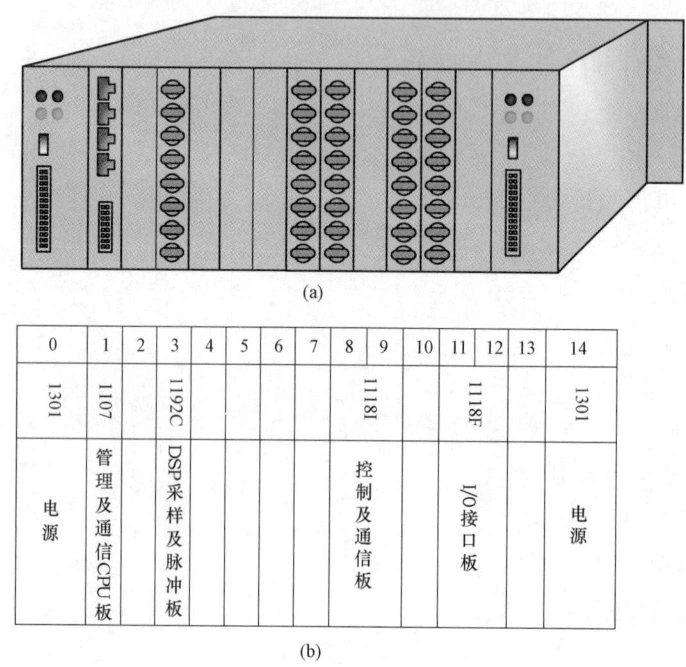

图 5-23 极控制主控单元机箱及其板卡配置

(a) 主控单元机箱；(b) 板卡配置

核心控制功能由以下板卡完成：

管理及通信 CPU 板 1107-B01：该板卡运行嵌入式实时 Linux 操作系统，完成后台通信、事件记录、录波、人机界面等辅助功能。

DSP 采样及脉冲板 1192C-B03：完成核心控制保护功能，如采样数据的接收和计算处理、安稳接口。

控制及通信板 1118I-B08、B09：实现主要的控制及相关逻辑计算功能，与站层控制 LAN、极层和换流器层控制 LAN 冗余网络的通信，系统间、站间、极间通信。

I/O 接口板 1118F-B11、B12：完成与 I/O 系统的通信功能。

5.2.3 柔直极控系统数据接口

直流极控屏采用本屏柜内配置的 I/O 机箱来跳开换流变开关，以及接入紧急停运等开入信号，该 I/O 机箱典型配置如图 5-24 所示。

换流变压器跳闸开出信号采用 1530E 板卡，能通过板上的继电器输出 5 路开关量，并通过 CAN 总线与主机通信。

P1	1	2	3	4	5	6	P2	P3	9	10	11	12	13	14	P4
1303EL	1201B	1530E	1530E				1303EL	1303EL	1201B	1530E	1530E				1303EL

跳换流变压器进线断路器　　跳换流变压器进线断路器

图 5-24　直流极控屏 I/O 机箱配置图

具体的接口板卡型号以及参数可参考表 5-4。

表 5-4　接口板卡型号以及参数

型号	接口说明	参数	用途
1530E	5 路开出、11 路开入	额定电压 110/220V DC	主要用于换流变压器跳闸出口

柔直极控系统 TFR 录波点见表 5-5。

表 5-5　柔直极控系统 TFR 录波点表

序号	物理量名称	物理含义
		模拟量
1	UdL _ IN	直流线路电压
2	UdN _ IN	中性母线电压
3	IdNC	中性母线电流
4	IdNE	接地极母线电流
5	IdEL _ SW	接地极电流计算值（IdEE1+IdEE2）
6	IdEE3	接地极电流（零磁通）
7	IO _ LIMITED	直流电流指令限制值
8	IdLH	直流线路电流
9	IdEE1 _ SW	接地极引线 1 上的电流（霍尔）
10	IdEE2 _ SW	接地极引线 2 上的电流（霍尔）
11	DC _ PWR	本极直流功率
12	UdCH _ IN	极母线电压
13	IdM	高低压换流器连线电流
14	Ud _ CONV	换流器直流电压
15	IO	电流指令
16	DC _ PWR _ TOTAL	双极直流功率
17	TCP _ V1	高压换流器挡位平均值

续表

序号	物理量名称	物理含义
		模拟量
18	UAC _ 100 _ V1	高压换流器交流网侧电压有效值
19	TCP _ V2	低压换流器挡位平均值
20	UAC _ 100 _ V2	低压换流器交流网侧电压有效值
21	UdL _ BUS	直流线路母线电压
22	IdL _ YN	昆柳线线路电流
23	OP _ UdL _ BUS	对极直流线路母线电压
24	OP _ IdL _ YN	对极昆柳线线路电流
25	UdL _ GD	柳龙线线路电压
26	IdL _ GD	柳龙线线路电流
27	OP _ UdL _ GD	对极柳龙线线路电压
28	OP _ IdL _ GD	对极柳龙线线路电流
29	IdSG	站内接地电流
30	PO _ IO	功率/电流指令
31	UdM _ IN	换流器中点直流电压
32	IORD _ LIM _ V1	高压换流器直流电流指令值（经 VDCOL 输出）
33	IORD _ LIM _ V2	低压换流器直流电流指令值（经 VDCOL 输出）
34	UV1 _ IN	高压换流器电压
35	UV2 _ IN	低压换流器电压
36	FLC _ DAMP	频率控制调制量
37	DELTA _ POWER _ FREQ	功率调制输出
38	US _ A _ V1	高端换流器交流母线电压 A 相
39	US _ B _ V1	高端换流器交流母线电压 B 相
40	US _ C _ V1	高端换流器交流母线电压 C 相
41	UAC100 _ DCC	DCC 交流电压有效值
42	TOTAL _ IDEE _ CURRENT	接地极电流值
43	D _ FREQ	频率偏差（与 50Hz 比较）
44	PO _ IO0	功率/电流指令（考虑叠加量）
45	RB1 _ SW _ IOMAX	保护性回降电流限值
46	IdEE _ RB _ LEV1	接地极电流限制Ⅰ段回降定值
47	IdEE _ RB _ LEV2	接地极电流限制Ⅱ段回降定值
48	DELTA _ POW _ FREQ _ FLC	频率控制输出

续表

序号	物理量名称	物理含义
		模拟量
49	PO _ IO _ REF	功率/电流指令（受限情况下）
50	UPD _ SLF _ MODE _ F	模式状态字（用于更新 PO _ IO）
51	UPD _ SLF _ MODE _ REF _ F	模式状态字（用于更新 PO _ IO _ REF）
52	NEW _ SLF _ VALUE	PO _ IO 更新后的值
53	MTC _ HOLD _ P _ I	协调控制器积分输出
54	PO _ IO _ TRANSFER _ TOSTA	本站本极 PO _ IO
55	QREF _ UAC	交流电压控制器输出
56	MTC _ MODE _ TFR	多端直流运行模式
57	Ud _ REF _ V _ V1	高阀直流电压参考值
58	Ud _ REF _ V _ V2	低阀直流电压参考值
59	US _ POS _ ABS _ FILT100	正序电压模值，交流故障穿越电压跌落程度
60	UAC _ DIFF	交流电压偏差
61	UAC _ DIFF _ FOP	对极交流电压偏差
62	Q _ ORDER _ V1	高阀无功参考值
63	Q _ ORDER _ V2	低阀无功参考值
64	QREF _ SELET	QREF 参考值
65	OLT _ UDC _ SLF _ ORD	OLT 直流电压参考值
66	P _ REAL _ S	本极有功
67	P _ REAL _ S _ OP	对极有功
68	Q _ REAL _ S	本极无功
69	Q _ FOP	对极无功
70	Q _ BOTH _ POLE	双极无功
71	TYPE5 _ POW	发给稳控的功率提升最大值
72	DELTA _ POW _ FREQ _ FLC _ TOTAL	调制控制的功率变化量
73	US _ A _ V2	低端换流器交流母线电压 A 相
74	US _ B _ V2	低端换流器交流母线电压 B 相
75	US _ C _ V2	低端换流器交流母线电压 C 相
		数字量
1	CTRL _ POLE	控制极指示

续表

序号	物理量名称	物理含义
数字量		
2	URED	降压运行
3	DEBLOCK _ IND	解锁信号（本极任一换流器解锁）
4	CTRL _ POLE _ BQC	无功的控制极
5	LOW _ AC _ VOLTAGE	低交流电压被检测到
6	STATCOM _ STBY	STATCOM 控制
7	RETARD	零压状态（本极任一换流器控零压）
8	RECT	整流运行
9	NORM _ PWR _ DIR	功率正送
10	OPEN _ LINE _ TEST	开路试验状态
11	DEBLOCK _ IND _ V1	高压换流器解锁信号
12	DEBLOCK _ IND _ FOP _ V1	对极高压换流器解锁信号
13	DEBLOCK _ IND _ V2	低压换流器解锁信号
14	DEBLOCK _ IND _ FOP _ V2	对极低压换流器解锁信号
15	ACTIVE	本系统运行状态
16	RL _ PROT _ URED	重启动逻辑发出降压运行命令
17	RL _ TRIP	重启后保护跳闸
18	RL _ ORD _ DOWN	重启动逻辑进入去游离命令
19	RL _ RESTART	重启动逻辑发出的重启指令
20	RL _ ORD _ ISOL _ LINE2 _ FOSTA1	收到 LCC 重启动逻辑发出隔离线路 2 指令
21	ELRL _ ORDDOWN	低压线路重启命令
22	PCP _ TRIPACB	跳交流开关
23	OSYS _ ACTIVE	对系统值班
24	OSYS _ MCPUOK	对系统主 CPU OK
25	FULL _ VG _ MODE	全换流器模式
26	FULL _ VG _ MODE _ FOP	对极全换流器模式
27	X _ ESOF _ TOT	X 型紧急停运命令（三站运行模式下全跳）
28	Y _ ESOF _ TOT	Y 型紧急停运命令（三站运行模式下退本站）
29	INIT _ DOWN _ MC2	高压线路重启命令
30	TCOMOK	站间通信正常
31	SYSL	系统级
32	STAL	站级
33	RETARD _ V1	高压换流器处于零压状态

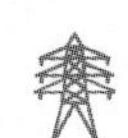

续表

序号	物理量名称	物理含义
	数字量	
34	RETARD _ V2	低压换流器处于零压状态
35	RL _ PROT _ URED _ T80	线路重启动降压至 0.8（标幺值）
36	UDC _ CTRL	直流电压控制
37	INIT _ VOLT _ TO _ ZERO	启动零压控制
38	PROT _ RUNB	保护性回降
39	SOL _ TRIG _ TFR	切换逻辑触发录波
40	BLOCK _ TEST	闭锁逻辑（测试用）
41	VSC _ VOLT _ READY	启极过程中柔直站电压判据满足
42	PLC _ RUNB	功率限制动作
43	STBY	本系统备用状态
44	FREQ _ CONT _ ON	频率控制投入
45	FREQ _ CONT _ ACT	频率控制动作
46	ENERG	充电信号
47	OLT _ DC _ ACTION	OLT 电压原理动作
48	OLT _ AC _ ACTION	OLT 差流原理动作
49	NON _ ELT _ ON	无接地极运行
50	OPN _ V1	高阀运行信号
51	OPN _ V2	低阀运行信号
52	TFR _ TRIG	触发录波
53	IdEE _ RUNB1 _ TMP1	接地极电流限制 1 段动作信号 1
54	IdEE _ RUNB1 _ TMP2	接地极电流限制 1 段动作信号 2
55	IdEE _ RUNBACK1	接地极电流限制 1 段回降信号
56	IdEE _ RUNB1 _ FOP	对极接地极电流限制 1 段回降信号
57	IdEE _ RUNB2 _ TMP1	接地极电流限制 2 段动作信号 1
58	IdEE _ RUNB2 _ TMP2	接地极电流限制 2 段动作信号 2
59	IdEE _ RUNBACK2	接地极电流限制 2 段回降信号
60	IdEE _ RUNB2 _ FOP	对极接地极电流限制 2 段回降信号
61	EL _ RESTART _ MC2	接地极重启信号
62	START _ CO _ FOSTA	协调启极允许信号
63	STOP _ CO _ FOSTA	协调停极允许信号
64	EXIT _ RST	柔直站发出退站指令（收到的信号）
65	HSS _ EXIT _ ESOF	柔直站退站失败跳闸
66	XLHSS _ CLOSE _ IND _ S2	柳龙线柳北侧 HSS 合位
67	HSS _ CLOSE _ IND	极母线 HSS 合位

续表

序号	物理量名称	物理含义
		数字量
68	OP _ UAC _ CTRL	对极电压控制
69	ORD _ START _ TOT	启动总指令
70	ORD _ STOP _ TOT	停运总指令
71	STA _ SW _ UDCTR	电压站
72	STA _ SW _ PDC	功率站
73	BQC _ ON	无功控制
74	OP _ UAC _ CTRL _ FOP	对极交流电压控制
75	BQC _ ON _ FOP	对极无功控制
76	QRAMP _ INPROG _ FOP	对极无功升降中
77	X _ ESOF _ FOSTA1	来自站 1 的 X 型紧急停运命令
78	X _ ESOF _ FOSTAVSC	来自柔直站的 X 型紧急停运命令
79	Y _ ESOF _ FOSTAVSC	来自柔直站的 Y 型紧急停运命令
80	X _ ESOF _ FOSTA1 _ ORG	来自站 1 的 X 型紧急停运命令
81	X _ ESOF _ FOSTAVSC _ ORG	来自柔直站的 X 型紧急停运命令
82	UPDATE _ FOP _ BQC	无功跟随对极
83	LOW _ VOL _ MODE	低电压模式
84	HIGH _ VOL _ MODE	高电压模式
85	DCOC _ TRIP	直流过电流动作
86	TYPE5 _ INIT _ OUT	功率提升动作信号

5.2.4 柔直极控系统数据处理逻辑

5.2.4.1 数据预处理

模拟量采样数据接收与计算处理功能由柔直极控制程序中板卡 1192：DSP 功能的相关页面实现，包括变比定值设定、折算、IEC 60044 - 8 数据接收和还原。本节主要介绍该程序的数据处理功能流程和逻辑。

1. 变比设定与折算还原

特高压多端混合直流输电工程具有多个受端柔直站，每个柔直站均采用双极拓扑结构，柔直极控系统在进行数据接收和处理前，需要根据应用控制对象的需要进行换算变比定值的设定，该功能由 MIF _ SET 页面完成。对于同一测点，不同的柔直换流站采用的测量设备规格可能有所不同，MIF _ SET _ 1 页面根据具体测点采用的互感器的规格进行不同换流站各个测点换算变比值的初步设定。MIF _ SET _ 2 页面根据该套系统对应的极，将模拟量极性状态字置位为 1 或－1，并将状态字与初步设定变比值相乘得到最终变比。以高低端换流器连线电压 UdM 测点变比值 UdM _ SCAL 为例，其设定逻辑如图 5 - 25 所示。

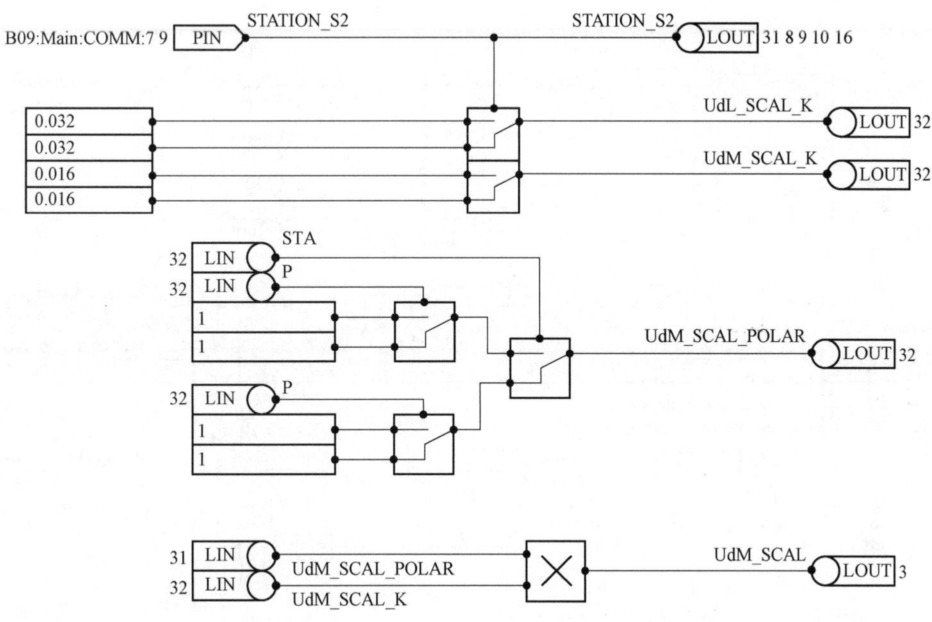

图 5-25　UdM 测点变化值 UdM _ SCAL 逻辑图

其余测点变比定值的设定逻辑相同，不再重复。

2. 数据接收和还原

柔直极控系统 1192 板卡接收若干光纤传输的数据，数据接收功能由 1192 接收 IEC 60044-8 模块实现，接收模块的波特率 20Mbit/s，设定的超时时间为 20μs（超过该值的两倍时间没有收到数据则接收模块判定为超时）。数据接收功能由 DATA _ IN 页面完成。其中 6 号光纤接收的数据为汇流母线区电气量，仅供站 2（即昆柳龙工程的柳州站）极控制系统使用。

在数据还原过程中，接收模块对每一个模拟量输出数据的实时有效性状态均进行了判断，接收模块的 1 号通道数据输出量 DATA _ STAUS 包含了该模块输出的所有模拟量数据的可用状态。以 3 号光纤传输的前三路通道数据 RX3 _ DATA2/3/4 为例，进行数据还原时从变量 DATE _ STAUS _ RX3 取出对应位（第 0、1 位）的量进行判断，当该位的数值为 1 时数据不可用，模拟量保持之前的状态不变。模拟量测量值与变比定值相乘后完成数据还原。其余接收模块和模拟量的数据还原相同。UdL、UdM 数据接收和还原逻辑如图 5-26 所示。

5.2.4.2　滤波处理

经预处理后的数据将根据具体用途的需要进行滤波处理。柔直极控系统采用了低通滤波器和无限长脉冲响应滤波器。其中低通滤波器主要通过设置不同的时间常数对输入信号进行滤波处理，而无限长脉冲响应滤波器根据不同的需要对模拟量分别使用了一阶、二阶、四阶与六阶滤波，各个模拟量使用的滤波器参数见表 5-6。

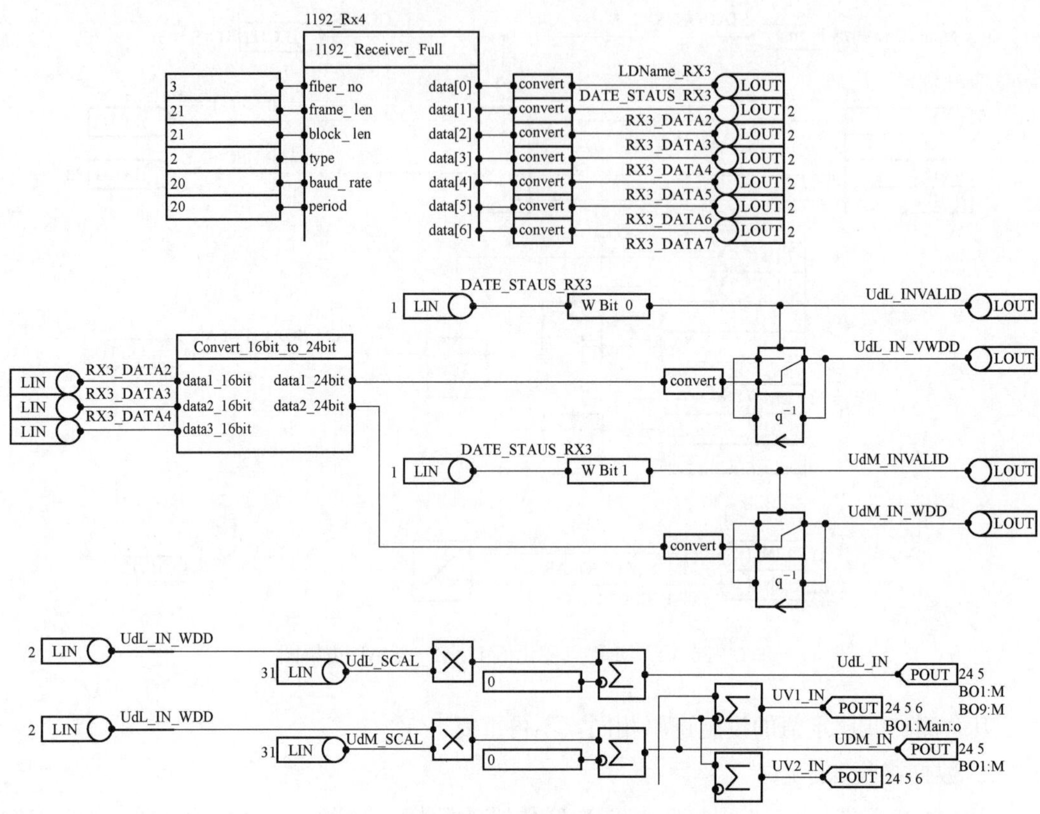

图 5-26　UdL、UdM 数据接收和还原逻辑

表 5-6　　　　　　　　柔直极控系统各模拟量的滤波器参数

模拟量	滤波器	滤波器 Z 变换方程	滤波器系数	备注
IdCN	一阶滤波器	H(z) ＝ (b0 ＋ b1＊zˆ － 1)/(1 － a1＊zˆ－1)	b0＝0.08389457874 b1＝0.08389457874 a1＝0.83221084252	用于空载加压试验的接地故障报警与直流过电流保护、发送 B 类模拟量数据帧、模拟量记录模块和 SSQ 控制操作
IdLH				
UdL _ BUS	二阶滤波器	H(z) ＝ (b0 ＋ b1＊zˆ－1＋b2＊zˆ－2)/(1－a1＊zˆ－1－a2＊zˆ－2)	b0＝0.0029650354308 b1＝0.0059300708616 b2＝0.0029650354308 a1＝1.8401702289896 a2＝－0.852030370713	经滤波用于极控遥测、ACS 模块、发送 B 类模拟量数据帧与数字量数据帧、空载加压试验的直流电压异常保护、开路试验
OP _ UdL _ BUS				
UdN _ IN				
UdCH _ IN				
UdL _ IN				
UdM _ IN				
UV1 _ IN				
UV2 _ IN				

续表

模拟量	滤波器	滤波器 Z 变换方程	滤波器系数	备注
US _ L1 _ V1 _ IN US _ L2 _ V1 _ IN US _ L3 _ V1 _ IN US _ L1 _ V2 _ IN US _ L2 _ V2 _ IN US _ L3 _ V2 _ IN	二阶滤波器	H(z) = (b0 + b1 * z^ − 1 + b2 * z^ − 2)/(1 − a1 * z^ − 1 − a2 * z^ − 2)	b0＝0.002080567135 b1＝0.004161134271 b2＝0.002080567135 a1＝1.866892279712 a2＝−0.87521454825	用于对输入量进行滤波处理
UdCH _ IN	四阶巴特沃斯滤波器	两个二阶滤波器级联而成	b0＝0.001379937 b1＝0.0 b2＝−0.001379937 a1＝1.9977454 a2＝−0.99802214 b0＝0.0012626544 b1＝0.0 b2＝−0.0012626544 a1＝1.9980264 a2＝−0.99824437	用于极控交直流碰线报警、发送 B 类数字量数据帧
UV1 _ IN UV2 _ IN UdM _ IN UdL _ IN UdN _ IN	四阶巴特沃斯滤波器	两个二阶滤波器级联而成	b0＝0.0000000610452 b1＝0.0000001220904 b2＝0.0000000610452 a1＝1.9749894 a2＝−0.97598609 b0＝1.0 b1＝2.0 b2＝1.0 a1＝1.9420133 a2＝−0.94299329	用于对输入量进行滤波处理

续表

模拟量	滤波器	滤波器 Z 变换方程	滤波器系数	备注
US _ L1 _ V1 _ IN	六阶巴特沃斯滤波器	三个二阶滤波器级联而成	b0=0.017172941177 b1=0.0 b2=−0.017172941177 a1=1.971792376 a2=−0.973804719 b0=0.017172941177 b1=0.0 b2=−0.017172941177 a1=1.9917480538 a2=−0.9919368915 b0=0.017028608847 b1=0.0 b2=−0.017028608847 a1=1.96533151688 a2=−0.9659424823	经滤波处理后进行电压转换，将 ABC 三相电压转换为各个阀臂的线电压，用于主机间通信发送输入符号

5.2.4.3　数据监视策略

板卡 1192 接收 IEC 60044 - 8 模块对接收的光纤数据状态进行校验，若发现光纤数据有效性异常、任意一路数据不可用或光纤通信中断（如光纤通道断链、连续超时等情况），则延时 4ms 则发出 SER 报文“光纤数据帧错误”或“光纤数据接收错误”。当光纤数据接收过程中存在上述任意一个故障时，作为 B03/1192C 插件自检功能的 SFH（严重故障）事件上报。

此外，柔直极控系统依据接线情况及电路原理，对模拟量数值进行比对以检验是否出现明显异常数据。若出现异常则上报保护装置轻微故障，同时发出模拟量异常的 SER 信号。该部分监视功能由 B12/1118F 程序的 ACS 模块完成，程序中配置的模拟量监视策略如下：

1. 直流线路及中性母线电流

测量系统正常时，采样得到的柔直站直流线路及中性母线电流 IdCN、IdCH、IdLH、IdLN 应当相近。如图 5 - 27 所示，直流线路及中性母线电流测量值监视策略的具体运算流程如下：

(1) 选取极中性母线上的电流测点 IdCN、直流线路电流 IdLH，及另一套 PCP 传过来的 IdCN，三者相加后减去三者中最大值和最小值，得到中间值 Id _ MEDIAN；选取阀侧极中性母线电流 IdCN、阀侧直流线路电流 IdCH，以及线路侧极中性母线电流

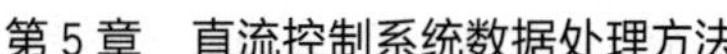

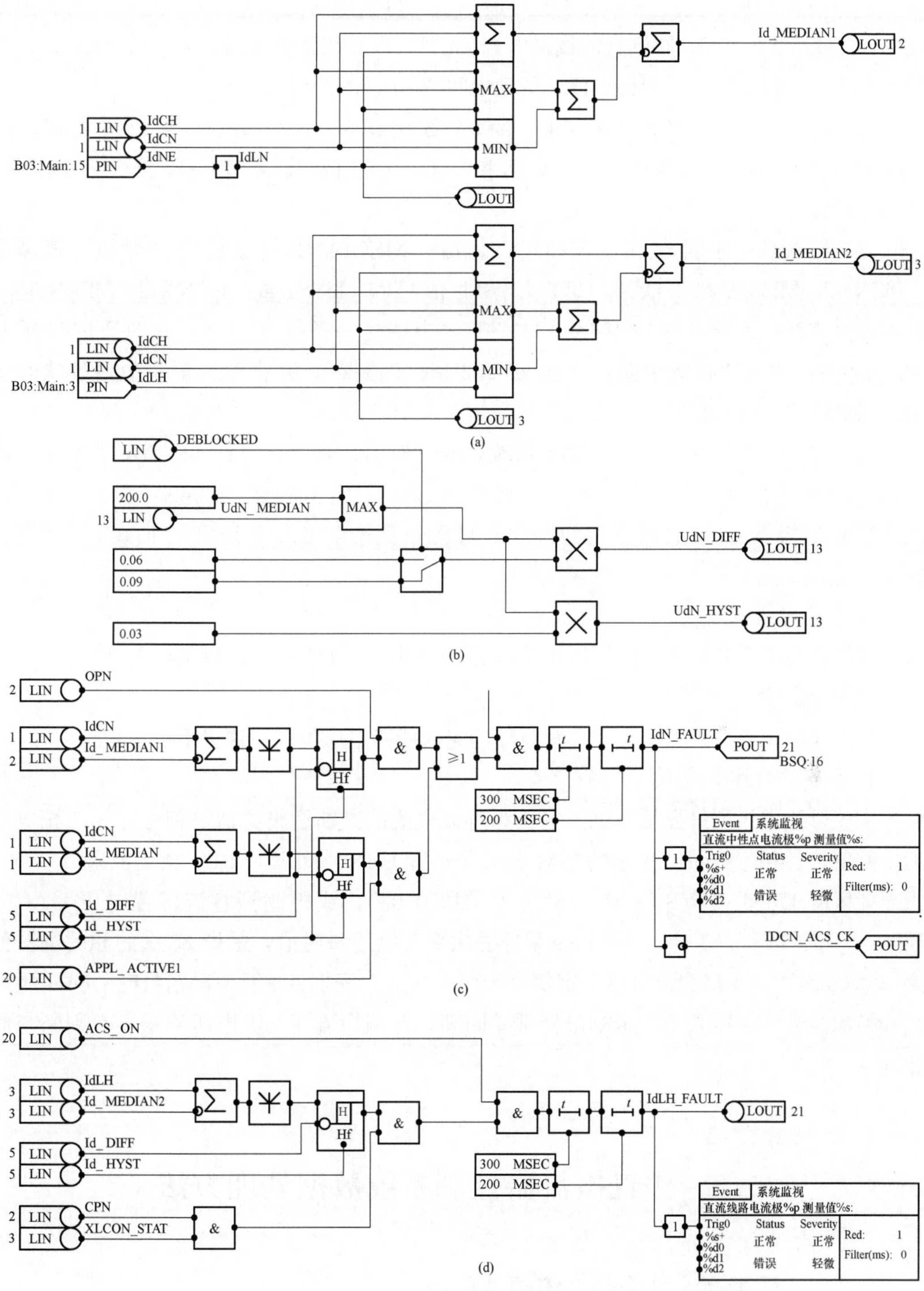

图 5-27　柔直极控直流线路及中性母线电流的数据监视策略

（a）直流线路及中性母线电流监视策略步骤 1；（b）直流线路及中性母线电流监视策略步骤 2；
（c）直流线路及中性母线电流监视策略步骤 3；（d）直流线路及中性母线电流监视策略步骤 4

IdLN，三者相加后减去三者中最大值和最小值，得到中间值 Id _ MEDIAN1；选取阀侧极中性母线上的 IdCN、阀侧直流线路电流 IdCH，以及线路侧线路直流电流 IdLH，三者相加后减去三者中最大值和最小值，得到中间值 Id _ MEDIAN2。

(2) 取本换流站直流线路 Id _ NOM 额定值与 Id _ MEDIAN 的最大值，即 max（Id _ NOM，Id _ MEDIAN），分别乘 0.05、0.03 得到误差值 UdN _ DIFF、死区值 UdN _ HYST。

(3) 将 IdCN 分别与 Id _ MEDIAN、Id _ MEDIAN1 相减后取绝对值，若满足 | IdCN -Id _ MEDIAN | >UdN _ DIFF 大于死区值 UdN _ HYST 或 | IdCN - Id _ MEDIAN1 | 比 UdN _ DIFF 大于死区值 UdN _ HYST 之中的任一条件延时 300ms 且下降沿延时 200ms，发出报文“直流中性点电流 极 1/2 IdCN 错误”，并将 IdN 测量值错误状态字 IdN _ FAULT 置位为 1。

(4) 将 IdLH 与 Id _ MEDIAN2 相减后取绝对值，若 | IdLH - Id _ MEDIAN2 | 比 UdN _ DIFF 大于死区值 UdN _ HYST 延时 300ms 且下降沿延时 200ms，发出报文“直流线路电流 极 1/2 IDLH 错误”，并将 IdLH 测量值错误状态字 IdLH _ FAULT 状态字置位为 1。

2. 中性母线电压

该部分与柔直站控系统数据监视策略的中性母线电压类似，这里不再重复。

3. 直流线路电压

该部分与柔直站控系统数据监视策略的直流线路电压类似，这里不再重复。

4. 换流器进线交流电压

交流母线电压测量异常与直流电压和直流电流的判断逻辑类似，首先计算三相电压的中间值，各相与中间值相减的绝对值比误差值 UdN _ DIFF _ P1（额定值乘以 0.05）大于死区值 UdN _ HYST _ P1（额定值乘以 0.03），或检测到直流偏置电压 UAC _ BUS1 _ OFFSET _ L1 为 1（每 6ms 采样一次交流电压瞬时值，采样 20 次的和的绝对值乘以 0.05 减去 0.1 倍交流电压额定值大于死区 0.1），延时 60s 且下降沿延时 200ms 生成高端换流器交流电压某相电压测量异常。同理，低端换流器交流电压测量异常判断与此相同。

5.3 柔直换流器控制系统数据处理方法

5.3.1 柔直换流器控制系统硬件配置

换流器控制系统采用完全双重化设计，其双重化范围包括 I/O 单元、控制主机及现场控制 LAN 网、站 LAN 网等。每个换流器 2 面屏，主要包含（I/O）采集单元、主机，

每站 8 面屏。

（1）换流器控制柜：包括主控单元和 I/O 设备，完成换流器控制系统的内外环控制、顺序控制、分接头控制、保护性监视功能，完成与 SCADA _ LAN、站层控制 LAN（STN _ LAN）的接口，完成与运行人员工作站、远动工作站的通信，完成冗余系统间及高、低端换流器间通信，完成与极控系统、换流器保护系统、主时钟系统以及现场总线的接口。换流器控制柜配置如图 5 - 28 所示。

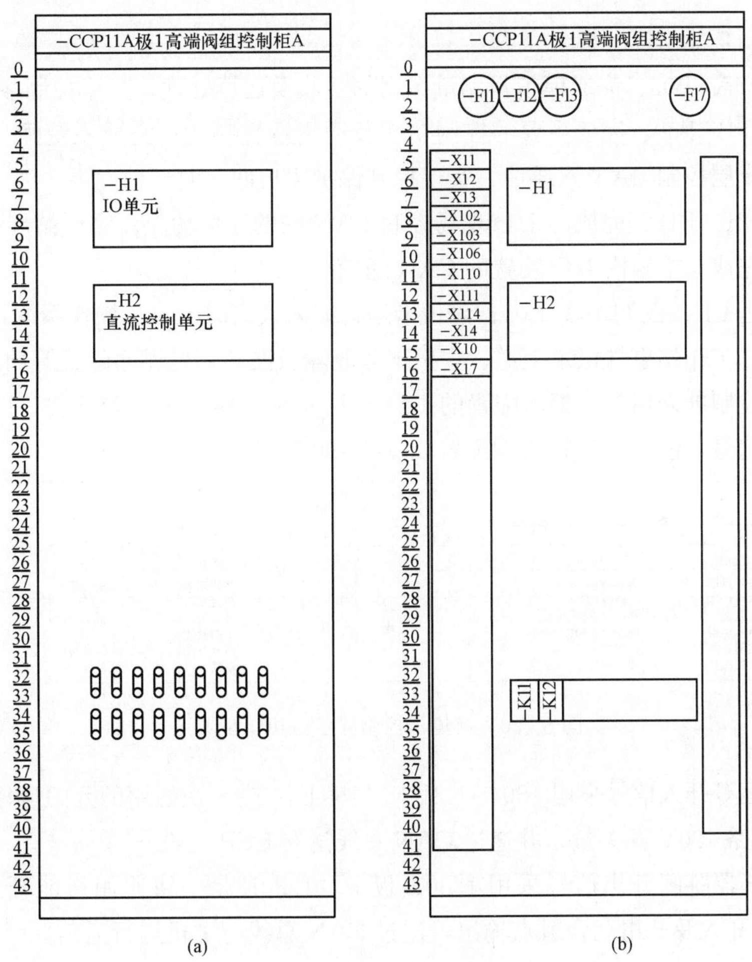

图 5 - 28　换流器控制柜配置

（a）正面视图；（b）背面视图

（2）分布式 I/O 及现场总线：完成换流器控制系统所需模拟量、状态量的采集，完成与换流器控制设备以及换流变压器就地控制设备的接口。

5.3.1.1　主控单元

本工程 VSC 站换流器控制主控单元 CCP 机箱配置如图 5 - 29 所示。

P1	1	2	3	4	5	6	7	8	9	10	11	12	13	P2
1301N	1107B	1192A						1118B			1118F			1301N

图 5-29　换流器 CCP 机箱配置图

核心控制功能由以下板卡完成：

（1）1192A-B03：完成模拟量测量数据的接收及运算处理，产生控制参考波。

（2）1118B-B09：完成主要的控制功能及逻辑运算功能；完成系统间、换流器间通信；完成换流层控制 LAN 网通信，实现控制保护主机间实时通信。

（3）1118F-B12：完成与 I/O 现场控制 LAN 网的通信功能；完成站层控制 LAN 网通信功能；完成与本屏内 I/O 装置的 CAN 通信。

（4）管理 CPU 板 1107B-B01：该板卡运行嵌入式实时 Linux 操作系统，完成与工作站后台通信、工作站事件记录上送、主机本体故障录波、人机界面配置等功能。

换流器控制屏采用本屏柜内配置的 I/O 机箱来跳开换流变压器开关，以及接入紧急停运等开入信号，该 I/O 机箱典型配置如图 5-30 所示。

P1	1	2	3	4	5	6	P2	P3	9	10	11	12	13	14	P4
1303EL	1201B	1530E		1504AL			1303EL	1303EL	1201B	1530E		1504AL			1303EL
电源	CAN+PPS	边断路器跳闸1/启动失灵1 中断路器跳闸1/启动失灵1		紧急停运1-1 紧急停运2-1. 穿墙套管SF_6闭锁 穿墙套管SF_6闭锁 就地联锁 就地解锁			电源	电源	CAN+PPS	边断路器跳闸2/启动失灵2 中断路器跳闸2/启动失灵2		紧急停运1-2 紧急停运2-2 信号电源监视			电源

图 5-30　换流器控制屏 I/O 机箱配置图

紧急停运等开入信号采用 1504AL 板卡，1504AL 是一块通用的开关量输入板，能采集现场的 19 路 220V 开关量，并通过 CAN 总线送给 CCP 主机。

换流变压器跳闸开出信号采用 1530E 板卡，1530E 是一块通用智能开入、开出板，共包括 11 路开入及 5 组动合触点输出，通过 CAN 总线与主机进行通信。

具体的接口板卡型号以及参数可参考表 5-7。

表 5-7　板卡的具体信息

序号	型号	接口说明	参数	用途
1	1530E	5 路开出、11 路开入	额定电压 110/220V DC	主要用于换流变压器跳闸出口
2	1504AL	19 路开入	额定电压 110/220V DC	通用开入接口

5.3.1.2　分布式 I/O 机箱

CCP 通过现场控制 LAN 网与各换流器层接口屏中的分布式 I/O 装置进行通信。换流器控制系统的相关接口屏包括 CSI、CMI、VCT、CFI、NEP11A/B/C。主要完成开关量的采集和 0～20mA 模拟量采集。各接口屏所采集信号如下。

（1）换流变压器测量接口屏 CMI：换流变压器同步电压、阀侧电流等；

（2）换流变压器信号接口屏 CSI：换流器区断路器/隔离开关/接地开关的监控信号、换流变压器挡位、换流变压器冷却系统信号及温度等；

（3）阀冷系统信号接口屏 VCT：阀冷系统信号、阀冷相关温度等；

（4）换流器进线信号接口屏 CFI：换流变压器两侧断路器、隔离开关、接地开关的信号；

（5）换流变压器非电量接口屏 NEP11A/B/C（以极 1 高端为例，三重化）：换流变压器区域非电量信号。

CMI、CSI、VCT、CFI、NEP11A/B/C 屏采集的信号量通过以太网光纤送至 CCP 屏柜，最终接入 CCP 主机 1118F 板卡的现场控制 LAN 网接口。

5.3.1.3　CMI 接口屏

柳州站和龙门站 CMI 接口屏主要负责采集柔直变压器网侧三相电压 U_S、柔直变压器网侧套管电流 I_S、柔直变压器阀侧电流 I_{VT}。以极 1 高压换流变压器为例，CMI11A、CMI11B、CMI11C 屏中配置 2 个 I/O 接口装置，2 个装置的配置分别如图 5 - 31 所示（CMI12A/B/C、CMI21 A/B/C、CMI22 A/B/C 的配置与之相同）。

柔直变压器网侧三相电压 U_S、柔直变压器网侧套管电流 I_S、柔直变压器阀侧电流 I_{VT}，这些模拟量接入 CMI 接口屏后，以点对点通信的方式通过 1130A 送出给 CCP；而 H1、H2 两个 I/O 装置串联后通过 1136D 接入现场控制 LAN，送给 CCP 的是开关量（如 I/O 装置的监视状态等）。

5.3.1.4　CSI 接口屏

柳州站和龙门站 CSI 接口屏主要负责实现换流变压器分接头的升降控制、分接挡位及换流变压器本体信号的采集。

以极 1 高压换流变压器的 CSI11A/B 为例，屏中配置 2 个 I/O 接口装置，2 个装置的配置分别如图 5 - 32 所示（CSI12A/B，CSI21A/B，CSI22A/B 的配置与之相同）。

以柳州站极 1 高压换流变压器为例，CSI 接口屏采集的信号见表 5 - 8。

表 5 - 8　　CSI 接口屏采集的具体信号

序号	信号列表	类型	接口屏
1	分接开关位置（BCD 码）	数字量	CSI 柜
2	升降挡遥控	数字量	CSI 柜
3	启/停冷却器遥控	数字量	CSI 柜

续表

序号	信号列表	类型	接口屏
4	换流变压器相关跳闸、报警等信号（以图纸为准）	数字量	CSI柜
5	换流变压器本体温度、压力、油位信号等（以图纸为准）	数字量	CSI柜

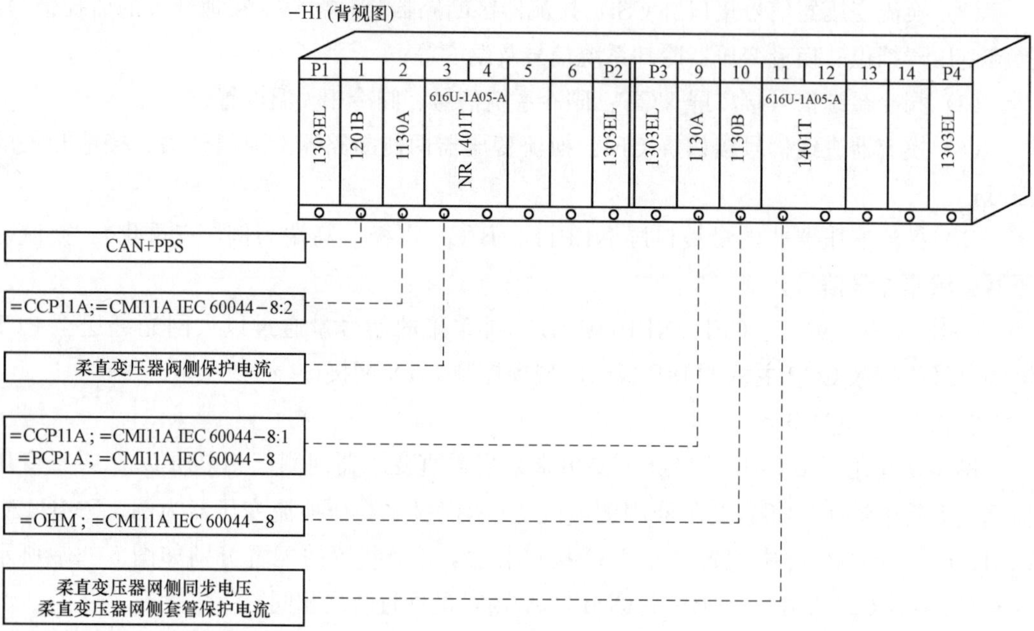

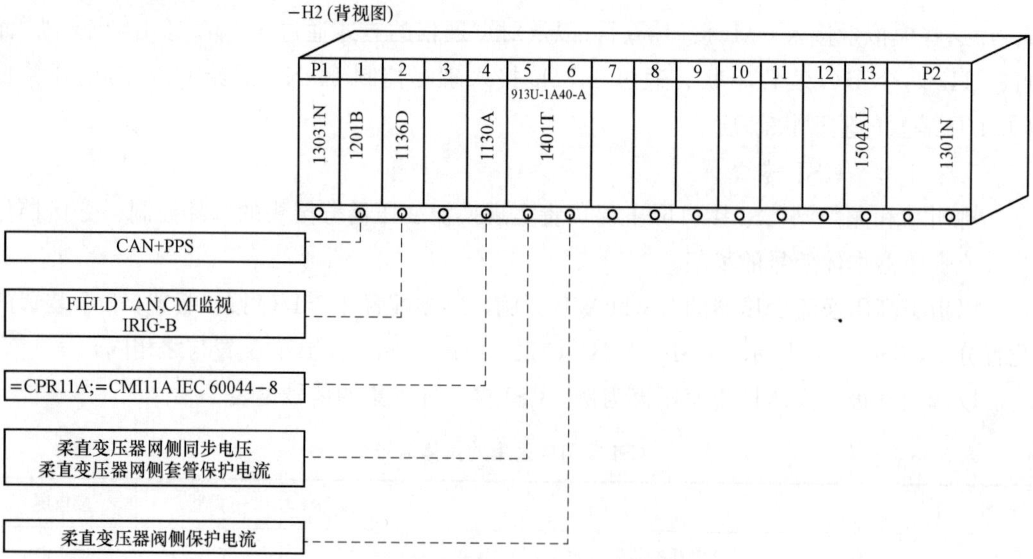

图 5-31　柳州站 CMI11A/B/C 屏机箱配置图

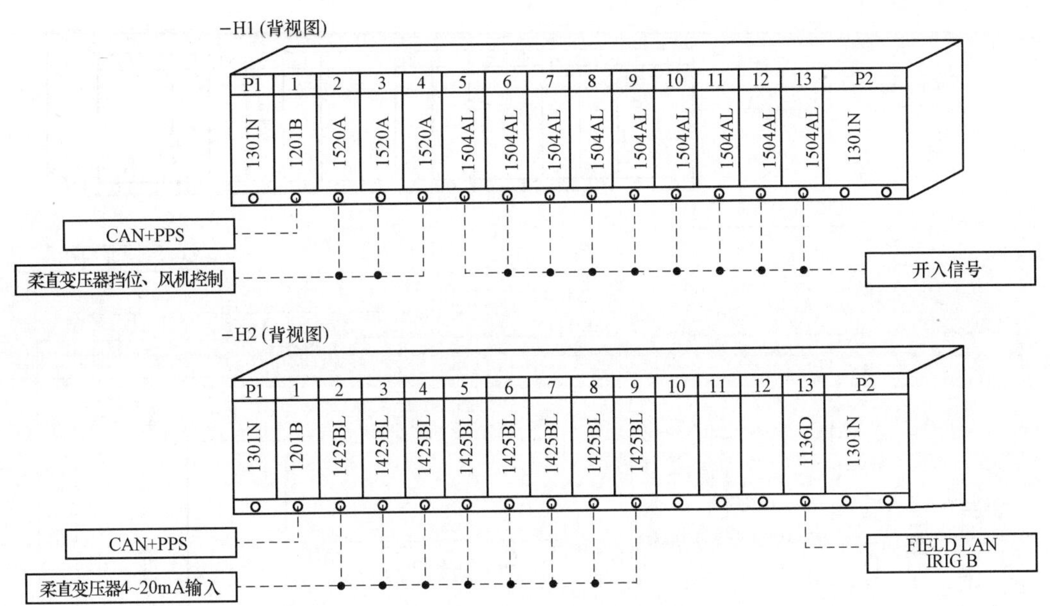

图 5 - 32　柳州站 CSI11A/B 屏机箱配置图

5.3.1.5　CFT 接口屏

柳州站和龙门站 CFT 接口屏主要负责实现换流变压器两侧以及换流器相关的隔离开关相关信号的采集。

以极 1 高端换流器的 CFT11A/B 为例，屏中配置 2 个接口装置，2 个装置的配置如图 5 - 33 所示（CFT12A/B，CFT 21A/B，CFT22A/B 的配置与之相同）。

5.3.1.6　CFI 接口屏

以柳州站极 1 高端换流器为例（其余换流器类似），CFI 接口屏采集的信号见表 5 - 9。

表 5 - 9　　CFI 接口屏采集的具体信号

序号	信号列表	类型	接口屏
1	21T10. Q90 位置信号及遥控	数字量	CFI 柜
2	21T10. Q51 位置信号及遥控	数字量	CFI 柜
3	21B11. Q9 位置信号及遥控	数字量	CFI 柜
4	21B11. Q51 位置信号及遥控	数字量	CFI 柜
5	21B11. Q53 位置信号及遥控	数字量	CFI 柜
6	21B11. Q54 位置信号及遥控	数字量	CFI 柜
7	21B11. Q55 位置信号及遥控	数字量	CFI 柜
8	21B12. Q93 位置信号及遥控	数字量	CFI 柜
9	21B12. Q51 位置信号及遥控	数字量	CFI 柜
10	21B12. Q52 位置信号及遥控	数字量	CFI 柜
11	21B12. Q1 位置信号及遥控	数字量	CFI 柜
12	21B12. Q2 位置信号及遥控	数字量	CFI 柜
13	21B12. Q3 位置信号及遥控	数字量	CFI 柜
14	21B22. Q53 位置信号及遥控	数字量	CFI 柜
15	阀厅门锁相关信号（以图纸为准）	数字量	CFI 柜

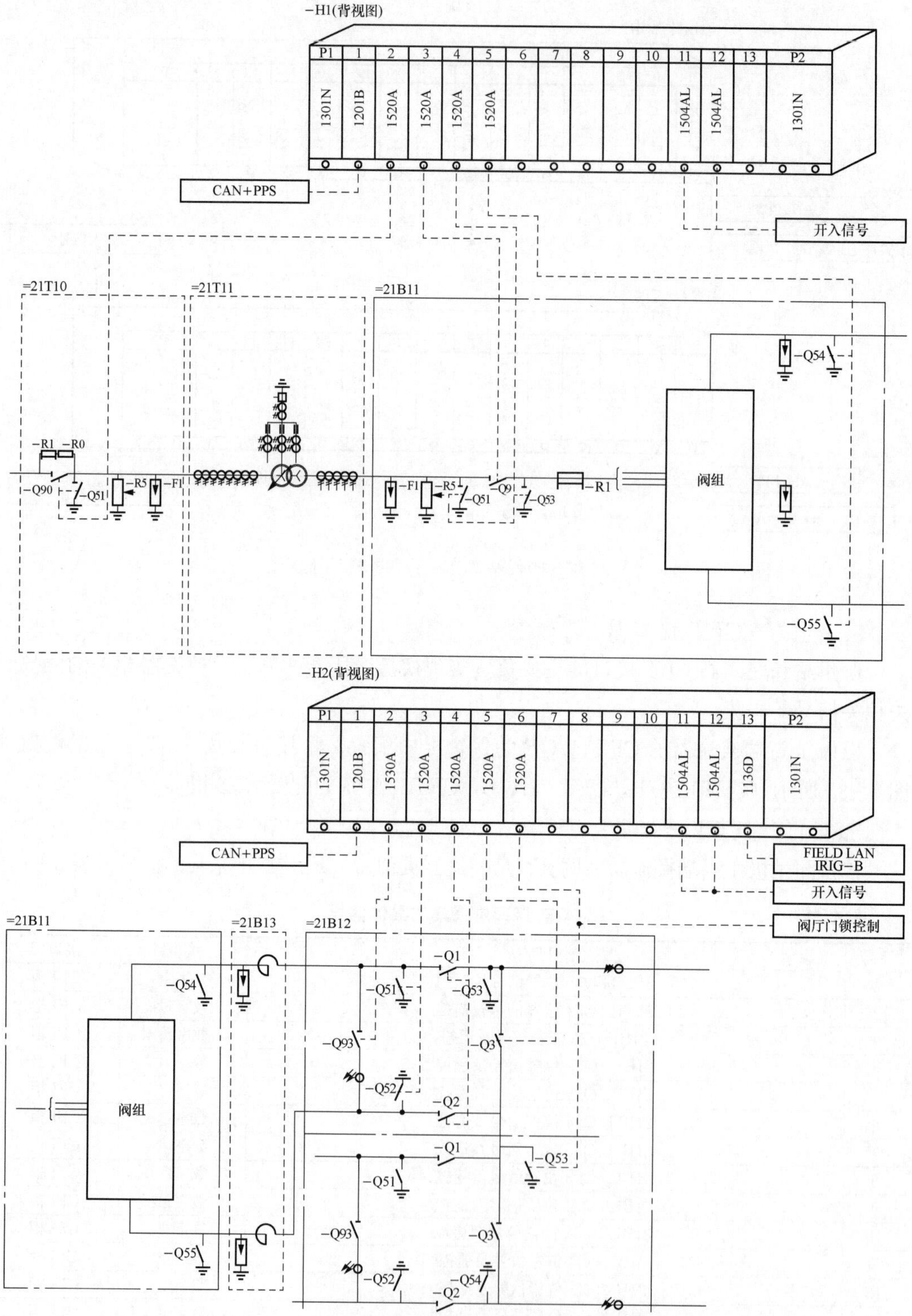

−H1(背视图)

P1	1	2	3	4	5	6	7	8	9	10	11	12	13	P2
1301N	1201B	1520A	1520A	1520A	1520A						1504AL	1504AL		1301N

CAN+PPS

开入信号

=21T10 =21T11 =21B11

−R1 −R0 −Q90 −Q51 −R5 −F1 −F1 −R5 −Q51 −Q9 −Q53 −R1 阀组 −Q54 −Q55

−H2(背视图)

P1	1	2	3	4	5	6	7	8	9	10	11	12	13	P2
1301N	1201B	1530A	1520A	1520A	1520A	1520A					1504AL	1504AL	1136D	1301N

CAN+PPS

FIELD LAN
IRIG−B

开入信号

阀厅门锁控制

=21B11 =21B13 =21B12

阀组 −Q54 −Q55 −Q1 −Q51 −Q53 −Q93 −Q3 −Q52 −Q2 −Q1 −Q51 −Q53 −Q93 −Q3 −Q52 −Q54 −Q2

图 5-33　柳州站 CFT11A/B 屏机箱配置图

5.3.1.7 VCT 接口屏

阀冷控制保护接口屏中的 I/O 单元采集阀冷却系统的模拟量和开关量，然后通过总线形式送给换流器控制制系统，换流器控制系统的动作指令也通过总线下发给阀冷控制保护接口屏中的 I/O 单元。信号包括：阀冷跳闸、阀冷报警、阀冷故障、阀冷运行等。

以极 1 高端换流器为例，其阀冷控制保护接口屏配置两个接口装置的机箱，分别对应于 A、B 系统的 I/O 接口，其配置如图 5 - 34 所示。

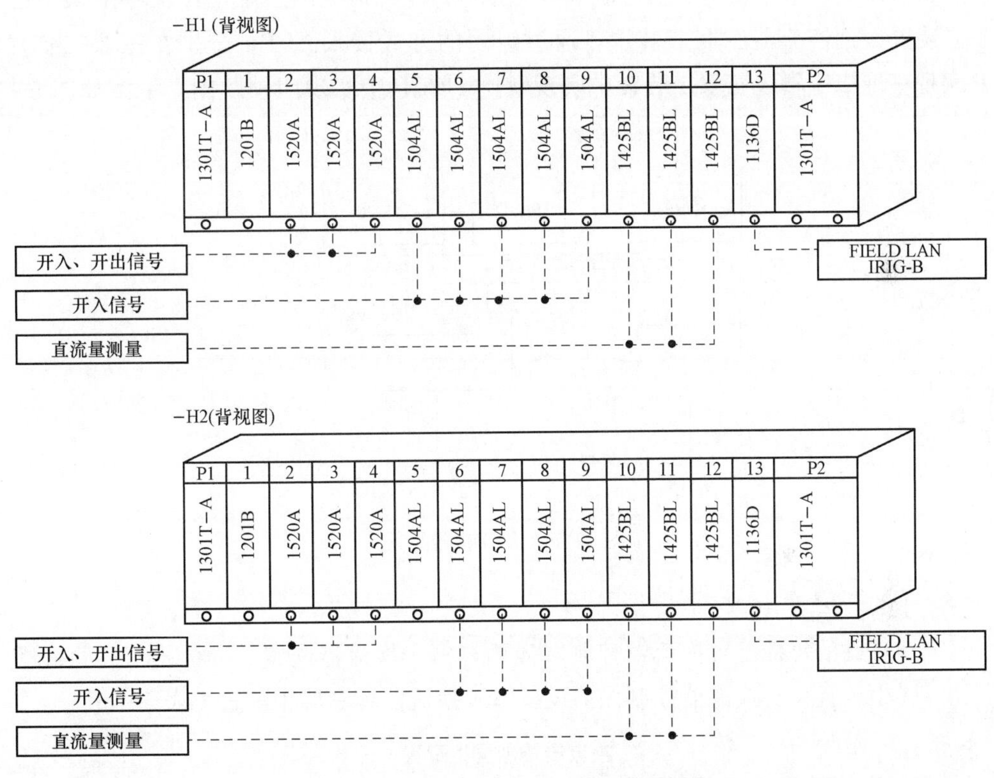

图 5 - 34 VCT 接口屏 I/O 机箱典型配置

阀冷控制系统送控制保护系统的跳闸及重要报警信号采用硬接线方式（空接点）接入，见表 5 - 10。

表 5 - 10 阀冷上送控制保护硬接点信号表

序号	信号名称	级别	备注
1	VCCP _ OK 阀冷系统可用	状态	
2	VCCP _ RFO 阀冷系统具备运行条件	状态	
3	REDUNDANT 阀冷具备冗余冷却能力	状态	
4	VCCP _ ACTIVE 阀冷控保系统主用/备用	状态	
5	RUNBACK 功率回降信号	状态	
6	VCCP _ TRIP 阀冷系统总跳闸	跳闸出口	

5.3.1.8 NEP 屏柜

换流变压器的非电量保护同样基于 UAPC 平台实现。换流变压器非电量的保护开入信号采集主要是通过 I/O 装置采集而得到。为了采集三组继电器的跳闸信号，需要配置相应的 I/O 装置。

采集换流变压器非电量的 I/O 装置配置于 NEPA、NEPB、NEPC 屏柜，每套 I/O 装置内部配置 I/O 采集板卡，非电量节点直接通过光纤以太网点对点的方式由 NEP 屏柜的 I/O 装置接到换流器三取二装置，通过组网的方式接入 CCP，分别在三取二装置和 CCP 实现三取二逻辑，三取二装置中实现跳闸，CCP 中实现闭锁跳闸，示意如图 5-35 所示。

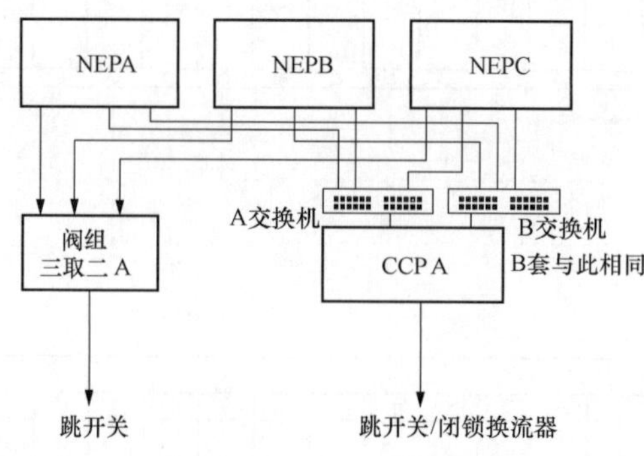

图 5-35 I/O 装置配置

5.3.1.9 屏柜布置

每个换流站的每极配置换流器控制屏 4 面，每个换流器配置 2 面屏柜（冗余配置），共 8 面。屏柜放置在各换流器控制保护设备室。换流器控制屏柜配置见表 5-11。

表 5-11 换流器控制屏柜配置

序号	设备名称	型号或规格	单位	数量
1	极 1 高端换流器控制屏 CCP11 A/B	PCS-9540 主控单元、I/O 接口	面	2
2	极 1 低端换流器控制屏 CCP12 A/B	PCS-9540 主控单元、I/O 接口	面	2
3	极 2 高端换流器控制屏 CCP21 A/B	PCS-9540 主控单元、I/O 接口	面	2
4	极 2 低端换流器控制屏 CCP22 A/B	PCS-9540 主控单元、I/O 接口	面	2

5.3.2 柔直换流器控制系统数据接口

换流器控制系统通过局域网及现场总线与站内其他设备完成信息交互。通过分布式 I/O 接口单元的硬接线采集直流场一次断路器、隔离开关状态等信息，同时下发换流器控制产生的动作分、合闸命令；通过控制主机的 IEC 60044-8 总线完成网侧电流、阀侧套管电流、网侧电压等模拟量的采样；通过 CTRL LAN（换流器层实时控制 LAN 网）

与极控 PCP 等进行通信；通过站层控制 LAN 与 ACC 进行交流场开关位置的信息交换以用于最后断路器的逻辑判断；通过 SCADA LAN（站 LAN 网）与后台交互信息；以及通过系统间的通信通道实现信息交互。其外部接口的设置如图 5-36 所示。

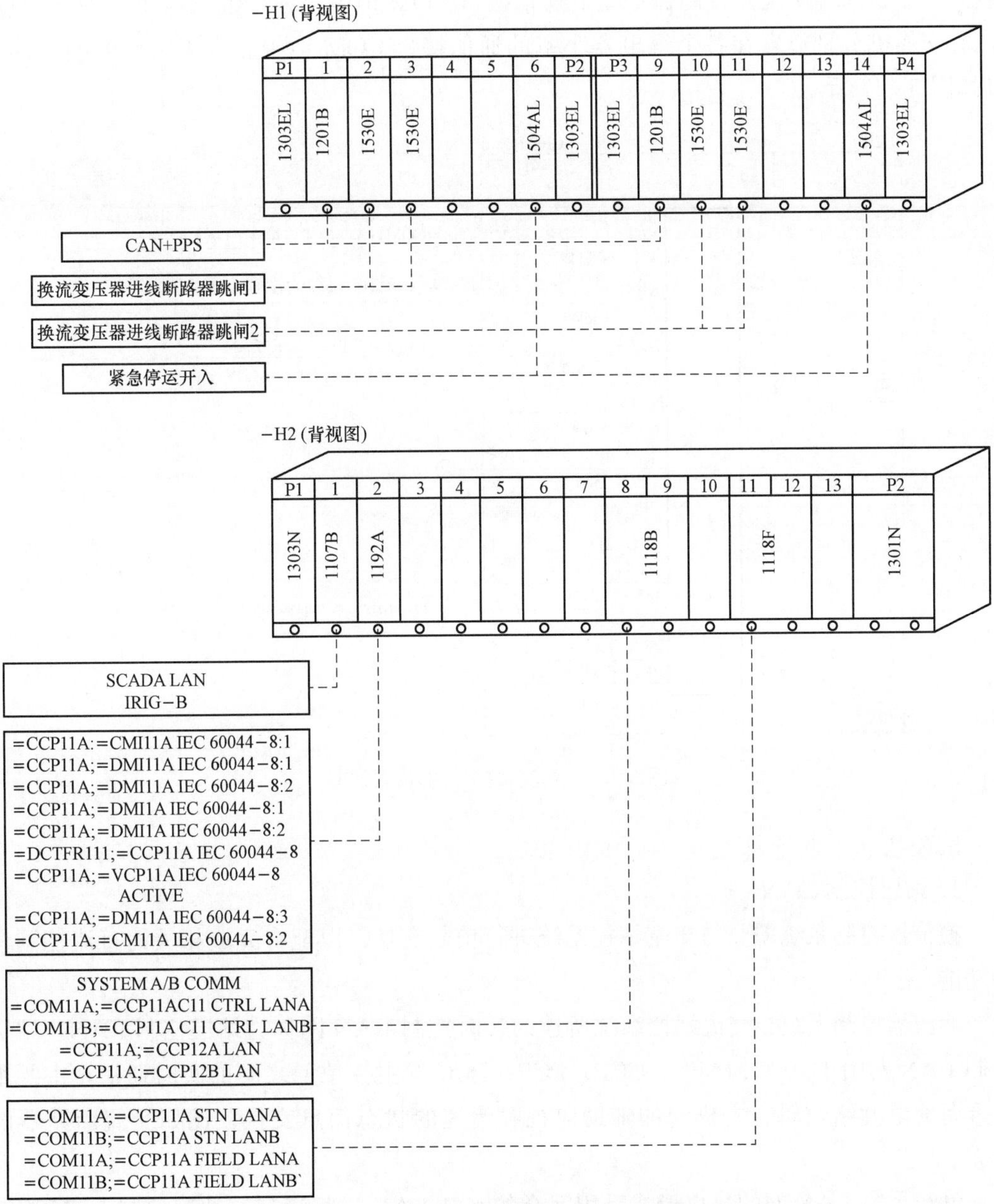

−H1 (背视图)

P1 1 2 3 4 5 6 P2 P3 9 10 11 12 13 14 P4

1303EL 1201B 1530E 1530E 1504AL 1303EL 1303EL 1201B 1530E 1530E 1504AL 1303EL

CAN+PPS

换流变压器进线断路器跳闸1

换流变压器进线断路器跳闸2

紧急停运开入

−H2 (背视图)

P1 1 2 3 4 5 6 7 8 9 10 11 12 13 P2

1303N 1107B 1192A 1118B 1118F 1301N

SCADA LAN
IRIG−B

=CCP11A:=CMI11A IEC 60044−8:1
=CCP11A;=DMI11A IEC 60044−8:1
=CCP11A;=DMI11A IEC 60044−8:2
=CCP11A;=DMI1A IEC 60044−8:1
=CCP11A;=DMI1A IEC 60044−8:2
=DCTFR111;=CCP11A IEC 60044−8
=CCP11A;=VCP11A IEC 60044−8
ACTIVE
=CCP11A;=DM11A IEC 60044−8:3
=CCP11A;=CM11A IEC 60044−8:2

SYSTEM A/B COMM
=COM11A;=CCP11AC11 CTRL LANA
=COM11B;=CCP11A C11 CTRL LANB
=CCP11A;=CCP12A LAN
=CCP11A;=CCP12B LAN

=COM11A;=CCP11A STN LANA
=COM11B;=CCP11A STN LANB
=COM11A;=CCP11A FIELD LANA
=COM11B;=CCP11A FIELD LANB`

图 5-36　直流换流器控制屏的外部接口

5.3.2.1　局域网

换流器控制系统通过控制主机 1107B 板卡接入保信子网交换机及所在的继保室的 SCADA LAN 交换机双网，并由 SCADA 系统集成直流控制系统的信息，上送事件、波形等数据。

极 1/极 2 高端换流器的 SCADA LAN 交换机分别放置在极 1/极 2 高端换流器控制保护室的通信接口 COM 柜中；极 1/极 2 低端换流器的 SCADA LAN 交换机分别放置在极 1/极 2 低端换流器控制保护室的通信接口 COM 柜中；各个继电器小室的 SCADA LAN 交换机分别放置在各个继电器小室的通信接口 COM 柜中。直流站控屏的外部接口如图 5-37 所示。

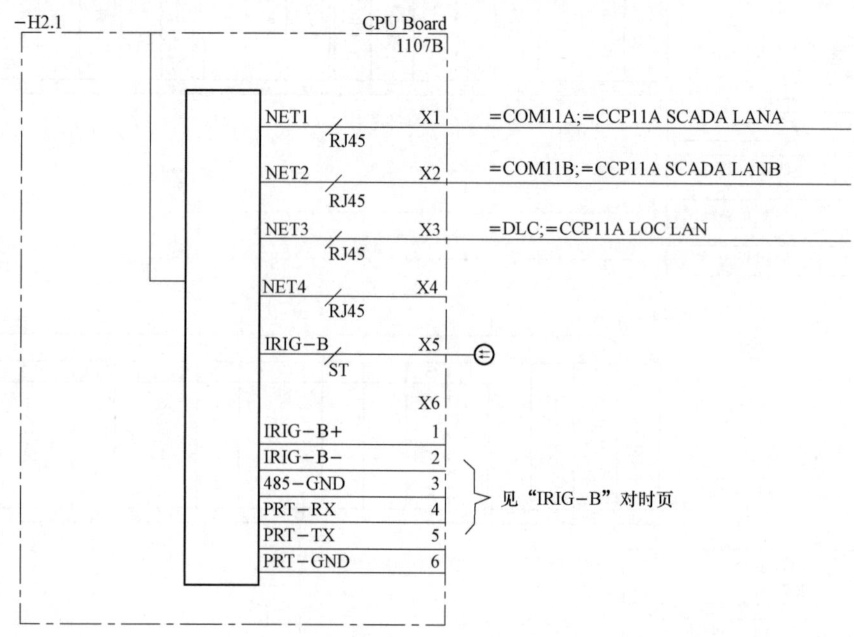

图 5-37　直流站控屏的外部接口

5.3.2.2　现场总线

1. 站层控制 LAN

换流器控制系统需要与交流站控系统进行信号交换，以配合完成相关的直流控制保护功能。

换流器控制系统与交流站控系统所连的实时控制 LAN 网称为站层控制 LAN。站层控制 LAN 网用于 ACC、AFC、CCP、PCP、DCC 等主控单元之间的实时通信，主要用于准备充电就绪逻辑、主机间的辅助监视和慢速的状态信息交换，比如交流断路器的状态。

站层控制 LAN 网的接口形式采用冗余的光纤 LAN 进行通信。站层控制 LAN 连接图如图 5-38 所示。

2. 换流器层控制 LAN

换流器控制系统需要与换流器保护系统、直流极控系统进行信号交换，以配合完成相关的直流控制保护功能。

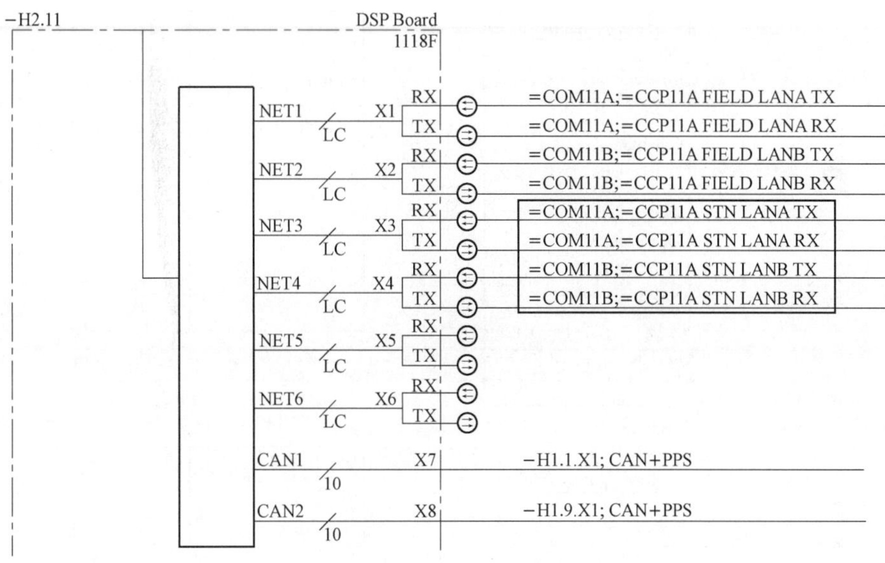

图 5 - 38　站层控制 LAN 连接图

换流器控制系统与换流器保护系统、直流极控系统所连的实时控制 LAN 网称为换流器层控制 LAN。换流器层控制 LAN 网连接本换流器的 CCP 主机、保护 CPR 主机以及直流极控 PCP 主机。

换流器控制系统与换流器层控制 LAN 网的接口通过冗余的光纤 LAN 网实现，具有高速可靠的特点。换流器层控制 LAN 连接图如图 5 - 39 所示。

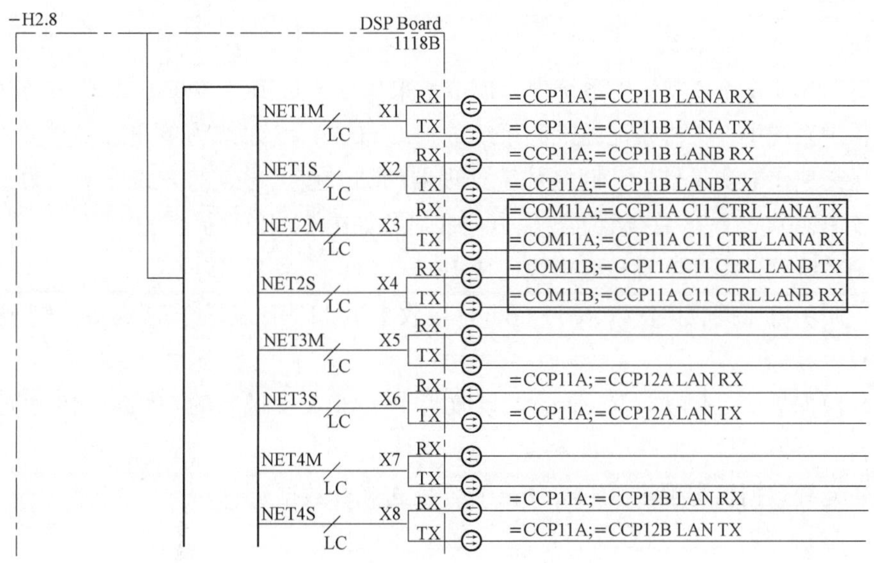

图 5 - 39　换流器层控制 LAN 连接图

在控制保护程序中，实时控制 LAN 的通信模块如图 5 - 40 所示。

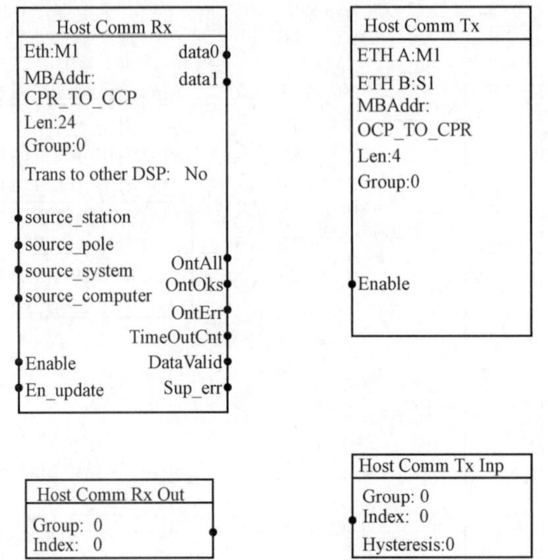

图 5-40　实时控制 LAN 总线通信模块

3. 现场控制 LAN

CCP 通过现场控制 LAN 网与各换流器层接口屏进行通信。换流器控制系统的相关接口屏包括 CSI、CMI、VCT、CFI、NEPA/B/C。主要完成开关量的采集和 0～20mA 模拟量采集。

CSI、CMI、VCT、CFI、NEPA/B/C 屏采集的信号量通过以太网光纤送至 CCP 屏柜，最终接入 CCP 主机 1118F 板卡的现场控制 LAN 网接口。现场控制 LAN 连接图如图 5-41 所示。

4. IEC 60044-8 总线

PCS-9550 直流控制保护系统中，模拟量采样后通过 IEC 60044-8 总线传送到直流极控制保护系统中。柔直换流器控制系统的 IEC 60044-8 总线为单向总线类型，用于接收和发送高速传输测量信号。两侧数字处理器的端口按点对点的方式连接，柔直换流器控制系统 IEC 60044-8 总线数据传输方向和对象如图 5-42 所示。

控制系统软件程序中有相应模块完成 IEC 60044-8 发送/接收：

（1）同步电压接收模块（Rec _ addr，接收板卡 1130B 发送来的 24μs、12 通道的采样数据）；

（2）模拟量接收模块（Receiver，接收板卡 1130A 发送来的 100μs、48 通道的采样数据）；

（3）光纤数据发送模块（Transmitter，发送光纤数据）。

5. CAN 总线

CAN 总线是国际标准总线。CAN 总线用来在本屏内换流器控制主机与 I/O 设备间传输开关量信号，如开关位置、开关分合状态、分合闸命令等。CAN 总线连接图如图 5-43 所示。

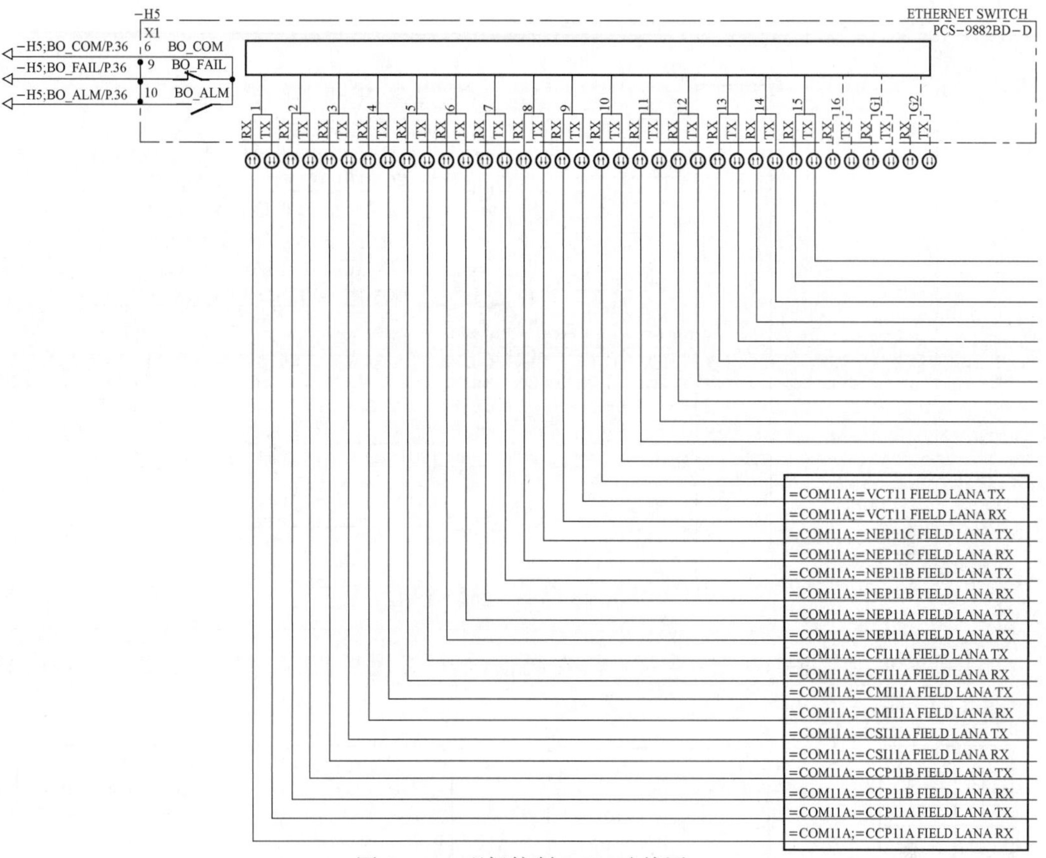

图 5-41　现场控制 LAN 连接图

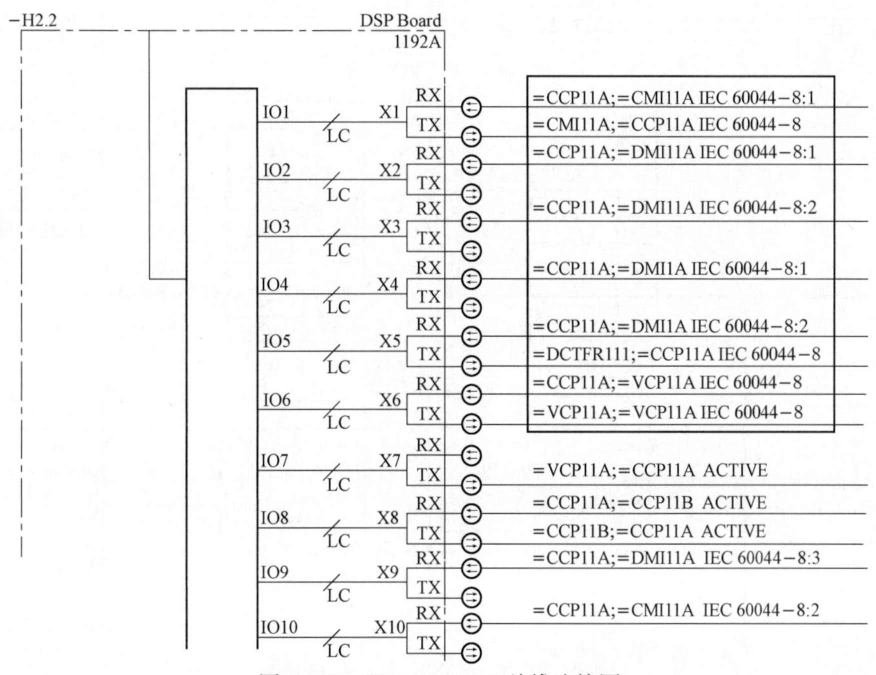

图 5-42　IEC 60044-8 总线连接图

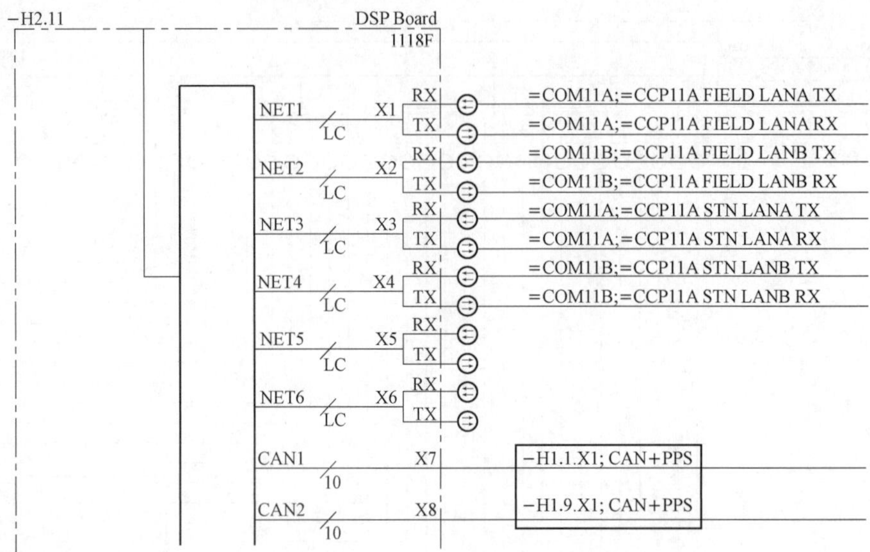

图 5-43　CAN 总线连接图

主机单元与屏内 I/O 的 CAN 总线通信采用与现场控制 LAN 总线一致，具体如图 5-44 所示。

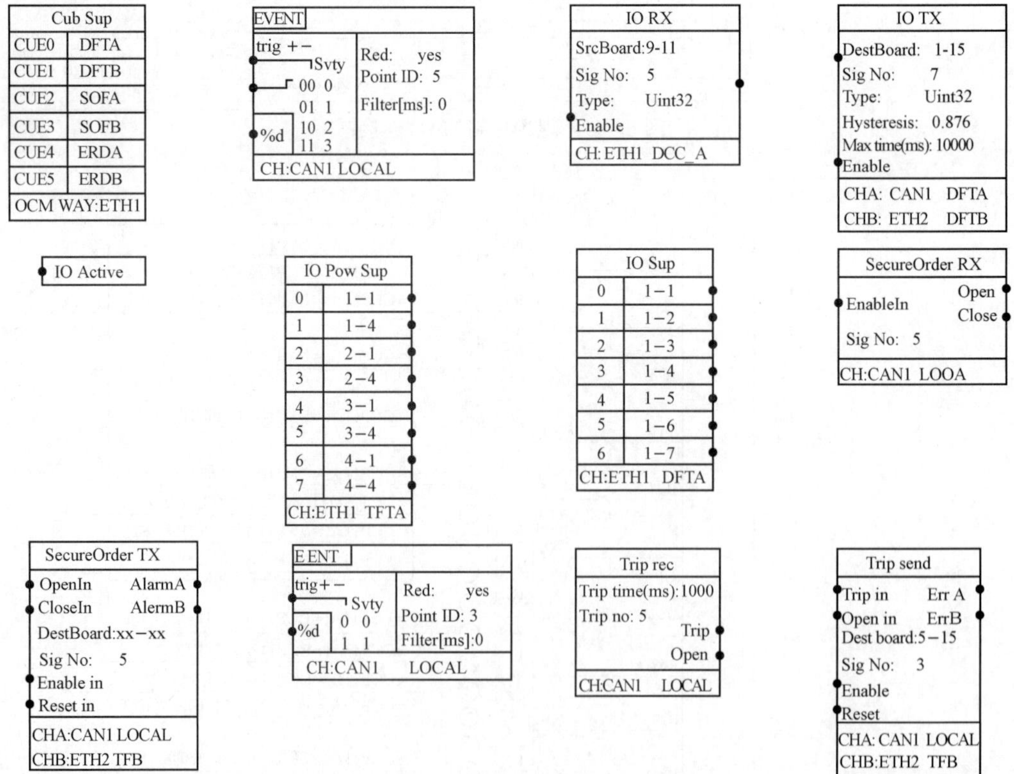

图 5-44　CAN 总线通信模块

5.3.2.3　PPS

换流器控制系统全部接入全站时钟同步系统。PCS-9785E-H2对时扩展装置经过对接收到的IRIG-B码进行解码和转换处理后，同步扩展输出IRIG-B时间码、秒脉冲和分脉冲，通过RS-485接口输出给控制保护系统。

5.3.2.4　SER

换流器控制系统通过SCADA　LAN上传的SER主要有以下内容：

(1) 换流器顺序控制命令及状态转换；

(2) 换流器控制装置对外部信号的监视信息；

(3) 保护装置自身硬件的监视信息；

(4) 换流器控制系统闭锁信息；

(5) 故障录波启动信号。

5.3.2.5　TFR

换流器控制系统通过1192A (B03) 板卡的光纤通道与故障录波装置进行信号传输。CCP与故障录波装置的接口信号包括但不限于：

(1) 模拟量：功率/电流指令、频率控制功能输出、实际直流功率、系统交换无功功率、换流变压器挡位等；

(2) 开关量：保护性闭锁信号、解/闭锁状态、跳换流变压器进线开关命令、旁通对状态、线路重启动状态、保护动作状态、功率回降状态、换相失败状态信号、系统切换命令、对站保护状态、BPS开关状态、换流器隔离命令、极隔离命令等。

柔直换流器控制系统TFR录波点见表5-12。

表5-12　　柔直换流器控制系统TFR录波点表

序号	物理量名称	物理含义
模拟量		
1	UAC_IN_L1	换流变压器网侧A相交流电压（相电压）
2	UAC_IN_L2	换流变压器网侧B相交流电压（相电压）
3	UAC_IN_L3	换流变压器网侧C相交流电压（相电压）
4	UAC_RMS	换流变压器网侧交流电压有效值（线电压）
5	IVY_L1	Y桥阀侧A相交流电流（线电流）
6	IVY_L2	Y桥阀侧B相交流电流（线电流）
7	IVY_L3	Y桥阀侧C相交流电流（线电流）
8	IVD_L1	D桥阀侧A相交流电流（线电流）
9	IVD_L2	D桥阀侧B相交流电流（线电流）
10	IVD_L3	D桥阀侧C相交流电流（线电流）
11	UdL	直流线路电压
12	UdN	中性母线电压

续表

序号	物理量名称	物理含义
	模拟量	
13	IdVP	计算阀电流（由 IdCH 与 IdBPS 作差而得）
14	IdVN	计算阀电流（由 IdCN 与 IdBPS 作差而得）
15	IdV	计算阀电流（IdVP 与 IdVN 取小值）
16	IdCN	中性母线电流
17	IdLN	接地极母线电流
18	IORD _ LIM _ PCP	直流电流指令（经 VDCOL 输出，标幺值）
19	ALPHA _ ORD	ALPHA 指令值
20	ALPHA _ MEAS	ALPHA 实测值
21	GAMMA _ CFC	GAMMA 实测值
22	ALPHA _ MAX	最大 ALPHA 角限制值（AMAX 控制器输出）
23	VCA _ ALPHA _ ORD	电压控制器 ALPHA 指令
24	ANGLE _ CFPREV	换相失败预测角
25	D _ FREQ	频率偏差（与 50Hz 之差的绝对值）
26	CPRY	Y 桥触发脉冲
27	CPRD	D 桥触发脉冲
28	OVERLAP _ CFC	换相重叠角
29	IO _ PCP	电流指令（未经 VDCOL 输出，有名值）
30	IdBPS	BPS 开关电流
31	UdL _ NOM	直流电压额定值（自适应单双换流器）
32	Ud _ REF _ VARC	电压参考值（用于 VCA 计算）
33	Ud _ V1	高阀电压（UdL 与 UdM 作差）
34	Ud _ V2	低阀电压（UdM 与 UdN 作差）
35	ARG _ PLL	锁相环角度输出
36	CCA _ SET _ NO	电流控制器优先等级
37	CCA _ SET _ VALUE	电流控制器优先输出值
38	UAC _ 100PR	UAC 运算值（低交流电压判据用，线电压有效值）
39	UdI0 _ 100PR	UdI0 折算值（仅用于录波）
40	UdM	高、低阀中点电压
41	VCA _ MAX	电压控制器输出上限
42	VCA _ MIN	电压控制器输出下限
43	IdC _ V	IdCN 标幺值
44	Id _ RESP	电流控制器运算电流
45	TCP	本换流器分接头平均挡位（四舍五入）

续表

序号	物理量名称	物理含义
模拟量		
46	IVYM _ L1	Y 桥阀侧 A 相交流电流 _ 测量（线电流）
47	IVYM _ L2	Y 桥阀侧 B 相交流电流 _ 测量（线电流）
48	IVYM _ L3	Y 桥阀侧 C 相交流电流 _ 测量（线电流）
49	IVDM _ L1	D 桥阀侧 A 相交流电流 _ 测量（线电流）
50	IVDM _ L2	D 桥阀侧 B 相交流电流 _ 测量（线电流）
51	IVDM _ L3	D 桥阀侧 C 相交流电流 _ 测量（线电流）
52	AC _ VOLT _ CALC	换流器控制充电信号交流电压运算值（相电压峰值）
53	AC _ VOLT _ SET _ HIGH	换流器控制充电信号交流电压限值（网侧相电压峰值均高于该值充电信号有效）
54	AC _ VOLT _ SET _ LOW	换流器控制充电信号交流电压限值（网侧任一相电压峰值低于该值充电信号无效，另用于判定交流电压低）
55	IdCH	高压母线电流
56	UMIN _ SET	UMIN 的点火命令
57	UMINFIR _ IND	UMIN 的点火状态
58	ALLOW _ AMIN	允许 AMIN 计算
59	ORD _ AMIN _ FIR	AMIN 的触发命令
60	AMINFIR _ IND	检测到 AMIN 触发
61	ORD _ EMG _ FIR	紧急点火命令
62	EMGFIR _ IND	紧急点火状态
63	INVSYM	逆变侧检测到 AMIN 触发
64	RECTSYM	整流侧检测到 AMIN 触发
65	TIME _ BETW _ FIR _ MEAS	触发间隔
数字量		
1	BLOCK _ FIRPLS	极层闭锁脉冲命令
2	ESOF	极层 ESOF 命令
3	BLK _ CONVT	极层闭锁换流器命令
4	RETARD	移相命令
5	CTRL _ POLE	控制极指示
6	PROT _ FOSTA	对站发出保护动作命令
7	RUNBACK	功率回降命令（程序中置零）
8	CFP _ IND	检测到换相失败（增大 GAMMA 角用）
9	LOW _ AC _ VOLTAGE	低交流电压被检测到
10	BLOCK	闭锁信号

续表

序号	物理量名称	物理含义
数字量		
11	DEBLOCK	解锁信号
12	BPPO	投旁通对命令
13	ESOF _ XY _ OWN _ STA	本站极 ESOF 命令
14	C _ BLK _ ESOF _ PROT	换流器层 ESOF 命令
15	C _ BLK _ FIRPLS _ PROT	换流器层闭锁脉冲命令
16	STA _ CUR _ CONT	电流控制器有效
17	OPN	本换流器运行状态指示
18	BPS _ CLOSE _ IND	BPS 开关合位状态
19	ACTV	本系统运行（即值班）
20	FULL _ VG _ MODE	本极全换流器模式
21	BPS _ CLOSE _ ORD _ IPCO	换流器退出或隔离时合 BPS 命令
22	EMERG _ STOP _ PCP	PCP 紧急停运命令
23	EMERG _ STOP _ OUT	紧急停运命令
24	MSQ _ ORD _ V _ ENTRY	换流器投入命令
25	MSQ _ ORD _ V _ EXIT	换流器退出命令
26	RES _ BPPO	复归旁通对命令
27	ISOL _ BLK	换流器闭锁命令
28	ORD _ ALPHA _ 90 _ OUT	ALPHA90 命令
29	TRIP _ ACCB	跳换流变压器进线开关命令
30	EARLY _ MAKE	EARLY _ MAKE 状态
31	VSP _ DEC _ TC	过应力保护降压命令
32	VSP _ INH _ INC _ TC	过应力保护禁止升压命令
33	VSP _ SS	过应力保护请求切换
34	VSP _ TRIP	过应力保护跳闸
35	V _ BYPASS _ DISABLE _ PCP	禁止阀旁通信号
36	CTRL _ VG	控制阀指示
37	UPDATE _ FOV	跟随对阀指示
38	TFR _ TRIG	触发故障录波
39	VOLT _ CTRL	电压控制器有效
40	NO _ BPPO _ MC2	保护禁止投旁通对
41	INCR _ GAMMA	换相失败预测增大 GAMMA 角指令
42	LOW _ AC _ VOLTAGE _ DSP	交流低电压被检测到
43	VC _ DEBLOCK	解锁 _ 送换流器控制
44	VC _ BPPO	投旁通对 _ 送换流器控制

续表

序号	物理量名称	物理含义
数字量		
45	VC _ ACTIVE	本系统值班 _ 送换流器控制
46	VC _ BLOCK	闭锁 _ 送换流器控制
47	VC _ OLT	空载加压试验状态 _ 送换流器控制
48	VC _ CHARG _ OK	换流阀充电 _ 送换流器控制
49	VC _ TFR _ TRIG	触发故障录波 _ 送换流器控制
50	VC _ INVERTER	逆变运行 _ 送换流器控制
51	ESOF _ X _ FOSTA _ S2	来自柳北站的 X _ ESOF
52	ESOF _ Y _ FOSTA _ S2	来自柳北站的 Y _ ESOF
53	C _ BLK _ ESOF _ FOSTA _ S2 _ EXE	来自柳北站的换流器 ESOF
54	ESOF _ X _ FOSTA _ S3	来自龙门站的 X _ ESOF
55	ESOF _ Y _ FOSTA _ S3	来自龙门站的 Y _ ESOF
56	C _ BLK _ ESOF _ FOSTA _ S3 _ EXE	来自龙门站的换流器 ESOF
57	RFO	换流器运行准备就绪
58	RFO _ POLE	极运行准备就绪
59	AC _ FLT _ FOSTA2	来自柳北站的交流故障
60	AC _ FLT _ FOSTA3	来自龙门站的交流故障
61	START _ ORD	启动命令
62	START _ COORD	启动协调命令
63	STOP _ ORD	停运命令
64	STOP _ COORD	停运协调命令
65	QBLK	换流器处于在线投入但 BPS 分闸失败闭锁

5.3.3　柔直换流器控制系统数据处理逻辑

5.3.3.1　数据预处理

模拟量采样数据接收与计算处理功能由柔直换流器控制程序 B03/1192：CTRLDSP/Main 实现，包括变比定值设定、还原，IEC 60044 - 8 数据接收和还原。本节主要介绍该程序的数据处理功能流程和逻辑。

1. 数据接收和还原

柔直换流器控制系统 1192 板卡接收若干光纤传输的数据，数据接收功能由 1192 接收 IEC 60044 - 8 模块实现，接收模块的波特率 20Mbit/s，设定的超时时间为 20μs（超过该值的 2 倍时间没有收到数据则接收模块判定为超时）。数据接收功能由 SPORTIN 页面完成。

在数据还原过程中，接收模块对每一个模拟量输出数据的实时有效性状态均进行了判断，接收模块的1号通道数据输出量DATA _ STA包含了该模块输出的所有模拟量数据的可用状态。以2号光纤传输的前三路通道数据DATA2 _ 1/2/3为例，进行数据还原时从变量DATA2 _ STA取出对应位（第0、1位）的量进行判断，当该位的数值为1时数据不可用，模拟量保持之前的状态不变。模拟量测量值与变比定值相乘后或经过限幅器与转换器完成数据还原。其余接收模块和模拟量的数据还原相同。USR数据接收和还原逻辑如图5-45所示。

2. 变比设定与还原

特高压多端混合直流输电工程具有多个受端柔直站，每个柔直站均采用双极拓扑结构，柔直换流器控制系统在进行数据接收和处理前，需要根据应用控制对象的需要进行换算变比定值的设定，该功能由SCALING与SETTING页面完成。对于同一测点，不同的柔直换流站采用的测量设备规格可能有所不同，以SETTING4为例，根据STATION _ S3对不同换流站各个测点换算变比值进行初步设定，如图5-46（a）所示；而在SETTING1页面，变比值的初步设定除了根据STATION _ S3选取以外，还会与某些状态字有关，如图5-46（b）所示，其中涉及对初步设定变比值的相乘相除运算。其余测点变比定值的设定逻辑相同，不再重复。

5.3.3.2 滤波处理

此后将根据保护判据需要对数据进行滤波、峰值检验等处理。

柔直换流器控制系统采用了低通滤波器和无限长脉冲响应滤波器。其中低通滤波器主要通过设置不同的时间常数对输入信号进行滤波处理，而无限长脉冲响应滤波器根据不同的需要对模拟量分别使用了一阶与二阶滤波，各个模拟量使用的滤波器参数见表5-13。

5.3.3.3 模拟量数据有效性监视策略

1192卡板接收IEC 60044-8模块对接收的光纤数据状态进行校验，若发现光纤数据有效性异常、任意一路数据不可用或光纤通信中断（如光纤通道断链、连续超时等情况），则延时4ms则发出SER报文“光纤数据帧错误”或“光纤数据接收错误”。当光纤数据接收过程中存在上述任意一个故障时，作为B03/1192C插件自检功能的SFH（严重故障）事件上报。

此外，柔直换流器控制系统依据接线情况及电路原理，对模拟量数值进行比对以检验是否出现明显异常数据。若出现异常则上报保护装置轻微故障，同时发出模拟量异常的SER信号。该部分监视功能由B09/1118程序的ACS模块完成，程序中配置的模拟量监视策略如下：

1. 直流极线及中性母线电流

该部分与柔直极控系统数据监视策略的直流线路及中性母线电流类似，这里不再重复。

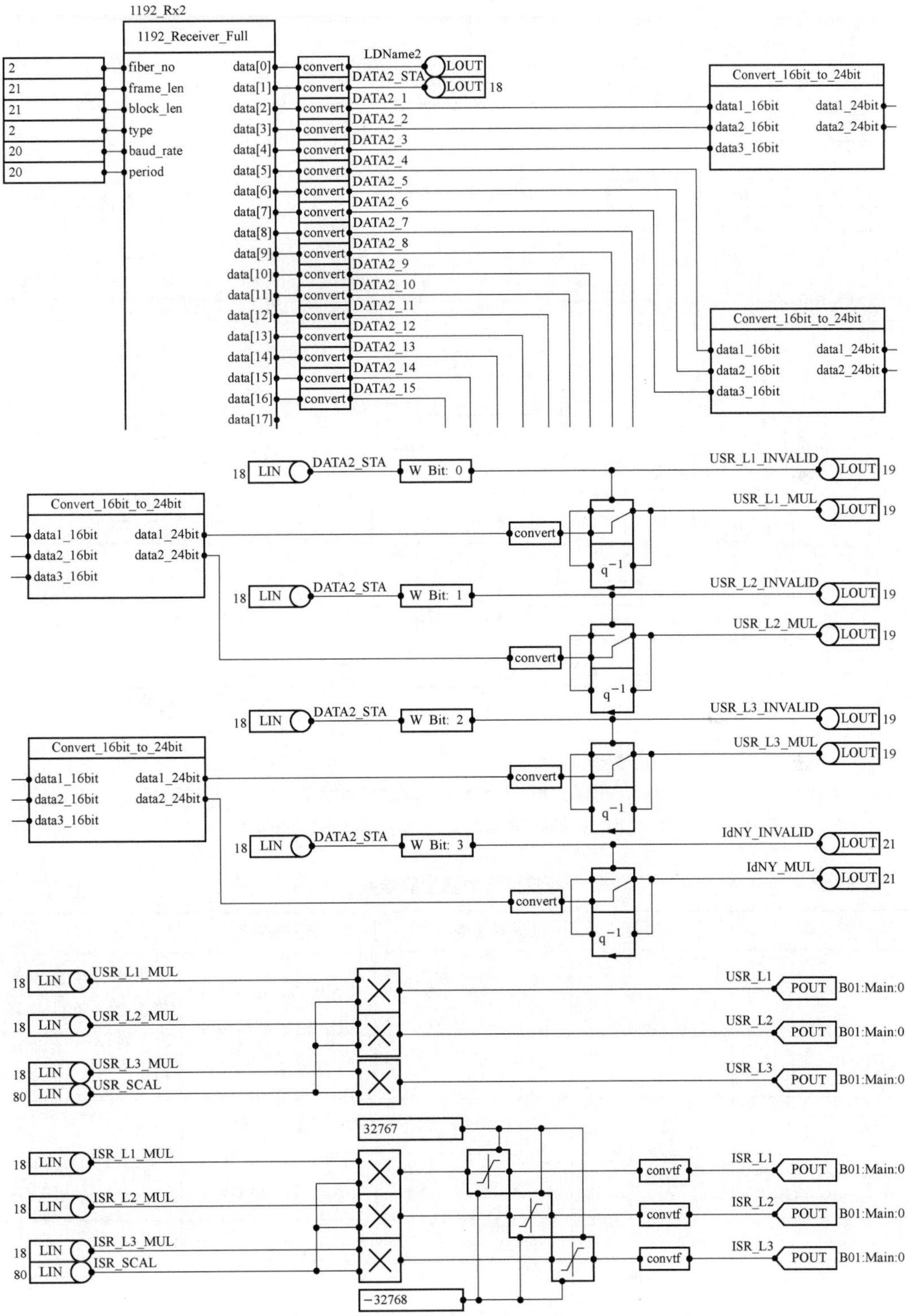

图 5 - 45　USR 数据接收和还原逻辑

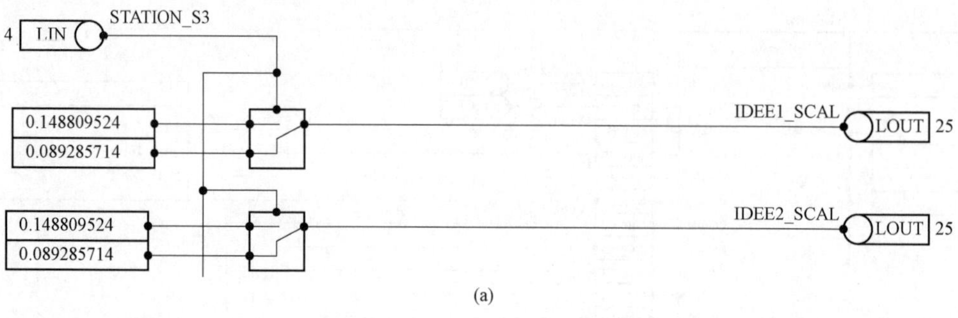

(a)

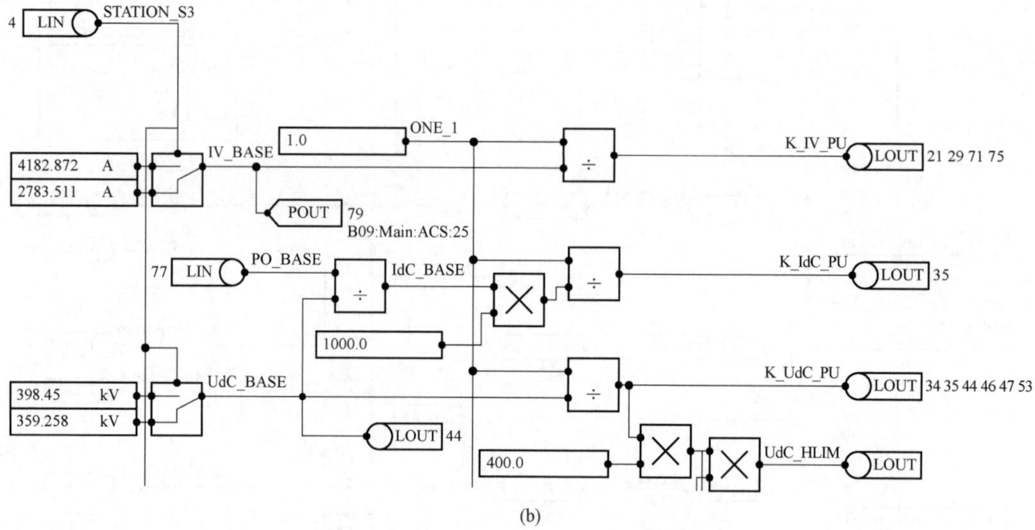

(b)

图 5-46　USR 变比设定与还原

(a) 变比设定与还原步骤 1；(b) 变比设定与还原步骤 2

表 5-13　　各模拟量的滤波器参数

模拟量	滤波器	滤波器 Z 变换方程	滤波器系数	备注
IdCN	一阶滤波器	$H(z)=(b0+b1*z^{-1})/(1-a1*z^{-1})$	b0=0.08389457874 b1=0.08389457874 a1=0.83221084252	用于低电流引起停运命令事件的判据、数字命令遥控模块
IdCN INV _ Id _ NOM	一阶滤波器	$H(z)=(b0+b1*z^{-1})/(1-a1*z^{-1})$	b0=0.140305813725 b1=0.140305813725 a1=0.71938837255	应用于控制功能
Id _ REG	一阶滤波器	$H(z)=(b0+b1*z^{-1})/(1-a1*z^{-1})$	b0=0.1541282917973 b1=0.1541282917973 a1=0.6917434164054	应用于控制功能

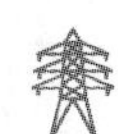

续表

模拟量	滤波器	滤波器Z变换方程	滤波器系数	备注
UdV	二阶滤波器	H(z) = (b0 + b1 * z^-1 + b2 * z^-2)/(1 - a1 * z^-1 - a2 * z^-2)	b0=6.10061788e-05 b1=1.22012358e-04 b2=6.10061788e-05 a1=1.97778648 a2=-0.978030508	应用于控制功能
UdV IdC_MEAN K_IdC_PU K_UdC_PU	二阶滤波器	H(z) = (b0 + b1 * z^-1 + b2 * z^-2)/(1 - a1 * z^-1 - a2 * z^-2)	b0=6.093808511e-05 b1=1.218761722e-04 b2=6.093808511e-05 a1=1.9777989518537 a2=-0.978042704198	与一变比设定值相乘用于极控遥测
UdV UdV_OV K_UdC_PU	二阶滤波器	H(z) = (b0 + b1 * z^-1 + b2 * z^-2)/(1 - a1 * z^-1 - a2 * z^-2)	b0=9.825916821e-06 b1=1.965183364e-05 b2=9.825916821e-06 a1=1.9911142922 a2=-0.99115359587	应用于控制功能
US_POS_ALFA_PU US_POS_BETA_PU	二阶滤波器	H(z) = (b0 + b1 * z^-1 + b2 * z^-2)/(1 - a1 * z^-1 - a2 * z^-2)	b0=9.447556472e-04 b1=1.889511294e-03 b2=9.447556472e-04 a1=1.91119400624 a2=-0.914973028826	应用于控制功能、作为Pack变换器的输入量
US_NEG_D_ORG	二阶滤波器	H(z) = (b0 + b1 * z^-1 + b2 * z^-2)/(1 - a1 * z^-1 - a2 * z^-2)	b0=0.0036216815 b1=0.007243363 b2=0.0036216815 a1=1.8226949 a2=-0.83718165	应用于控制功能、作为一切换开关的输入量
UdCH	二阶滤波器	H(z) = (b0 + b1 * z^-1 + b2 * z^-2)/(1 - a1 * z^-1 - a2 * z^-2)	b0=0.0029650354308 b1=0.0059300708616 b2=0.0029650354308 a1=1.8401702289896 a2=-0.852030370713	经滤波后用于各模拟量的系统监视，用于发送B类模拟量的数据帧、触发暂态故障录波和SSQ控制操作

2. 中性母线电压

该部分与柔直极控系统数据监视策略的中性母线电压类似，这里不再重复。

3. 直流极线电压

本监控功能的对象包括本系统与另一系统的极线电压（UdL/UdCH），测量值均经时间常数 100ms 的低通滤波器进行滤波处理，如图 5 - 47 所示，监视功能策略的具体运算流程如下：

（1）选取本系统直流极线电压 UdL 测量值经时间常数 100ms 的低通滤波后的量 UdL _ 100、来自另一套换流器控制系统的 UdL 值 UdL _ 100 _ FOSYS 以及直流极线的另一测点 UdCH _ 100，三者相加后减去三者中最大值和最小值，得到中间值 UdL _ MEDIAN；同理，取直流极线的另一测点 UdCH _ 100、来自另一套换流器控制系统的 UdCH 值 UdCH _ 100 _ FOSYS 以及由 XLCON _ STAT 的取值选取的 UdL _ 100 或 UdCH _ CALC，三者相加后减去三者中最大值和最小值，得到中间值 UdCH _ MEDIAN。

（2）取 800kV 的 UdL _ NOM _ S，分别乘 0.06、0.01，得到误差值 Ud _ DIFF、死区值 Ud _ HYST。

（3）将 UdL _ 100、UdL _ 100 _ FOSYS 分别与 UdL _ MEDIAN 相减后取绝对值，若满足｜UdL _ 100－UdL _ MEDIAN｜＞Ud _ DIFF 且 Ud _ DIFF＞Ud _ HYST 或 ｜UdL _ 100 _ FOSYS－UdL _ MEDIAN｜＞Ud _ DIFF 且 Ud _ DIFF＞Ud _ HYST，则分别延时 4、60s 且下降沿延时 200ms 发出报文“直流线路电压，极 1/2 测量值 错误”或“直流线路电压，来自另一个系统 极 1/2 测量值 错误”，并将对应的状态字：测量值错误状态字 UdL _ FAULT、另一系统测量值错误状态字 UdL _ FOSYS _ FAULT 置位为 1。

（4）将 UdCH _ 100、UdCH _ 100 _ FOSYS、UdCH _ CALC 分别与 UdCH _ MEDIAN 相减后取绝对值，若满足｜UdCH _ 100－UdCH _ MEDIAN｜＞Ud _ DIFF 且 Ud _ DIFF＞Ud _ HYST 或｜UdCH _ 100 _ FOSYS－UdCH _ MEDIAN｜＞Ud _ DIFF 且 Ud _ DIFF＞Ud _ HYST 或｜UdCHCALC－UdCH _ MEDIAN｜比 Ud _ DIFF 大于死区值 Ud _ HYST，则分别延时 4、60、4s 且下降沿延时 200ms 发出报文“直流极线电压，极 1/2 测量值 错误”或“直流极线电压，来自另一个系统 极 1/2 测量值 错误”或“直流极线电压，极 1/2 计算值 错误”，并将对应的状态字：测量值错误状态字 UdCH _ FAULT、另一系统测量值错误状态字 UdCH _ FOSYS _ FAULT、计算值错误状态字 UdCH _ CALC _ FAULT 置位为 1。

4. 高低端换流器连线中电压

本监控功能的对象包括本系统与另一系统的高低端换流器连线中电压（UdM），两个测量值均经过经时间常数 100ms 的低通滤波器进行滤波处理，如图 5 - 48 所示，监视功能策略的具体运算流程如下：

（1）选取本系统高低端换流器连线中电压 UdM 测量值经时间常数 100ms 的低通滤波后的量 UdM _ 100、来自另一套换流器控制系统的 UdM 值 UdM _ 100 _ FOSYS 以及

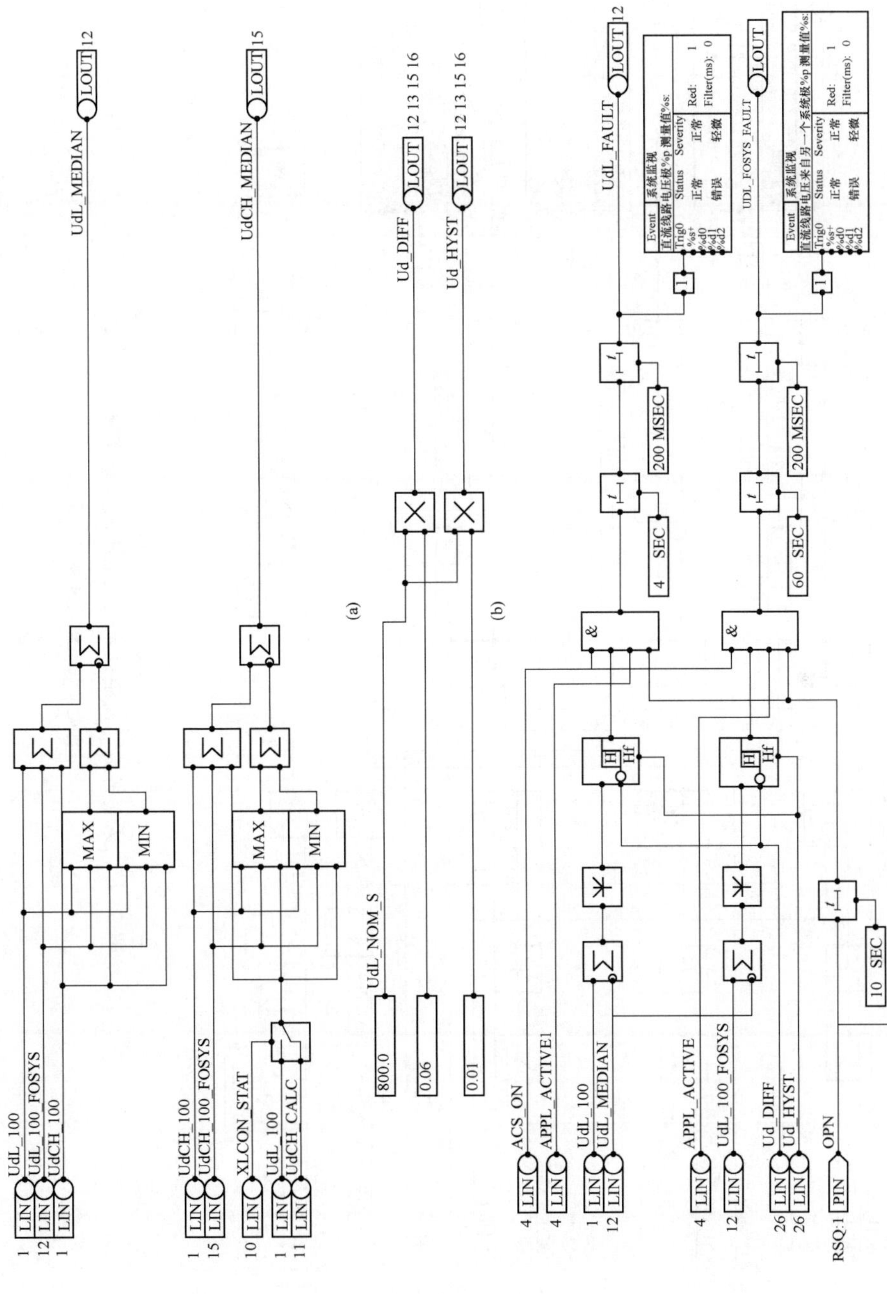

图 5-47　柔直换流器控制直流极线电压的数据监视策略（一）

（a）直流极线电压监视策略步骤 1；（b）直流极线电压监视策略步骤 2；（c）直流极线电压监视策略步骤 3

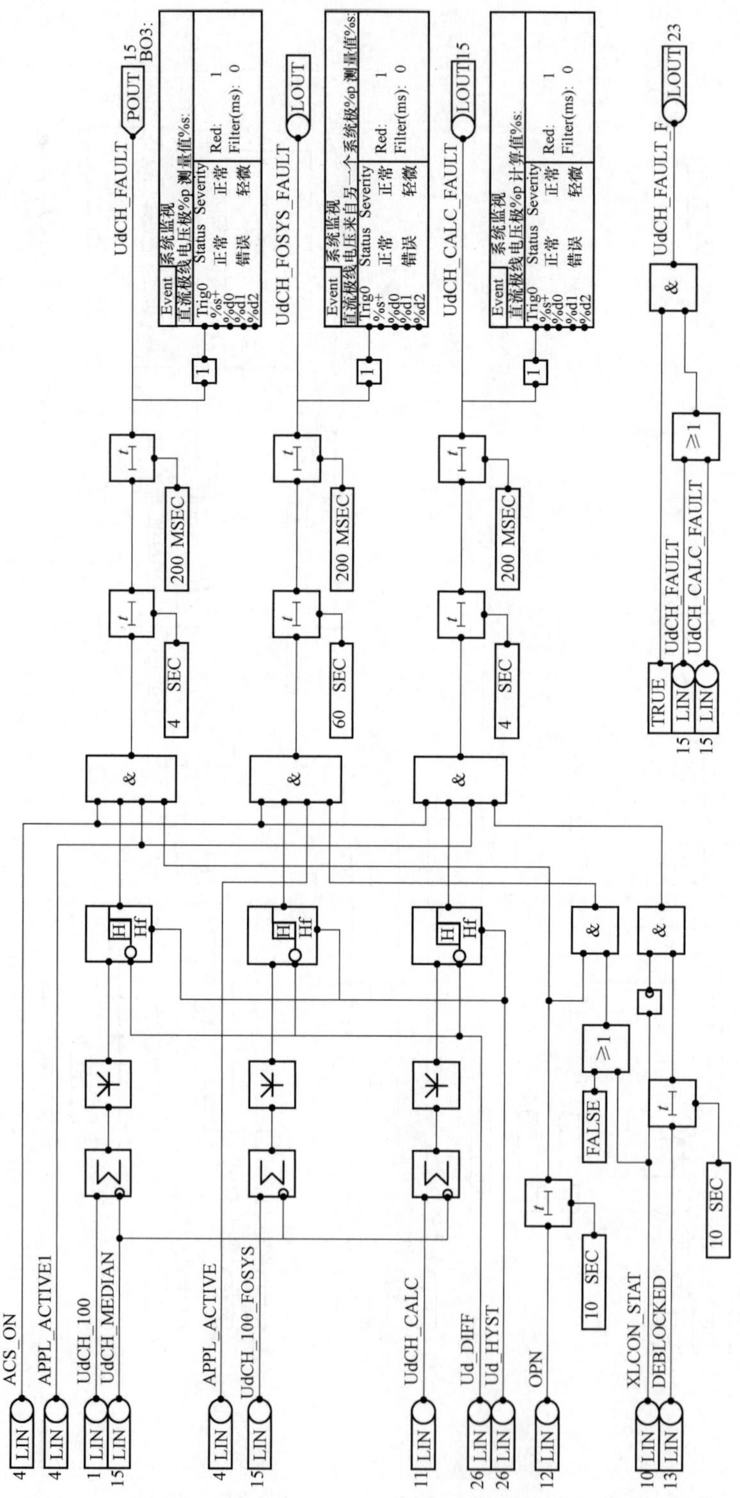

(d)

图 5-47　柔直换流器控制直流极线电压的数据监视策略(二)

(d) 直流极线电压监视策略步骤 4

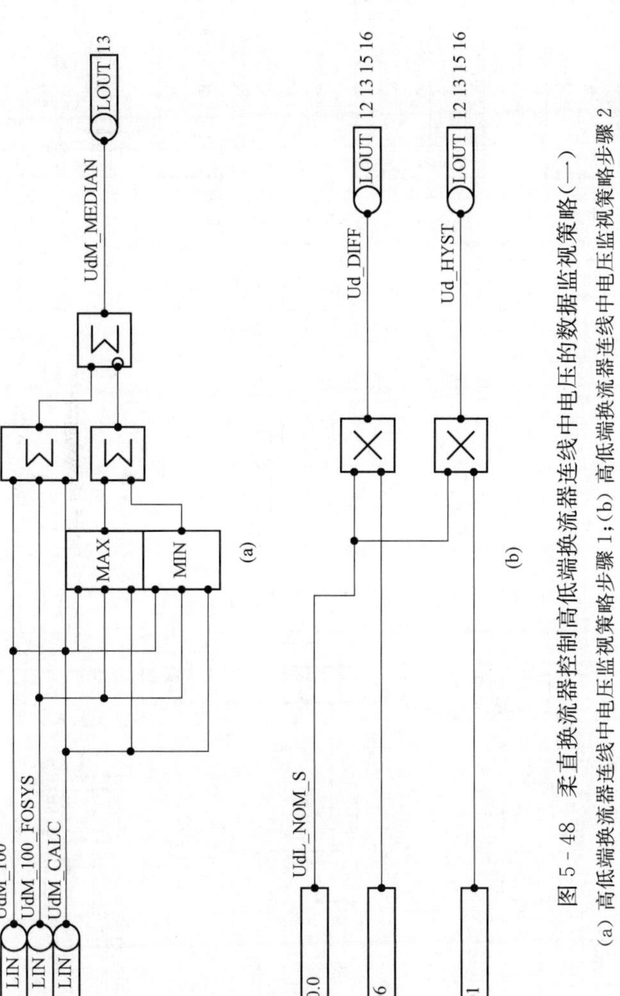

图 5-48　柔直换流器控制高低端换流器连线中电压的数据监视策略(一)

(a) 高低端换流器连线中电压监视策略步骤 1;(b) 高低端换流器连线中电压监视策略步骤 2

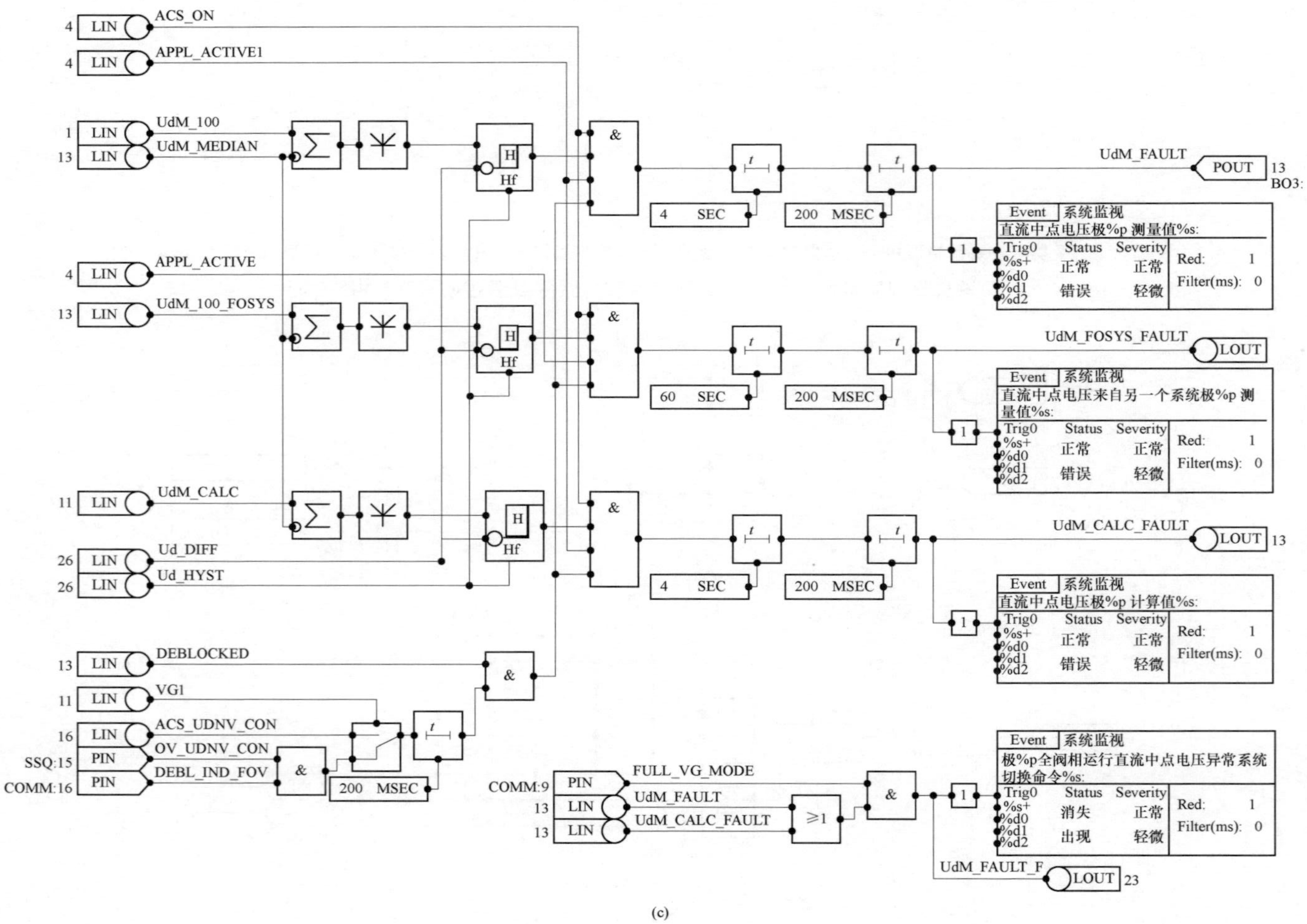

(c)

图 5-48　柔直换流器控制高低端换流器连线中电压的数据监视策略（二）

（c）高低端换流器连线中电压监视策略步骤 3

计算值 UdM _ CALC，三者相加后减去三者中最大值和最小值，得到中间值 UdM _ MEDIAN。

(2) 取 800kV 的 UdL _ NOM _ S，分别乘 0.06、0.01，得到误差值 Ud _ DIFF、死区值 Ud _ HYST。

(3) 将 UdM _ 100、UdM _ 100 _ FOSYS、UdM _ CALC 分别与 UdM _ MEDIAN 相减后取绝对值，若满足 | UdM _ 100－UdM _ MEDIAN | ＞Ud _ DIFF 且 Ud _ DIFF＞Ud _ HYST 或 | UdM _ 100 _ FOSYS－UdM _ MEDIAN | ＞Ud _ DIFF 且 Ud _ DIFF＞Ud _ HYST 或 | UdMCALC－UdM _ MEDIAN | 比 Ud _ DIFF 大于死区值 Ud _ HYST，则分别延时 4、60、4s 且下降沿延时 200ms 发出报文“直流中点电压，极 1/2 测量值 错误”或“直流中点电压，来自另一个系统 极 1/2 测量值错误”或“直流中点电压，极 1/2 计算值错误”，并将对应的状态字：测量值错误状态字 UdM _ FAULT、另一系统测量值错误状态字 UdM _ FOSYS _ FAULT、计算值错误状态字 UdM _ CALC _ FAULT 置位为 1。

5. 换流变压器网侧与换流器网侧三相交流电压电流

本监控功能的对象包括本系统换流变压器与换流器网侧的三相交流电压电流，以电压为例，如图 5-49 所示，监视功能策略的具体运算流程如下：

(1) 选取换流变压器网侧三相电压计算其有效值 USA _ RMS、USB _ RMS、USC _ RMS，以及采样 20 次和的平均值 USA _ DC、USB _ DC、USC _ DC；同理，换流器网侧的三相电压也可以得到其有效值 UVCA _ RMS、UVCB _ RMS、UVCC _ RMS 及平均值 UVCA _ DC、UVCB _ DC、UVCC _ DC。

(2) 取 303.15kV 的 US _ BASE _ kV，分别乘 0.1、0.03，得到误差值 US _ DIFF、死区值 US _ HYST；取根据 STATION _ S3 的取值获得的 UAC _ BASE，分别乘 0.1、0.03，得到误差值 UVC _ DIFF、死区值 UVC _ HYST。

(3) USA _ RMS、USB _ RMS、USC _ RMS 三者相加减去三者中的最大值与最小值，得到中间值 US _ MEDIAN，若满足 | USA _ RMS－US _ MEDIAN | ＞US _ DIFF 且 US _ DIFF＞US _ HYST，则得到 US _ DIFF _ L1，其余相同理可得 US _ DIFF _ L2、US _ DIFF _ L3；取 USA _ DC 的绝对值，若大于 39.8kV，则有 US _ OFFSET _ L1，同理可有 US _ OFFSET _ L2、US _ OFFSET _ L3。US _ DIFF _ L1 与 US _ OFFSET _ L1 其一有输出，延时 10s 且下降延时 2s，系统会监视到换流变压器网侧的一相电压测量。其余相的监视也是同样的逻辑，不再重复。

(4) UVCA _ RMS、UVC _ RMS、UVCC _ RMS 三者相加减去三者中的最大值与最小值，得到中间值 UVC _ MEDIAN，若满足 | UVCA _ RMS－UVC _ MEDIAN | ＞UVC _ DIFF 且 UVC _ DIFF＞UVC _ HYST，则得到 UVC _ DIFF _ L1，其余相同理可得 UVC _ DIFF _ L2、UVC _ DIFF _ L3；计算 UVCA _ DC、UVCB _ DC、UVCC _ DC 三者相加减去三者中的最大值与最小值，将得到的值取绝对值与 39.8kV 相加，得到误差值，取 UVCA _ DC 的绝对值，若大于误差值，则有 UVC _ OFFSET _ L1，同理可有

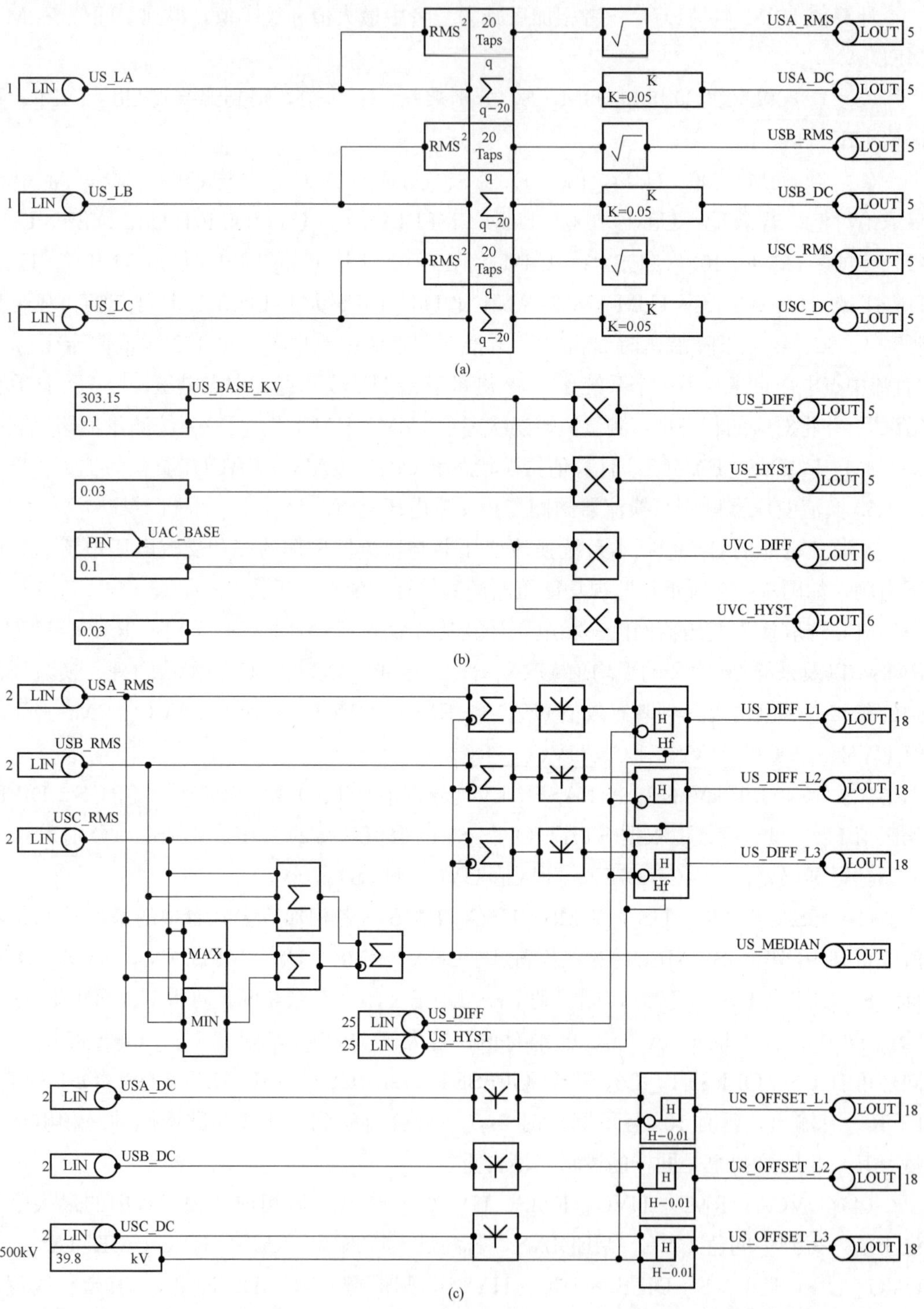

图 5-49 柔直换流器控制换流变压器网侧与换流器网侧三相交流电压电流的数据监视策略（一）

(a) 换流变压器网侧与换流器网侧三相交流电压电流监视策略步骤 1；(b) 换流变压器网侧与换流器网侧三相交流电压电流监视策略步骤 2；(c) 换流变压器网侧与换流器网侧三相交流电压电流监视策略步骤 3；

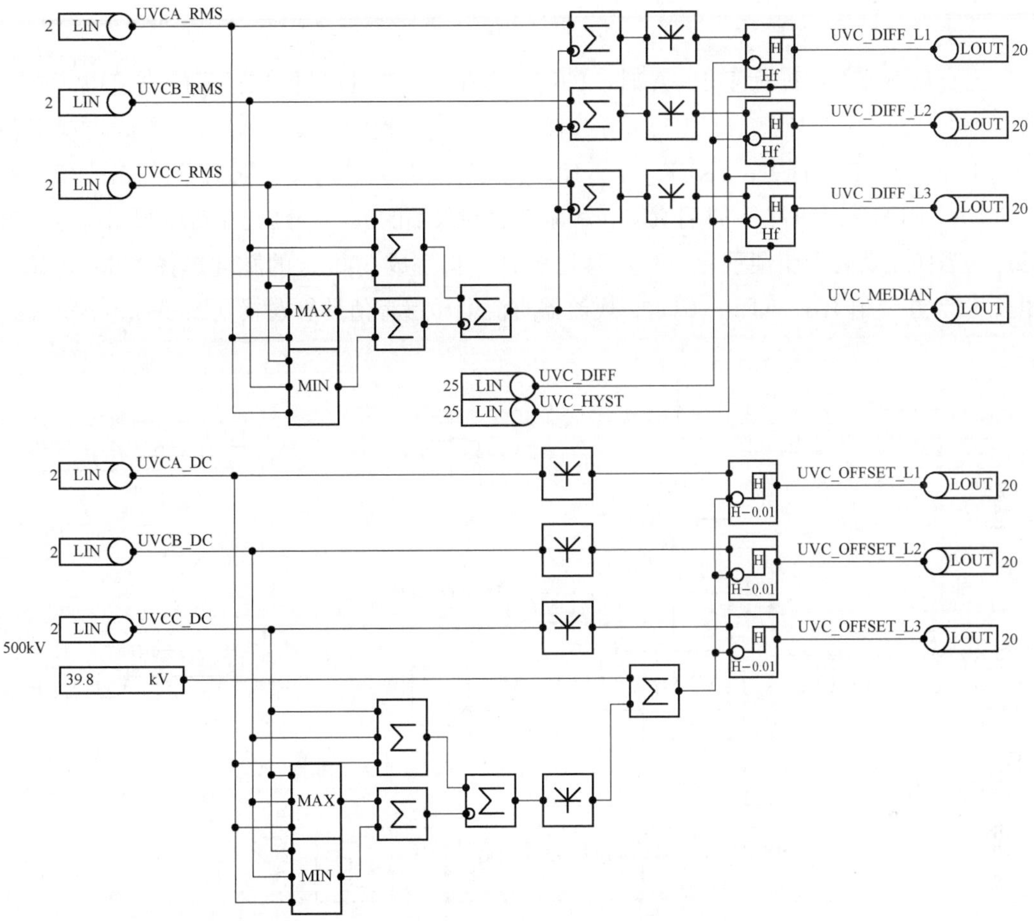

(d)

图 5-49　柔直换流器控制换流变压器网侧与换流器网侧三相交流电压电流的数据监视策略（二）

(d) 换流变压器网侧与换流器网侧三相交流电压电流监视策略步骤 4

UVC _ OFFSET _ L2、UVC _ OFFSET _ L3。UVC _ DIFF _ L1 与 UVC _ OFFSET _ L1 其一有输出，延时 10s 且下降延时 2s，系统会监视到换流器网侧的一相电压测量。其余相的监视也是同样的逻辑，不再重复。

（5）换流变压器网侧与换流器网侧三相交流电流对测量值的监视逻辑与对电压测量值的监视逻辑一致，不再重复。

5.3.4　柔直换流器控制系统数据选择逻辑

5.3.4.1　控制换流器选择逻辑

若本换流器为高端换流器，与 CCP 通信正常且本换流器处于运行状态延时 5s 有效，则本换流器被选择为控制换流器；若本换流器为低端换流器，高端换流器未被选择为控制换流器，或高端换流器不在运行状态，则本换流器被选择为控制换流器。同时，本套为备用套时跟随主套选择的控制换流器状态。

5.3.4.2 换流器直流电压参考值计算

当直流电流 IDLH 大于 100A 时，UdC _ REF _ RST 选择极控下发的直流电压参考值 Ud _ REF _ V _ KV _ PCP，否则选择 300kV。当换流器处于解锁状态时，参考值 Ud _ REF _ BUF 选择 Ud _ REF _ V _ KV _ PCP 和 UdC _ REF _ RST 间的最小值，并经过Ud _ REF _ BUF 上一周期值加 5 和减 5 之间限幅的值，否则选择实际阀端口电压值 UdC。当换流器处于闭锁重启过程中且已解锁，将生成 500ms 的脉冲选择 Ud _ REF _ BUF 作为参考值 Ud _ REF _ CCP。换流器直流电压参考值计算逻辑如图 5 - 50 所示。

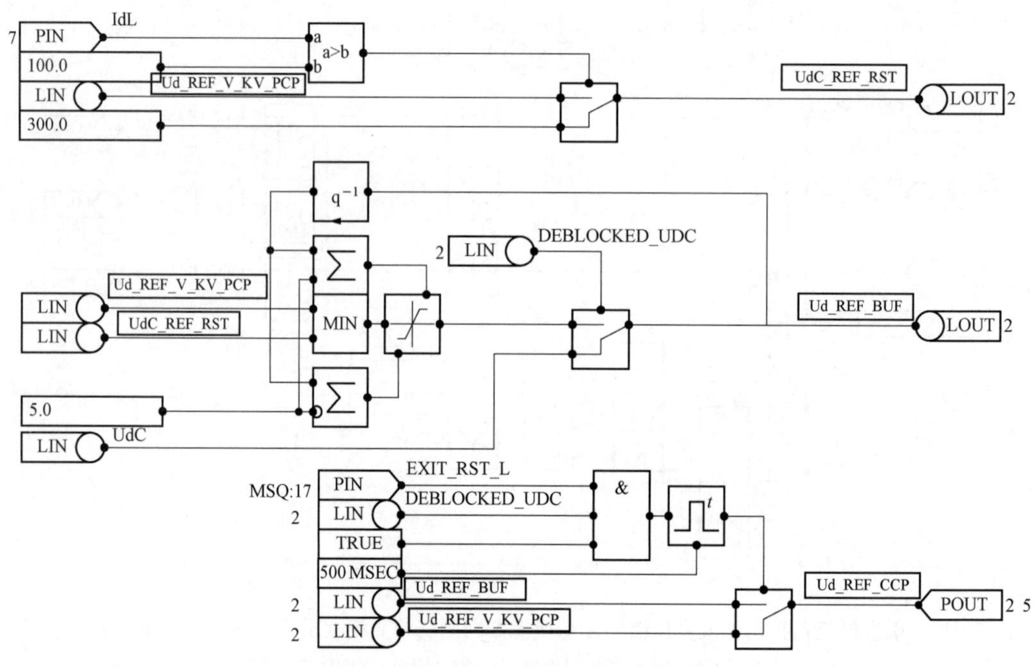

图 5 - 50 换流器直流电压参考值计算逻辑

若换流器处于 STATCOM 状态或两端柔直状态或 CCP 收到的电流指令值大于 0.09 且换流器处于解锁状态延时 300ms 有效延时 2s 复位，或换流器处于 STATCOM 状态或两端柔直状态或 CCP 收到的电流指令值大于 0.09 且换流器处于解锁状态且另一换流器处于解锁状态延时 10s 有效（OP _ AUT _ Ud _ CTRL 恒为 1，该条件未使用），将选择 Ud _ REF _ CCP 作为参考值 Ud _ REF；否则将选择实际阀端口电压值 UdC 作为参考值。

5.3.4.3 直流电压控制器参数选择

通过 ENTRY _ EXIT 模块判断换流器是否处于投入状态，若由投入状态转为退出状态，则检测到上升沿时，切换直流电压控制器的参数（KP、TI）。

第6章　直流保护系统数据处理方法

6.1　直流线路保护系统数据处理方法

6.1.1　直流线路及汇流母线保护概述

昆柳龙工程的直流线路保护系统按照极进行配置，三站的每个极配置3面屏，包含保护装置、I/O采集单元，其中仅柳州站配置了三取二装置。

直流线路保护的目的是防止线路故障导致直流换流站内设备承受过应力，影响整个系统的运行。昆柳龙工程的直流线路保护自适应于直流输电运行方式（双极大地运行方式、单极大地运行方式、金属回线运行方式）及其运行方式转换，以及自适应于换流站运行数量的变化（三端运行方式、昆北—柳州两端运行、昆北—龙门两端运行、柳州—龙门两端运行方式）。

图6-1是昆柳龙直流工程一个极的直流线路保护区域示意图，直流线路保护的主要测量点也在图中标出。

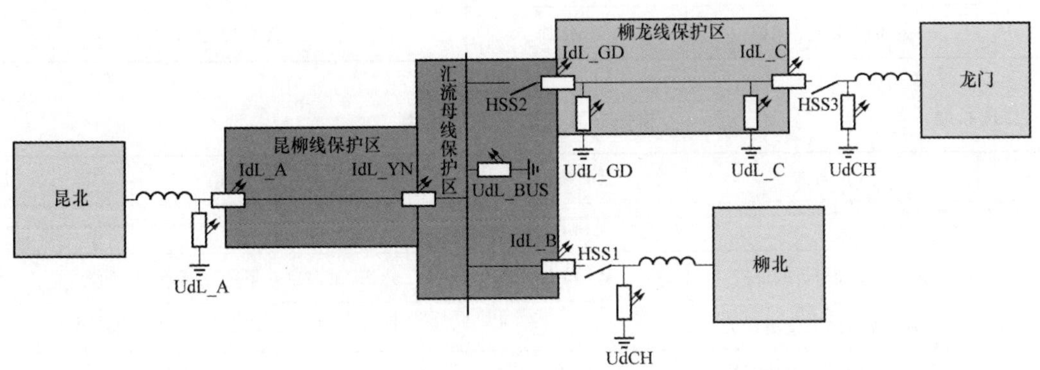

图6-1　昆柳龙直流工程一个极的直流线路保护区域划分

昆北站昆柳线线路保护区域包括昆北站直流出线上的直流电流互感器（IdL _ A）和柳州站昆柳线的直流电流互感器（IdL _ YN）之间的直流导线和所有设备，即图6-1中的昆柳线保护区方框。其中行波保护和电压突变量保护Ⅰ段保护昆柳线的一部分，Ⅱ段保护昆柳线全长、汇流母线并延伸至柳龙线一部分；线路低电压保护和线路纵差保护覆盖昆柳线路全长。

柳州站直流线路保护区域包括昆北站直流出线上的直流电流互感器（IdL _ A）和柳州站昆柳线的直流电流互感器（IdL _ YN）之间的直流导线和所有设备、柳州站汇流母线上所有的导线和设备、柳州站柳龙线的直流电流互感器（IdL _ GD）和龙门站直流出线上的直流电流互感器（IdL _ C）之间的直流导线和所有设备，即图 6 - 1 中的昆柳线、汇流母线、柳龙线保护区三个方框。

龙门站直流线路保护区域包括龙门站直流出线上的直流电流互感器（IdL _ C）和柳州站柳龙线的直流电流互感器（IdL _ GD）之间的直流导线和所有设备，即图 6 - 1 中的柳龙线保护区方框。其中行波保护和电压突变量保护Ⅰ段保护柳龙线的一部分，Ⅱ段保护柳龙线全长、汇流母线并延伸至昆柳线一部分；线路低电压保护和线路纵差保护覆盖柳龙线路全长。

昆北站、柳州站、龙门站直流线路保护种类分别见表 6 - 1～表 6 - 3。

表 6 - 1　　昆北站直流线路保护种类

序号	保护名称	保护缩写	备注
1	直流线路行波保护	WFPDL	PCS - 9552（A 系统/B 系统/C 系统）
2	直流线路突变量保护	27du/dt	PCS - 9552（A 系统/B 系统/C 系统）
3	直流线路低电压保护	27DCL	PCS - 9552（A 系统/B 系统/C 系统）
4	直流线路纵差保护	87DCLL	PCS - 9552（A 系统/B 系统/C 系统）
5	交直流碰线保护	81 - I/U	PCS - 9552（A 系统/B 系统/C 系统）
6	金属回线纵差保护	87MRL	PCS - 9552（A 系统/B 系统/C 系统）

表 6 - 2　　柳州站直流线路保护种类

序号	保护名称	保护缩写	备注
昆柳直流线路保护			
1	昆柳直流线路行波保护	WFPDL	PCS - 9552（A 系统/B 系统/C 系统）
2	昆柳直流线路突变量保护	27du/dt	PCS - 9552（A 系统/B 系统/C 系统）
3	昆柳直流线路低电压保护	27DCL	PCS - 9552（A 系统/B 系统/C 系统）
4	昆柳直流线路纵差保护	87DCLL	PCS - 9552（A 系统/B 系统/C 系统）
5	昆柳线金属回线纵差	87MRL	PCS - 9552（A 系统/B 系统/C 系统）
6	昆柳线交直流碰线保护	81 - I/U	PCS - 9552（A 系统/B 系统/C 系统）
7	汇流母线差动保护	87DCBUS	PCS - 9552（A 系统/B 系统/C 系统）

续表

序号	保护名称	保护缩写	备注
柳龙直流线路保护			
1	柳龙直流线路行波保护	WFPDL	PCS-9552（A 系统/B 系统/C 系统）
2	柳龙直流线路突变量保护	27du/dt	PCS-9552（A 系统/B 系统/C 系统）
3	柳龙直流线路低电压保护	27DCL	PCS-9552（A 系统/B 系统/C 系统）
4	柳龙直流线路纵差保护	87DCLL	PCS-9552（A 系统/B 系统/C 系统）
5	柳龙线金属回线纵差	87MRL	PCS-9552（A 系统/B 系统/C 系统）
6	柳龙线交直流碰线保护	81-I/U	PCS-9552（A 系统/B 系统/C 系统）
7	汇流母线差动保护	87DCBUS	PCS-9552（A 系统/B 系统/C 系统）
8	HSS 开关保护	82-HSS	PCS-9552（A 系统/B 系统/C 系统）

表 6-3　龙门站直流线路保护种类

序号	保护名称	保护缩写	备注
1	柳龙直流线路行波保护	WFPDL	PCS-9552（A 系统/B 系统/C 系统）
2	柳龙直流线路突变量保护	27du/dt	PCS-9552（A 系统/B 系统/C 系统）
3	柳龙直流线路低电压保护	27DCL	PCS-9552（A 系统/B 系统/C 系统）
4	柳龙直流线路纵差保护	87DCLL	PCS-9552（A 系统/B 系统/C 系统）
5	交直流碰线保护	81-I/U	PCS-9552（A 系统/B 系统/C 系统）
6	柳龙线金属回线纵差	87MRL	PCS-9552（A 系统/B 系统/C 系统）

6.1.2　直流线路及汇流母线保护装置硬件回路梳理

6.1.2.1　整体架构

在本工程中，三站均以每极为间隔配置线路保护，每极线路保护装置分为 A/B/C 三套，每套保护含有 1 面屏柜，主要包含（I/O）采集单元及主机。其中仅柳州在 A/B 套保护屏柜中另外含有三取二装置，线路保护屏柜布置图（三取二装置仅柳州站配置）如图 6-2 所示。线路保护装置的硬件整体结构可分为以下三部分：

（1）保护主机。完成线路保护的各项保护功能，完成保护与控制的通信、站间通信，完成和现场 I/O 的接口，完成后台通信、事件记录、录波、人机界面等辅助功能。

（2）三取二主机。柳州站线路保护主机不仅包含线路保护，而且包含汇流母线保护和 HSS 开关保护，因此柳州站配置线路保护三取二装置。实现与保护的通信及三取二逻辑、跳交流开关、重合直流 HSS 开关。完成后台通信、事件记录、录波、人机界面等辅助功能。

（3）分布式I/O及现场总线。完成线路及汇流母线保护所需要的隔离开关位置的采集，完成与现场总线的接口。

柳州站三套直流线路保护均以光纤方式分别与三取二装置和本层的控制主机进行通信，传输经过校验的数字量信号。三套保护与三取二逻辑构成一个整体，三套保护主机中有两套相同类型保护动作被判定为正确的动作行为，才允许出口闭锁或跳闸，以保证可靠性和安全性。此外，

1）当三套保护系统中有一套保护因故退出运行后，采取二取一保护逻辑；

2）当三套保护系统中有两套保护因故退出运行后，采取一取一保护逻辑；

3）当三套保护系统全部因故退出运行后，直流极闭锁停运。

线路非电量信号有汇流母线分压器 SF_6压力、直流线路分压器 SF_6压力、HSS开关 SF_6压力三个。为防止继电器单一节点故障导致误动进而极闭锁的情况出现，非电量保护均采用三取二逻辑实现。

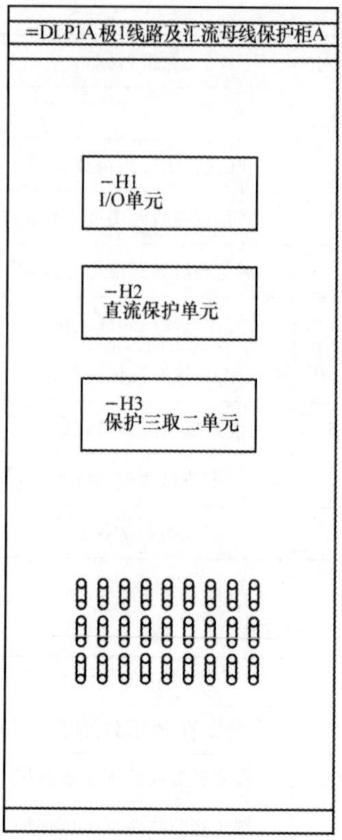

=DLP1A 极1线路及汇流母线保护柜A

-H1
I/O单元

-H2
直流保护单元

-H3
保护三取二单元

图6-2　线路保护屏柜布置图
（三取二装置仅柳州站配置）

非电量的保护开入信号采集是通过I/O装置采集而得到，采集非电量的I/O装置配置NEPA、NEPB、NEPC三套，每套I/O装置内部配置I/O采集板卡，非电量节点直接通过光纤以太网点对点的方式接到三取二装置，通过组网的方式接入PCP，分别在三取二装置和PCP中实现三取二逻辑。三取二装置中实现跳闸，PCP中实现闭锁跳闸。非电量三取二示意如图6-3所示。

6.1.2.2　外部接口

线路保护装置的外部接口，通过硬接线、现场总线与站内其他设备完成信息交互。通过IEC 60044-8总线与测量系统通信，实现直流场模拟量的读取；通过SCADA LAN（站LAN网）与后台交互信息；通过CTRL LAN（极层控制LAN网）是DCC、PCP、PPR（极保护系统）、DLP（直流线路保护）主机在极层之间的实时通信；I/O采集单元通过硬接线、CAN总线实现直流场隔离开关状态的采集及上送；三取二装置通过硬接线实现保护出口，其外部接口整体架构如图6-4所示。

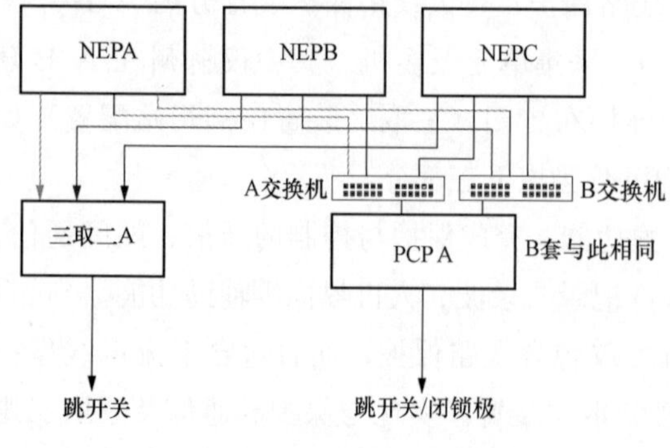

图6-3　非电量三取二示意图

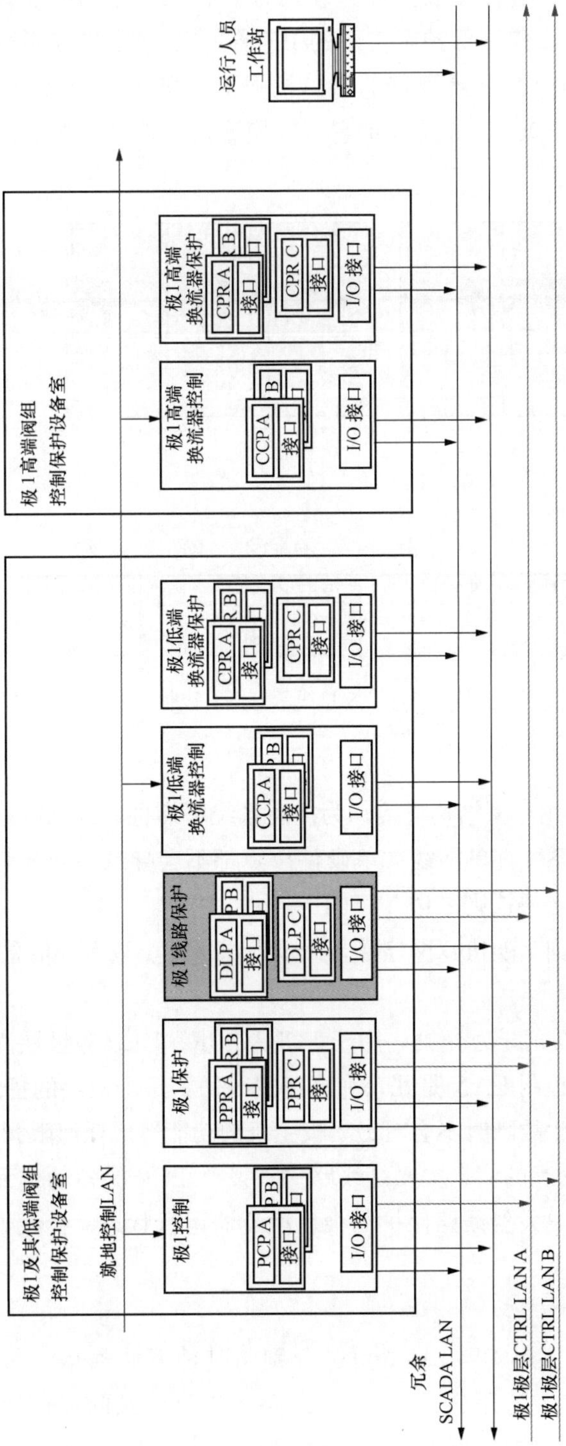

图 6-4　线路保护网络结构图

1. IEC 60044－8 总线

IEC 60044－8 总线具有传输数据量大、延时短和无偏差的特点，满足控制保护系统对数据实时性的需求。控制保护系统中的 IEC 60044－8 总线是单向总线类型，用于高速传输测量信号。两个数字处理器的端口按点对点的方式连接（DSP－DSP 连接）。直流控制保护系统 IEC 60044－8 总线示意（以换流器层控制和保护系统为例）如图 6－5 所示。

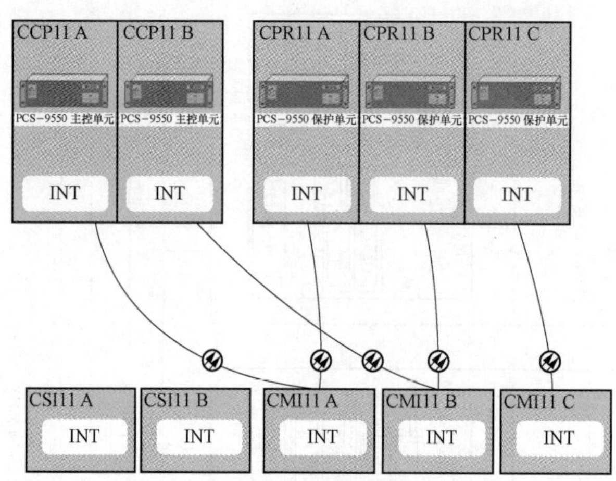

图 6－5　直流控制保护系统 IEC 60044－8 总线示意图（以换流器层控制和保护系统为例）

2. SCADA _ LAN

SCADA LAN 网采用星型结构连接，为提高系统可靠性，SCADA LAN 网设计为完全冗余的 A、B 双重化系统，单网线或单硬件故障都不会导致系统故障。底层 OSI 层通过以太网实现，而传输层协议则采用 TCP/IP。

线路保护系统与站内交换机双网连接，用于上送事件、波形等信息。

3. CTRL _ LAN

极层控制 LAN 网以光纤为介质，用于 PCP、PPR、DLP 等极层直流控制保护主机之间的实时通信。极层控制 LAN 是冗余和高速实时的，每个极层的控制 LAN 是相互独立的，任何一套主机发生故障时不会对另一极主机的功能造成任何限制。

DLP 主机与 PCP 交互的信息主要是线路保护发给 PCP 的各动作元件出口重启及跳闸信号、使能信号，PCP 发给线路保护的极、换流器运行状态、接线方式等开关量与换流器电压等模拟量。

4. 站间通信

每套直流线路保护使用 4 路 2M 光纤，分别与其他两站通信。每两个站之间采用两个通道（主通道 1 路、备用通道 1 路），线路保护具体站间通信通道配置如图 6－6 所示。按三重化配置方式，本直流工程每站配置 6 套保护，即每站共 24 路 2M 光纤。

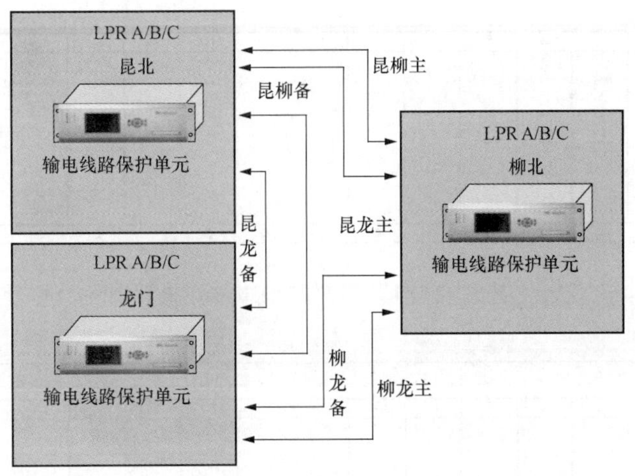

图 6-6　线路保护具体站间通信通道示意图

由控制主机的 1118C 板卡通过光纤通道实现站间通信。4 个通道全部断开才认为通道故障。

5. 与断路器的接口

保护主机发出的跳/锁定换流变压器交流开关的命令同时发给 PCP 及线路保护三取二装置，经三取二逻辑后出口，通过硬压板直接接至交流断路器操作箱，实现出口跳闸。保护主机发出的重合 HSS 开关的命令线路保护三取二装置，经三取二逻辑判断后出口，通过硬压板直接接至 HSS 开关操作箱，实现重合。而 HSS 开关的位置信息通过现场总线发至线路保护屏内的 I/O 机箱，经 CAN 总线与保护主机通信。

6. 与站主时钟 GPS 系统的接口

线路保护系统通过完整的时间信息对时和秒脉冲 PPS 对时两种方式与站主时钟系统对时，其中控制主机对时采用 B 码对时，I/O 单元对时采用 PPS 对时。

6.1.2.3　装置硬件

1. 主机装置

昆北、柳州、龙门线路保护主机板卡配置分别如图 6-7～图 6-9 所示。

P1	1	2	3	4	5	6	7	8	9	10	11	12	13	P2
1301N	1107B		1192C					1118C						1301N

图 6-7　昆北线路保护主机板卡配置图

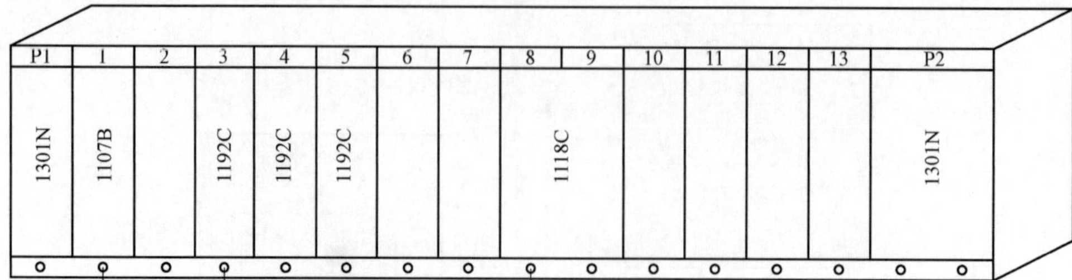

图 6-8　柳州线路保护主机板卡配置图

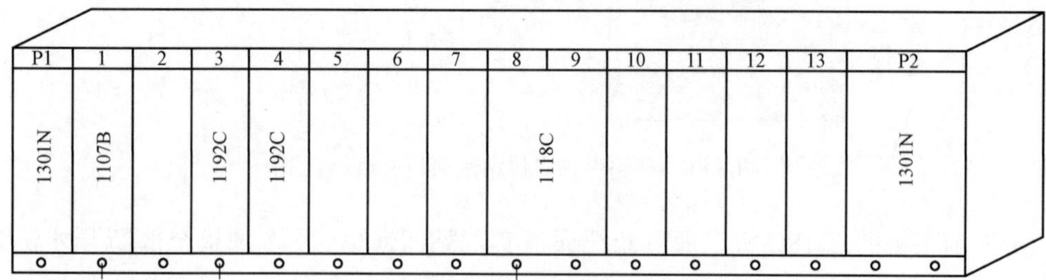

图 6-9　龙门线路保护主机板卡配置图

主机装置配置各板卡的型号、功能等见表 6-4。

表 6-4　主机装置配置介绍表

插件名称	插件型号	数量	功能
电源插件	1301N	2	电源板为机箱提供 5V 直流工作电源，装置采用双电源配置，以提高供电可靠性
管理插件	1107B	1	实现本机与后台通信以及对时功能
逻辑运算插件	1192C	1/3/2	实现模拟量采集与处理，完成核心保护功能
通信插件	1118C	1	实现保护与控制的通信、站间通信

2. I/O 装置

I/O 装置板卡配置如图 6-10 所示。

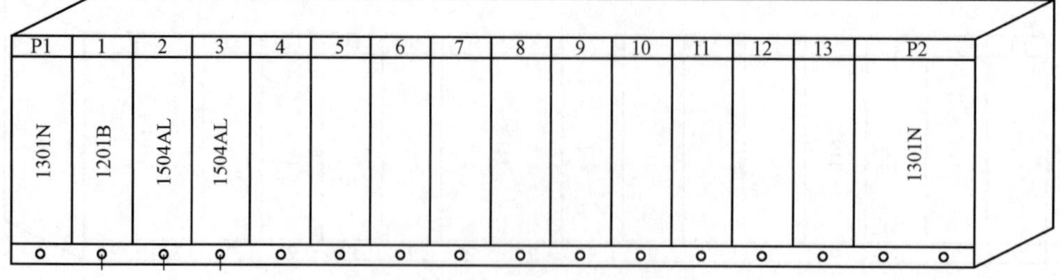

图 6-10　I/O 装置板卡配置图

开关量 I/O 装置基本板卡配置见表 6 - 5。

表 6 - 5　　开关量 I/O 装置基本板卡配置介绍表

插件名称	插件型号	数量	功能
电源板	1301N	2	为机箱提供 5V 直流工作电源
总线通信板	1201B	1	CAN 与 PPS 总线扩展，用于 UAPC 多机箱级联
开关量输入板	1504AL	2	实现开关量的采集

开入信号采用 1504AL 板卡，1504AL 是一块通用的开关量输入板，能采集最多 21 路开入量。

3. 三取二装置

仅在柳州站线路保护屏配置，三取二主机接收各套保护分类动作信息，其功能三取二逻辑出口实现跳双换流器换流变压器开关功能和重合直流 HSS 开关。柳州站三取二装置板卡配置如图 6 - 11 所示。

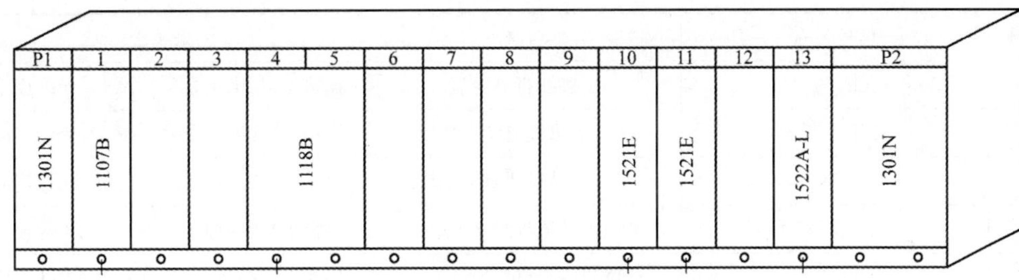

图 6 - 11　柳州站三取二装置板卡配置图

配置各板卡的型号、功能介绍见表 6 - 6。

表 6 - 6　　配置各板卡型号功能介绍表

插件名称	插件型号	数量	功能
电源插件	1301N	2	电源板为机箱提供 5V 直流工作电源，装置采用双电源配置，以提高供电可靠性
管理插件	1107B	1	实现本机与后台通信以及对时功能
通信插件	1118B	1	实现三取二装置与保护主机的通信，三取二逻辑运算。其中 3 台保护装置可用则进行三取二出口，2 台保护装置可用则进行二取一出口，1 台保护装置可用则进行一取一出口
出口插件	1521E	2	实现换流变压器网侧断路器的跳闸出口
出口插件	1522AL	1	实现直流开关的合闸出口

6.1.3 直流线路及汇流母线保护系统信息交互

6.1.3.1 保护主机

1. 合并单元接口

合并单元通过 IEC 60044-8 总线向保护主机传送模拟量，保护主机通过 1192C 插件接收，昆北站、柳州站、龙门站模拟量输入信号分别见表 6-7～表 6-9。

表 6-7　　昆北站模拟量输入信号列表

序号	信号名称	含义	来源于
1	IdL _ A	直流极母线线路直流电流	DMI 屏柜合并单元 1（光纤连接）
2	UdL _ A	直流极母线直流电压	DMI 屏柜合并单元 1（光纤连接）
3	IdL _ A _ Op	另一极线路直流电流	DMI 屏柜合并单元 2（光纤连接）
4	UdL _ A _ Op	另一极母线直流电压	DMI 屏柜合并单元 2（光纤连接）

表 6-8　　柳州站模拟量输入信号列表

序号	信号名称	含义	来源于
1	IdL _ YN	昆柳线直流电流	昆柳 DMI 屏柜合并单元 1（光纤连接）
2	UdL _ BUS	汇流母线直流电压	昆柳 DMI 屏柜合并单元 1（光纤连接）
3	IdL _ YN _ Op	另一极昆柳线直流电流	昆柳 DMI 屏柜合并单元 1（光纤连接）
4	UdL _ BUS _ Op	另一极汇流母线直流电压	昆柳 DMI 屏柜合并单元 1（光纤连接）
5	IdLH	柳州站线路保护电流	昆柳 DMI 屏柜合并单元 1（光纤连接）
6	IdL _ GD	柳龙线直流电流	柳龙 DMI 屏柜合并单元 2（光纤连接）
7	UdL _ GD	柳龙线直流电压	柳龙 DMI 屏柜合并单元 2（光纤连接）
8	IdL _ GD _ Op	另一极柳龙线直流电流	柳龙 DMI 屏柜合并单元 2（光纤连接）
9	UdL _ GD _ Op	另一极柳龙线直流电压	柳龙 DMI 屏柜合并单元 2（光纤连接）
10	IdLH	柳州站线路保护电流	柳龙 DMI 屏柜合并单元 2（光纤连接）

表 6-9　　龙门站模拟量输入信号列表

序号	信号名称	含义	来源于
1	IdL _ C	直流极母线线路直流电流	DMI 屏柜合并单元 1（光纤连接）
2	UdL _ C	直流极母线直流电压	DMI 屏柜合并单元 1（光纤连接）
3	IdL _ C _ Op	另一极线路直流电流	DMI 屏柜合并单元 2（光纤连接）
4	UdL _ C _ Op	另一极母线直流电压	DMI 屏柜合并单元 2（光纤连接）

2. 极控接口

保护主机通过极层控制 LAN 与极控进行实时通信，通道为 1118B 插件 1M、1S 光口。

数字开入量见表 6-10～表 6-12。

表 6-10　　极控开入的数据

序号	变量名	含义
1	PCPA/B_DATA0	发送端 ALIVE 信号
2	PCPA/B_DATA1	极控信号（FROM_MC_32BITS）
3	PCPA/B_DATA2	组控信号（FROM_CCP_32BITS）
4	PCPA/B_DATA3	阀 1 电压计算值（Ud_CALC_V1_KV）
5	PCPA/B_DATA4	阀 1 电压计算值（Ud_CALC_V2_KV）
6	PCPA/B_DATA5	换流变压器馈线电压（UAC_RMS_FMC1，极控未采用）
7	PCPA/B_DATA6	中性母线电压计算值（UDN_CALC_KV）

表 6-11　　FROM_MC_32BITS 极控数据

序号	信号名称	含义	适用站
1	RECT	整流	昆北、柳州、龙门
2	DEBL_IND	解锁信号	昆北、柳州、龙门
3	DEBL_IND_FOP	对极解锁信号	昆北、柳州、龙门
4	OLT	开路试验	昆北、柳州、龙门
5	OPN	运行	昆北、柳州、龙门
6	CONT	控制极	昆北、柳州、龙门
7	MR_MODE	金属回线	昆北、柳州、龙门
8	GR_MODE	大地回线	昆北、柳州、龙门
9	URED	降压运行	昆北、柳州、龙门
10	RETARD	移相	昆北
	ORD_VOL_ZERO	控电压到零	柳州、龙门
11	TCOMM_OK_PCP	PCP 站间通信正常	昆北、柳州、龙门
12	STOP_ORD	停运命令	昆北、柳州、龙门
13	NORM_POW_DIR	功率正送	昆北、柳州、龙门
14	NO_ELECTRODE_OPN	无接地极运行	昆北、柳州、龙门
15	PCOM_OK	控制极间通信正常	昆北、柳州、龙门
16	MR_PROT_DIS	退出金属回线保护	昆北、柳州、龙门
17	MR_PROT_EN	允许金属回线保护投入	昆北、柳州、龙门
18	NBSF_FOP	对极 NBSF 启动	昆北、柳州、龙门
19	RL_RESTART	直流线路再启动	昆北、柳州、龙门
20	PCP_TRIG_TFR	触发录波	昆北、柳州、龙门
21	BP_BALANCE_OPN	双极平衡运行	昆北、柳州、龙门
22	RL_ORD_DOWN	线路重启信号	柳州
23	NO_ELECTRODE_OPN_FSTA	其他站无接地极运行	昆北、柳州、龙门
24	ISLAND_IND	孤岛运行模式	昆北
25	ACTIVE	PCP 值班信号	昆北、柳州、龙门
26	BLKFIR_TEST_PCP	PCP 模拟的闭锁脉冲信号	昆北
27	LOW_UDL_FOP	对极电压低信号	昆北、柳州、龙门
28	ESOF_TEST_PCP	PCP 模拟的 ESOF 信号	昆北、柳州、龙门
29	DIS_CONV_ACB_ENB	允许跳交流断路器	昆北、柳州、龙门
30	CV1_MAINT_KEY_ON	高端换流器检修状态	昆北、柳州、龙门
31	CV2_MAINT_KEY_ON	低阀检修状态	昆北、柳州、龙门
32	ESOF_STATUS	紧急停运	昆北、柳州、龙门

表 6-12　FROM _ CCP _ 32BITS 组控数据

序号	信号名称	含义	适用站
1	STOP _ ORD _ LP _ V1	高阀停运命令	昆北、柳州、龙门
2	RETARD _ V1	高阀移相命令	昆北
	ORD _ VOL _ ZERO _ V1	控电压到零	柳州、龙门
3	DEBL _ IND _ V1	高阀解锁信号	昆北、柳州、龙门
4	OPN _ V1	高阀运行信号	昆北、柳州、龙门
5	LOW _ AC _ VOLTAGE _ V1	高阀交流电压低信号	昆北、柳州、龙门
6	STOP _ ORD _ LP _ V2	低阀停运命令	昆北、柳州、龙门
7	RETARD _ V2	低阀移相命令	昆北
	ORD _ VOL _ ZERO _ V2	控电压到零	柳州、龙门
8	DEBL _ IND _ V2	低阀解锁信号	昆北、柳州、龙门
9	OPN _ V2	低阀运行信号	昆北、柳州、龙门
10	LOW _ AC _ VOLTAGE _ V2	低阀交流电压低信号	昆北、柳州、龙门
11	THR _ STA _ OPN	三端运行	昆北、柳州、龙门
12	KUN _ LIU _ OPN	昆柳两端运行	昆北、柳州、龙门
13	LIU _ LON _ OPN	柳龙两端运行	昆北、柳州、龙门
14	KUN _ LON _ OPN	昆龙两端运行	昆北、柳州、龙门

数字开出量见表 6-13～表 6-15。

表 6-13　保护开出数据（昆北/龙门）

序号	变量名	含义
1	ALIVE	本装置 ALIVE 信号
2	OTH _ SIG _ PACK	信号包
3	LINEPR _ TO _ PAM	保护动作信号
4	LINEPR _ ENABLE	保护使能信号

表 6-14　保护开出数据（柳州）

序号	变量名	含义
1	ALIVE	本装置 ALIVE 信号
2	OTH _ SIG _ PACK	信号包
3	LINEPR _ TO _ PAM _ YN	昆柳线保护动作信号
4	LINEPR _ ENABLE _ YN	昆柳线保护使能信号
5	LINEPR _ TO _ PAM _ GD	柳龙线保护动作信号
6	LINEPR _ ENABLE _ GD	柳龙线保护使能信号

表 6 - 15　　OTH _ SIG _ PACK 数据

序号	变量名	含义
1	LOW _ UDL _ TOP	低电压信号
2	REC _ PCPA _ ERR1	缺失极控 A “ALIVE” 信号或数据无效（M1）
3	REC _ PCPA _ ERR2	缺失极控 A “ALIVE” 信号或数据无效（S1）
4	REC _ PCPB _ ERR1	缺失极控 B “ALIVE” 信号或数据无效（M1）
5	REC _ PCPB _ ERR2	缺失极控 B “ALIVE” 信号或数据无效（S1）
6	ACTIVE	本装置 ACTIVE 信号
7	PPR _ FAULT	本装置 EFH 信号
8	MR _ PROT _ DISABLED _ TPCP	退出金属回线保护
9	ISLAND _ IND	孤岛模式
10	DIS _ CONV _ ACB _ ENB	允许切除换流变压器信号
11	ALL _ B08 _ ERR	与极控断开连接

3. 三取二装置接口

柳州站线路保护装置通过光纤直接与本间隔的三取二装置通信，通道为 1118B 插件 3M、4M 光口。

三取二装置数字开入量见表 6 - 16。

表 6 - 16　　三取二装置开入的数据

序号	变量名	含义
1	P2FA/B _ DATA0	发送端 ALIVE 信号
2	P2FA/B _ DATA1	三取二允许本保护退出信号（P2FA/B _ PERM _ EXIT）。 该信号表示三取二装置监测到 3 套保护 ALIVE 信号都消失或都与极控断开连接。 0 表示该间隔无保护运行
3	P2FA/B _ DATA2	三取二允许本保护测试信号（P2FA/B _ PERM _ TEST）。 对于保护 A，该信号表示三取二装置监测到保护 B 或 C 运行正常

数字开出量与极控接口相同，这里不再赘述。

6.1.3.2　I/O 采集单元

I/O 采集单元通过硬接线接收直流场开关的分合信息，通过 CAN 总线将采集量发送至保护主机。昆北站、柳州站、龙门站 I/O 采集单元接收数据分别见表 6 - 17～表 6 - 19。

表 6-17 昆北站 I/O 采集单元接收数据

序号	信号名称	含义	来源于
1	Q5 _ Open _ ind	10B20Q5 开关分位置指示	本屏柜 IO
2	Q5 _ Clos _ ind	10B20Q5 开关合位置指示	本屏柜 IO
3	Q7 _ Open _ ind	10B20Q7 开关分位置指示	本屏柜 IO
4	Q7 _ Clos _ ind	10B20Q7 开关合位置指示	本屏柜 IO
5	Q96 _ Open _ ind	10B20Q96 开关分位置指示	本屏柜 IO
6	Q96 _ Clos _ ind	10B20Q96 开关合位置指示	本屏柜 IO

表 6-18 柳州站 I/O 采集单元接收数据

序号	信号名称	含义	来源于
1	Q1 _ Open _ ind	21/22B03Q1 开关分位置指示	本屏柜 IO
2	Q1 _ Clos _ ind	21/22B03Q1 开关合位置指示	本屏柜 IO
3	Q2 _ Open _ ind	21/22B03Q2 开关分位置指示	本屏柜 IO
4	Q2 _ Clos _ ind	21/22B03Q2 开关合位置指示	本屏柜 IO
5	Q3 _ Open _ ind	21/22B03Q3 开关分位置指示	本屏柜 IO
6	Q3 _ Clos _ ind	21/22B03Q3 开关合位置指示	本屏柜 IO
7	Q90 _ Open _ ind	21/22B03Q90 开关分位置指示	本屏柜 IO
8	Q90 _ Clos _ ind	21/22B03Q90 开关合位置指示	本屏柜 IO
9	Q5 _ Open _ ind	20B20Q5 开关分位置指示	本屏柜 IO
10	Q5 _ Clos _ ind	20B20Q5 开关合位置指示	本屏柜 IO
11	Q7 _ Open _ ind	20B20Q7 开关分位置指示	本屏柜 IO
12	Q7 _ Clos _ ind	20B20Q7 开关合位置指示	本屏柜 IO
13	Q96 _ Open _ ind	20B20Q96 开关分位置指示	本屏柜 IO
14	Q96 _ Clos _ ind	20B20Q96 开关合位置指示	本屏柜 IO
15	Q4 _ Open _ ind	20B20Q4 开关分位置指示	本屏柜 IO
16	Q4 _ Clos _ ind	20B20Q4 开关合位置指示	本屏柜 IO
17	Q6 _ Open _ ind	20B20Q6 开关分位置指示	本屏柜 IO
18	Q6 _ Clos _ ind	20B20Q6 开关合位置指示	本屏柜 IO
19	Q95 _ Open _ ind	20B20Q95 开关分位置指示	本屏柜 IO
20	Q95 _ Clos _ ind	20B20Q95 开关合位置指示	本屏柜 IO

表 6-19　　龙门站 I/O 采集单元接收数据

序号	信号名称	含义	来源于
1	Q5 _ Open _ ind	30B20Q5 开关分位置指示	本屏柜 IO
2	Q5 _ Clos _ ind	30B20Q5 开关合位置指示	本屏柜 IO
3	Q7 _ Open _ ind	30B20Q7 开关分位置指示	本屏柜 IO
4	Q7 _ Clos _ ind	30B20Q7 开关合位置指示	本屏柜 IO
5	Q96 _ Open _ ind	30B20Q96 开关分位置指示	本屏柜 IO
6	Q96 _ Clos _ ind	30B20Q96 开关合位置指示	本屏柜 IO
7	Q4 _ Open _ ind	30B20Q4 开关分位置指示	本屏柜 IO
8	Q4 _ Clos _ ind	30B20Q4 开关合位置指示	本屏柜 IO
9	Q6 _ Open _ ind	30B20Q6 开关分位置指示	本屏柜 IO
10	Q6 _ Clos _ ind	30B20Q6 开关合位置指示	本屏柜 IO
11	Q95 _ Open _ ind	30B20Q95 开关分位置指示	本屏柜 IO
12	Q95 _ Clos _ ind	30B20Q95 开关合位置指示	本屏柜 IO

6.1.3.3　三取二装置

1. 保护装置接口

详见 6.1.3.1 保护主机部分。

2. 就地单元接口

三取二装置开出的信号见表 6-20。

表 6-20　　三取二装置开出的信号

序号	信号名称	含义	去处
1	ACB1 _ trip1	电量保护跳高端换流器边开关命令	断路器操作箱
2	ACB1 _ trip1 _ F	非电量跳高阀边开关命令	断路器操作箱
3	ACB1 _ trip 2	电量保护跳高阀中开关命令	断路器操作箱
4	ACB1 _ trip 2 _ F	非电量保护跳高阀中开关命令	断路器操作箱
5	ACB2 _ trip1	电量保护跳低阀边开关命令	断路器操作箱
6	ACB2 _ trip1 _ F	非电量保护跳低阀边开关命令	断路器操作箱
7	ACB2 _ trip 2	电量保护跳低阀中开关命令	断路器操作箱
8	ACB2 _ trip 2 _ F	非电量保护跳低阀中开关命令	断路器操作箱
9	HSS _ rcl	重合 HSS 命令	就地机构箱

6.1.3.4 TFR

1. 昆柳线录波点表

直流线路保护系统 TFR 录波点表（昆柳线）见表 6-21。

表 6-21 直流线路保护系统 TFR 录波点表（昆柳线）

序号	物理量名称	物理含义
模拟量		
1	UdL_B	本极汇流母线直流电压
2	IdL_YN	柳北站本极昆柳线电流
3	UdL_B_OP	对极汇流母线直流电压
4	IdL_YN_OP	柳北站对极昆柳线电流
5	IdL_BUS_LB1	柳北站极母线电流
6	DID_YN	昆柳线本极电流变化量
7	DID_OP_YN	昆柳线对极电流变化量
8	DUD_YN	昆柳线本极电压变化量
9	DUD_OP_YN	昆柳线对极电压变化量
10	DIFF_WAVE_YN	昆柳线线模波
11	COMM_WAVE_YN	昆柳线零模波
12	COMM_WAVE_DT_YN	昆柳线零模波陡度 1
13	CO_WAVE_DT_YN	昆柳线零模波陡度 2
14	IN_COMM_WAVE_YN	昆柳线零模波积分值
15	IN_DIFF_WAVE_YN	昆柳线线模波积分值
16	DUDT1_YN	昆柳线电压陡度
17	DUDT2_YN	昆柳线电压陡度
18	DIDT_YN	昆柳线电流陡度
19	DIF_WAVE2_YN	昆柳线线模波 2
20	TWSET_BASE_YN	昆柳线线路保护定值基准值
21	IdLPLD_YN	昆柳线线路两端差流
22	DLPLD_RES_YN	昆柳线线路纵差制动电流
23	IdL_YN_FOSTA	对站昆柳线电流
24	IdL_YN_100	经 100ms 滤波的昆柳线电流
25	LPUV_SET_REF_YN	昆柳线低电压定值参考值
26	MRLDP_DIFF_YN	昆柳线金属回线纵差差动电流
27	MRLDP_IRES_YN	昆柳线金属回线纵差制动电流
28	UdL_50Hz	直流电压 50Hz 分量
29	IdLH_50Hz	直流电流 50Hz 分量

续表

序号	物理量名称	物理含义
模拟量		
30	IBDP _ DIFF	汇流母线保护差动电流
31	BDP _ RES1	汇流母线保护制动电流 1
32	BDP _ RES2	汇流母线保护制动电流 2
33	I _ AMP _ YN	昆柳线电流幅值
34	IdL _ YN _ OP _ 10	滤波后的昆柳线对极电流
35	IdL _ YN _ OP _ FOSTA	昆柳线对站对极电流
36	PR _ MC1 _ 16BITS	PCP 发来 32 位数据的低 16 位
37	PR _ MC1 _ 32BITS	PCP 发来 32 位数据的高 16 位
38	PR _ CCP _ 16BITS	CCP 发来 32 位数据的低 16 位
39	PR _ CCP _ 32BITS	CCP 发来 32 位数据的高 16 位
40	TESTSET	试验置数模式
41	IdL _ GD	本极柳龙线电流
数字量		
1	LPTW _ TRIP1	行波保护Ⅰ段动作
2	Ud _ TRIG _ PULSE _ YN	昆柳线电压开放行波保护信号
3	NEG _ FIRST _ YN	昆柳线行波及电流反向信号
4	Ud _ IS _ CRASHED _ YN	昆柳线电压跌落信号
5	COMM _ W _ DT _ FUL _ YN	昆柳线零模波陡度满足
6	WAVE _ FUL _ YN	昆柳线行波满足定值
7	DIF _ W _ DT _ FUL _ YN	昆柳线线模波陡度满足
8	COMM _ W _ AMP _ FUL _ YN	昆柳线零模波幅值满足
9	DIF _ W _ AMP _ FUL _ YN	昆柳线线模波幅值满足
10	ENBL _ YN	昆柳线使能
11	DID _ DEC _ YN	昆柳线电流下降信号（用于行波保护）
12	DID _ INC _ YN	昆柳线电流上升信号（用于行波保护）
13	DISABLE _ YN	昆柳线不使能
14	DIR _ IS _ NEG _ YN	昆柳线反向行波
15	DIR _ IS _ POS _ YN	昆柳线正向行波
16	Ud _ IS _ HIGH22 _ YN	昆柳线电压高信号（用于行波保护）
17	Ud _ IS _ LOW22 _ YN	昆柳线电压低信号（用于行波保护）
18	DUDT _ TRIP1 _ YN	昆柳线直流线路电压突变量保护Ⅰ段动作
19	DUDT _ DID _ INC _ YN	昆柳线电流下降信号（用于 27DUDT）
20	DUDT _ DID _ DEC _ YN	昆柳线电流上升信号（用于 27DUDT）

续表

序号	物理量名称	物理含义
数字量		
21	DUDT _ C1 _ YN	昆柳线 DUDT 计算值 1 大于定值
22	DUDT _ C2 _ YN	昆柳线 DUDT 计算值 2 大于定值
23	DUDT _ FULL _ YN	昆柳线电压突变量满足
24	Ud _ IS _ LOW _ YN	昆柳线电压低于定值（用于 27DUDT）
25	Ud _ TRIG _ YN	昆柳线电压开放保护信号（用于 27DUDT）
26	Ud _ IS _ OK _ YN	昆柳线电压正常信号（用于 27DUDT）
27	DUDT _ UD _ IS _ CRASH _ YN	昆柳线电压跌落信号（用于 27DUDT）
28	DUDT _ NEG _ FIRST _ YN	昆柳线电流反向信号（用于 27DUDT）
29	LP _ ENABLE _ YN	昆柳线线路保护使能
30	LPUV _ TR _ YN	昆柳线直流线路低电压保护动作
31	TCOMFLT _ LPUV _ TR _ YN	站间通信故障昆柳线低电压保护动作出口（跳闸）
32	LPLD _ TR _ YN	昆柳线直流线路纵差保护动作
33	MRLDP _ TRIP _ YN	昆柳线金属回线纵差保护动作
34	MRLDP _ ORD _ DOWN _ YN	昆柳线金属回线纵差保护动作后低压线路重启
35	ACDC _ TRIP	交直流碰线保护动作
36	BDP _ TRIP1	汇流母线保护Ⅰ段动作
37	BDP _ TRIP2	汇流母线保护Ⅱ段动作
38	EFH	紧急故障
39	EXTENDED _ QD	长期启动
40	ACTIVE	运行
41	TEST	试验
42	TRIG _ CUST	录波触发信号

2. 柳龙线录波点表

直流线路保护系统 TFR 录波点表（柳龙线）见表 6 - 22。

表 6 - 22　　直流线路保护系统 TFR 录波点表（柳龙线）

序号	物理量名称	物理含义
ANALOG		
1	UdL _ GD	本极柳龙线直流电压
2	IdL _ GD	柳北站本极柳龙线电流
3	UdL _ GD _ OP	对极柳龙线直流电压
4	IdL _ GD _ OP	柳北站对极柳龙线电流
5	IdL _ BUS _ LB2	柳北站极母线电流
6	DID _ GD	柳龙线本极电流变化量

续表

序号	物理量名称	物理含义
	ANALOG	
7	DID _ OP _ GD	柳龙线对极电流变化量
8	DUD _ GD	柳龙线本极电压变化量
9	DUD _ OP _ GD	柳龙线对极电压变化量
10	DIFF _ WAVE _ GD	柳龙线线模波
11	COMM _ WAVE _ GD	柳龙线零模波
12	COMM _ WAVE _ DT _ GD	昆柳线零模波陡度 1
13	CO _ WAVE _ DT _ GD	柳龙线零模波陡度 2
14	IN _ COMM _ WAVE _ GD	柳龙线零模波积分值
15	IN _ DIFF _ WAVE _ GD	柳龙线线模波积分值
16	DUDT1 _ GD	柳龙线电压陡度
17	DUDT2 _ GD	柳龙线电压陡度
18	DIDT _ GD	柳龙线电流陡度
19	DIF _ WAVE2 _ GD	柳龙线线模波 2
20	TWSET _ BASE _ GD	柳龙线线路保护定值基准值
21	IdLPLD _ GD	柳龙线线路两端差流
22	DLPLD _ RES _ GD	柳龙线线路纵差制动电流
23	IdL _ GD _ FOSTA	对站柳龙线电流
24	IdL _ GD _ 100	经 100ms 滤波的昆柳线电流
25	LPUV _ SET _ REF _ GD	柳龙线低电压定值参考值
26	MRLDP _ DIFF _ GD	柳龙线金属回线纵差差动电流
27	MRLDP _ IRES _ GD	柳龙线金属回线纵差制动电流
28	UdL _ 50Hz	直流电压 50Hz 分量
29	IdLH _ 50Hz	直流电流 50Hz 分量
30	IBDP _ DIFF	汇流母线保护差动电流
31	BDP _ RES1	汇流母线保护制动电流 1
32	BDP _ RES2	汇流母线保护制动电流 2
33	I _ AMP _ GD	柳龙线电流幅值
34	IdL _ GD _ OP _ 10	滤波后的柳龙线对极电流
35	IdL _ GD _ OP _ FOSTA	柳龙线对站对极电流
36	IdL _ YN	本极昆柳线电流
	DIGITAL	
1	LPTW _ TRIP1 _ GD	行波保护 I 段动作

续表

序号	物理量名称	物理含义
	DIGITAL	
2	Ud _ TRIG _ PULSE _ GD	柳龙线电压开放行波保护信号
3	NEG _ FIRST _ GD	柳龙线行波及电流反向信号
4	Ud _ IS _ CRASHED _ GD	柳龙线电压跌落信号
5	COMM _ W _ DT _ FUL _ GD	柳龙线零模波陡度满足
6	WAVE _ FUL _ GD	柳龙线行波满足定值
7	DIF _ W _ DT _ FUL _ GD	柳龙线线模波陡度满足
8	COMM _ W _ AMP _ FUL _ GD	柳龙线零模波幅值满足
9	DIF _ W _ AMP _ FUL _ GD	柳龙线线模波幅值满足
10	ENBL _ GD	柳龙线使能
11	DID _ DEC _ GD	柳龙线电流下降信号（用于行波保护）
12	DID _ INC _ GD	柳龙线电流上升信号（用于行波保护）
13	DISABLE _ GD	柳龙线不使能
14	DIR _ IS _ NEG _ GD	柳龙线反向行波
15	DIR _ IS _ POS _ GD	柳龙线正向行波
16	Ud _ IS _ HIGH22 _ GD	柳龙线电压高信号（用于行波保护）
17	Ud _ IS _ LOW22 _ GD	柳龙线电压低信号（用于行波保护）
18	DUDT _ TRIP1 _ GD	柳龙线直流线路电压突变量保护Ⅰ段动作
19	HSSP _ RECL	HSS开关保护重合HSS
20	HSSP _ TRIP	HSS开关保护跳闸
21	HSS _ CLOSE _ IND	HSS开关合位
22	DUDT _ DID _ INC _ GD	柳龙线电流下降信号（用于27DUDT）
23	DUDT _ DID _ DEC _ GD	柳龙线电流上升信号（用于27DUDT）
24	DUDT _ C1 _ GD	柳龙线DUDT计算值1大于定值
25	DUDT _ C2 _ GD	柳龙线DUDT计算值2大于定值
26	DUDT _ FULL _ GD	柳龙线电压突变量满足
27	Ud _ IS _ LOW _ GD	柳龙线电压低于定值（用于27DUDT）
28	Ud _ TRIG _ GD	柳龙线电压开放保护信号（用于27DUDT）
29	Ud _ IS _ OK _ GD	柳龙线电压正常信号（用于27DUDT）
30	DUDT _ UD _ IS _ CRASH _ GD	柳龙线电压跌落信号（用于27DUDT）
31	DUDT _ NEG _ FIRST _ GD	柳龙线电流反向信号（用于27DUDT
32	LP _ ENABLE _ GD	柳龙线昆柳线线路保护使能
33	LPUV _ TR _ GD	柳龙线直流线路低电压保护动作

续表

序号	物理量名称	物理含义
DIGITAL		
34	TCOMFLT _ LPUV _ TR _ GD	站间通信故障昆柳线低电压保护动作出口（跳闸）
35	LPLD _ TR _ GD	柳龙线直流线路纵差保护动作
36	MRLDP _ TRIP _ GD	柳龙线金属回线纵差保护动作
37	MRLDP _ ORD _ DOWN _ GD	柳龙线金属回线纵差保护动作后低压线路重启
38	ACDC _ TRIP	交直流碰线保护动作
39	BDP _ TRIP1	汇流母线保护Ⅰ段动作
40	BDP _ TRIP2	汇流母线保护Ⅱ段动作
41	TRIG _ CUST	触发录波

6.1.4　装置自检

6.1.4.1　ACTIVE 与 ALIVE 信号

装置运行“ACTIVE”信号可通过后台和装置面板生成，但需要以满足以下两个条件为前提：

(1) 装置上电 20s 后；

(2) 装置无“保护长期启动”告警信号。

装置心跳“ALIVE”信号装置上电后生成，表现为周期 2ms，占空比 50%的方波信号。

6.1.4.2　站间通信信号自检

通信信号自检通过 TCOM _ FLAG 脉动信号实现：

(1) 假设三站的保护装置同时上电，TCOM _ FLAG 信号为 0，计数器开始计数，当计数大于 1 时，生成 14ms 的脉冲 TCOM _ FG _ TSTA 信号波；

(2) 整流站直接将 TCOM _ FG _ TSTA 信号发送出去，逆变站则需要看门狗信号 TCOM _ TIMEOUT 为 0 的时候发送给对站；

(3) 换流站收到 TCOM _ FLAG 信号后生成 14ms 的脉冲波，该脉冲波将使看门狗信号 TCOM _ TIMEOUT 保持为 0；

(4) 若系统在 1176ms 内未收到 TCOM _ FLAG 信号，则看门狗信号 TCOM _ TIMEOUT 置 1，保护程序 TCOM _ OK 信号将置 0。

6.1.4.3　故障自检

直流线路保护装置有 3 类告警级别，分别是紧急故障（EFH）、严重故障（SFH）、轻微故障（MFH），1192C 插件与 1118B 插件都分别设置相应逻辑，分别见表 6-23～表 6-25。

表 6-23　　B03/1192C 插件自检

序号	事件类型
EFH	
1	定时器故障
SFH	
1	所有模拟量无效
2	1、2 号模拟量采样板数据无效/监视故障/校验出错
MFH	
1	DSP/定时器告警
2	主机电源板/主机异常
3	UdL 模拟量自检异常
4	对极 IdLH _ OP 测量异常

表 6-24　　B09/1118B/MAIN 插件自检

序号	事件类型
EFH	
1	定时器故障
MFH	
1	DSP/定时器告警
2	与极控通信任一 LAN 失去“ALIVE”信号/数据无效/监视故障

表 6-25　　B09/1118B/MAIN2 插件自检

序号	事件类型
EFH	
1	定时器故障
2	保护出口长期启动
3	不具备退出保护条件下与极控通信全中断（仅柳州站）
MFH	
1	DSP/定时器告警
2	B01/1107 插件进程异常
3	CAN 总线故障
4	I/O 单元装置失电
5	I/O 单元信号电源丢失
6	隔离开关位置异常

续表

序号	事件类型
7	测试模式设定
8	具备退出保护条件下与极控通信全中断（仅柳州站）
9	极控通信全中断（昆北、龙门）

以上 3 类信号分别汇总后报相应报文，同时存在 EFH 情况下系统将产生“HD_NOTOK”信号闭锁所有保护逻辑。

6.1.5　开关量数据监视与处理

乌东德工程换流站的线路保护系统用于开关量数据接收和处理的功能模块为 B09/1118：COMM/Main2/IOSW：IOSWAPP，该模块用于进行开关量有效性判断。

线路保护系统通过 CAN 总线收到来自不同源节点的直流场开关量数据包后进行分解还原为多路开关量输出，线路保护系统接收的开关量信息是一个 32 位的开关量数据包，最多可以分解为 32 个 1 位的开关数值信号。以昆北站接收的 Q5 隔离开关开关量为例，其数据分解和处理如图 6-12 所示。

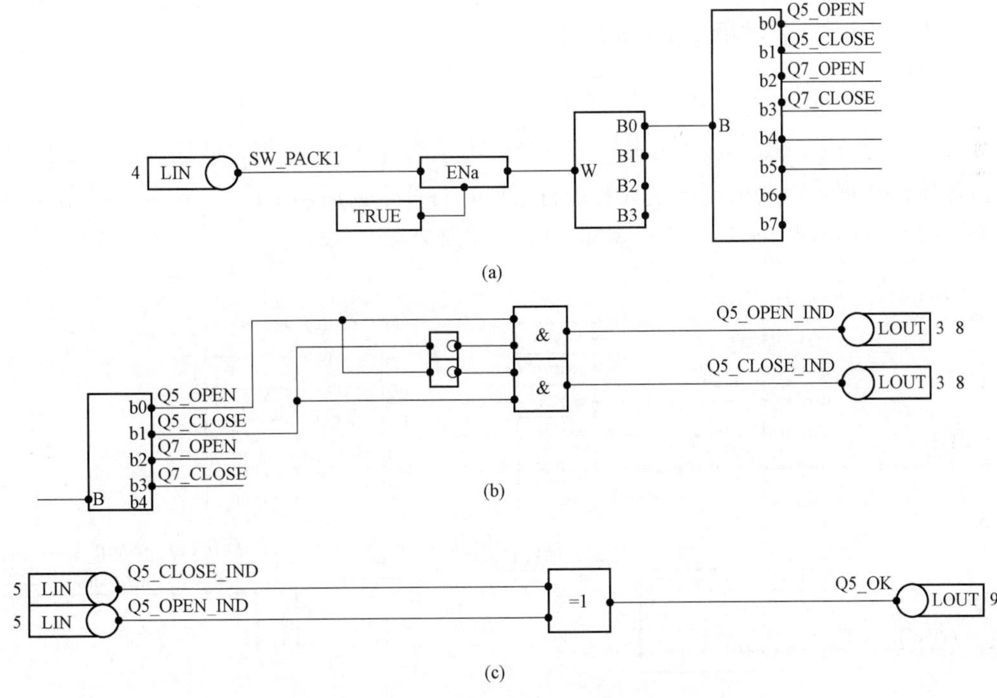

图 6-12　开关量数据处理与有效性判断

(a) 开关量数据还原；(b) Q5 隔离开关合位置、分位置指示生成；(c) Q5 隔离开关合位置、分位置指示有效性判断

Q5 隔离开关的分位、合位指示信号 Q5 _ OPEN _ IND 与 Q5 _ CLOSE _ IND 的生成如图 6 - 12（b）所示。线路保护对断路器、隔离开关位置进行有效性判断，如图 6 - 12（c）所示。若任意隔离开关的双位置节点中分位、合位指示信号不是对应取反，延时 30s，则认为位置异常，保护报轻微故障，发出 SER 报文“断路器、隔离开关位置错误”。该轻微故障可能引起本套保护系统相关保护误动或拒动。

线路保护装置对部分开关隔离开关位置的开入量采用了 RS 触发器保持，如图 6 - 13 所示。当信号电源丢失时，其位置信号保持电源丢失前的状态不变，保护的功能保持正常状态，在不操作隔离开关或断路器的前提下系统仍然可以正常运行。如果在信号电源恢复前操作相关的隔离开关或断路器则保护可能误动。开关量数据经上述预处理后打包发送至线路保护系统功能模块以供使用，开关量数据多用于产生保护功能模块的使能信号。柳州、龙门站配置的线路保护系统的开关量数据处理方法类似。

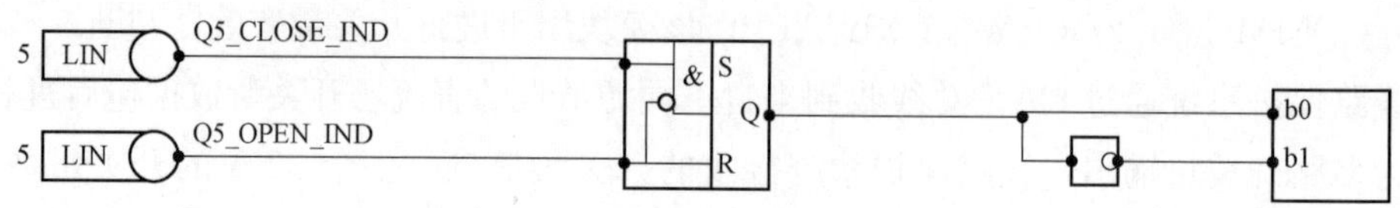

图 6 - 13　开关量 RS 触发器保持

6.1.6　模拟量数据监视与处理

6.1.6.1　模拟量数据预处理策略

1192 接收 IEC 60044 - 8 模块的每一个输出量均为 16 位数据，线路保护系统接收的模拟量原始数据均需要根据通信规约进行还原，将 3 个通道输出的 16 位原始数据还原为两个 24 位采样数据（带符号位扩展），如图 6 - 14 所示。

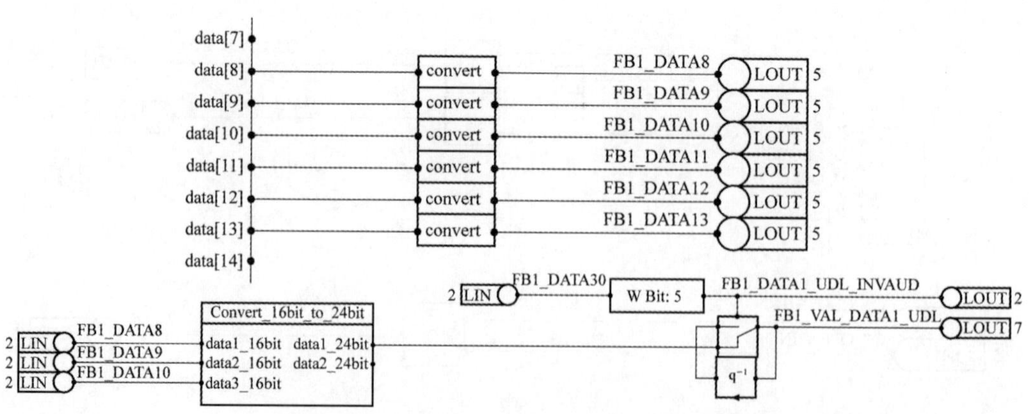

图 6 - 14　模拟量数据还原（昆北站 UdL，来源于光纤 1）

图中接收模块对每一个模拟量数据的有效性均进行了判断，接收模块的输出量 FB1 _ DATA1 包含了该模块输出的所有模拟量数据的可用状态。以图示模拟量 UdL 为

例，进行数据还原时从变量 FB1 _ DATA1 取出对应位（第 5 位）的量进行判断，当该位的数值为 1 时数据不可用，模拟量保持之前的状态不变。其余接收模块和模拟量的数据还原方式类似。当进入注流试验模式时，需要对极直流电压电流以及双极电流测点进行处理。因而这部分数据的还原环节还需要结合注流模式状态字共同构成判据，当且仅当非注流模式下以及 FB1 _ DATA1 对应位的量为 0 时数据可用，逻辑如图 6 - 15 所示。

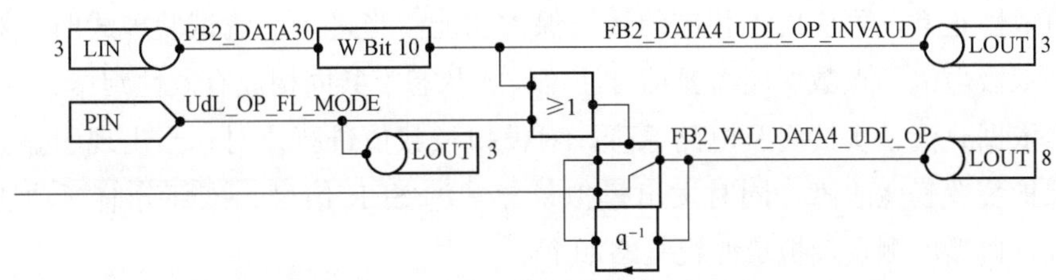

图 6 - 15　模拟量数据还原（UdL _ OP）

得到采样数据后，线路保护系统程序根据各个测点的对应测量装置变比对电流、电压数据进行还原。线路保护程序中 MIF _ SET _ 1 页面中对模拟量的变比值进行了设定：如在昆柳龙工程中，直流线路测点使用的电压互感器 VT 的变比为 0.032，昆柳线路电流互感器 TA 变比约为 0.2381，柳州站线路电流互感器 TA 变比约为 0.0893，柳龙线电流互感器 TA 变比约为 0.14881，在 MIF _ SET _ 2 页面下用户可通过将极性状态字UdL _ B _ SCALE _ POLAR 置位为 1 或－1 改变极性并得到最终的变比值，在 INPUT 页面下依据该变比值对测量值进行还原，图 6 - 16 展示了汇流母线直流电压 UdL _ B 信号的换算过程。

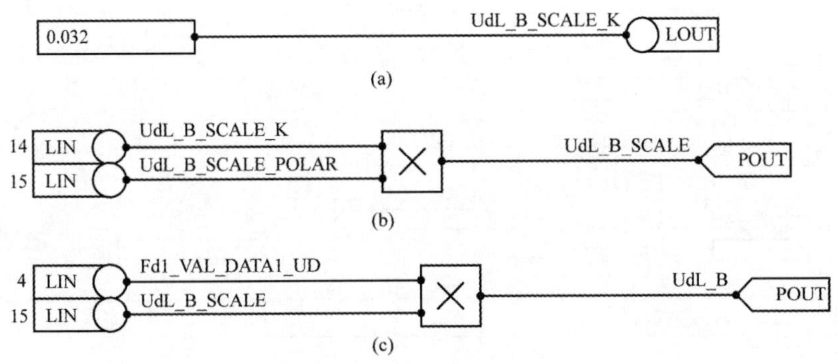

图 6 - 16　汇流母线直流电压 UdL _ B 变比换算过程

变比换算后的数据被送往 TFR 录波、直流线路和汇流母线区保护功能模块或作为极保护系统遥测量，部分数据需要进行进一步的滤波处理。线路保护系统采用了无限长脉冲响应滤波器。根据不同的需要对模拟量分别使用了一阶、二阶、四阶与六阶滤波。

6.1.6.2　模拟量数据监视策略

数据接收模块将对电流、电压等模拟量从两方面进行数据有效性判断：

（1）对光纤数据进行校验，若发现光纤数据有效性异常/光纤通信中断（如光纤通道断链、连续超时等情况）或 CRC 校验错误，延时 4ms，将判断该数据无效，闭锁该模拟量相关保护功能。当数据帧异常时，发出 SER 报文“光纤数据帧错误”；当光纤通信中断时，发出 SER 报文“光纤数据接收错误”；当发现 CRC 校验错误时，发出 SER 报文“光纤数据 CRC 错误”。当不存在以上三项错误且接收模拟量数据不存在错误时，判定该模拟量有效性正常，可应用于相应的线路保护功能。当进入注流试验模式时，对于极电压电流和双极电流测点数据还需要结合注流模式状态字共同构成有效性判据。

（2）依据直流一次接线及电路原理，对模拟量数值进行比对，当出现明显异常数据时，报保护装置轻微故障，同时发出模拟量异常的 SER 信号。该部分监视功能由 ACS 模块完成，典型的测点模拟量监视策略如下：

直流线路电压测量异常（UdL）。该部分主要结合系统的运行方式，将 UdL 的测量值与计算值进行对比以判断测量值是否有误。Ud 计算值（UdL_CALC）＝中性母线电压计算值（UdN_CALC）＋运行换流器计算电压值（Ud_CALC_V1_MC1、Ud_CALC_V2_MC1，由极控系统提供）。

正常解锁运行状态下，若经 60s 延时满足｜UdL_CALC - UdL｜＞0.1×Ud_NOM，或经 10s 延时同时满足 0.5×Ud_NOM＞UdL 以及 IdLH＞0.1×Id_NOM，则发出“UdL 测量异常”报文，产生“ACS_Ud_DET_OUT”信号。

特别指出，UdL 电压自检模块考虑了直流系统解锁时电流不稳定上升的工况，即 40ms 内，满足直流线路电流大于 0.1 倍额定值，则开放 UdL 电压自检 2s。

直流线路电压测量异常的模拟量监视策略如图 6-17 所示。换流站解锁时波形如图 6-18 所示。

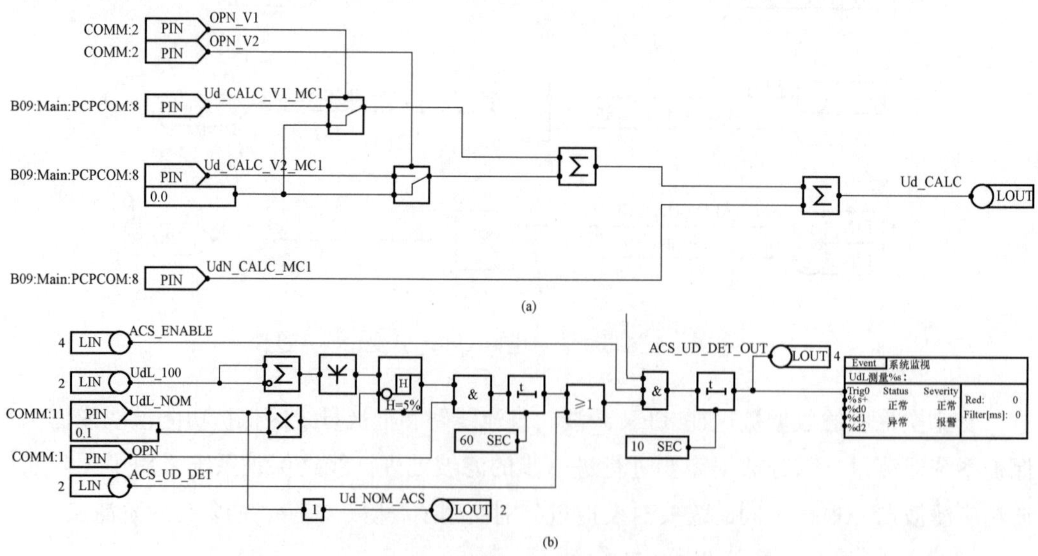

图 6-17 直流线路电压测量异常的模拟量监视策略

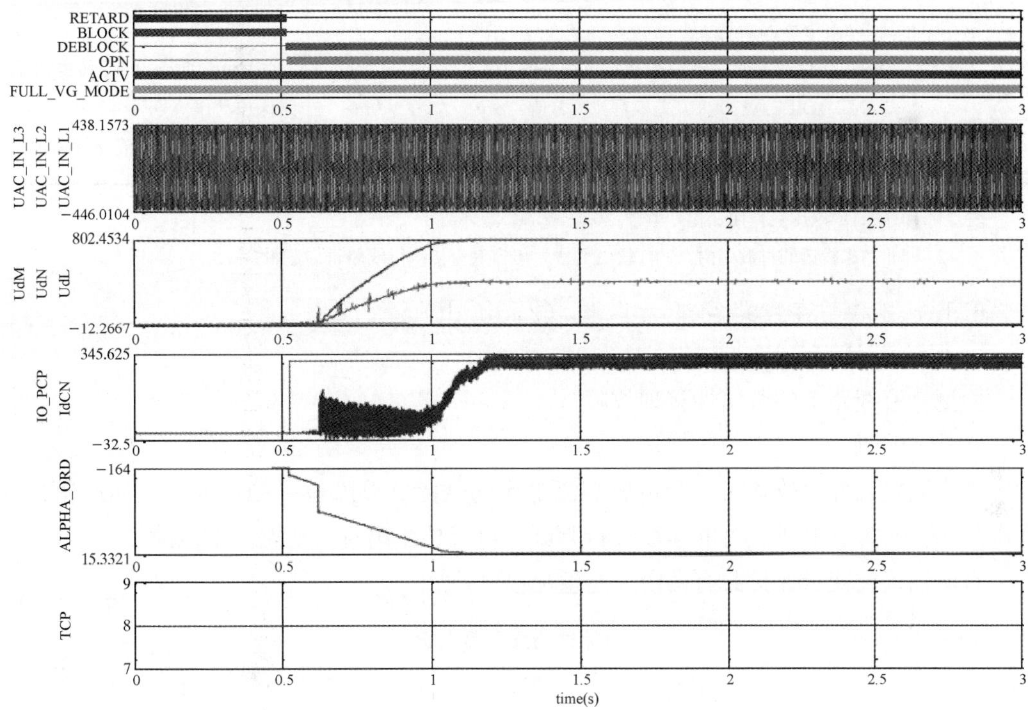

图 6-18　换流站解锁时波形

6.1.7　直流线路保护功能梳理

6.1.7.1　直流线路行波保护（WFPDL）

1. 保护范围

检测直流线路上的金属性接地故障。

2. 保护原理

当直流线路发生故障时，相当于在故障点叠加了一个反向电源，这个反向电源造成的影响以行波的方式向两站传播。保护通过检测行波的特征来检出线路的故障。

直流线路行波保护共有两段，定值见表 6-26。

表 6-26　　　　直流线路行波保护

保护段	定值	延时	出口方式
动作段 （Ⅰ段）	INT _ COMM>1050kV（共模行波积分值）＊k INT _ DIFF>500kV（差模行波积分值）＊k COMM _ DT>3200kV/ms（共模行波抖度值）＊k	0ms	启动线路重启逻辑

续表

保护段	定值	延时	出口方式
动作段（Ⅱ段）	INT _ COMM>400kV（共模行波积分值）* k INT _ DIFF>350kV（差模行波积分值）* k COMM _ DT>900kV/ms（共模行波抖度值）* k	0ms	先移相，收到柳北站的昆柳线路保护动作信号后再执行线路重启逻辑和发出昆柳线路故障告警

注 1. k 值随直流电压变化而变化，范围：0.5～1.0。

2. 柳北站未投运的过渡期内，动作段（Ⅱ段）出口后直接执行线路重启逻辑。

6.1.7.2 直流线路突变量保护（27du/dt）

1. 保护范围

检测直流线路上的金属性接地故障。

2. 保护原理

当直流线路发生故障时，会造成直流电压的跌落。故障位置的不同，电压跌落的速度也不同。通过对电压跌落的速度进行判断，可以检测出直流线路上的故障。

直流线路突变量保护共有两段，定值见表 6 - 27。

表 6 - 27　　直流线路突变量保护

保护段	定值	延时	出口方式
动作段（Ⅰ段）	delta（UdL（t））<−2.5p.u./ms * 800 * k ｜UdL｜<0.4p.u. * 800 * k	0ms	启动线路重启逻辑
动作段（Ⅱ段）	delta（UdL（t））<−1.16p.u./ms * 800 * k ｜UdL｜<0.45p.u. * 800 * k	0ms	先移相，收到柳北站的昆柳线路保护动作信号后再执行线路重启逻辑和发出昆柳线路故障告警

注 1. k 值随直流电压变化而变化，范围：0.5～1.0。

2. 柳北站未投运的过渡期内，动作段（Ⅱ段）出口后直接执行线路重启逻辑。

6.1.7.3 直流线路低电压保护（27DCL）

1. 保护范围

检测直流线路上的金属性和高阻接地故障。用于线路再启动后，电压建立过程中仍然存在的线路故障。

2. 保护原理

当直流线路发生故障时，会造成直流电压无法维持。通过对直流电压的检测，如果发现直流电压持续一定的时间低，判断为直流线路故障。

直流线路低电压保护共有两段，定值见表 6 - 28。

表 6-28　直流线路低电压保护

保护段	定值	延时	出口方式
低电压定值（正常电压运行）	UdL＜0.4p.u.	站间通信正常：120ms。 站间通信异常且对站状态已知：200ms。 站间通信异常且对站状态未知：800ms	启动线路重启逻辑（站间通信正常时）。 极层 Y 型 ESOF 本站、跳/锁定换流变压器开关、极隔离命令（站间通信异常时）
低电压定值（降压运行）	UdL＜0.3p.u.	站间通信正常：120ms。 站间通信异常且对站状态已知：200ms。 站间通信异常且对站状态未知：800ms	启动线路重启逻辑（站间通信正常时）。 极层 Y 型 ESOF 本站、跳/锁定换流变压器开关、极隔离命令（站间通信异常时）

注　昆北站站间通信正常时，若线路故障第二次移相，本保护延时变为 100ms。

6.1.7.4　直流线路纵差保护（87DCLL）

1. 保护范围

检测直流线路上的金属性和高阻接地故障。

2. 保护原理

当直流线路发生故障时，必然造成直流线路两端的电流大小不等。

直流线路纵差保护共有两段，定值见表 6-29。

表 6-29　直流线路纵差保护定值表

保护段	定值	延时	出口方式
告警段	| IdL-IdL_FOSTA | ＞0.03p.u.＋0.1＊IdL	700ms	报文告警
动作段	| IdL-IdL_FOSTA | ＞0.05p.u.＋0.1＊IdL	800ms	启动线路重启逻辑

注　1. 昆龙线运行，IdL_FOSTA 取龙门站直流线路电流 IdL_C。
2. 昆柳线运行，IdL_FOSTA 取柳北站直流线路电流 IdL_YN。

6.1.7.5　交直流碰线保护（81-I/U）

1. 保护范围

检测交直流线路碰接造成的故障。

2. 保护原理

交直流线路碰接导致交直流线路存在直接的电气联系，直流线路被注入交流线路的电量，直流线路的电量也会被注入交流线路，使得故障线路同时存在交流分量和直流分量。

交直流碰线保护共有两段，定值见表 6-30。

表 6-30 交直流碰线保护

保护段	定值	延时	出口方式
慢速段	UdL _ 50Hz ＞ 170kV，且 IdL _ 50Hz ＞ 480A	0.15s	极层 X 型 ESOF 闭锁三站、跳/锁定换流变压器开关、极隔离命令
快速段	IdL ＞ 6400A，且 IdL _ 50Hz ＞ 1500A	0.01s	极层 X 型 ESOF 闭锁三站、跳/锁定换流变压器开关、极隔离命令

6.1.7.6 金属回线纵差保护（87MRL）

1. 保护范围

检测金属回线线路的接地故障。

2. 保护原理

金属回线纵差保护检测对极直流线路电流 IdL _ OP 和对站对极直流线路电流 IdL _ OP _ ost 差值的绝对值是否越限。

金属回线纵差保护共有两段，定值见表 6-31。

表 6-31 金属回线纵差保护定值表

保护段	定值	延时	出口方式
告警段	∣IdL _ OP - IdL _ OP _ ost∣＞MAX［0.02p.u.，0.1＊0.5＊∣IdL _ OP+IdL _ OP _ ost∣］	1500ms	报文告警
动作段	∣IdL _ OP - IdL _ OP _ ost∣＞MAX［0.03p.u.，0.1＊0.5＊∣IdL _ OP+IdL _ OP _ ost∣］	500ms	启动线路低压重启逻辑
		800ms	极层 Y 型 ESOF 本站、跳/锁定换流变压器开关、极隔离命令

注 1. 昆龙线运行，IdL _ FOSTA 取龙门站直流线路电流 IdL _ C。

2. 昆柳线运行，IdL _ FOSTA 取柳北站直流线路电流 IdL _ YN。

6.1.7.7 柳龙线 HSS 开关保护（82-HSS）

1. 保护范围

保护柳龙线高速并联开关 HSS2，在 HSS 无法断弧的情况下，重合开关以保护设备。保护范围为高速并联开关。在昆柳龙工程中，该保护仅柳州站配置。

2. 保护原理

柳龙线 HSS 开关保护检测昆柳线线路电流与柳北站极母线电流、柳龙线线路电流之和的差值绝对值是否越限。

柳龙线高速并联开关保护共有两段，定值见表 6-32。

表 6-32 柳龙线 HSS 开关保护

保护段	定值	延时	出口方式
重合段	HSS 合闸位置消失后，满足∣IdL _ GD∣＞100A	150ms	重合高速并联开关 HSS
动作段	HSS 合闸位置消失后，满足∣IdL _ GD∣＞100A	300ms	X 型 ESOF、跳/锁定换流变压器开关、进行极隔离

6.2　极保护系统数据处理方法

6.2.1　直流极保护系统概述

乌东德电站送电广东广西特高压多端直流示范工程常直站的极保护（简称常规直流极保护）与柔直站的极保护（简称柔性直流极保护）按照极进行配置，每个极配置 3 面屏，包含保护装置、I/O 采集单元、三取二装置，其中 I/O 采集单元采集直流场开关量状态信息，三取二装置用于保护动作后的出口逻辑处理。

常规直流极保护与柔性直流极保护的种类及其所用测点信号如图 6 - 19、图 6 - 20 及表 6 - 33、表 6 - 34 所示。

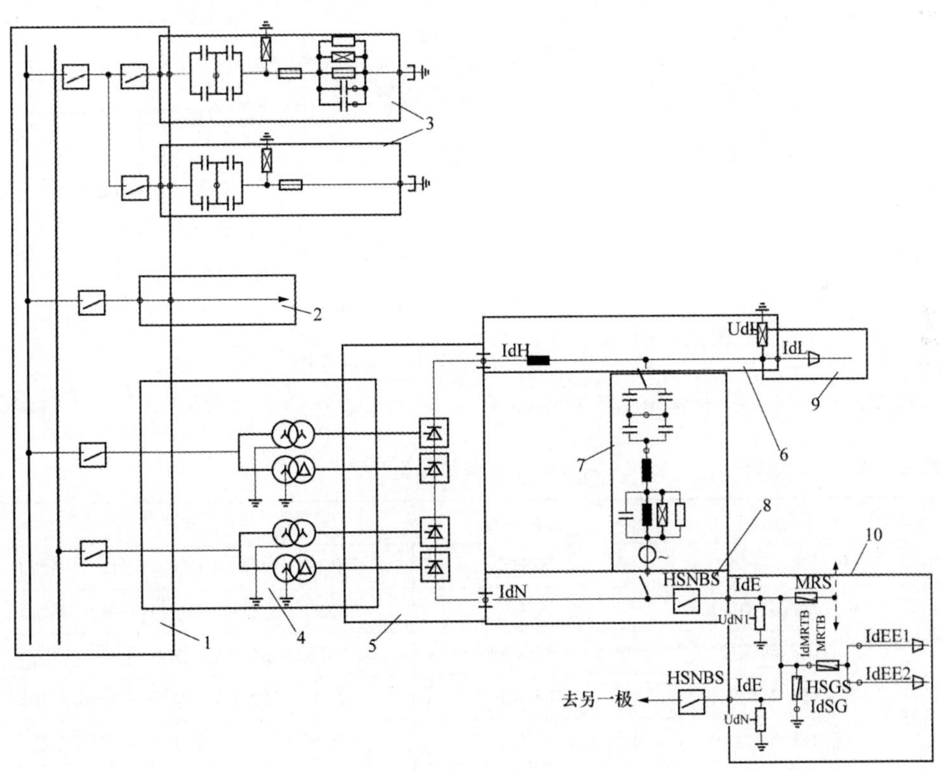

图 6 - 19　常规直流保护分区示意图

1—交流母线保护；2—交流线路保护；3—交流滤波器保护；4—换流变压器保护；
5—换流器保护；6—直流极母线保护；7—直流滤波器保护；8—直流中性线保护；
9—直流线路保护；10—双极区保护（包括接地极引线保护）

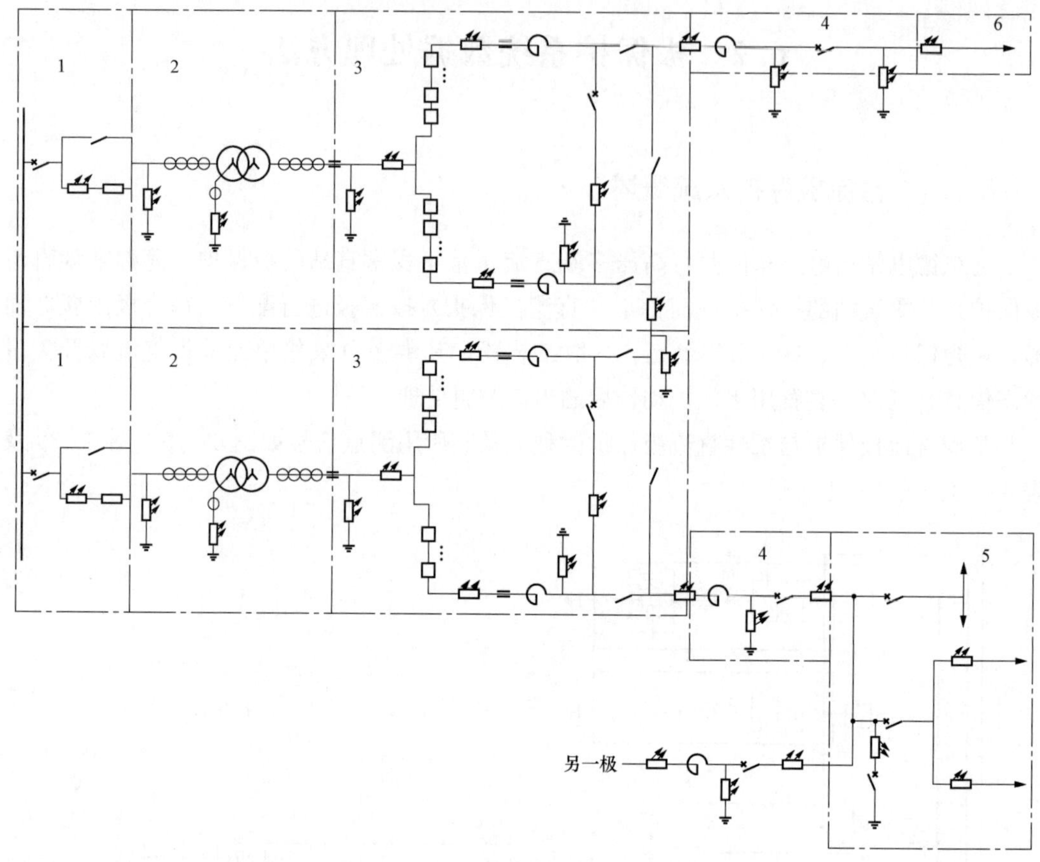

图 6 - 20　柔性直流保护分区示意图

1—交流连接线保护区；2—变压器保护区；3—换流器保护区；4—直流极保护区；5—双极保护区；6—直流线路保护区

表 6 - 33　　常规直流极保护种类列表

序号	保护名称	保护缩写	备注
1	极母线差动保护	87HV	PCS - 9552（A 系统/B 系统/C 系统）
2	中性母线差动保护	87LV	PCS - 9552（A 系统/B 系统/C 系统）
3	直流差动保护	87DCM	PCS - 9552（A 系统/B 系统/C 系统）
4	直流后备差动保护	87DCB	PCS - 9552（A 系统/B 系统/C 系统）
5	接地极开路保护	59EL	PCS - 9552（A 系统/B 系统/C 系统）
6	50Hz 保护	81 - 50Hz	PCS - 9552（A 系统/B 系统/C 系统）
7	100Hz 保护	81 - 100Hz	PCS - 9552（A 系统/B 系统/C 系统）
8	快速中性母线开关保护	82 - HSNBS	PCS - 9552（A 系统/B 系统/C 系统）
9	接地极母线差动保护	87EB	PCS - 9552（A 系统/B 系统/C 系统）
10	接地极过电流保护	76EL	PCS - 9552（A 系统/B 系统/C 系统）
11	接地极电流平衡保护	60EL	PCS - 9552（A 系统/B 系统/C 系统）

续表

序号	保护名称	保护缩写	备注
12	站内接地网过电流保护	76SG	PCS - 9552（A 系统/B 系统/C 系统）
13	接地系统保护	87GSP	PCS - 9552（A 系统/B 系统/C 系统）
14	金属回线接地保护	51MRGF	PCS - 9552（A 系统/B 系统/C 系统）
15	快速接地开关保护	82 - HSGS	PCS - 9552（A 系统/B 系统/C 系统）
16	金属回线横差保护	87DCLT	PCS - 9552（A 系统/B 系统/C 系统）

表 6 - 34　柔性直流极保护种类列表

序号	保护名称	保护缩写	备注
1	极母线差动保护	87HV	PCS - 9552（A 系统/B 系统/C 系统）
2	中性母线差动保护	87LV	PCS - 9552（A 系统/B 系统/C 系统）
3	直流差动保护	87DCM	PCS - 9552（A 系统/B 系统/C 系统）
4	直流后备差动保护	87DCB	PCS - 9552（A 系统/B 系统/C 系统）
5	接地极开路保护	59EL	PCS - 9552（A 系统/B 系统/C 系统）
6	50Hz 保护	81 - 50Hz	PCS - 9552（A 系统/B 系统/C 系统）
7	100Hz 保护	81 - 100Hz	PCS - 9552（A 系统/B 系统/C 系统）
8	快速中性母线开关保护	82 - HSNBS	PCS - 9552（A 系统/B 系统/C 系统）
9	高速并联开关保护	82 - HSS	PCS - 9552（A 系统/B 系统/C 系统）
10	接地极母线差动保护	87EB	PCS - 9552（A 系统/B 系统/C 系统）
11	接地极过电流保护	76EL	PCS - 9552（A 系统/B 系统/C 系统）
12	接地极电流平衡保护	60EL	PCS - 9552（A 系统/B 系统/C 系统）
13	站内接地网过电流保护	76SG	PCS - 9552（A 系统/B 系统/C 系统）
14	接地系统保护	87GSP	PCS - 9552（A 系统/B 系统/C 系统）
15	金属回线接地保护	51MRGF	PCS - 9552（A 系统/B 系统/C 系统）
16	快速接地开关保护	82 - HSGS	PCS - 9552（A 系统/B 系统/C 系统）
17	大地回线开关保护	82 - MRTB	PCS - 9552（A 系统/B 系统/C 系统）
18	大地回线转换开关保护	82 - MRS	PCS - 9552（A 系统/B 系统/C 系统）
19	金属回线横差保护	87DCLT	PCS - 9552（A 系统/B 系统/C 系统）

常规直流与柔性直流保护的典型故障及保护配合关系如图 6 - 21、图 6 - 22 及表 6 - 35、表 6 - 36 所示。

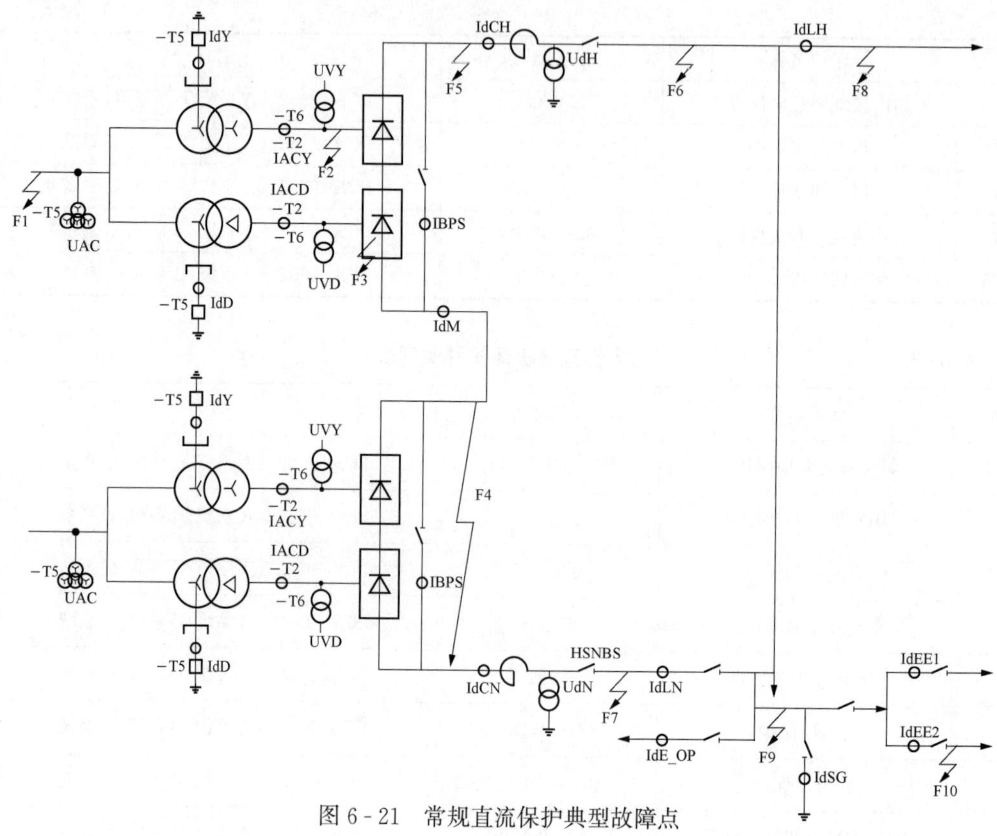

图 6-21　常规直流保护典型故障点

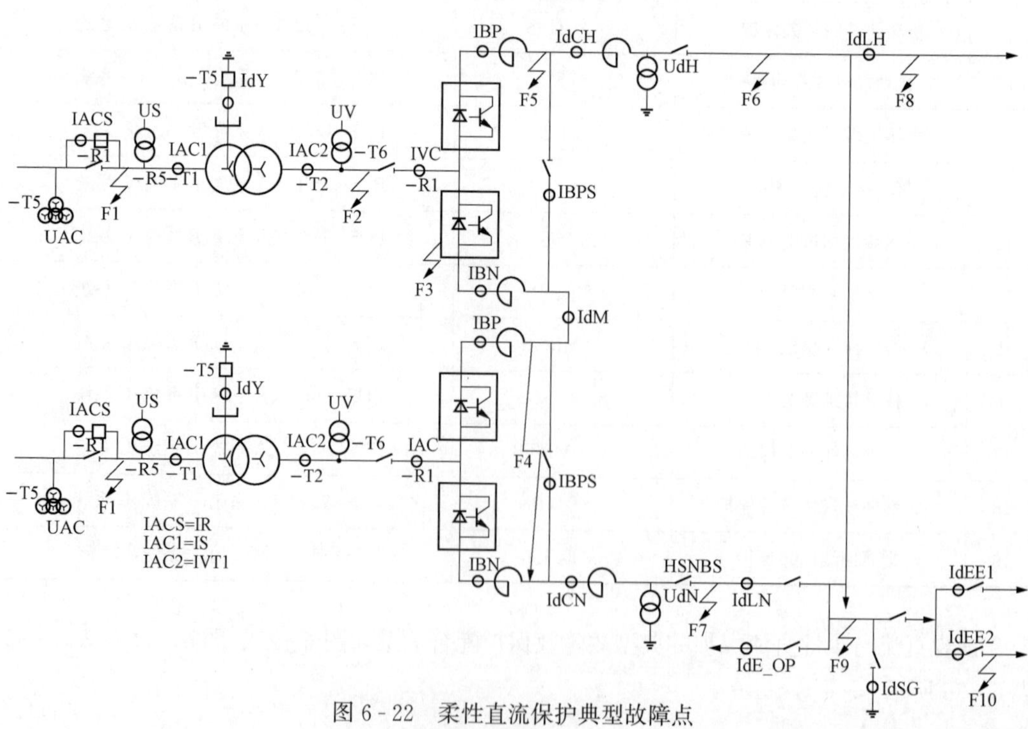

图 6-22　柔性直流保护典型故障点

表 6-35　　常规直流保护主备保护配合关系表

故障点	主保护	后备保护
F1 交流系统低电压	交流低电压保护（27AC）	冗余系统中的本保护
F1 交流系统过电压	交流过电压保护（59AC）	冗余系统中的本保护
F2 换流变压器阀侧接地故障	换流器短路保护（87CSY/87CSD）、直流差动保护（87DCM）	桥差保护（87CBY/87CBD）、交直流过电流保护（50/51C）、换流器差动保护（87DCV）、直流低电压（27DC）、直流后备差动保护（87DCB）
F2 换流变压器阀侧相间故障	换流器短路保护（87CSY/87CSD）	桥差保护（87CBY/87CBD）、交直流过电流保护（50/51C）
F3 换流器阀短路故障	换流器短路保护（87CSY/87CSD）	桥差保护（87CBY/87CBD）、交直流过电流保护（50/51C）
F3 换流器中点对地故障	换流器短路保护（87CSY/87CSD）、直流差动保护（87DCM）	桥差保护（87CBY/87CBD）、交直流过电流保护（50/51C）、换流器差动保护（87DCV）、直流低电压（27DC）、直流后备差动保护（87DCB）
F4 换流器短路故障	换流器短路保护（87CSY/87CSD）	桥差保护（87CBY/87CBD）、交直流过电流保护（50/51C）
F5 高压直流母线换流器侧接地	直流差动保护（87DCM）	直流后备差动保护（87DCB）、直流低电压（27DC）
F6 高压直流母线侧接地	直流差动保护（87HV）	直流后备差动保护（87DCB）、直流低电压（27DC）
F7 中性母线接地	直流差动保护（87LV）	直流后备差动保护（87DCB）
F9 低压直流母线电极侧故障	接地极母线差动保护（87EB）	冗余系统中的本保护
F10 电极连接器开路故障	接地极开路保护（59EL）	冗余系统中的本保护
F10 电极线路接地故障	接地极电流平衡保护（60EL）	冗余系统中的本保护
其他交流系统故障		交流低电压（27AC）、交流过电压（59AC）、100Hz 保护（81～100Hz）
因控制系统原因导致的直流侧异常		直流低电压（27DC）、直流过电压（59DC）、50Hz 保护（81～50Hz）、交直流过电流（50/51C）
换流变压器直流偏磁	换流变压器中性点直流饱和保护（50/51CTNY，50/51CTND）	

表 6-36　　柔性直流保护主备保护配合关系表

故障点	主保护	后备保护
F1 交流系统低电压	交流低电压保护（27AC）	冗余系统中的本保护
F1 交流系统过电压	交流过电压保护（59AC）	冗余系统中的本保护
F1 换流变压器网侧接地/相间故障	换流变压器差动保护	冗余系统中的本保护
F2 换流变压器阀侧相间故障	交流连接母线差动保护（87CH）	交流连接母线过电流保护（50/51T）
F2 换流变压器阀侧接地故障	交流连接母线差动保护（87CH）、直流差动保护（87DCM）	交流连接母线过电流保护（50/51T）、直流后备差动保护（87DCB）、直流低电压（27DC）
F3 阀桥臂短路故障	桥臂差动保护（87CG）	桥臂过电流保护（50/51C）
F3 阀短路故障	桥臂差动保护（87CG）	桥臂过电流保护（50/51C）
F3 换流器中性母线故障	桥臂差动保护（87CG）、直流差动保护（87DCM）	桥臂过电流保护（50/51C）、直流后备差动保护（87DCB）、直流低电压（27DC）
F4 换流器短路故障	桥臂电抗器差动保护（87BR）	交流连接母线过电流保护（50/51T）、桥臂过电流保护（50/51C）
F5 高压直流母线换流器侧接地	桥臂电抗器差动保护（87BR）、直流差动保护（87DCM）	交流连接母线过电流保护（50/51T）、桥臂过电流保护（50/51C）、直流后备差动保护（87DCB）、直流低电压（27DC）
F6 高压直流母线侧接地	直流差动保护（87HV）	直流后备差动保护（87DCB）、直流低电压（27DC）
F7 中性母线接地	直流差动保护（87LV）	直流后备差动保护（87DCB）
F9 低压直流母线电极侧故障	接地极母线差动保护（87EB）	冗余系统中的本保护
F10 电极连接器开路故障	接地极开路保护（59EL）	冗余系统中的本保护
F10 电极线路接地故障	接地极电流平衡保护（60EL）	冗余系统中的本保护
其他交流系统故障		交流低电压（27AC）、交流过电压（59AC）、100Hz 保护（81～100Hz）
因控制系统原因导致的直流侧异常		直流低电压（27DC）、直流过电压（59DC）、50Hz 保护（81～50Hz）、交直流过电流（50/51C）
换流变压器直流偏磁	换流变压器中性点直流饱和保护（50/51CTNY，50/51CTND）	

6.2.2　直流极保护系统硬件回路梳理

6.2.2.1　整体架构

在本工程常规直流站中，以极（极 1/极 2）为间隔配置极保护，极保护系统分为 A/B/C 三套，每套保护含有 1 面屏柜，主要包含保护主机、I/O 采集单元，A/B 套保护屏柜中另外含有三取二装置。极保护屏柜布置图（三取二装置仅 A/B 套配置）如图 6-23 所示。

极保护装置的硬件整体结构可分为以下三部分：

（1）保护主机。完成极保护系统的各项保护运算逻辑功能，将保护动作信息送到极控系统和三取二装置，完成与运行人员工作站以及远动工作站的通信，完成与极控系统、后台录波、主时钟和现场 I/O 的接口。

（2）I/O 采集单元。完成对现场直流开关、隔离开关位置状态的采集监视，并通过 CAN 总线将状态信息传送到保护主机装置。

（3）三取二装置。接收各套保护装置以及非电量跳闸的分类动作信息，进行三取二逻辑判断，出口实现跳双换流器换流变压器开关以及部分保护分合直流开关动作的功能。

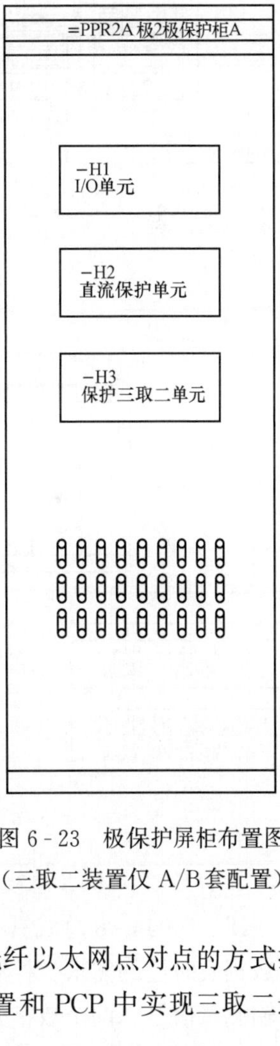

极层的三套保护，均以光纤方式分别与三取二装置和本层的控制主机进行通信，传输经过校验的数字量信号。三套保护与三取二逻辑构成一个整体，常直极层保护数字量的三取二逻辑功能与直流线路保护相同，不再赘述。

极层非电量信号有直流线路分压器 SF_6 压力、高低换流器间分压器 SF_6 压力和中性线分压器 SF_6 压力三个。为防止继电器单一节点故障导致误动进而极闭锁的情况出现，非电量保护均采用三取二逻辑实现。

=PPR2A 极2极保护柜A
-H1
I/O单元
-H2
直流保护单元
-H3
保护三取二单元

图 6-23　极保护屏柜布置图
（三取二装置仅 A/B 套配置）

非电量的保护开入信号采集是通过 I/O 装置采集而得到，采集非电量的 I/O 装置配置 NEPA、NEPB、NEPC 三套，每套 I/O 装置内部配置 I/O 采集板卡，非电量节点直接通过光纤以太网点对点的方式接到三取二装置，通过组网的方式接入 PCP，分别在三取二装置和 PCP 中实现三取二逻辑。三取二装置中实现跳闸，PCP 中实现闭锁跳闸。

6.2.2.2　外部接口

极保护装置的外部接口，通过硬接线、现场总线与站内其他设备完成信息交互。通过 IEC 60044-8 总线与测量系统通信，实现直流场模拟量的读取；通过 SCADA LAN（站 LAN 网）与后台交互信息；通过 CTRL LAN（极层控制 LAN 网）实现 DCC、

PCP、PPR、DLP 主机在极层之间的实时通信；I/O 采集单元通过硬接线、CAN 总线实现直流场隔离开关状态的采集及上送；三取二装置通过硬接线实现保护出口，其外部接口整体架构如图 6-24～图 6-27 所示。

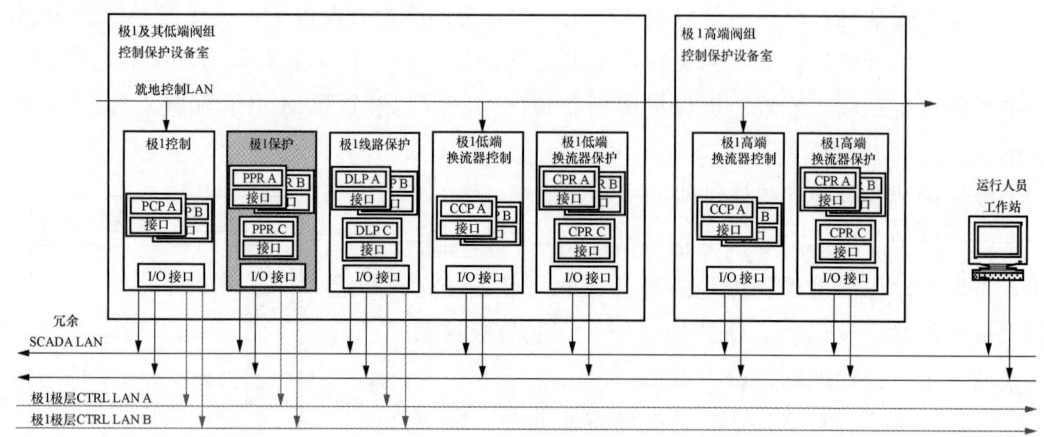

图 6-24　极保护网络结构图

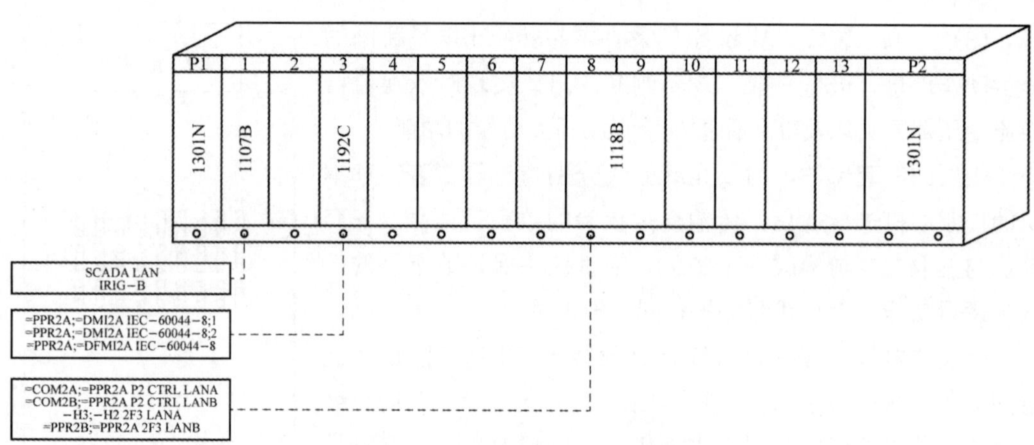

图 6-25　极保护主机网络接口图

1. IEC 60044-8 总线

IEC 60044-8 总线具有传输数据量大、延时短和无偏差的特点，满足控制保护系统对数据实时性的需求。控制保护系统中的 IEC 60044-8 总线是单向总线类型，用于高速传输测量信号。两个数字处理器的端口按点对点的方式连接（DSP-DSP 连接）。

2. SCADA _ LAN

SCADA LAN 网采用星型结构连接，为提高系统可靠性，SCADA LAN 网设计为完全冗余的 A、B 双重化系统，单网线或单硬件故障都不会导致系统故障。底层 OSI 层通过以太网实现，而传输层协议则采用 TCP/IP。

极保护系统与站内交换机双网连接，用于上送事件、波形等信息。

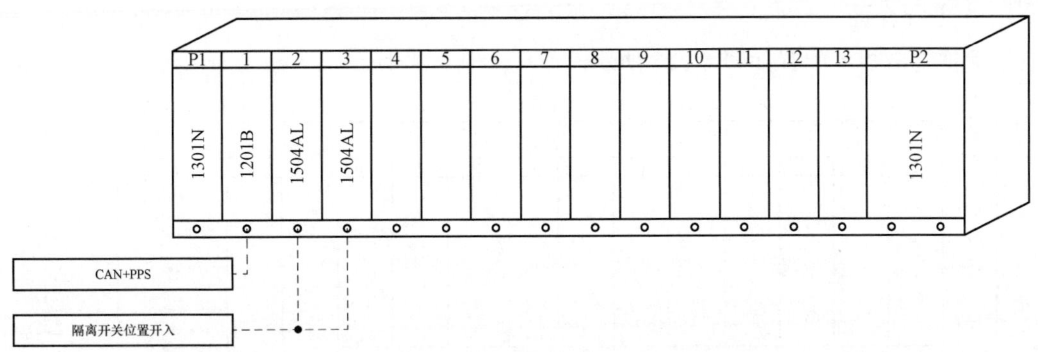

图 6-26 I/O 采集单元网络接口图

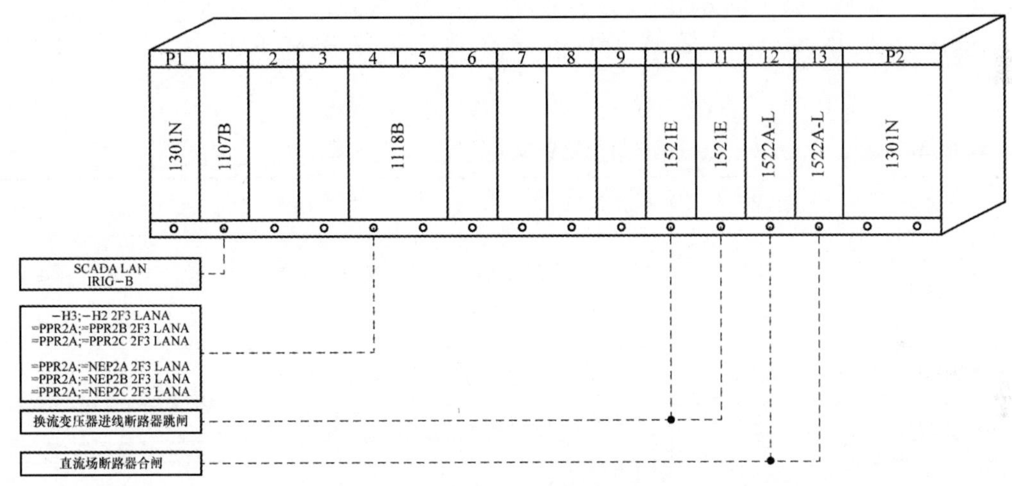

图 6-27 三取二主机网络接口图

3. CTRL _ LAN

极层控制 LAN 网以光纤为介质，用于 PCP、PPR、DLP 等极层直流控制保护主机之间的实时通信。极层控制 LAN 是冗余和高速实时的，每个极层的控制 LAN 是相互独立的，任何一套主机发生故障时不会对另一极主机的功能造成任何限制。

4. 断路器的接口

保护主机发出的跳/锁定换流变压器交流开关的命令同时发给 PCP 及保护三取二装置，经三取二逻辑后出口，通过硬压板直接接至交流断路器操作箱，实现出口跳闸。

5. 站主时钟 GPS 系统的接口

极保护系统通过完整的时间信息对时和秒脉冲 PPS 对时两种方式与站主时钟系统对时，其中控制主机对时采用 B 码对时，I/O 单元对时采用 PPS 对时。

6.2.2.3 装置硬件

1. 主机装置

保护主机板卡配置如图 6-28 所示。

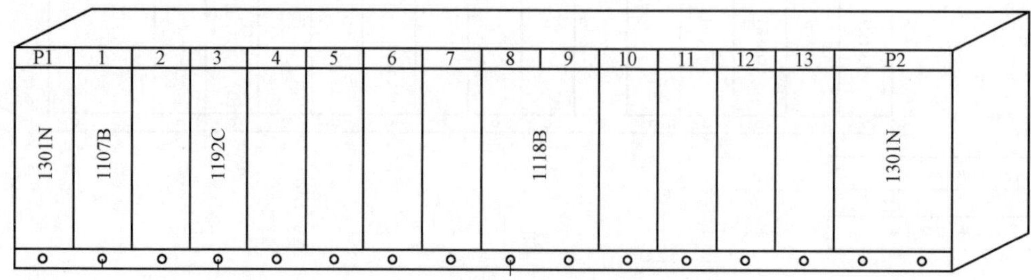

图 6-28 保护主机板卡配置图

极保护屏 PCS-9552 装置包含 5 块板卡，配置各板卡的型号、功能等见表 6-37。

表 6-37 极保护屏配置各板卡型号功能介绍表

插件名称	插件型号	数量	功能
电源插件	1301N	2	电源板为机箱提供 5V 直流工作电源，装置采用双电源配置，以提高供电可靠性
管理插件	1107B	1	实现本机与后台通信以及对时功能
逻辑运算插件	1192C	1	实现模拟量采集与处理，完成核心保护功能
通信插件	1118B	1	实现保护与控制的通信、站间通信

2. I/O 采集单元

I/O 采集单元板卡配置如图 6-29 所示。

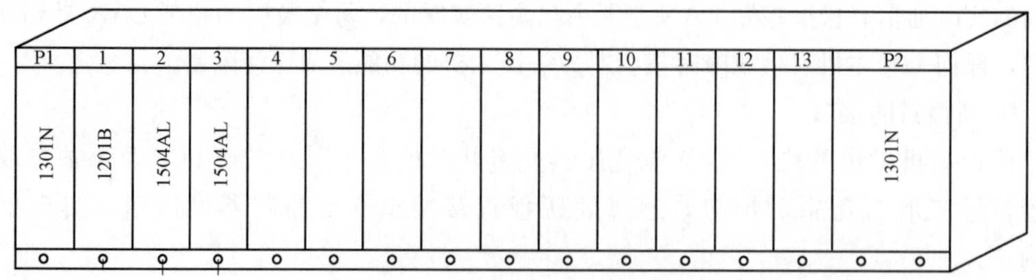

图 6-29 I/O 采集单元板卡配置图

极保护屏 I/O 采集单元包含 4 块板卡，配置各板卡的型号、功能等见表 6-38。

表 6-38　　I/O 采集单元配置各板卡型号功能介绍表

插件名称	插件型号	数量	功能
电源插件	1301N	2	电源板为机箱提供 5V 直流工作电源，装置采用双电源配置，以提高供电可靠性
管理插件	1201B	1	CAN 与 PPS 总线扩展，用于多机箱级联
开入插件	1504AL	1	用于采集隔离开关位置

3. 三取二装置

三取二装置板卡配置如图 6-30 所示。

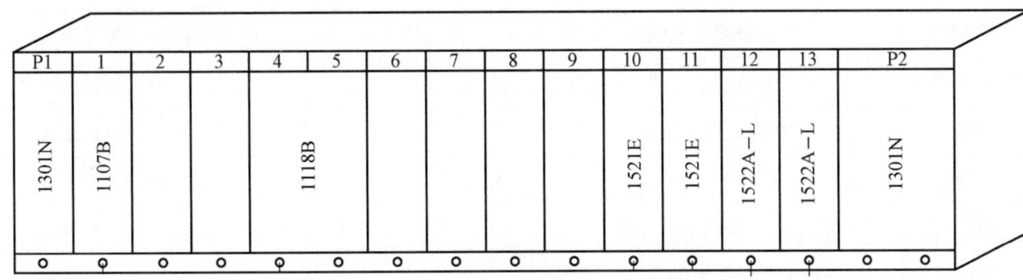

图 6-30　三取二装置板卡配置图

极保护屏三取二装置包含 7 块板卡，配置各板卡的型号、功能等见表 6-39。

表 6-39　　三取二装置配置各板卡型号功能介绍表

插件名称	插件型号	数量	功能
电源插件	1301N	2	电源板为机箱提供 5V 直流工作电源，装置采用双电源配置，以提高供电可靠性
管理插件	1107B	1	实现本机与后台通信以及对时功能
通信插件	1118B	1	实现三取二装置与保护主机的通信，三取二逻辑运算。其中 3 台保护装置可用则进行三取二出口，2 台保护装置可用则进行二取一出口，1 台保护装置可用则进行一取一出口
出口插件	1521E	2	实现换流变压器网侧断路器的跳闸出口
出口插件	1522AL	1	实现直流开关的合闸出口

柔性直流站极保护系统的硬件配置和架构与常规直流站相同，此处不再展开。

6.2.3　直流极保护系统信息交互

6.2.3.1　保护主机

1. 合并单元接口

合并单元通过 IEC 60044-8 总线向保护主机传送模拟量，保护主机通过 1192C 插件接收，模拟量输入信号见表 6-40。

表 6-40　　模拟量输入信号列表

序号	信号名称	含义	昆北站	柳州站	龙门站	来源于
1	IdH	直流极母线阀侧直流电流	√	√	√	DMI 屏柜（光纤连接）
2	IdL	直流极母线线路侧直流电流	√	√	√	DMI 屏柜（光纤连接）
3	IdN	中性母线阀侧直流电流	√	√	√	DMI 屏柜（光纤连接）
4	IdE	中性母线接地直流线路侧直流电流	√	√	√	DMI 屏柜（光纤连接）
5	UdL	直流极母线直流电压	√	√	√	DMI 屏柜（光纤连接）
6	UdN	中性母线直流电压	√	√	√	DMI 屏柜（光纤连接）
7	IdEE1	接地极线 1 电流	√	√	√	DMI 屏柜（光纤连接）
8	IdEE2	接地极线 2 电流	√	√	√	DMI 屏柜（光纤连接）
9	IdMRTB	大地回线开关电流		√	√	DMI 屏柜（光纤连接）
10	IdSG	站接地线电流	√	√	√	DMI 屏柜（光纤连接）
11	IdL _ OP	另一极线路侧直流电流	√	√	√	对极 DMI 屏柜（光纤连接）
12	IdL1 _ OP	另一极昆柳线柳州侧直流电流		√		
13	IdL2 _ OP	另一极柳龙线柳州侧直流电流		√		
14	UdL _ OP	另一极母线直流电压	√	√	√	对极 DMI 屏柜（光纤连接）
15	IdE _ OP	另一极中性母线接地极线侧直流电流	√	√	√	对极 DMI 屏柜（光纤连接）
16	IF1H	直流滤波器 1 极母线侧电流	√			直流滤波器 DMI 屏柜（光纤连接）
17	IF1L	直流滤波器 1 中性母线侧电流	√			直流滤波器 DMI 屏柜（光纤连接）

2. 极控接口

保护主机通过极层控制 LAN 与极控进行实时通信，通道为 1118B 插件 1M、1S 光口。

数字开入量见表 6-41～表 6-43。

表 6-41　　极控开入的数据

序号	变量名	含义
1	PCPA/B _ DATA0	发送端 ALIVE 信号
2	PCPA/B _ DATA1	极控信号（FROM _ MC _ 32BITS）
3	PCPA/B _ DATA2	组控信号（FROM _ CCP _ 32BITS）
4	PCPA/B _ DATA3	阀 1 电压计算值（UD _ CALC _ V1 _ KV）
5	PCPA/B _ DATA4	阀 2 电压计算值（UD _ CALC _ V2 _ KV）

表 6 - 42 极控开入数据（运行模式）

序号	变量名	含义
1	RECT	整流运行
2	DEBL _ IND	本极解锁信号
3	DEBL _ IND _ FOP	对极解锁信号
4	OLT	开路试验状态
5	OPN	本极运行状态
6	CTRL _ POLE	控制极指示
7	MR _ MODE	金属回线模式
8	GR _ MODE	大地回线模式
9	URED	降压运行
10	RETARD	移相命令
11	TCOMOK	站间通信正常
12	STOP _ ORD	停运命令
13	NORM _ POW _ DIR	正方向运行
14	TCC _ INHIB _ ALARM	无接地极运行
15	PCOM _ OK	极间通信正常
16	MR _ PROT _ DIS	退出金属回线保护
17	MR _ PROT _ EN	允许金属回线保护投入
18	NBSF _ FOP	双极平衡运行
19	RL _ RESTART	重启动逻辑发出的重启指令
20	TRIG _ FROM _ MC1	触发录波
21	BP _ BALAN _ OPN	双极平衡运行
22	RL _ ORD _ DOWN	直流重启移相请求
23	EFT	紧急故障
24	ISLAND	孤岛运行方式投入
25	ACTC _ B99	ACTIVE 信号
26	BLK _ CONV _ TOPPR	极层闭锁换流器命令
27	LOW _ UDL _ FOP	对极母线低电压信号
28	ESOF _ TEST _ TOPPR	极控测试模式下 ESOF 信号使能
29	DIS _ CONV _ ACB _ ENB	允许切除换流变压器信号
30	CV1 _ MAINT _ KEY _ ON	阀 1 检修功能投入
31	CV2 _ MAINT _ KEY _ ON	阀 2 检修功能投入
32	ESOF _ TO _ PPR	极控 ESOF 信号使能

表 6-43 组控开入数据

序号	变量名	含义
1	STOP_ORD_LP_V1	FALSE
2	RETARD_V1	阀 1 移相命令
3	DEBL_IND_V1	阀 1 解锁信号
4	OPN_V1	阀 1 运行状态
5	LOW_AC_VOLTAGE_V1	阀 1 低交流电压被检测到
6	STOP_ORD_LP_V2	FALSE
7	RETARD_V2	阀 2 移相命令
8	DEBL_IND_V2	阀 2 解锁信号
9	OPN_V2	阀 2 运行状态
10	LOW_AC_VOLTAGE_V2	阀 2 低交流电压被检测到
11	THR_STA_OPN	三站运行
12	KUN_LIU_OPN	昆柳线运行
13	LIU_LON_OPN	柳龙线运行
14	KUN_LON_OPN	昆龙线运行

数字开出量见表 6-44、表 6-45。

表 6-44 保护开出数据

序号	变量名	含义
1	PPR_ALIVE	本装置 ALIVE 信号
2	OTH_SIG_PACK	信号包
3	POLEPR_TO_PAM	极区保护动作信号
4	POLEPR_TO_PAM	按位取反极区保护动作信号
5	BIPOPR_TO_PAM	双极区保护动作信号
6	—BIPOPR_TO_PAM	按位取反双极区保护动作信号
7	POLEPR_ENABLE	极区保护使能信号
8	BIPOPR_ENABLE	双极区保护使能信号
9	IF1T1	IFH 滤波换算的计算值
10	IF1H_VILID	IFH 采样有效

表 6 - 45　　OTH _ SIG _ PACK 数据

序号	变量名	含义
1	LOW _ UDL _ TOP	低电压信号
2	REC _ PCPA _ ERR1	缺失极控 A “ALIVE” 信号或数据无效（M1）
3	REC _ PCPA _ ERR2	缺失极控 A “ALIVE” 信号或数据无效（S1）
4	REC _ PCPB _ ERR1	缺失极控 B “ALIVE” 信号或数据无效（M1）
5	REC _ PCPB _ ERR2	缺失极控 B “ALIVE” 信号或数据无效（S1）
6	ACTIVE	本装置 ACTIVE 信号
7	PPR _ FAULT	本装置 EFH 信号
8	MR _ PROT _ DISABLED _ TPCP	退出金属回线保护
9	ISLAND _ IND	孤岛模式
10	DIS _ CONV _ ACB _ ENB	允许切除换流变压器信号
11	ALL _ B08 _ ERR	与极控断开连接

3. 三取二装置接口

保护装置通过光纤直接与本间隔的三取二装置通信，通道为 1118B 插件 3M、4M 光口。

数字开入量见表 6 - 46。

表 6 - 46　　三取二装置开入的数据

序号	变量名	含义
1	P2FA/B _ DATA0	发送端 ALIVE 信号
2	P2FA/B _ DATA1	三取二允许本保护退出信号（P2FA/B _ PERM _ EXIT）。 该信号表示三取二装置监测到 3 套保护 ALIVE 信号都消失或都与极控断开连接。 0 表示该间隔无保护运行
3	P2FA/B _ DATA2	三取二允许本保护测试信号（P2FA/B _ PERM _ TEST）。 对于保护 A，该信号表示三取二装置监测到保护 B 或保护 C 运行正常

数字开出量与极控接口相同，这里不再赘述。

6.2.3.2　I/O 采集单元

I/O 采集单元通过硬接线接收直流场开关的分合信息，通过 CAN 总线将采集量发送至保护主机。I/O 采集单元接收数据见表 6 - 47。

表 6-47 I/O 采集单元接收数据

序号	信号名称	含义	昆北站	柳州站	龙门站	来源于
1	P1Q71 _ Open _ ind	极 1Q71 分位置指示	√	√	√	本屏柜 IO
2	P1Q71 _ Clos _ ind	极 1Q71 合位置指示	√	√	√	本屏柜 IO
3	P2Q71 _ Open _ ind	极 2Q71 分位置指示	√	√	√	本屏柜 IO
4	P2Q71 _ Clos _ ind	极 2Q71 合位置指示	√	√	√	本屏柜 IO
5	Q1 _ Open _ ind	Q1 分位置指示	√	√	√	本屏柜 IO
6	Q1 _ Clos _ ind	Q1 合位置指示	√	√	√	本屏柜 IO
7	Q2 _ Open _ ind	Q2 分位置指示	√	√	√	本屏柜 IO
8	Q2 _ Clos _ ind	Q2 合位置指示	√	√	√	本屏柜 IO
9	Q11 _ Open _ ind	Q11 分位置指示	√	√	√	本屏柜 IO
10	Q11 _ Clos _ ind	Q11 合位置指示	√	√	√	本屏柜 IO
11	Q12 _ Open _ ind	Q12 分位置指示	√	√	√	本屏柜 IO
12	Q12 _ Clos _ ind	Q12 合位置指示	√	√	√	本屏柜 IO
13	Q7 _ Open _ ind	Q7 分位置指示	√	√	√	本屏柜 IO
14	Q7 _ Clos _ ind	Q7 合位置指示	√	√	√	本屏柜 IO
15	Q5 _ Open _ ind	Q5 分位置指示	√	√	√	本屏柜 IO
16	Q5 _ Clos _ ind	Q5 合位置指示	√	√	√	本屏柜 IO
17	Q93 _ Open _ ind	Q93 分位置指示	√	√	√	本屏柜 IO
18	Q93 _ Clos _ ind	Q93 合位置指示	√	√	√	本屏柜 IO
19	Q96 _ Open _ ind	Q96 分位置指示	√	√	√	本屏柜 IO
20	Q96 _ Clos _ ind	Q96 合位置指示	√	√	√	本屏柜 IO
21	Q3 _ Open _ ind	Q3 分位置指示		√	√	本屏柜 IO
22	Q3 _ Clos _ ind	Q3 合位置指示		√	√	本屏柜 IO
23	Q4 _ Open _ ind	Q4 分位置指示		√	√	本屏柜 IO
24	Q4 _ Clos _ ind	Q4 合位置指示		√	√	本屏柜 IO
25	Q6 _ Open _ ind	Q6 分位置指示		√	√	本屏柜 IO
26	Q6 _ Clos _ ind	Q6 合位置指示		√	√	本屏柜 IO
27	Q94 _ Open _ ind	Q94 分位置指示		√	√	本屏柜 IO
28	Q94 _ Clos _ ind	Q94 合位置指示		√	√	本屏柜 IO
29	Q95 _ Open _ ind	Q95 分位置指示		√	√	本屏柜 IO
30	Q95 _ Clos _ ind	Q95 合位置指示		√	√	本屏柜 IO

续表

序号	信号名称	含义	昆北站	柳州站	龙门站	来源于
31	HSS _ Open _ ind	HSS分位置指示		√	√	本屏柜 IO
32	HSS _ Clos _ ind	HSS合位置指示		√	√	本屏柜 IO
33	2xB03Q1 _ Open _ ind	2xB03 _ Q1 分位置指示		√		本屏柜 IO
34	2xB03Q1 _ Clos _ ind	2xB03 _ Q1 合位置指示		√		本屏柜 IO
35	2xB03Q2 _ Open _ ind	2xB03 _ Q2 分位置指示		√		本屏柜 IO
36	2xB03Q2 _ Clos _ ind	2xB03 _ Q2 合位置指示		√		本屏柜 IO
37	2xB03Q3 _ Open _ ind	2xB03 _ Q3 分位置指示		√		本屏柜 IO
38	2xB03Q3 _ Clos _ ind	2xB03 _ Q3 合位置指示		√		本屏柜 IO

6.2.3.3　三取二装置

1. 保护装置接口

详见 6.2.3.1 保护主机部分。

2. 就地单元接口

三取二装置开出的信号见表 6-48。

表 6-48　　三取二装置开出的信号

序号	信号名称	含义	昆北站	柳州站	龙门站	去处
1	ACB1 _ trip1	电量保护跳高阀边开关命令	√	√	√	断路器操作箱
2	ACB1 _ trip1 _ F	非电量跳高阀边开关命令	√	√	√	断路器操作箱
3	ACB1 _ trip 2	电量保护跳高阀中开关命令	√	√	√	断路器操作箱
4	ACB1 _ trip 2 _ F	非电量保护跳高阀中开关命令	√	√	√	断路器操作箱
5	ACB2 _ trip1	电量保护跳低阀边开关命令	√	√	√	断路器操作箱
6	ACB2 _ trip1 _ F	非电量保护跳低阀边开关命令	√	√	√	断路器操作箱
7	ACB2 _ trip 2	电量保护跳低阀中开关命令	√	√	√	断路器操作箱
8	ACB2 _ trip 2 _ F	非电量保护跳低阀中开关命令	√	√	√	断路器操作箱
9	HSGS _ cl	重合 HSGS 命令	√	√	√	就地机构箱
10	HSGS _ rcl	重合 HSGS 命令	√	√	√	就地机构箱
11	HSBNS _ rcl	重合 HSNBS 命令	√	√	√	就地机构箱
12	HSS _ rcl	重合 HSS 命令		√	√	就地机构箱
13	MRTB _ rcl	重合 MRTB 命令		√	√	就地机构箱
14	MRS _ rcl	重合 MRS 命令		√	√	就地机构箱

6.2.3.4 TFR

柔直极保护系统 TFR 录波点见表 6-49。

表 6-49　柔直极保护系统 TFR 录波点表

序号	物理量名称	物理量含义
模拟量		
1	IdCH	直流高压母线电流
2	IdCN	换流器中性线电流
3	IdLH	直流线路电流
4	IdLN	直流中性母线电流
5	UdCH	直流高压母线电压
6	UdM	高低压换流器连线电压
7	UdN	直流中性母线电压
8	IdEE1	接地极线路 1 电流
9	IdEE2	接地极线路 2 电流
10	IdSG	高速接地开关电流
11	IdMRTB	金属回线转换开关电流（昆北站无）
12	UdCH _ LP	直流高压母线电压（经滤波）
13	UdN _ LP	直流中性母线电压（经滤波）
14	IdLN _ OP	对极接地极母线电流
15	UdL _ OP	对极直流线路电压
16	IdLH _ OP	对极直流线路电流
17	IdLH _ OP _ 10	对极直流线路电流（经滤波）
18	IdLH _ 100	直流线路电流（经滤波）
19	IdM	高低压换流器连线电流
20	UdL	线路电压
21	IF1T1	直流滤波器首端电流（仅昆北站）
22	IF1T4	直流滤波器尾端电流（仅昆北站）
23	PR _ MC1 _ 16BITS	PCP 发来 32 位数据的低 16 位
24	PR _ MC1 _ 32BITS	PCP 发来 32 位数据的高 16 位
25	PR _ CCP _ 16BITS	CCP 发来 32 位数据的低 16 位
26	PR _ CCP _ 32BITS	CCP 发来 32 位数据的高 16 位
27	TESTSET	软件置数类型
28	IPBDP _ DIFF	极母线差动保护差电流
29	PBDP _ RES1	极母线差动保护Ⅰ段制动电流
30	PBDP _ RES2	极母线差动保护Ⅱ段制动电流

续表

序号	物理量名称	物理量含义
		模拟量
31	INBDP _ DIFF	中性母线差动保护差电流
32	NBDP _ RES1	中性母线差动保护Ⅰ段制动电流
33	NBDP _ RES2	中性母线差动保护Ⅱ段制动电流
34	IPDP _ DIFF	直流后备差动保护差电流
35	PDP _ RES1	直流后备差动保护Ⅰ段制动电流
36	PDP _ RES2	直流后备差动保护Ⅱ段制动电流
37	VDP _ DIFF	直流差动保护差电流
38	VDP _ RES1	直流差动保护Ⅰ段制动电流
39	VDP _ RES2	直流差动保护Ⅱ段制动电流
40	IdCN _ 50Hz	直流中性线基波电流
41	IdCN _ 100Hz	直流中性线二次谐波电流
42	HAP _ FUND _ LEV	50Hz 保护谐波含量比较值
43	HAP _ SEC _ LEV	100Hz 保护谐波含量比较值
44	UdL _ 50Hz	直流基波电压
45	IdLH _ 50Hz	直流线路基波电流
46	IdIF _ BNBDP	接地极母线差动保护差电流
47	BNBDP _ IRES	接地极母线差动保护制动电流
48	IdSG _ IDEE _ SUM	入地直流电流
49	MRCGFP _ RES	金属回线接地保护制动电流
50	IdEE1 _ ABS	IdEE1 绝对值
51	IdEE2 _ ABS	IdEE2 绝对值
52	IdEE _ DIFF	两接地极线路差流
53	IdGND _ SW _ ABS	HSGS 开关电流绝对值
54	IdEE _ ABS	IdEE1＋IdEE2 的绝对值（昆北站无）
55	MRTDP _ DIFF	直流线路横差保护差电流
56	MRTDP _ RES	直流线路横差保护制动电流
57	SW _ IND1	开关状态 1
58	SW _ IND2	开关状态 2
59	SW _ IND3	开关状态 3
60	DCHDP _ DIFF	直流谐波差动保护差电流（昆北站无）
61	DCHDP _ RES	直流谐波差动保护制动电流（昆北站无）
		数字量
1	PBDP _ TRIP1	极母线差动保护（87HV）Ⅰ段动作

续表

序号	物理量名称	物理量含义
数字量		
2	PBDP _ TRIP2	极母线差动保护（87HV）Ⅱ段动作
3	NBDP _ TRIP1	中性母线差动保护（87LV）Ⅰ段动作
4	NBDP _ TRIP2	中性母线差动保护（87LV）Ⅱ段动作
5	PDP _ TRIP1	直流后备差动保护（87DCB）Ⅰ段动作
6	PDP _ TRIP2	直流后备差动保护（87DCB）Ⅱ段动作
7	ELOCP _ CL _ HSGS	接地极开路保护（59EL）动作合站内接地开关
8	ELOCP _ PBAL	接地极开路保护（59EL）Ⅰ段极平衡动作
9	ELOCP _ TR1	接地极开路保护（59EL）Ⅰ段动作
10	ELOCP _ TR2	接地极开路保护（59EL）Ⅱ段动作
11	ELOCP _ TR3	接地极开路保护（59EL）Ⅲ段动作
12	HAP _ FUND _ SS	50Hz 保护（81～50Hz）请求切换
13	HAP _ SEC _ SS	100Hz 保护（81～100Hz）请求切换
14	HAP _ FUND _ TRIP	50Hz 保护（81～50Hz）动作
15	HAP _ SEC _ TRIP	100Hz 保护（81～100Hz）动作
16	HAP _ FUND _ RUNBACK	50Hz 保护（81～50Hz）请求功率回降
17	HAP _ SEC _ RUNBACK	100Hz 保护（81～100Hz）请求功率回降
18	VDP _ TRIP1	直流差动保护（87DCM）Ⅰ段动作
19	VDP _ TRIP2	直流差动保护（87DCM）Ⅱ段动作
20	VDP _ BLK _ TRIP	直流差动保护（87DCM）闭锁后动作段动作
21	NBSP _ RECL	中性母线开关保护（82 - HSNBS）重合 HSNBS
22	HSSP _ RECL	高速并联开关保护（82 - HSS）重合段重合 HSS（昆北站无）
23	HSSP _ TRIP	高速并联开关保护（82 - HSS）电流段跳闸（昆北站无）
24	HSSP _ V _ TRIP	高速并联开关保护（82 - HSS）电压段跳闸（昆北站无）
25	BNBDP _ TRIP	接地极母线差动保护（87EB）跳闸
26	BNBDP _ BP _ P _ BAL	接地极母线差动保护（87EB）极平衡
27	ELOS _ BP _ P _ BAL	接地极线路过电流保护（76EL）极平衡
28	ELOS _ RUN _ BACK	接地极线路过电流保护（76EL）请求功率回降
29	ELOS _ MP _ TRIP	接地极线路过电流保护（76EL）极平衡（单极大地或对站无接地极）
30	ELOS _ BP _ TRIP	接地极线路过电流保护（76EL）动作（双极有接地极）
31	ELUS _ PBAL	接地极不平衡保护（60EL）极平衡
32	ELUS _ MP _ TRIP	接地极不平衡保护（60EL）动作（单极大地或对站无接地极）
33	ELUS _ BP _ TRIP	接地极不平衡保护（60EL）动作（双极有接地极）
34	ELUS _ RUNBACK	接地极不平衡保护（60EL）请求功率回降

续表

序号	物理量名称	物理量含义
		数字量
35	ELUS _ ORDDOWN	接地极不平衡保护（60EL）请求移相
36	SGOCP _ BP _ P _ BAL	站内接地网过电流保护（76SG）极平衡
37	SGOCP _ TRIP	站内接地网过电流保护（76SG）跳闸
38	MRCGFP _ ORDDOWN	金属回线接地保护（51MRGF）请求移相
39	MRCGFP _ TRIP	金属回线接地保护（51MRGF）跳闸
40	MRTDP _ TRIP	金属回线横差保护（87DCLT）跳闸
41	GSP _ TRIP	接地系统保护（87GSP）动作
42	MRTBP _ RECL1	金属回线转换开关保护（82 - MRTB）Ⅰ段重合 MRTB（昆北站无）
43	MRTBP _ RECL2	金属回线转换开关保护（82 - MRTB）Ⅱ段重合 MRTB（昆北站无）
44	MRSP _ RECL1	金属回线开关保护（82 - MRS）Ⅰ段重合 MRS（昆北站无）
45	MRSP _ RECL2	金属回线开关保护（82 - MRS）Ⅱ段重合 MRS（昆北站无）
46	HSGSP _ RECL	高速接地开关保护（87 - HSGS）重合 HSGS
47	P _ ENBL	极使能信号，解锁且极连接正常
48	OP _ ENBL	对极使能信号，对极解锁且对极连接正常
49	SG _ CONN	站内接地网连接（通过 HSGS）
50	EL _ CONN	接地极连接
51	MR _ ENBL	金属回线状态保护使能
52	DEBL _ IND	本极任一换流器解锁
53	DEBL _ IND _ OP	对极任一换流器解锁
54	MRTB _ CLD	金属回线转换开关合位（昆北站无）
55	GRTS _ CLD	大地回线转换开关合位（昆北站无）
56	TCOM _ OK _ PCP	极控站间通信正常
57	CTRL _ POLE	控制极
58	EFH	紧急故障
59	SFH	严重故障
60	MFH	轻微故障
61	EXTENDED _ QD	长期启动
62	ACTIVE	运行
63	TEST	试验
64	DCHDP _ TRIP	直流谐波差动保护动作（昆北站无）
65	TRIG _ CUST	录波触发信号

6.2.4 装置自检

6.2.4.1 ACTIVE 信号与 ALIVE 信号

装置运行“ACTIVE”信号可通过后台和装置面板生成，但需要以满足以下两个条件为前提：

(1) 装置上电 20s 后。

(2) 装置无“保护长期启动”告警信号。

装置心跳“ALIVE”信号装置上电后生成，表现为周期 2ms，占空比 50%的方波信号。

6.2.4.2 故障自检

常直极保护装置有紧急故障（EFH）、严重故障（SFH）、轻微故障（MFH）3 类告警级别，1192C 插件与 1118B 插件都分别设置有相应逻辑，分别见表 6-50～表 6-52。

表 6-50　　B03/1192C 插件自检

序号	事件类型
EFH	
1	定时器故障
SFH	
1	所有模拟量无效
2	1、2 号模拟量采样板数据无效/监视故障/校验出错
MFH	
1	DSP/定时器告警
2	主机电源板/主机异常
3	3 号模拟量采样板自检异常
4	3 号模拟量采样板/校验出错
5	2 号拟量采样板单模拟量采样无效
6	模拟量自检异常

表 6-51　　B09/1118B/MAIN 插件自检

序号	事件类型
EFH	
1	定时器故障
MFH	
1	DSP/定时器告警
2	极控通信任一 LAN 失去“ALIVE”信号/数据无效/监视故障

表 6 - 52　　B09/1118B/MAIN2 插件自检

序号	事件类型
EFH	
1	定时器故障
2	保护出口长期启动
3	不具备退出保护条件下与极控通信全中断
MFH	
1	DSP/定时器告警
2	B01/1107 插件进程异常
3	CAN 总线故障
4	I/O 单元装置失电
5	I/O 单元信号电源丢失
6	隔离开关位置异常
7	测试模式设定
8	三取二装置通信异常
9	具备退出保护条件下与极控通信全中断

以上 3 类信号分别汇总后报相应报文。若产生 EFH 信号，系统将产生“HD _ NOTOK”信号闭锁所有保护逻辑。

6.2.5　开关量数据监视与处理

乌东德工程极及双极保护系统中用于开关量数据接收和处理的功能模块为 B09/1118：MAINCPU/Main2/IOSW：IOSWAPP，该模块用于进行开关量有效性判断。

极保护系统通过 CAN 总线收到来自不同源节点的直流场开关量数据包后进行分解还原为多路开关量输出，极保护系统接收的开关量信息是一个 32 位的数据包，可分解为 32 个 1 位的开关数值信号。以 Q3 隔离开关为例，其开关量的分解和处理如图 6 - 31 所示。

Q3 隔离开关的分位、合位指示信号 Q3 _ OPEN _ IND 与 Q3 _ CLOSE _ IND 的生成如图 6 - 31（b）所示。极保护对断路器、隔离开关位置进行有效性判断，如图 6 - 31（c）所示。若任意隔离开关的双位置节点中分位、合位指示信号不是对应取反，延时 30s，则认为位置异常，保护报轻微故障，发出 SER 报文“断路器、隔离开关位置错误”。该轻微故障可能引起本套保护系统相关保护误动或拒动。

极保护装置对部分断路器、隔离开关位置的开入量采用了 RS 触发器保持。当信号电源丢失时，其位置信号保持电源丢失前的状态不变，保护的功能保持正常状态，在不操作隔离开关或断路器的前提下系统仍然可以正常运行。如果在信号电源恢复前操作相关的隔离开关或断路器则保护可能误动。开关量数据经上述预处理后打包发送至极保护

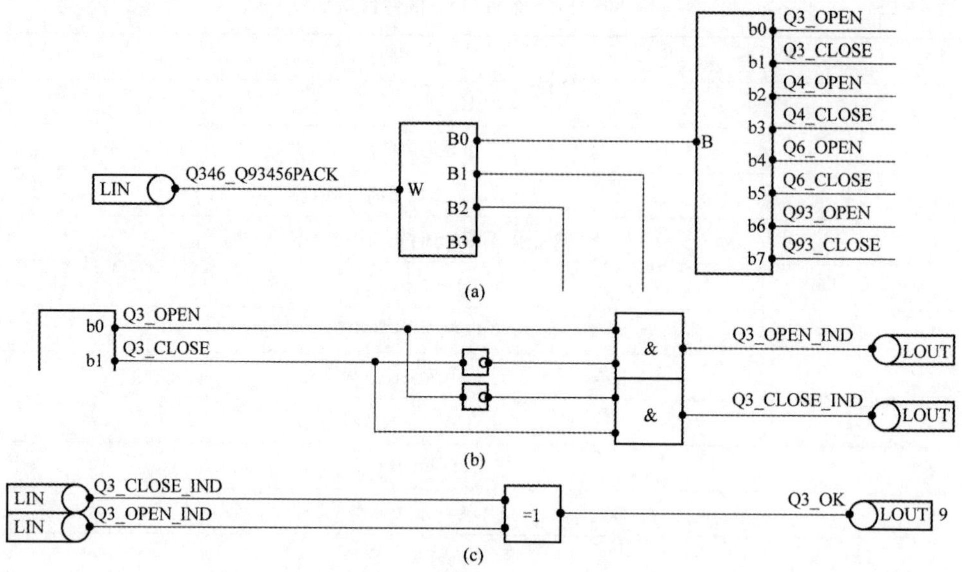

图 6-31　开关量数据处理与有效性判断

(a) 开关量数据还原；(b) Q3 隔离开关合位置、分位置指示生成；
(c) Q3 隔离开关合位置、分位置指示有效性判断

系统程序以供使用。

6.2.6　模拟量数据预处理与监视

直流极及双极区保护系统的接收 IEC 60044-8 模块和数据处理逻辑功能模块位于 B03/1192：LinePR/DATA_PROC：DATA_PROCAPP。

6.2.6.1　模拟量数据预处理策略

极及双极区保护系统通过 IEC 60044-8 总线接收现场测量设备采集的模拟量数据后将根据保护判据需要进行数据预处理。常直极保护系统通过三条光纤接收模拟量数据，波特率 20Mbit/s，接收模块超过 100μs 没有收到数据时判断为超时；柔直极保护系统通过若干光纤接收模拟量数据，波特率 20Mbit/s。当接收模块超过 20μs 没有收到数据时判断为超时。

1. 数据还原

1192 接收 IEC 60044-8 模块的每一个输出量均为 16 位数据，极保护系统接收的模拟量原始数据均需要根据通信规约进行还原，将 3 个通道输出的 16 位原始数据还原为 2 个 24 位采样数据（带符号位扩展），如图 6-32 所示。

图 6-32 中接收模块对每一个模拟量数据的有效性均进行了判断，接收模块的输出量 FB1_DATA1 包含了该模块输出的所有模拟量数据的可用状态。以图示模拟量 UdN 为例，进行数据还原时从变量 FB1_DATA1 取出对应位（第 2 位）的量进行判断，当该位

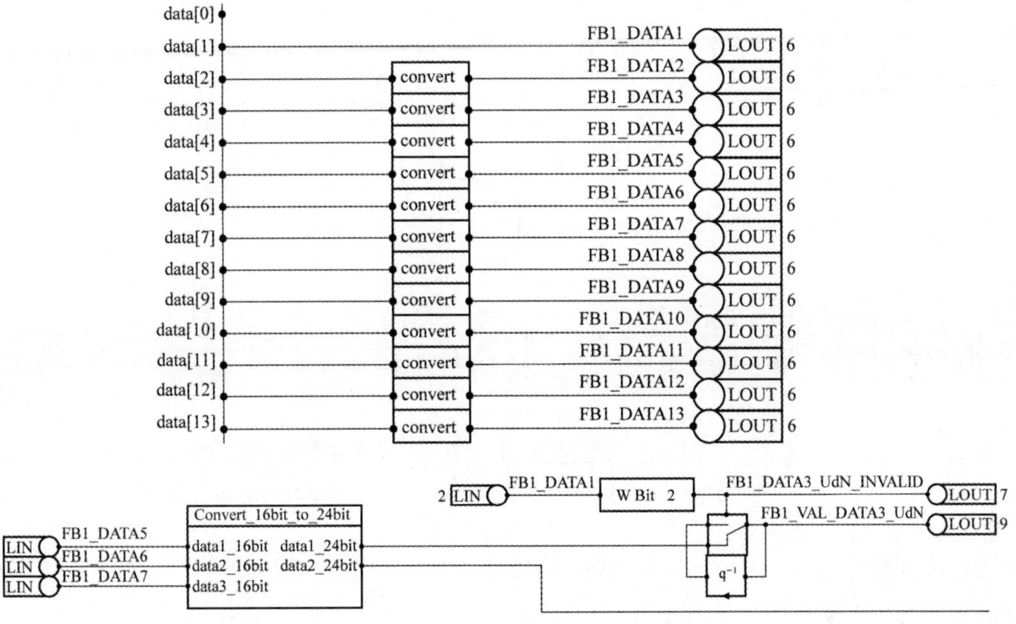

图 6-32　模拟量数据还原（UdN）

的数值为 1 时数据不可用，模拟量保持之前的状态不变。其余接收模块和模拟量的数据还原方式类似。当进入注流试验模式时，需要对极直流电压、电流以及双极电流测点进行处理。因而这部分数据的还原环节还需要结合注流模式状态字共同构成判据，当且仅当非注流模式下以及 FB1 _ DATA1 对应位的量为 0 时数据可用，逻辑如图 6-33 所示。

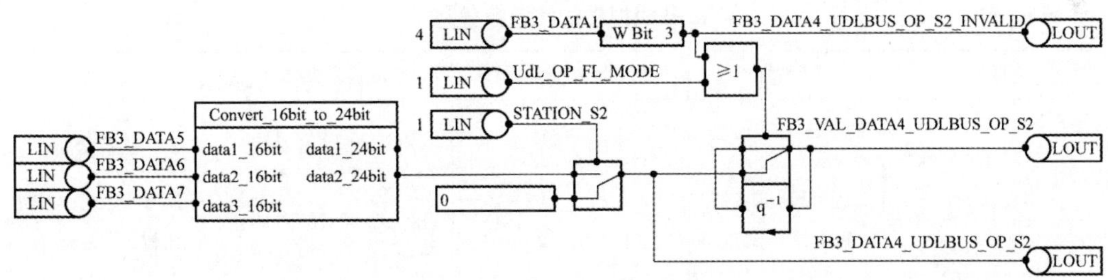

图 6-33　模拟量数据还原（汇流母线直流电压 UdLBUS）

得到采样数据后，极保护系统程序根据各个测点的对应测量装置变比对电流、电压数据进行还原。以柔性直流换流站的直流场接地极母线电流 IdLN 为例，其数据处理过程如图 6-34 所示。极保护程序 MIF _ SET _ 1 页面中对模拟量的变比值进行了初步设定（柳州站和龙门站的变比值不同，依据柔性直流换流站 Id 选择），在 MIF _ SET _ 2 页面下用户可通过将 IdLN _ SCALE _ POLAR 置位为 1 或－1 改变极性并得到最终的变比值 IdLN _ SCALE，依据该变比值对 IdLN 测量值进行还原，如图 6-34（c）所示。

变比换算后的数据被送往 TFR 录波与极和双极区保护系统，部分电气量则需要进一

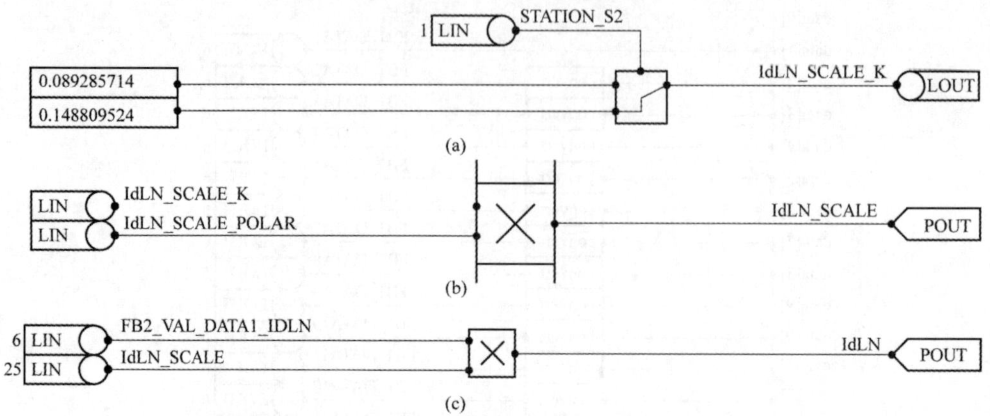

图 6-34　直流场接地极母线电流 IdLN 变比换算过程

(a) 变比值的初步设定；(b) 变比值转换；(c) 变比值对 IdLN 测量值的还原

步进行滤波处理后应用于极和双极区保护功能，常规直流换流站和其他模拟量的数据预处理过程与 IdLN 类似，不再重复。

2. 滤波处理

此后将根据保护判据需要对数据进行滤波、峰值检验等处理。

极保护系统采用了无限长脉冲响应（infinite impluse response，IIR）滤波器。根据不同的需要对模拟量分别使用了一阶、二阶、四阶与六阶滤波，各个模拟量使用的滤波器参数见表 6-53。

表 6-53　　各模拟量的滤波器参数

模拟量	滤波器	滤波器 Z 变换方程	滤波器系数	备注
UdL UdL _ LINE	二阶低通滤波器截止频率 90Hz	H(z) = (b0 + b1 * z^ − 1 + b2 * z^ − 2)/(1 − a1 * z^ − 1 − a2 * z^ − 2)	b0=0.00076851165 b1=0.0015370233 b2=0.00076851165 a1=1.9200683 a2=−0.92314231	用于 ACS 模块进行比较
UdM UdN UdL	二阶低通滤波器截止频率 90Hz	H(z) = (b0 + b1 * z^ − 1 + b2 * z^ − 2)/(1 − a1 * z^ − 1 − a2 * z^ − 2)	b0=0.016581932 b1=0.033163863 b2=0.016581932 a1=1.6041302 a2=−0.67045791	用于极及双极区保护功能
IdLH	一阶滤波器	H(z) = (b0 + b1 * z^ − 1)/(1 − a1 * z^ − 1)	b0=0.022324862 b1=0.022324862 a1=0.95535028	输出至 TFR

续表

模拟量	滤波器	滤波器 Z 变换方程	滤波器系数	备注
IdCN（50Hz 分量）	六阶巴特沃斯带通滤波器 通带： 47.0～53.0Hz	三个二阶滤波器级联而成	b0=0.0058464157 b1=0.0 b2=−0.0058464157 a1=1.9873400 a2=−0.98831134	取 25ms 内的最大值，乘 0.707 后用于极及双极区保护功能
UdL（50Hz 分量）			b0=0.0046503186 b1=0.0 b2=−0.0046503186 a1=1.9918475 a2=−0.99319603	
IdLH（50Hz 分量）			b0=0.0073852079 b1=0.0 b2=−0.0073852079 a1=1.9943786 a2=−0.99508225	
IdCN（100Hz 分量）	四阶巴特沃斯滤波器	两个二阶滤波器级联而成	b0=0.01338488 b1=−0.02676976 b2=0.01338488 a1=1.9764566 a2=−0.98831134 b0=0.01 b1=0.02 b2=0.01 a1=1.982804 a2=−0.98577929	取 15ms 内的最大值，乘 0.707 后用于极及双极区保护功能

6.2.6.2 模拟量数据监视策略

数据接收模块将对电流、电压等模拟量从两方面进行数据有效性判断：

(1) 对光纤数据进行校验，若发现光纤数据有效性异常/光纤通信中断（如光纤通道断链、连续超时等情况）或 CRC 校验错误，延时 4ms，将判断该数据无效，闭锁该模拟量相关保护功能。当数据帧异常时，发出 SER 报文“光纤数据帧错误”；当光纤通信中断时，发出 SER 报文“光纤数据接收错误”；当发现 CRC 校验错误时，发出 SER 报文“光纤数据 CRC 错误”。当不存在以上三项错误且接收模拟量数据不存在错误时，判定该模拟量有效性正常，可应用于相应的极和双极区保护功能。当进入注流试验模式时，对于极电压、电流和双极电流测点数据还需要结合注流模式状态字共同构成有效性判据。

（2）依据直流一次接线及电路原理，对模拟量数值进行比对，当出现明显异常数据时，报保护装置轻微故障，同时发出模拟量异常的 SER 信号。该部分监视功能由 ACS 模块完成，典型的测点模拟量监视策略如下：

1）极区直流线路电流测量异常。该部分主要检测 IdCN、IdLN、IdCH、IdLH 电流测量值是否正常，在测量数据有效（VALID）和极解锁（DEBL）情况下，以上 4 个电气量的数值应相等或相近。因此检测思路为：将这 4 个电气量进行相互做差后取绝对值，若得出的差值超过设定值，则说明相应电气量测量错误。

具体步骤如下：

a. 取 Id1＝｜IdCN－IdLN｜、Id2＝｜IdLN－IdCH｜、Id3＝｜IdCH－IdLH｜、Id4＝｜IdLH－IdCN｜。

b. 判断 Id1＞Imax（IdCN、IdLN、IdCH、IdLH）＊0.1 是否成立，并将该状态量命名为 ACS _ ID1 _ DET，同理有 ACS _ ID2 _ DET、ACS _ ID3 _ DET、ACS _ ID4 _ DET。

极区直流线路电流测量异常数据监视策略如图 6 - 35 所示。

2）以上 4 组状态字根据表 6 - 54 延迟 10s 产生相应报文，任一信号测量出错时将 DC _ ID _ ERR（直流线路电流测量错误）状态字置位为 1。

表 6 - 54　　极区直流线路测量状态异常判断逻辑

序号	条件	报文
1	ACS _ ID1 _ DET=1	IdCN 或 IdLN 测量出错
2	ACS _ ID2 _ DET=1	IdLN 或 IdCH 测量出错
3	ACS _ ID3 _ DET=1	IdCH 或 IdLH 测量出错
4	ACS _ ID4 _ DET=1	IdLH 或 IdCN 测量出错
5	ACS _ ID1 _ DET=1&&ACS _ ID2 _ DET=1	IdLN 测量出错
6	ACS _ ID2 _ DET=1&&ACS _ ID3 _ DET=1	IdCH 测量出错
7	ACS _ ID3 _ DET=1&&ACS _ ID4 _ DET=1	IdLH 测量出错
8	ACS _ ID4 _ DET=1&&ACS _ ID1 _ DET=1	IdCN 测量出错

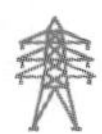

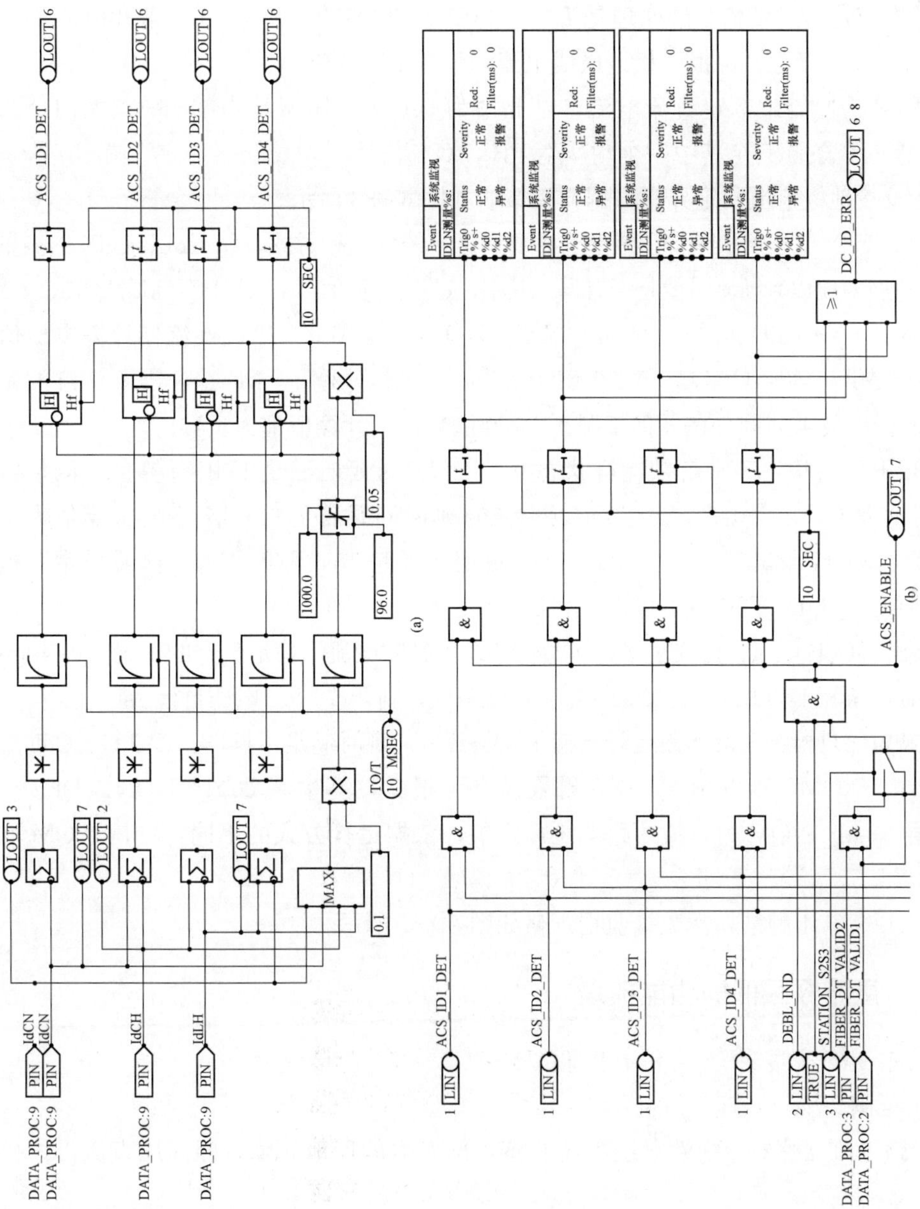

图 6-35　极区直流线路电流测量异常数据监视策略

(a)极区直流线路电流测量异常监视策略步骤 1;(b)极区直流线路电流测量异常监视策略步骤 2

3）双极区及接地极电流测量异常。双极区主要电流自检采用接地极 I_{Σ}＝｜IdLN＋IdLN _ OP＋IdME _ SW＋IdSG＋IdEE1＋IdEE2｜约等于 0 的方法，适应了双极、单极大地回线、单极金属回线等运行方式，若和电流 I_{Σ}＞0.04 * Id _ NOM，延迟 60s 报“双极区电流测量异常”。

接地极电流自检逻辑依据的原理是 I_d＝｜IdEE1－IdEE2｜约等于 0，若和电流 I_d＞0.02 * Id _ NOM，延迟 60s 报“接地极线电流测量异常”。

Id _ NOM 为换流站额定直流电流，昆北站为 5000A，柳州站为 1875A，龙门站为 3125A。以上两个条件满足其中一个均产生 EB _ ACS 信号。

双极区及接地极电流测量异常数据监视策略如图 6 - 36 所示。

4）UdL、UdN 电压测量异常。该部分主要结合系统的运行方式，将 UdL、UdN 的测量值与计算值进行对比以判断测量值是否有误。其中，UdN 计算值 Ud _ CALC＝IdCN（MR）* X 或 IdEE（GR） * X；UdH 计算值（UdL _ CALC）＝UdN _ CALC＋运行换流器计算电压值（由极控系统提供：Ud _ CALC _ V1 _ MC1、Ud _ CALC _ V2 _ MC1），需要注意的是 UdN 的数值，以极 1 为例，在任何工况下 UdN 测量值及计算值都为负数。

a. UdL 电压自检：正常解锁运行状态下，若经 60s 延时满足 UdL 计算值与测量值的差的绝对值大于 0.1 倍 UdL 额定值，或经 10s 延时同时满足 0.5 倍 UdL 额定值大于 UdL 测量值、IdCH 测量值大于 0.1 倍 Id 额定值，延时 10s 发出“UdL 测量异常”报文，产生“ACS _ UD _ DET _ OUT”信号。

特别指出，UdL 电压自检模块考虑了直流系统解锁时电流不稳定上升的工况，即 40ms 内，满足 max（IdLH，IdLN）＞0.1 * Id _ NOM 条件，则开放 UdL 电压自检 2s。

b. UdN 电压自检：正常解锁运行状态下，若经 60s 延时满足｜UdN _ CALC－UdN｜＞0.025 * Ud _ NOM，则发出“UDN 测量异常”报文，产生“ACS _ UDN _ DET _ OUT”信号。Ud _ NOM 为直流线路电压额定值，依据运行方式的不同，Ud _ NOM 取 800kV 或 400kV。

UdL、UdN 电压测量异常数据监视策略如图 6 - 37 所示。

6.2.7 直流极区保护功能梳理

6.2.7.1 极母线差动保护（87HV）

1. 保护范围

直流线路电流互感器与中性母线电流互感器间发生的接地故障，即高压直流母线接地故障。

2. 保护原理

直流高压母线发生接地故障时，必然造成其两端的电流大小不等。极母线差动保护检测直流线路电流 IdLH 与直流高压母线电流 IdCH 差值绝对值是否越限，极母线差动保护共有 3 段，定值见表 6 - 55。

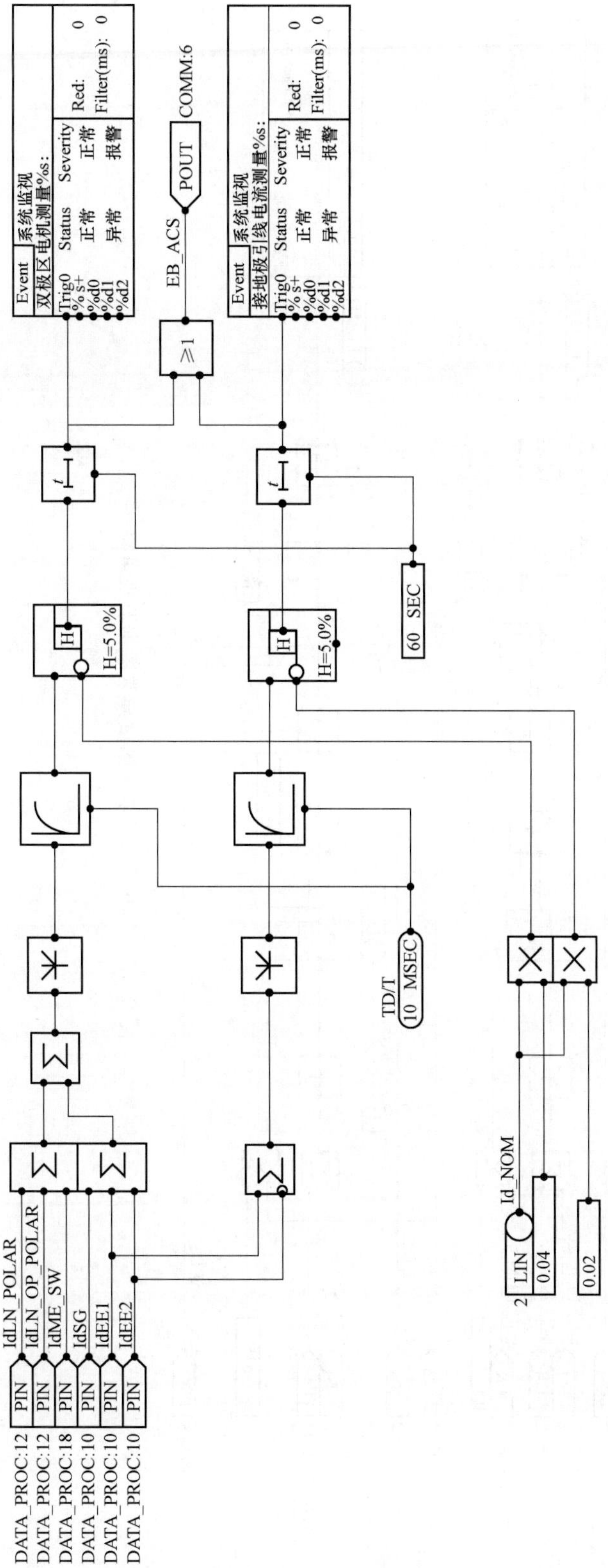

图 6-36　双极区及接地极电流测量异常数据监视策略

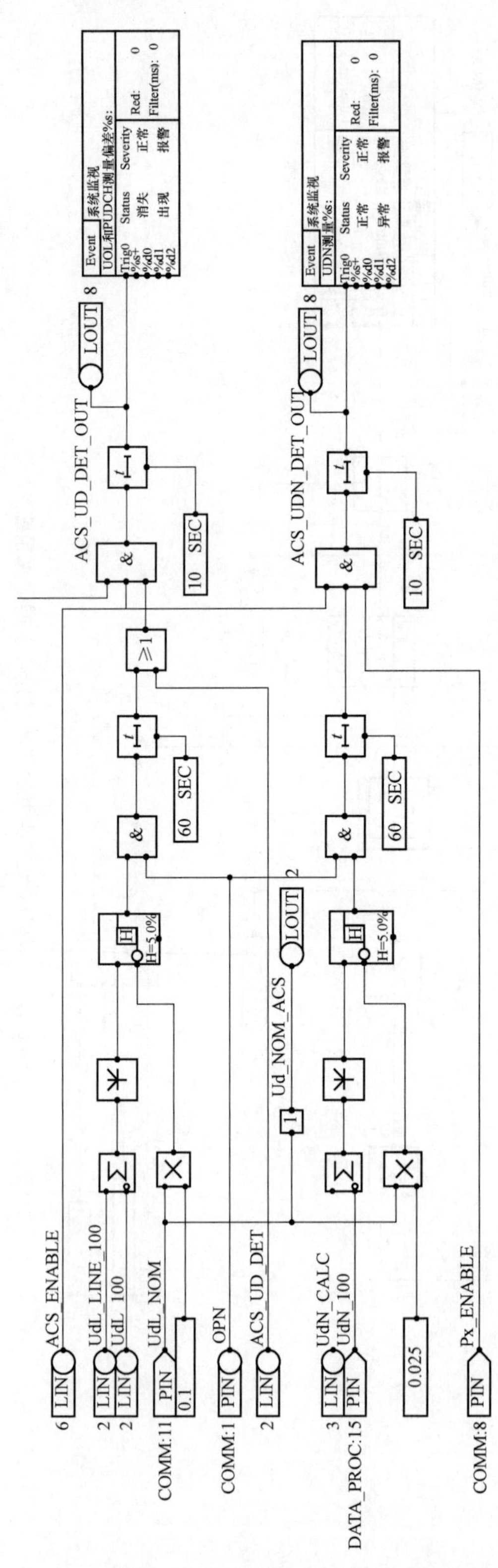

图 6-37　UdL、UdN 电压测量异常数据监视策略

表 6-55　**极母线差动保护**

保护段	定值	延时	出口方式
告警段	| IdCH - IdLH | >0.05p.u.	2.0s	报文告警
快速段（Ⅰ段）	| IdCH - IdLH | >max [0.3p.u.，0.2 * max（| IdCH |，| IdLH |）] & | UdL | <0.54p.u.	7ms	ESOF（昆北站 X-ESOF，柳北站和龙门站 Y-ESOF）、跳/锁定换流变压器开关、进行极隔离
动作段（Ⅱ段）	| IdCH - IdLH | > max [0.25p.u.，0.15 * max（| IdCH |，| IdLH |）]	120ms	ESOF（昆北站 X-ESOF，柳北站和龙门站 Y-ESOF）、跳/锁定换流变压器开关、进行极隔离

6.2.7.2　中性母线差动保护（87LV）

1. 保护范围

中性母线电流互感器与换流器低压端电流互感器间发生的接地故障，即中性母线接地故障。

2. 保护原理

与极母线差动保护原理相似，中性母线差动保护检测中性母线电流 IdCN 与接地极母线电流 IdLN 差值绝对值是否越限，中性母线差动保护共有 3 段，定值见表 6-56。

表 6-56　**中性母线差动保护**

保护段	定值	延时	出口方式
告警段	| IdCN - IdLN | >0.05p.u.	2.0s	报文告警
快速段（Ⅰ段）	| IdCN - IdLN | >0.2p.u. +0.2 * max（| IdCN |，| IdLN |）	30ms	ESOF（昆北站 X-ESOF，柳北站和龙门站 Y-ESOF）、跳/锁定换流变压器开关、进行极隔离
动作段（Ⅱ段）	| IdCN - IdLN | >0.07p.u. +0.15 * max（| IdCN |，| IdLN |）	180ms	ESOF（昆北站 X-ESOF，柳北站和龙门站 Y-ESOF）、跳/锁定换流变压器开关、进行极隔离

6.2.7.3　直流差动保护（87DCM）

1. 保护范围

检测换流器区域接地故障，保护范围为本极换流器区域。

2. 保护原理

检测直流高压母线 IdCH 与中性母线电流 IdCN 的差值绝对值是否超过允许值。直流差动保护共有 3 段，定值见表 6-57。

表 6-57　　直流差动保护定值表

保护段	定值	延时	出口方式
告警段	|IdCH-IdCN|>0.03p.u.	100ms	报文告警
动作Ⅰ段	|IdCH-IdCN|>max [0.15p.u.，0.2*（|IdCH+IdCN|）/2]	5ms	ESOF（昆北站 X-ESOF，柳北站和龙门站 Y-ESOF）、跳/锁定换流变压器开关、进行极隔离
动作Ⅱ段	|IdCN-IdCN|>max [0.05p.u.，0.2*（|IdCH+IdCN|）/2]	150ms	ESOF（昆北站 X-ESOF，柳北站和龙门站 Y-ESOF）、跳/锁定换流变压器开关、进行极隔离
闭锁后动作段	|IdCN-IdCN|>max [0.05p.u.，0.2*（|IdCH+IdCN|）/2]	150ms	进行极隔离

6.2.7.4　直流后备差动保护（87DCB）

1. 保护范围

检测换流器、极母线、极中性母线内的接地故障，保护范围为本极直流区域，作为直流差动保护（87DCM）的后备。

2. 保护原理

检测接地极母线 IdLN 与直流线路电流 IdLH 差值绝对值是否超过允许值。直流后备差动保护共有 3 段，定值见表 6-58。

表 6-58　　直流后备差动保护定值表

保护段	定值	延时	出口方式
告警段	|IdLH-IdLN|>0.05p.u.	5000ms	报文告警
动作Ⅰ段	|IdLH-IdLN|>0.2p.u.+0.2*IdLN	60ms	ESOF（昆北站 X-ESOF，柳北站和龙门站 Y-ESOF）、跳/锁定换流变压器开关、进行极隔离
动作Ⅱ段	|IdLH-IdLN|>0.07p.u.+0.15*IdLN	300ms	ESOF（昆北站 X-ESOF，柳北站和龙门站 Y-ESOF）、跳/锁定换流变压器开关、进行极隔离

6.2.7.5　接地极开路保护（59EL）

1. 保护范围

检测接地极线开路造成的过电压，保护范围为接地极线区域。

2. 保护原理

接地极线发生开路故障时，中性点失去接地状态，导致中性母线电压上升。接地极开路保护检测中性母线电压绝对值｜UdN｜与接地极电流之和绝对值｜IdEE1＋IdEE2｜是否越限。接地极开路保护共有 3 段，定值见表 6-59。

表 6-59　　接地极开路保护定值表

保护段	定值	延时	出口方式
动作Ⅰ段	双极运行：｜UdN｜＞10kV&｜IdEE1＋IdEE2｜＜160A	50ms	合 HSGS 开关
		150ms	极平衡
		1500ms	X-ESOF、跳/锁定换流变压器开关、进行极隔离
动作Ⅱ段	大地回线运行：｜UdN｜＞20kV&｜IdEE1＋IdEE2｜＜160A 单极金属回线运行：｜UdN｜＞20kV&｜IdLH _ op｜＜160A	60ms	X-ESOF、跳/锁定换流变压器开关、进行极隔离。 注：非双极运行且本极为主控极合 HSGS
动作Ⅲ段	｜UdN｜＞20kV	100ms/300ms	X-ESOF、跳/锁定换流变压器开关、进行极隔离
动作Ⅳ段	｜UdN｜＞20kV（单极闭锁状态）	20s	合 HSGS 开关

6.2.7.6　50Hz 保护（81～50Hz）

1. 保护范围

检测直流线路电流中的 50Hz 分量，作为阀触发异常的后备保护。

2. 保护原理

发生交流系统接地故障或换流阀触发系统故障时，直流电流产生大量谐波分量，以 50Hz 和 100Hz 分量为主。本保护检测中性母线电流 IdCN 的 50Hz 分量是否越限。50Hz 保护共有两段，定值见表 6-60。

表 6-60　　50Hz 保护定值表

保护段	定值	延时	出口方式
告警段	IdCN _ 50Hz＞0.02p.u.	5s	报文告警
动作段	IdCN _ 50Hz＞0.0333p.u.＋0.05 * IdCN	200ms	请求系统切换
		3s	功率回降
		5s	ESOF（昆北站 X-ESOF，柳北站和龙门站 Y-ESOF）、跳/锁定换流变压器开关、进行极隔离

6.2.7.7 100Hz 保护（81～100Hz）

1. 保护范围

检测直流线路电流中的 100Hz 分量，作为交流系统故障时的后备保护。

2. 保护原理

发生交流系统接地故障或换流阀触发系统故障时，直流电流产生大量谐波分量，以 50Hz 和 100Hz 分量为主。本保护检测中性母线电流 IdCN 的 100Hz 分量是否越限。100Hz 保护共有两段，定值见表 6-61。

表 6-61　　100Hz 保护定值表

保护段	定值	延时	出口方式
告警段	IdCN _ 100Hz＞0.03p.u.	5s	报文告警
动作段	IdCN _ 100Hz＞0.0333p.u.＋0.05 * IdCN	800ms	请求系统切换
		3s	ESOF、跳/锁定换流变压器开关、进行极隔离

6.2.7.8 中性母线开关保护（82-HSNBS）

1. 保护范围

保护范围为中性母线开关，在 HSNBS 无法断弧的情况下，重合开关以保护设备。

2. 保护原理

本保护检测开关合闸位置变为 0 后，接地极母线电流 IdLN 是否越限，中性母线开关保护共有 1 段，定值见表 6-62。

表 6-62　　中性母线开关保护定值表

保护段	定值	延时	出口方式
动作段	开关合闸位置变为 0 后，｜IdLN｜＞75A	60ms	重合中性母线开关 HSNBS

6.2.7.9 高速并联开关保护（82-HSS）

1. 保护范围

在 HSS 无法断弧的情况下，重合开关以保护设备。保护范围为高速并联开关。本保护仅柔性直流站配置。

2. 保护原理

检测 HSS 合闸位置消失后，直流高压母线电流 IdCH 是否大于整定值，高速并联开关保护共有 2 段，定值见表 6-63。

表 6-63　　高速并联开关保护定值表

保护段	定值	延时	出口方式
重合段	HSS 合闸位置消失后，满足 | IdCH | >100A	150ms	重合高速并联开关 HSS
动作段	HSS 合闸位置消失后，满足 | IdCH | >100A	300ms	ESOF（柳北 X-ESOF，龙门 Y-ESOF）、跳/锁定换流变压器开关、进行极隔离

6.2.8 直流双极区保护功能梳理

6.2.8.1 接地极母线差动保护（87EB）

1. 保护范围

检测双极中性线区接地故障，保护范围为双极中性线连接区。

2. 保护原理

检测接地极母线电流 IdLN、另一极接地极母线电流 IdLN_OP、接地极线路电流 IdEE、高速接地开关电流 IdSG 的电流差值是否越限，特高压多端直流输电系统中的接地极母线差动保护差动电流具体整定方法与直流系统的运行方式有关。接地极母线差动保护共有 3 段，定值见表 6-64。

表 6-64　　接地极母线差动保护定值表

保护段	定值	延时	出口方式
告警段	单极大地：| IdLN-IdEE1-IdEE2-IdSG | >0.05p.u. 单极金属：| IdLN-IdLH_OP-IdSG | >0.05p.u. 双极大地：| IdLN-IdLN_OP-IdEE1-IdEE2-IdSG | >0.05p.u.	1.0s	报文告警
平衡段	双极大地：| IdLN-IdLN_OP-IdEE1-IdEE2-IdSG | >0.06p.u.+0.1 | IdLN-IdLN_OP |	200ms	极平衡
动作段	单极大地：| IdLN-IdEE1-IdEE2-IdSG | >0.06p.u.+0.1 | IdLN | 单极金属：| IdLN-IdLH_OP-IdSG | >0.06p.u.+0.1 | IdLN | 双极大地：| IdLN-IdLN_OP-IdEE1-IdEE2-IdSG | >0.06p.u.+0.1 | IdLN-IdLN_OP |	单极：600ms 双极：2000ms	ESOF（昆北站 X-ESOF，柳北站和龙门站 Y-ESOF）、跳/锁定换流变压器开关、进行极隔离

6.2.8.2 接地极线路过电流保护（76EL）

1. 保护范围

检测接地极线路过负荷，保护范围为接地极线路区域。

2. 保护原理

检测接地极线路电流 IdEE1/2 是否越限，接地极线路过电流保护共有 5 段，定值见表 6-65。

表 6-65　　接地极线路过电流保护定值表

保护段	定值	延时	出口方式
告警段	| IdEE1/2 | >0.75p.u.	500ms	报文告警
功率回降段（单极）	| IdEE1/2 | >0.85p.u.	3100ms	功率回降
极平衡段（双极）	| IdEE1/2 | >0.85p.u.	1500ms	极平衡
动作段（单极）	| IdEE1/2 | >0.85p.u. | IdEE1/2 | >468.75A（对站无接地极）	8s/750ms（对站无接地极）	ESOF（昆北站 X-ESOF，柳北站和龙门站 Y-ESOF）、跳/锁定换流变压器开关。 ESOF（昆北站 X-ESOF，柳北站和龙门站 Y-ESOF）、跳/锁定换流变压器开关、进行极隔离
动作段（双极）	| IdEE1/2 | >0.85p.u.	8s	ESOF（昆北站 X-ESOF，柳北站和龙门站 Y-ESOF）、跳/锁定换流变压器开关。 ESOF（昆北站 X-ESOF，柳北站和龙门站 Y-ESOF）、跳/锁定换流变压器开关、进行极隔离

6.2.8.3 接地极电流不平衡保护（60EL）

1. 保护范围

检测两接地极线路电流的不平衡，保护范围为接地极线路区域。

2. 保护原理

判断接地极线路上是否发生了接地故障。由于接地极线路本身通过接地极接地，保护的动作原理决定了有死区存在。接地极电流不平衡保护共有 5 段，定值见表 6-66。

表 6-66　　接地极电流不平衡保护定值表

保护段	定值	延时	出口方式
告警段	柳北：｜IdEE1-IdEE2｜>75A 龙门：｜IdEE1-IdEE2｜>124A	500ms	报文告警
移相重启段（单极）	柳北：｜IdEE1-IdEE2｜>148A 龙门：｜IdEE1-IdEE2｜>248A	400ms	低压线路重启
极平衡段（双极）	柳北：｜IdEE1-IdEE2｜>148A 龙门：｜IdEE1-IdEE2｜>248A	500ms	极平衡
功率回降段（单极）	柳北：｜IdEE1-IdEE2｜>148A 龙门：｜IdEE1-IdEE2｜>248A	1000ms	功率回降（本功能已设置不出口）
动作段	柳北：｜IdEE1-IdEE2｜>148A 龙门：｜IdEE1-IdEE2｜>248A	3s	ESOF（昆北站X-ESOF，柳北站和龙门站Y-ESOF）、跳/锁定换流变压器开关、进行极隔离

6.2.8.4　站内接地网过电流保护（76SG）

1. 保护范围

检测站内接地网或金属回线过电流，保护范围为站内接地网区域。

2. 保护原理

站内接地网过电流保护共有5段，定值见表6-67。

表 6-67　　站内接地网过电流保护定值表

保护段	定值	延时	出口方式
告警段	｜IdSG｜>60A ｜IdSG｜>31.25A（无接地极运行）	2000ms/350ms	报文告警
极平衡段	｜IdSG｜>80A（双极） ｜IdSG｜>31.25A（无接地极运行）	400ms（双极）/ 5s（无接地极运行）	极平衡
单极动作段	｜IdSG｜>100A	900ms	ESOF（昆北站X-ESOF，柳北站和龙门站Y-ESOF）、跳/锁定换流变压器开关、进行极隔离
双极动作段	｜IdSG｜>80A	1700ms	ESOF（昆北站X-ESOF，柳北站和龙门站Y-ESOF）、跳/锁定换流变压器开关、进行极隔离

续表

保护段	定值	延时	出口方式
无接地极运行动作段	|IdSG|>562.5A	350ms	ESOF（昆北站 X-ESOF，柳北站和龙门站 Y-ESOF）、跳/锁定换流变压器开关、进行极隔离

6.2.8.5 金属回线接地保护（51MRGF）

1. 保护范围

检测金属回线接地故障，保护范围为金属回线运行时金属回线区域。

2. 保护原理

检测高速接地开关与两接地极线的和绝对值是否越限，金属回线接地保护共有 3 段，定值见表 6-68。

表 6-68　　金属回线接地保护定值表

保护段	定值	延时	出口方式
告警段	|IdSG+IdEE1+IdEE2|>60A	100ms	报文告警
重启段	|IdSG+IdEE1+IdEE2|>100A+0.1*|IdLN|	650ms	本功能已设置不出口
动作段	|IdSG+IdEE1+IdEE2|>100A+0.1*|IdLN|	800ms	ESOF（昆北站 X-ESOF，柳北站和龙门站 Y-ESOF）、跳/锁定换流变压器开关、进行极隔离

6.2.8.6 接地系统保护（87GSP）

1. 保护范围

检测站内接地网过电流，防止过大的接地电流对站接地网造成的破坏，保护范围为站内接地网区域。

2. 保护原理

检测两极中性母线电流差是否越限，接地系统保护共有 3 段，定值见表 6-69。

表 6-69　　接地系统保护定值表

保护段	定值	延时	出口方式
告警段	|IdLN-IdLN_OP|>60A	100ms	报文告警
动作Ⅰ段	|IdLN-IdLN_OP|>100A |IdLN-IdLN_OP|>156A （无接地极运行）	2000ms/1500ms （无接地极运行）	ESOF（昆北站 X-ESOF，柳北站和龙门站 Y-ESOF）、跳/锁定换流变压器开关、进行极隔离

续表

保护段	定值	延时	出口方式
动作Ⅱ段	｜IdLN - IdLN _ OP｜>562.5A （无接地极运行）	500ms	ESOF（昆北站 X - ESOF，柳北站和龙门站 Y - ESOF）、跳/锁定换流变压器开关、进行极隔离

注　仅在功率控制模式下双极运行、快速接地开关（HSGS）合上时投入。

6.2.8.7　高速接地开关保护（82 - HSGS）

1. 保护范围

检测高速接地开关的失灵故障，保护范围为高速接地开关。

2. 保护原理

检测 HSGS 指示分闸位置后接地开关电流是否越限，高速接地开关保护共有 1 段，定值见表 6 - 70。

表 6 - 70　　**高速接地开关保护定值表**

保护段	定值	延时	出口方式
动作段	HSGS 指示分闸位置后，｜IdSG｜>75A	75ms	重合站内高速接地开关（HSGS）

6.2.8.8　金属回线转换开关保护（82 - MRTB）

1. 保护范围

检测金属回线转换开关的失灵故障，保护范围为金属回线转换开关。本保护功能仅柔性直流站配置。

2. 保护原理

检测金属回线转换开关电流是否越限，金属回线转换开关保护共有 2 段，定值见表 6 - 71。

表 6 - 71　　**金属回线转换开关保护定值表**

保护段	定值	延时	出口方式
动作Ⅰ段	｜IdMRTB｜>75A	50ms	重合金属回线转换开关（MRTB）
动作Ⅱ段	｜IdMRTB｜>75A 或｜IdEE1+IdEE2｜>75A	150ms	重合金属回线转换开关（MRTB）

6.2.8.9　大地回线转换开关保护（82 - MRS）

1. 保护范围

检测大地回线转换开关的失灵故障，保护范围为大地回线转换开关。本保护功能仅柔性直流站配置。

2. 保护原理

检测大地回线转换开关电流是否越限，大地回线转换开关保护共有 1 段，定值见表 6-72。

表 6-72　大地回线转换开关保护定值表

保护段	定值	延时	出口方式
动作段	｜IdL _ OP｜＞75A	125ms	重合大地回线转换开关（GRTS）

6.2.8.10　金属回线横差保护（87DCLT）

1. 保护范围

检测金属回线及站内连接线的接地故障，保护范围为金属回线及站内连接线区域。

2. 保护原理

检测两极直流线路电流差是否越限，金属回线横差保护共有 2 段，定值见表 6-73。

表 6-73　金属回线横差保护定值表

保护段	定值	延时	出口方式
告警段	｜IdLH - IdLH _ OP｜＞0.03p.u.	4s	报文告警
动作段	三站：｜IdLH - IdLH _ OP｜＞0.05p.u.＋0.1＊｜IdLH _ OP｜ 两站：｜IdLH - IdLH _ OP｜＞0.05p.u.＋0.2＊｜IdLH _ OP｜	三站：500ms 两站：1s	ESOF（昆北站和柳北站 X-ESOF，龙门站 Y-ESOF）、跳/锁定换流变压器开关、进行极隔离

6.3　常规直流换流器保护系统数据处理方法

6.3.1　常规直流换流器保护系统概述

乌东德电站送电广东广西特高压多端直流示范工程常规直流站的换流器保护（简称常规直流换流器保护）按照换流器进行配置，每个换流器配置 3 面屏，包含保护装置、三取二装置，其中三取二装置用于保护动作后的出口逻辑处理。

常规直流换流器保护的种类及其所用测点信号如图 6-38 和表 6-74 所示。

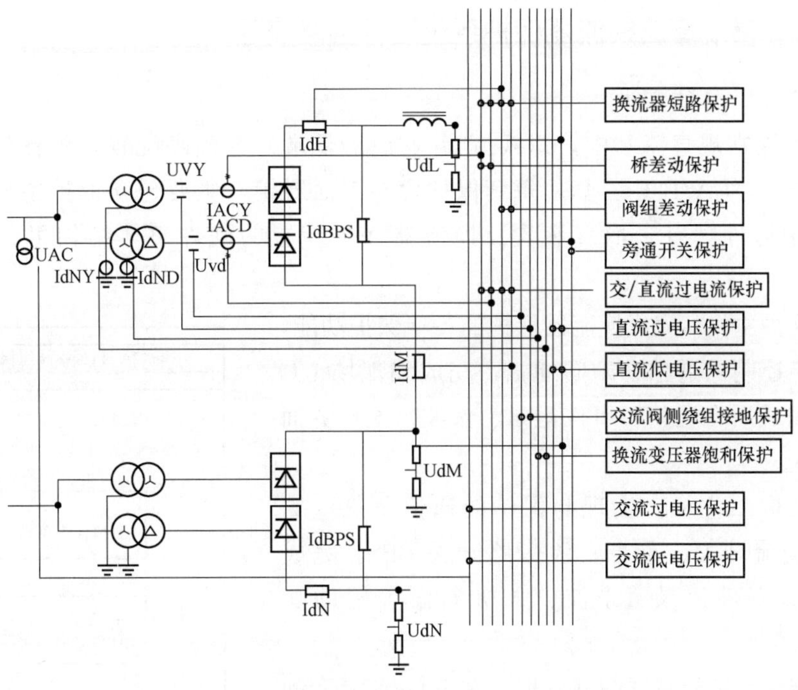

图 6-38 换流器保护种类及其所用测点信号

表 6-74 **常规直流换流器保护种类列表**

序号	保护名称	保护缩写	备注
1	换流器短路保护	87CSY/87CSD	PCS-9552（A 系统/B 系统/C 系统）
2	交直流过电流保护	50/51C	PCS-9552（A 系统/B 系统/C 系统）
3	桥差保护	87CBY/87CBD	PCS-9552（A 系统/B 系统/C 系统）
4	交流阀侧绕组接地保护	59ACVW	PCS-9552（A 系统/B 系统/C 系统）
5	交流低电压保护	27AC	PCS-9552（A 系统/B 系统/C 系统）
6	交流过电压保护	59AC	PCS-9552（A 系统/B 系统/C 系统）
7	旁通开关保护	82-BPS	PCS-9552（A 系统/B 系统/C 系统）
8	换流器差动保护	87DCV	PCS-9552（A 系统/B 系统/C 系统）
9	换流变压器饱和保护	50/51CTNY 50/51CTND	PCS-9552（A 系统/B 系统/C 系统）
10	直流过电压保护	59/37DC	PCS-9552（A 系统/B 系统/C 系统）
11	直流低电压保护	27DC	PCS-9552（A 系统/B 系统/C 系统）

6.3.2 常规直流换流器保护系统硬件回路梳理

6.3.2.1 整体架构

在本工程常规直流站中，以换流器（高端/低端）为间隔配置换流器保护，换流器保护系统分为A/B/C三套，每套保护含有1面屏柜，主要包含保护主机，A/B套保护屏柜中另外含有三取二装置。换流器保护装置的硬件整体结构可分为以下两部分：

（1）保护主机。完成换流器保护的各项保护功能，完成保护与控制的通信、站间通信，完成和现场I/O的接口，完成后台通信、事件记录、录波、人机界面等辅助功能。

（2）三取二主机。实现与保护的通信及三取二逻辑、跳交流开关、重合直流旁路开关BPS。完成后台通信、事件记录、录波、人机界面等辅助功能。

换流器保护屏柜布置图（三取二装置仅A/B套配置）如图6-39所示。

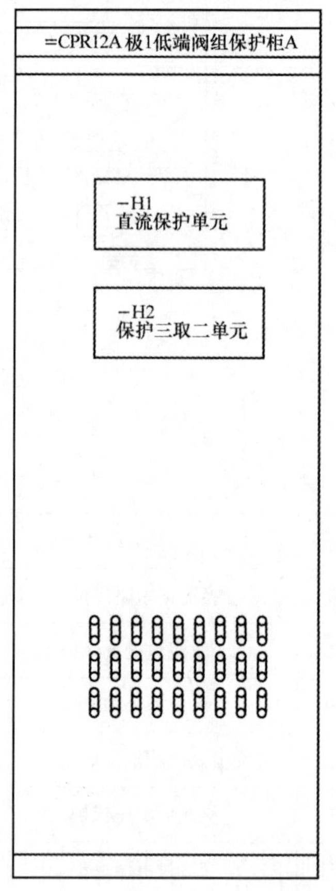

图6-39 换流器保护屏柜布置图（三取二装置仅A/B套配置）

换流器层的三套保护，均以光纤方式分别与三取二装置和本层的控制主机进行通信，传输经过校验的数字量信号。

换流器层非电量信号主要有换流变压器本体重瓦斯、换流变压器分接开关重瓦斯、进线电压互感器SF_6等。为防止继电器单一节点故障导致误动进而极闭锁的情况出现，非电量保护均采用三取二逻辑实现。

6.3.2.2 外部接口

换流器保护装置的外部接口，通过硬接线、现场总线与站内其他设备完成信息交互。通过IEC 60044-8总线与测量系统通信，实现直流场模拟量的读取；通过SCADA LAN（站LAN网）与后台交互信息；通过CTRL LAN（换流器层控制LAN网）实现PCP、CCP、CPR主机在换流器层之间的实时通信；三取二装置通过硬接线实现保护出口。

换流器保护网络结构如图6-40所示，换流器保护主机网络接口如图6-41所示，三取二主机网络接口如图6-42所示。

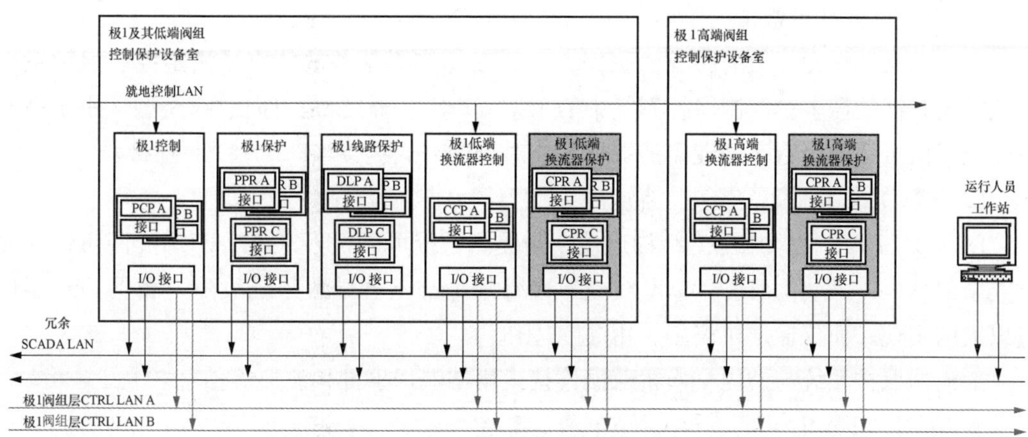

图 6-40　换流器保护网络结构图

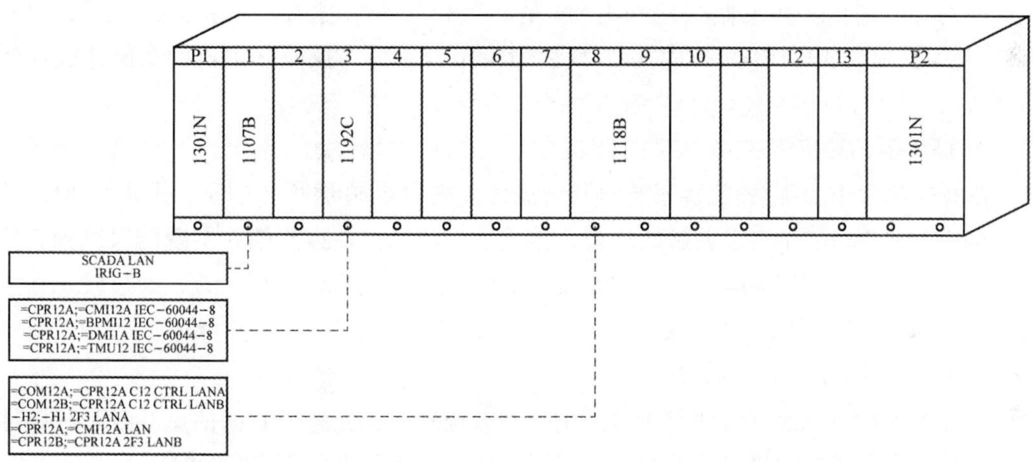

图 6-41　换流器保护主机网络接口图

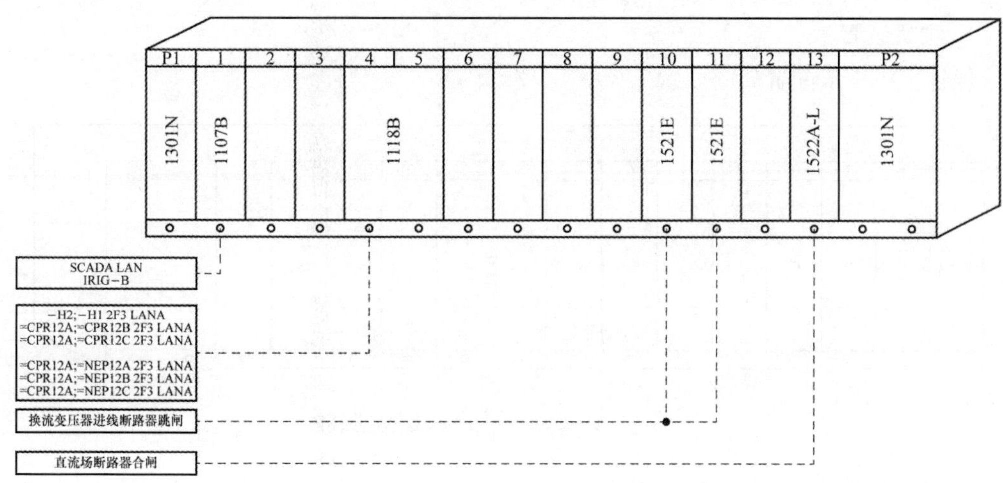

图 6-42　三取二主机网络接口图

1. IEC 60044 - 8 总线

IEC 60044 - 8 总线具有传输数据量大、延时短和无偏差的特点，满足控制保护系统对数据实时性的需求。控制保护系统中的 IEC 60044 - 8 总线是单向总线类型，用于高速传输测量信号。两个数字处理器的端口按点对点的方式连接（DSP - DSP 连接）。

2. SCADA _ LAN

SCADA LAN 网采用星型结构连接，为提高系统可靠性，SCADA LAN 网设计为完全冗余的 A、B 双重化系统，单网线或单硬件故障都不会导致系统故障。底层 OSI 层通过以太网实现，而传输层协议则采用 TCP/IP。

换流器保护系统与站内交换机双网连接，用于上送事件、波形等信息。

3. CTRL _ LAN

换流器层控制 LAN 网以光纤为介质，用于 CPR、CCP 等换流器层直流控制保护主机之间的实时通信。换流器层控制 LAN 是冗余和高速实时的，每个换流器层的控制 LAN 是相互独立的，任何一套主机发生故障时不会对另一换流器主机的功能造成任何限制。

4. 断路器的接口

保护主机发出的跳/锁定换流变压器交流开关的命令同时发给 CCP 及保护三取二装置，经三取二逻辑后出口，通过硬压板直接接至交流断路器操作箱，实现出口跳闸。保护主机发出的重合直流旁路开关 BPS 的命令，经三取二逻辑判断后出口，通过硬压板直接接至 HSS 开关操作箱，实现重合。

5. 站主时钟 GPS 系统的接口

换流器保护系统通过两种方式与站主时钟系统对时：完整的时间信息对时和秒脉冲 PPS 对时，其中控制主机对时采用 B 码对时，I/O 单元对时采用 PPS 对时。

6.3.2.3 装置硬件

1. 主机装置

保护主机板卡配置如图 6 - 43 所示。

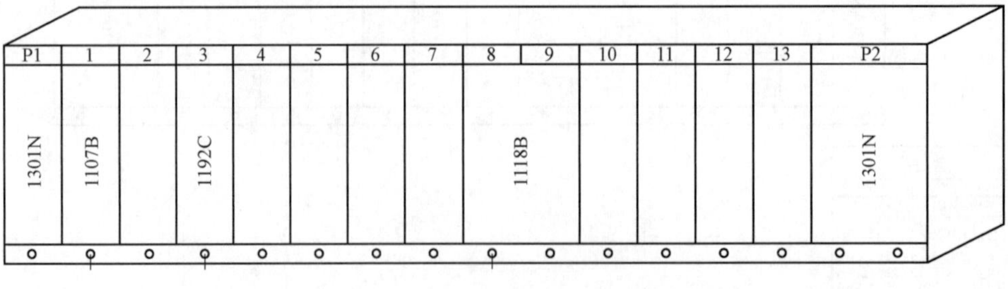

图 6 - 43 保护主机板卡配置图

换流器保护屏 PCS - 9552 装置包含 5 块板卡，配置各板卡的型号、功能等见表 6 - 75。

表 6 - 75　　换流器保护屏装置各板卡型号功能介绍表

插件名称	插件型号	数量	功能
电源插件	1301N	2	电源板为机箱提供 5V 直流工作电源，装置采用双电源配置，以提高供电可靠性
管理插件	1107B	1	实现本机与后台通信以及对时功能
逻辑运算插件	1192C	1	实现模拟量采集与处理，完成核心保护功能
通信插件	1118B	1	实现保护与控制的通信、站间通信

2. 三取二装置

三取二装置板卡配置如图 6 - 44 所示。

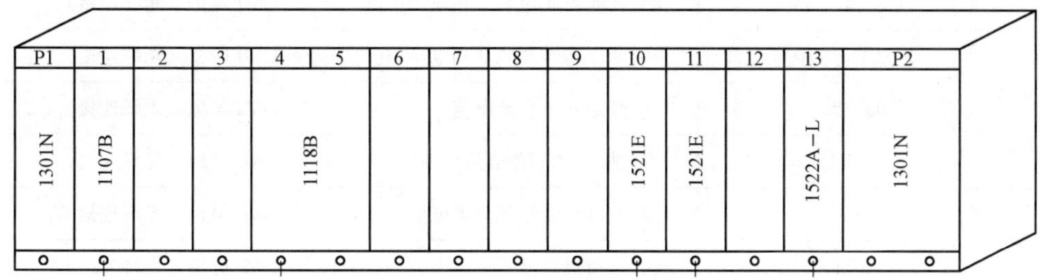

图 6 - 44　三取二装置板卡配置图

换流器保护屏三取二装置包含 7 块板卡，配置各板卡的型号、功能等见表 6 - 76。

表 6 - 76　　换流器保护屏三取二装置各板卡型号功能介绍表

插件名称	插件型号	数量	功能
电源插件	1301N	2	电源板为机箱提供 5V 直流工作电源，装置采用双电源配置，以提高供电可靠性
管理插件	1107B	1	实现本机与后台通信以及对时功能
通信插件	1118B	1	实现三取二装置与保护主机的通信，三取二逻辑运算。其中 3 台保护装置可用则进行三取二出口，2 台保护装置可用则进行二取一出口，1 台保护装置可用则进行一取一出口
出口插件	1521E	2	实现换流变压器网侧断路器的跳闸出口
出口插件	1522AL	1	实现直流旁路开关 BPS 的重合出口

6.3.3 常规直流换流器保护系统信息交互

6.3.3.1 保护主机

1. 合并单元接口

合并单元通过IEC 60044-8总线向保护主机传送模拟量，保护主机通过1192C插件接收，模拟量输入信号见表6-77。

表6-77 模拟量输入信号列表

序号	信号名称	含义	来源于
1	UAC，3相	换流变压器网侧3相交流电压	CMI屏柜（光纤连接）
2	IACY，3相	换流变压器阀星侧3相电流	CMI屏柜（光纤连接）
3	IACD，3相	换流变压器阀角侧3相电流	CMI屏柜（光纤连接）
4	UACY，3相	换流变压器阀星侧3相电压	CMI屏柜（光纤连接）
5	UACD，3相	换流变压器阀角侧3相电压	CMI屏柜（光纤连接）
6	IdBPS	旁路开关直流电流	DMI屏柜（光纤连接）
7	IdCH	直流极母线阀侧直流电流	DMI屏柜（光纤连接）
8	IdLH	直流极母线线路侧直流电流	DMI屏柜（光纤连接）
9	IdM	高、低换流器连线直流电流	DMI屏柜（光纤连接）
10	IdCN	中性母线阀侧直流电流	DMI屏柜（光纤连接）
11	IdLN	中性母线接地极线侧直流电流	DMI屏柜（光纤连接）
12	UdL	直流极母线直流电压	DMI屏柜（光纤连接）
13	UdM	高、低压换流器连线电压	DMI屏柜（光纤连接）
14	UdN	中性母线直流电压	DMI屏柜（光纤连接）

2. 换流器控制接口

保护主机通过换流器层控制LAN与换流器控制系统进行实时通信，通道为1118B插件1M、1S光口。

数字开入量见表6-78～表6-80。

表6-78 换流器控制系统开入的数据

序号	变量名	含义
1	CCPA/B_DATA0	发送端ALIVE信号
2	CCPA/B_DATA1	换流器控制系统信号1（FROM_DATA1）
3	CCPA/B_DATA2	换流器控制系统信号2（FROM_DATA2）

表 6 - 79　　换流器控制系统信号 1（FROM _ DATA1）数据

序号	变量名	含义
1	ACTIVE _ CCPA ACTIVE _ CCPB	换流器控制 A/B 系统运行信号
2	CCPA _ EF CCPB _ EF	换流器控制 A/B 系统紧急故障
3	FCCPA _ RCV _ CPRA _ A FCCPB _ RCV _ CPRA _ A	换流器控制 A/B 系统与换流器保护 A 通信失败（LANA）
4	FCCPA _ RCV _ CPRB _ A FCCPB _ RCV _ CPRB _ A	换流器控制 A/B 系统与换流器保护 B 通信失败（LANA）
5	FCCPA _ RCV _ CPRC _ A FCCPB _ RCV _ CPRC _ A	换流器控制 A/B 系统与换流器保护 C 通信失败（LANA）
6	FCCPA _ RCV _ CPRA _ B FCCPB _ RCV _ CPRA _ B	换流器控制 A/B 系统与换流器保护 A 通信失败（LANB）
7	FCCPA _ RCV _ CPRB _ B FCCPB _ RCV _ CPRB _ B	换流器控制 A/B 系统与换流器保护 B 通信失败（LANB）
8	FCCPA _ RCV _ CPRC _ B FCCPB _ RCV _ CPRC _ B	换流器控制 A/B 系统与换流器保护 C 通信失败（LANB）

表 6 - 80　　换流器控制信号 2（FROM _ DATA2）数据

序号	变量名	含义
1	RECT	整流运行
2	DEBL _ IND	解锁信号
3	BLOCK	闭锁信号
4	OLT	开路试验状态
5	OPN	换流器运行状态
6	BPS _ CLOSE _ ORD	BPS 合闸命令
7	BPS _ OPEN _ ORD	BPS 分闸命令
8	TRIG _ FROM _ MC1	触发录波
9	URED	降压运行
10	UAC _ ERR	同步电压消失（空开分位）
11	ESOF _ FROM _ MC1	ESOF 命令

续表

序号	变量名	含义
12	OPN _ OV	另一换流器运行状态
13	ESOF _ FROM _ CCP	ESOF 命令
14	BLOCK _ FIRPLS _ FM _ CCP	闭锁触发脉冲
15	PCP _ TCOM _ FLT	极间通信中断
16	MSQ _ ORD _ V _ EXIT	换流器退出运行命令

数字开出量见表 6 - 81、表 6 - 82。

表 6 - 81　　保护开出数据

序号	变量名称	含义
1	TOCCP _ DATA0	本装置 ALIVE 信号
2	TOCCP _ DATA1	信号包
3	TOCCP _ DATA2	保护动作信号 1
4	TOCCP _ DATA3	保护使能信号 1
5	TOCCP _ DATA4	保护动作信号 2
6	TOCCP _ DATA5	保护使能信号 2

表 6 - 82　　TOCCP _ DATA1 信号包

序号	变量名	含义
1	ACTIVE	换流器保护运行信号
2	EF	换流器保护紧急故障
3	REC _ CPRA _ ERR1	换流器控制 A 系统与换流器保护通信失败（LANA）
4	REC _ CPRA _ ERR2	换流器控制 A 系统与换流器保护通信失败（LANA）
5	REC _ CPRB _ ERR1	换流器控制 B 系统与换流器保护通信失败（LANA）
6	REC _ CPRB _ ERR2	换流器控制 B 系统与换流器保护通信失败（LANB）

3. 三取二装置接口

保护装置通过光纤直接与本间隔的三取二装置通信，通道为 1118B 插件 3M、4M 光口。

数字开入量见表 6 - 83。

表 6-83　　三取二装置开入的数据

序号	变量名	含义
1	C2FA/B_DATA0	发送端 ALIVE 信号
2	C2FA/B_DATA1	三取二允许本保护退出信号（C2FA/B_PERM_EXIT）。 该信号表示三取二装置监测到 3 套保护 ALIVE 信号都消失或都与组控断开连接。 0 表示该间隔无保护运行
3	C2FA/B_DATA2	三取二允许本保护测试信号（C2FA/B_PERM_TEST）。 对于保护 A，该信号表示三取二装置监测到保护 B 或保护 C 运行正常

数字开出量与换流器控接口相同，这里不再赘述。

6.3.3.2　三取二装置

1. 保护装置接口

详见 6.3.3.1 保护主机部分。

2. 就地单元接口

三取二装置开出的信号见表 6-84。

表 6-84　　三取二输出数据

序号	信号名称	含义	去处
1	ACB_trip1	电量保护跳边开关命令	断路器操作箱
2	ACB_trip1_F	非电量跳边开关命令	断路器操作箱
3	ACB_trip 2	电量保护跳中开关命令	断路器操作箱
4	ACB_trip 2_F	非电量保护跳中开关命令	断路器操作箱
5	BPS_rcl	重合 BPS 命令	就地机构箱

6.3.3.3　TFR

常规直流换流器保护系统 TFR 录波点见表 6-85。

表 6-85　　常直换流器保护系统 TFR 录波点表

序号	物理量名称	物理量含义
	模拟量	
1	UAC_L1_PR	换流变压器网侧 A 相电压
2	UAC_L2_PR	换流变压器网侧 B 相电压
3	UAC_L3_PR	换流变压器网侧 C 相电压
4	IACY_L1_PR	换流变压器阀星侧 A 相电流

续表

序号	物理量名称	物理量含义
模拟量		
5	IACY _ L2 _ PR	换流变压器阀星侧 B 相电流
6	IACY _ L3 _ PR	换流变压器阀星侧 C 相电流
7	IACD1 _ L1 _ PR	换流变压器阀角侧绕组 A 相电流（内环，相电流）
8	IACD1 _ L2 _ PR	换流变压器阀角侧绕组 B 相电流（内环，相电流）
9	IACD1 _ L3 _ PR	换流变压器阀角侧绕组 C 相电流（内环，相电流）
10	IACD _ L1 _ PR	换流变压器阀角侧 A 相电流（线电流）
11	IACD _ L2 _ PR	换流变压器阀角侧 B 相电流（线电流）
12	IACD _ L3 _ PR	换流变压器阀角侧 C 相电流（线电流）
13	IACY _ MAX _ PR	阀星侧电流最大值
14	IACD _ MAX _ PR	阀角侧电流最大值
15	IdBPS	BPS 开关电流
16	IdNY _ PR	Y/Y 换流变压器网侧中性线电流（换流变压器饱和保护用）
17	IdND _ PR	Y/D 换流变压器网侧中性线电流（换流变压器饱和保护用）
18	IdCH _ PR	直流高压母线电流
19	IdCN _ PR	换流器中性线电流
20	IdLH _ PR	直流线路电流
21	IdLN _ PR	直流中性母线电流
22	IdM _ PR	高低压换流器连线电流
23	UdL _ PR	直流线路电压
24	UdM _ PR	高低压换流器连线电压
25	UdN _ PR	直流中性母线电压
26	UVD _ L1 _ PR	阀角侧 A 相电压
27	UVD _ L2 _ PR	阀角侧 B 相电压
28	UVD _ L3 _ PR	阀角侧 C 相电压
29	UVY _ L1 _ PR	阀星侧 A 相电压
30	UVY _ L2 _ PR	阀星侧 B 相电压
31	UVY _ L3 _ PR	阀星侧 C 相电压
32	UdL _ LP _ PR	滤波后的直流电压
33	VD _ LP _ PR	换流器两端电压
34	CCPIN _ DATA0	CCP 送阀保护 32 位数据的低 16 位
35	CCPIN _ DATA1	CCP 送阀保护 32 位数据的高 16 位
36	TESTSET _ NOTE	保护送换流器控制信号置数模式
37	VSCP _ Y _ DIFF _ PR	Y 桥阀短路保护差电流
38	VSCP _ D _ DIFF _ PR	D 桥阀短路保护差电流

续表

序号	物理量名称	物理量含义
		模拟量
39	VSCP _ IRES _ PR	阀短路保护差电流比较值
40	VDP _ DIFF _ PR	换流器差动保护差电流
41	VDP _ RES _ PR	换流器差动保护差电流比较值
42	BDPY _ DIFF _ PR	Y 桥桥差保护差电流
43	BDPD _ DIFF _ PR	D 桥桥差保护差电流
44	UVY0 _ AMP _ PR	Y 桥零序电压幅值
45	UVD0 _ AMP _ PR	D 桥零序电压幅值
		数字量
1	VDP _ TRIP1 _ PR	换流器差动保护（87DCV）报警
2	VSCPY _ TRIP _ PR	Y 桥阀短路（87CSY）动作
3	VSCPD _ TRIP _ PR	D 桥阀短路（87CSD）动作
4	BDPY _ SS _ PR	Y 桥桥差保护（87CBY）请求系统切换
5	BDPD _ SS _ PR	D 桥桥差保护（87CBD）请求系统切换
6	BDPY _ TRIP1 _ PR	Y 桥桥差保护（87CBY）Ⅰ段动作
7	BDPY _ TRIP2 _ PR	Y 桥桥差保护（87CBY）Ⅱ段动作
8	BDPD _ TRIP1 _ PR	D 桥桥差保护（87CBD）Ⅰ段动作
9	BDPD _ TRIP2 _ PR	D 桥桥差保护（87CBD）Ⅱ段动作
10	BDP _ RUNBACK _ PR	桥差保护（87CBY/D）请求功率回降
11	ACUVP _ TRIP _ PR	交流低电压（27AC）保护动作
12	ACOVP _ TRIP _ PR	交流过电压（59AC）保护动作
13	BPSP _ RECL _ PR	旁通开关保护（82 - BPS）重合 BPS
14	BPSP _ TRIP _ PR	旁通开关保护（82 - BPS）动作
15	BPS _ OPEN _ ORD _ PR	分旁通开关 BPS 命令
16	BPS _ CLOSE _ ORD _ PR	合旁通开关 BPS 命令
17	TNSP _ ALARM _ PR _ PR	换流变压器阀侧中性点偏移保护（59ACVW）报警
18	TNSP _ INH _ DEBL _ PR	换流变压器阀侧中性点偏移保护（59ACVW）禁止解锁
19	DCOCP _ TRIP1 _ PR	交直流过电流保护（50/51C）Ⅰ段动作
20	DCOCP _ TRIP2 _ PR	交直流过电流保护（50/51C）Ⅱ段动作
21	DCOCP _ TRIP3 _ PR	交直流过电流保护（50/51C）Ⅲ段动作
22	DCOCP _ TRIP4 _ PR	交直流过电流保护（50/51C）Ⅳ段动作
23	BPS _ OPEN _ IND _ PR	旁路开关分位

续表

序号	物理量名称	物理量含义
数字量		
24	BPS _ CLOSE _ IND _ PR	旁路开关合位
25	DCOVP _ SS1 _ PR	直流过电压保护（59DC）Ⅰ段请求切换系统
26	DCOVP _ SS2 _ PR	直流过电压保护（59DC）Ⅱ段请求切换系统
27	DCOVP _ SS3 _ PR	直流过电压保护（59DC）Ⅲ段请求切换系统
28	DCOVP _ TRIP1 _ PR	直流过电压保护（59DC）Ⅰ段动作
29	DCOVP _ TRIP2 _ PR	直流过电压保护（59DC）Ⅱ段动作
30	DCOVP _ TRIP3 _ PR	直流过电压保护（59DC）Ⅲ段动作
31	UVP _ SS1 _ PR	直流低电压保护（27DC）Ⅰ段请求切换系统
32	UVP _ SS2 _ PR	直流低电压保护（27DC）Ⅱ段请求切换系统
33	UVP _ TRIP _ POLE _ PR	直流低电压保护（27DC）Ⅱ段动作跳极
34	UVP _ TRIP _ VAVLE _ PR	直流低电压保护（27DC）Ⅰ段动作跳换流器
35	EMERGENCY _ FAULT	保护装置紧急故障
36	SEVERE _ FAULT	保护装置严重故障
37	MINOR _ FAULT	保护装置轻微故障
38	CCP _ LOST	保护与双套 CCP 通信中断
39	ACTIVE	值班状态信号
40	TEST	保护试验状态信号
41	DEBL _ IND	本换流器解锁状态
42	OPN	本换流器运行状态
43	OPN _ OV	对换流器运行状态
44	TRIG _ CUST	录波触发信号

6.3.4 装置自检

6.3.4.1 ACTIVE 与 ALIVE 信号

装置运行“ACTIVE”信号可通过后台和装置面板生成，但需要以满足以下两个条件为前提：（程序路径：B09/1118/MAIN2/SUP _ SOL/14. SCM _ INT1）

（1）装置上电 20s 后。

（2）装置无“保护长期启动”告警信号。

装置心跳“ALIVE”信号装置上电后生成，表现为周期 2ms，占空比 50%的方波信号。（程序路径：B03/1192/MAIN/COMM/03. ALIVE）

6.3.4.2 故障自检

常直换流器保护装置有 3 类告警级别，分别是紧急故障（EFH）、严重故障（SFH）、轻微故障（MFH），1192C 插件与 1118B 插件都分别设置有相应逻辑，分别见表 6 - 86、表 6 - 87。

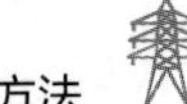

表 6-86　　B03/1192C 插件自检

序号	事件类型
EFH	
1	定时器故障
SFH	
1	所有模拟量无效
2	1、2、3 号模拟量采样板数据无效/监视故障/校验出错
MFH	
1	DSP/定时器告警
2	主机电源板/主机异常
3	模拟量自检异常
4	换流变压器进线 TV 二次电压空气断路器跳位

表 6-87　　B03/1118B/MAIN 插件自检

序号	事件类型
EFH	
1	定时器故障
2	保护出口长期启动
3	不具备退出保护条件下与极控通信全中断
SFH	
1	CMI 装置电源全丢失
2	与两套组控（CCP）通信全断开
MFH	
1	DSP/定时器告警
2	B01/1107 插件进程异常
3	隔离开关位置异常
4	CMI 通信超时
5	CMI 装置电源异常
6	CMI 信号电源丢失
7	测试模式设定
8	组控（CCP）通信任一 LAN 失去“ALIVE”信号/数据无效/监视故障
9	三取二装置通信异常
10	具备退出保护条件下与极控通信全中断

以上 3 类信号分别汇总后报相应报文。若产生 EFH 信号，系统将产生“HD_NO-

TOK”信号闭锁所有保护逻辑。

6.3.5 开关量数据监视与处理

乌东德工程常规直流站换流器保护系统用于开关量数据接收和处理的功能模块为B09/1118：MAINCPU/Main2/IOSW：IOSWAPP，该模块功能包括开关量有效性判断、CMI机柜监控。

换流器保护系统通过LAN总线等方式收到直流场开关数据，包括旁路开关、隔离开关BPS、BPD开关信息，现场开关量接收基于UAPC平台。换流器保护装置对旁路开关、隔离开关位置的开入量全部采用了RS触发器保持。当信号电源丢失时，其位置信号保持电源丢失前的状态不变，保护的功能保持正常状态，在不操作隔离开关或断路器的前提下系统仍然可以正常运行。如果在信号电源恢复前操作相关的隔离开关或断路器则保护可能误动。开关量数据经以上预处理后打包发送至换流器保护系统的多个程序以供使用。

换流器保护会对断路器、隔离开关位置进行有效性判断，若双位置节点中分位、合位信号不是对应取反，延时30s，则认为位置异常，保护报轻微故障，发出SER报文“断路器、隔离开关位置错误”。该轻微故障可能引起本套保护系统相关保护误动或拒动。

对CMI设备的监视包括三套CMI设备的现场I/O节点、机柜心跳和每个CMI机柜的A、B两套电源的状态。

6.3.6 模拟量数据监视与处理

常规直流换流器保护系统的接收IEC 60044-8模块和数据处理逻辑功能模块位于B03/1192：CONV_PROT/DATA_PROC：DATA_PROCAPP。

6.3.6.1 模拟量数据监视策略

数据接收模块将对电流、电压等模拟量从两方面进行数据有效性判断：

（1）对光纤数据进行校验，若发现光纤数据有效性异常/光纤通信中断（如光纤通道断链、连续超时等情况）或CRC校验错误，延时4ms，将判断该数据无效，闭锁该模拟量相关保护功能。当数据帧异常时，发出SER报文“光纤数据帧错误”；当光纤通信中断时发出SER报文“光纤数据接收错误”；当发现CRC校验错误时，发出SER报文“光纤数据CRC错误”。当光纤数据接收过程中存在以上任意一个故障时，将模拟量数据有效状态置位为0，从而闭锁与该模拟量相关的常规直流换流器保护功能，并且作为B03/1192C插件自检功能的SFH故障事件“1、2、3号模拟量采样板数据无效/监视故障/校验出错”。

（2）依据直流一次接线及电路原理，对模拟量数值进行比对，当出现明显异常数据时，报保护装置轻微故障，同时发出模拟量异常的SER信号。该部分监视功能由ACS模块完成，典型的测点模拟量监视策略如下：

1）换流变压器电流测量异常（IACY、IACD）。该部分主要检测换流变压器星侧三相电流 IACY _ L1/2/3、换流变压器三角侧三相电流 IACD _ L1/2/3 测量值是否正常，该逻辑依据为正常运行工况下三相电流平衡。满足下列两个条件之一则认为换流变压器星侧 IACY 电流测量异常：

a. 取 IACY（A/B/C）在 100ms 内的峰值，对三相电流峰值两两相减，取差值的最大值｜K｜，取三相电流峰值之和的 1/15，设为 M。若｜K｜$>M$，且该状态持续 10s，则说明 IACY 采样有问题，则保护发告警信号报 IACY 测量异常；异常消失后，信号继续保持 10s。

b. 单相电流在 20ms（即一个周期）内，电流向量和应接近 0。若和的绝对值大于两倍的额定值，则判定单相电流测量发生异常，经 10s 延时，则保护发告警信号报换流变压器阀侧电流 IACY 异常；异常消失后，信号继续保持 10s。

换流变压器三角侧电流 IACD 的测量异常判据与 IACY 一致。换流变压器电流测量异常数据监视策略如图 6 - 45 所示。

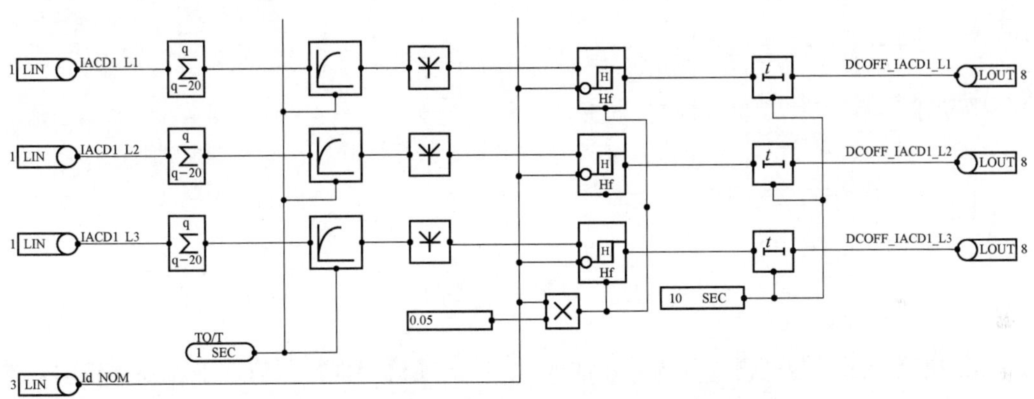

图 6 - 45　换流变压器电流测量异常数据监视策略

2）换流变压器网侧电压测量异常（UAC）。换流器保护只有在换流器解锁时，才对电压采样值进行检测。该部分主要检测交流电网三相电压 UAC _ L1/2/3 测量值是否正常，该逻辑依据为正常运行工况下交流电压应与额定交流电压一致。满足下列两个条件之一判定交流电压 UAC 测量异常，报 UAC 测量异常：

a. 取滤波后的 UAC 三相相电压正序分量的有效值；门槛值取额定相电压的 0.404 倍，即 $K=$（525/1.732）＊0.404。当换流器运行时（阀侧电流大于额定电流的 0.06 倍），若 K 大于 UAC 三相相电压正序分量有效值的最大值，则延时 10s 发告警信号，异常消失后，信号继续保持 10s。

b. 若滤波后的正序交流电压 UAC _ ACS _ CALC 的有效值大于 UAC 额定相电压（303kV）的 0.1 倍，则延时 10s 发告警信号。异常消失后，信号继续保持 10s。

若该相交流电压在 20ms（即一个周期）内和的绝对值大于额定值，则判定单相电流测量发生异常，经 10s 延时，则保护发告警信号报 UAC 的该相电压零漂异常；异常消失后，信号继续保持 10s。换流变压器网侧电压测量异常数据监视策略如图 4-46 所示。

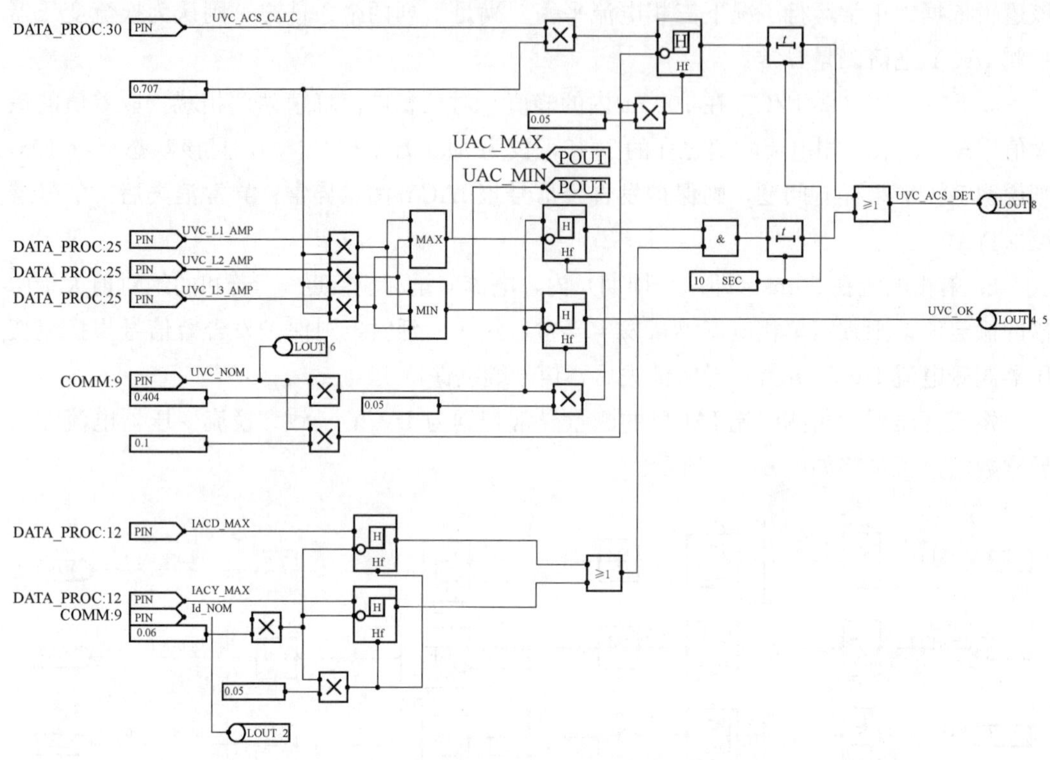

图 6-46　换流变压器网侧电压测量异常数据监视策略

3）换流变压器阀星侧电压测量异常（UVY）。换流器保护只有在换流器解锁时，才对电压采样值进行检测。该部分主要检测换流变压器星侧三相电压 UVY _ L1/2/3 测量值是否正常，该逻辑依据为正常运行工况下交流电压应与额定交流电压一致。满足下列两个条件之一判定交流电压 UVY 测量异常，报 UVY 测量异常：

a. 正常解锁运行状态下，且 UAC 电压自检正常时，若 UVY 三相相电压有效值的最大值小于 UVY 额定电压（99.48kV）的 0.5 倍，则延时 10s 发告警信号。异常消失后，信号继续保持 10s；

b. 若滤波后的正序交流电压 UVY _ ACS _ CALC 的有效值额定相电压（99.48kV）的 0.25 倍，则延时 10s 发告警信号。异常消失后，信号继续保持 10s。

若该相交流电压在 20ms（即一个周期）内和的绝对值大于额定值，则判定单相电流测量发生异常，经 10s 延时，则保护发告警信号报 UVY 的该相电压零漂异常；异常消失后，信号继续保持 10s。换流变压器阀星侧电压测量异常数据监视策略如图 6-47 所示。

4）换流变压器阀角侧电压测量异常（UVD）。换流器保护只有在换流器解锁时，才对电压采样值进行检测。该部分主要检测换流变压器角侧三相电压 UVD _ L1/2/3 测量值是否正常，该逻辑依据为正常运行工况下交流电压应与额定交流电压一致。满足下列

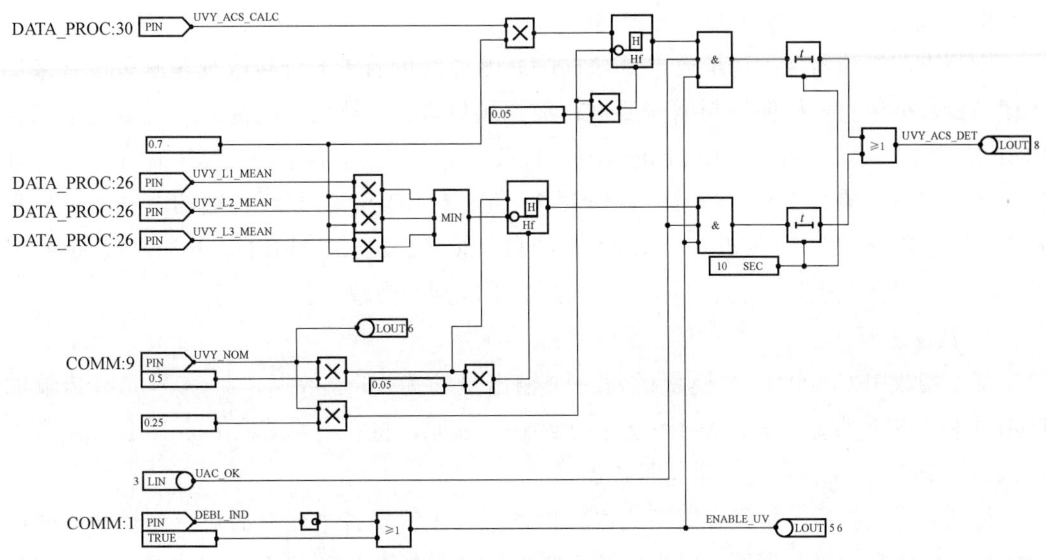

图 6-47　换流变压器阀星侧电压测量异常数据监视策略

两个条件之一判定交流电压 UVD 测量异常，发出报文“UVD 测量异常”：

a. 正常解锁运行状态下，且 UAC 电压自检正常时，若 UVD 三相相电压有效值的最大值小于 UVD 额定电压（172.3kV）的 0.5 倍，则延时 10s 发告警信号。异常消失后，信号继续保持 10s；

b. 若滤波后的正序交流电压 UVD _ ACS _ CALC 的有效值额定相电压（99.48kV）的 0.25 倍，则延时 10s 发告警信号。异常消失后，信号继续保持 10s。

若该相交流电压在 20ms（即一个周期）内和的绝对值大于额定值，则判定单相电流测量发生异常，经 10s 延时，则保护发告警信号报 UVD 的该相电压零漂异常；异常消失后，信号继续保持 10s。换流变压器阀角侧电压测量异常数据监视策略如图 6-48 所示。

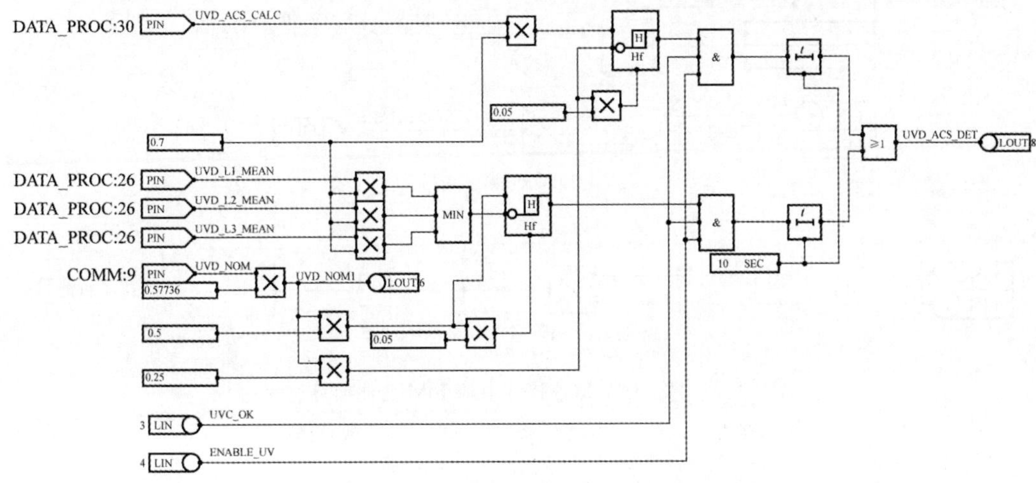

图 6-48　换流变压器阀角侧电压测量异常数据监视策略

6.3.6.2 模拟量数据预处理策略

常规直流换流器保护系统通过 IEC 60044－8 总线的若干光纤接收现场测量设备采集的模拟量数据后将根据保护判据需要进行数据预处理。1 号光纤传输的电气量包括来自 CMI 屏柜的 UAC、IACY、IACD0、IACD1、UVY、UVD，波特率 10Mbit/s；2 号光纤传输的电气量为来自 DMI 屏柜的 IdBPS、IdNY、IdND，3 号光纤传输的电气量包括来自 DMI 屏柜的 UdL、UdM、UdN、IdLH、IdCH、IdCN、IdLN、IdM，波特率为 20Mbit/s。当接收模块超过 200μs 没有收到数据时判断为超时。

1. 数据还原

板卡接收 IEC 60044－8 模块的每一个输出量均为 16 位数据，2、3 号光纤传输的 DMI 屏柜模拟量数据首先需要根据通信规约进行还原，将 3 个通道输出的 16 位原始数据还原为两个 24 位采样数据（带符号扩展）。

得到采样数据后，常规直流换流器保护系统程序根据各个测点的对应测量装置变比对电流、电压数据进行还原。以高低换流器连线直流电流 IdM 为例，其数据处理过程如图 6－49 所示。常规直流换流器直流保护程序 CONV _ PROT/DATA _ PROC：DATA _ PROCAPP/MIF _ SET 页面中对模拟量的变比值 IdM _ SCALE _ K 进行了设定，如图 6－49（a）所示，在 32. MIF _ SET _ 2 页面下用户可通过将 IdM _ SCALE _ POLAR 置位为 1 或－1 改变极性并得到最终的变比值 IdM _ SCALE，在 6. INPUT5 页面下依据该变比值对 IdM 测量值进行还原，如图 6－49（c）所示。

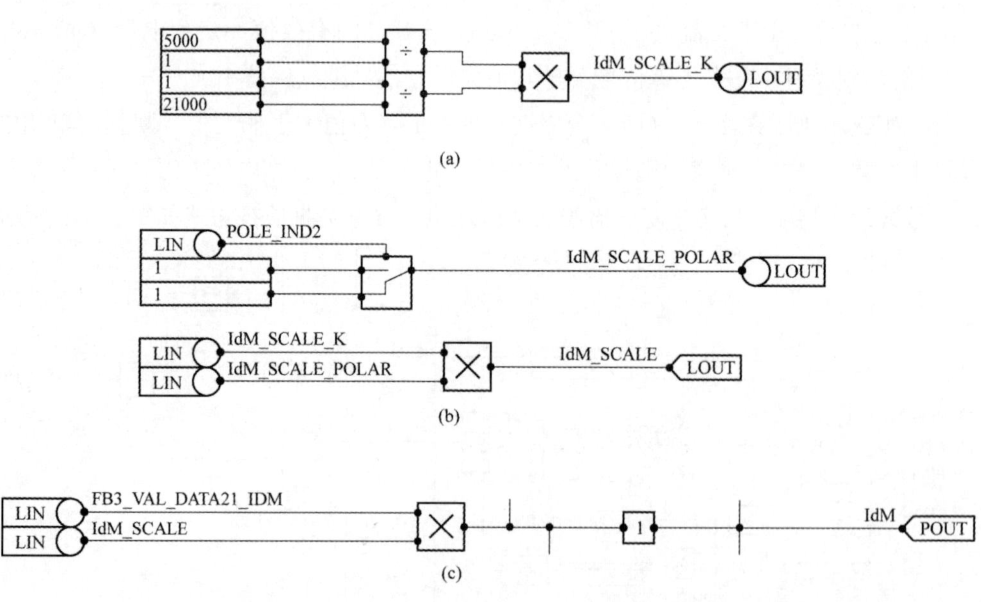

图 6－49 高低换流器连接线电流 IdM 变比换算过程

（a）数据还原步骤 1；（b）数据还原步骤 2；（c）数据还原步骤 3

变比换算后的 IdM 数据被送往 TFR 录波与换流器保护系统，部分电气量则需要进

一步进行滤波处理后应用于换流器保护功能，其他模拟量数据预处理过程与 IDM 类似，不再重复。

2. 滤波与峰值检验处理

此后将根据保护判据需要对数据进行滤波、峰值检验等处理，换流器保护由于采用了交流侧电压和电流，因此根据需要对交流量进行三相比对或取有效值。

换流器保护系统采用了无限长脉冲响应（infinite impluse response，IIR）滤波器。根据不同的需要对模拟量分别使用了一阶、二阶与四阶滤波，各个模拟量使用的滤波器参数见表 6 - 88。

表 6 - 88　　各个模拟量使用的滤波器参数

模拟量	滤波器	滤波器 Z 变换方程	滤波器系数
UdN	二阶低通滤波器 截止频率 90Hz	H(z) = (b0 + b1 * z^ − 1 + b2 * z^ − 2)/(1 − a1 * z^ − 1 − a2 * z^ − 2)	b0=0.016581932 b1=0.033163863 b2=0.016581932 a1=1.6041302 a2=−0.67045791
UdM			
UdL			
UAC _ L1/2/3	四阶低通滤波器 截止频率 350Hz	两个二阶滤波器级联而成	b0=0.25096697 b1=0.50193393 b2=0.25096697 a1=0.19585544 a2=−0.048429098 b0=0.25096697 b1=0.50193393 b2=0.25096697 a1=0.27153444 a2=−0.45354456
IACY _ L1/2/3			
IACD _ L1/2/3			
UVY _ L1/2/3			
UVD _ L1/2/3			
IdCH	一阶低通滤波器 截止频率 145Hz	H(z) = (b0 + b1 * z^ − 1)/(1 − a1 * z^ − 1)	b0=0.022324862 b1=0.022324862 a1=0.95535028
IdNY	二阶巴特沃斯低通滤波器 截止频率 17Hz	H(z) = (b0 + b1 * z^ − 1 + b2 * z^ − 2)/(1 − a1 * z^ − 1 − a2 * z^ − 2)	b0=0.000028309 b1=0.000056618 b2=0.000028309 a1=1.9848945 a2=−0.98500772
IdND			

对于滤波后的换流变压器阀侧电流模拟量 IdNY、IdND，取 100ms 内的峰值用于换流变压器饱和保护功能。

3. 三相交流量有效值计算

换流器保护功能模块由于采用了交流侧电压和电流，因此根据需要对交流量进行三相比对或取有效值，以交流网侧三相电压为例，其运算逻辑如图 6-50 所示。

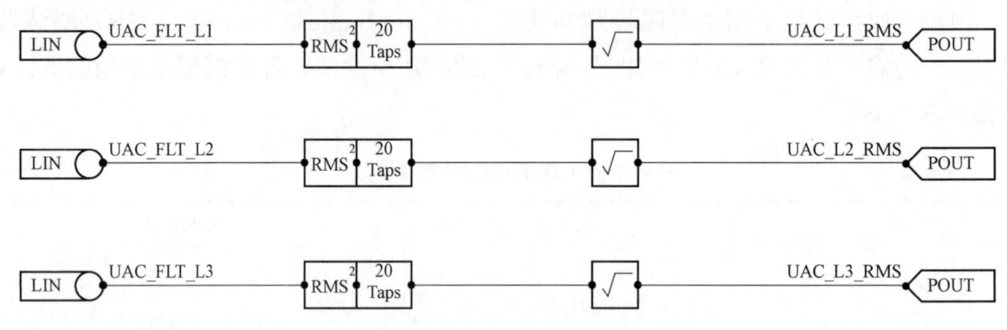

图 6-50　交流量有效值计算（UAC）

RMS 模块用于有效值计算，输出为交流电气量有效值的平方。RMS 模块阶数大小依据采样值的频率而定，图中所示模块阶数为 20，即对于 50Hz 的输入信号，周期为 20ms，该模块若每 1ms 运行一次，则阶数为 20ms/1ms=20。计算得到的有效值 UAC _ L1/2/3 _ RMS 直接应用于换流器保护系统的交流过电压、低电压保护功能。IACY、IACD、UVY、UVD 等其他换流变压器交流电气量的数据处理方式类似。

6.3.7　常规直流换流器保护功能梳理

6.3.7.1　阀短路保护（87CSY/CSD）

1. 保护范围

阀短路保护的保护范围包括阀臂短路故障和阀臂接地故障。

2. 保护原理

检测换流器侧电流和换流器高（低）压端电流的差值是否越限。阀短路保护共有 1 段，定值见表 6-89。

表 6-89　　**阀短路保护**

保护	定值	延时	出口方式
阀短路保护（高阀）	阀星侧：|IACY| - min(|IdCH|,|IdCM|)>max[0.5p.u.,0.2*min(|IdCH|,|IdCM|)] 阀角侧：|IACD| - min(|IdCH|,|IdCM|)>max[0.5p.u.,0.2*min(|IdCH|,|IdCM|)]	500μs	闭锁脉冲、跳/锁定换流变压器开关

续表

保护	定值	延时	出口方式
阀短路保护（低阀）	阀星侧：|IACY| - min(|IdCN|,|IdCM|)>max[0.5p.u.,0.2 * min(|IdCN|,|IdCM|)] 阀角侧：|IACD| - min(|IdCN|,|IdCM|)>max[0.5p.u.,0.2 * min(|IdCN|,|IdCM|)]	500μs	闭锁脉冲、跳/锁定换流变压器开关

6.3.7.2　换流器差动保护（87DCV）

1. 保护范围

保护范围包括换流器及换流变压器阀侧绕组接地故障。

2. 保护原理

检测高、低压换流器连线直流电流和直流极母线（中性母线）阀侧直流电流的差值是否越限。换流器差动保护共有 1 段，定值见表 6 - 90。

表 6 - 90　阀组差动保护

保护	定值	延时	出口方式
阀组差动保护	高端阀组：|IdCH - IdM|>max(0.05p.u.,0.2 * |(IdCH+IdM)/2)| 低端阀组：|IdM - IdCN|>max(0.05p.u.,0.2 * |(IdM+IdCN)/2)|	5ms	告警，触发录波

6.3.7.3　桥差保护（87CBY/87CBD）

1. 保护范围

桥差保护的保护范围包括换流阀接地、短路故障，以及交流系统接地故障。

2. 保护原理

检测换流变压器阀星侧、角侧电流差值是否越限，桥差保护共有 2 段，定值见表 6 - 91。

表 6 - 91　桥差保护

保护段	定值	延时	出口方式
动作Ⅰ段	阀星侧：max(|IACY|,|IACD|) - |IACY|>0.4p.u. 阀角侧：max(|IACY|,|IACD|) - |IACD|>0.4p.u.	200ms	闭锁脉冲、跳/锁定换流变压器开关
跳闸Ⅱ段（交流电压正常）	阀星侧：max(|IACY|,|IACD|) - |IACY|>0.07p.u. 阀角侧：max(|IACY|,|IACD|) - |IACD|>0.07p.u.	切换系统：120ms 保护跳闸：200ms	切换系统。 闭锁脉冲，跳开并锁定换流变压器进线开关

续表

保护段	定值	延时	出口方式
跳闸Ⅱ段（交流电压低）	阀星侧：max(|IACY|,|IACD|) - |IACY|>0.07p.u. 阀角侧：max(|IACY|,|IACD|) - |IACD|>0.07p.u.	切换系统：120ms 保护跳闸：2300ms	切换系统。 闭锁脉冲，跳开并锁定换流变压器进线开关

注 交流电压低判据（LOW_AC_VOLTAGE）：

（1）整流侧正常运行时，在一定时间区间内满足｜UAC｜<0.8 * 1.414 * UAC_rms_norm，0.8p.u.<IdCH<1.2p.u.（加入电流判据是屏蔽解锁瞬间的工况）。

（2）整流侧（常直）正常运行时，在一定时间区间内满足｜UAC｜<0.8 * 1.414 * UAC_rms。

6.3.7.4 交直流过电流保护（50/51C）

1. 保护范围

交直流过电流保护的保护范围为本换流器的换流阀。

2. 保护原理

检测换流变压器阀星侧电流，高、低压换流器连线直流电流和高（低）压端换流器电流是否越限。交直流过电流保护共有 4 段，定值见表 6-92。

表 6-92　　交直流过电流保护

保护	定值	延时	出口方式
过电流Ⅰ段	高端阀组：max(|IACY|,|IACD|,IdCH,IdM)>3.7p.u. 低端阀组：max(|IACY|,|IACD|,IdCN,IdM)>3.7p.u.	5ms	闭锁脉冲，跳开并闭锁换流变压器开关
过电流Ⅱ段	高端阀组：max(|IACY|,|IACD|,IdCH,IdM)>2.0p.u. 低端阀组：max(|IACY|,|IACD|,IdCN,IdM)>2.0p.u	100ms	闭锁脉冲，跳开并闭锁换流变压器开关
过电流Ⅲ段	高端阀组：max(|IACY|,|IACD|,IdCH,IdM)>1.5p.u. 低端阀组：max(|IACY|,|IACD|,IdCN,IdM)>1.5p.u	3s	阀组层 ESOF，跳开并闭锁换流变压器开关
过电流Ⅳ段	高端阀组：max(|IACY|,|IACD|,IdCH,IdM)>1.25p.u. 低端阀组：max(|IACY|,|IACD|,IdCN,IdM)>1.25p.u	2h	阀组层 ESOF，跳开并闭锁换流变压器开关

6.3.7.5　交流过电压保护（59AC）

1. 保护范围

交流低电压保护的保护范围包括交流母线、换流阀故障。

2. 保护原理

检测三相交流电压是否大于 1.3 * 317.543kV［交流过电压以 550kV 为基准，550/1.732=317.543（kV）］。交流过电压保护共有 1 段，定值见表 6 - 93。

表 6 - 93　　交流过电压保护

保护	定值	延时	出口方式
交流过电压保护	UAC _ L1 _ RMS>1.3 * 317.543 或 UAC _ L2 _ RMS>1.3 * 317.543 或 UAC _ L3 _ RMS>1.3 * 317.543	400ms	阀组层 ESOF，跳开并锁定换流变压器进线开关

注　交流过电压以 550kV 为基准，550/1.732=317.543(kV)。

6.3.7.6　交流低电压保护（27AC）

1. 保护范围

交流过电压保护的保护范围包括交流母线、换流阀故障。

2. 保护原理

检测三相交流电压是否小于 1.3 * 303.1089kV［交流低电压以 525kV 为基准，525/1.732=303.1089（kV）］。交流低电压保护共有 1 段，定值见表 6 - 94。

表 6 - 94　　交流低电压保护

保护	定值	延时	出口方式
交流低电压保护	UAC _ L1 _ RMS<0.5 * 303.1089 或 UAC _ L2 _ RMS<0.5 * 303.1089 或 UAC _ L3 _ RMS<0.5 * 303.10893	4000ms	立即 ESOF，跳开并锁定换流变压器进线开关

注　交流低电压以 525kV 为基准，525/1.732=303.1089(kV)。

6.3.7.7　交流阀侧绕组接地保护（59ACVW）

1. 保护范围

交流阀侧绕组接地保护的保护范围为本换流器的换流阀及换流变压器阀侧绕组。

2. 保护原理

检测换流变压器阀星（角）侧三相瞬时电压之和是否大于 0.23×99.48kV（换流变压器阀侧额定相电压为 99.48kV）。交流阀侧绕组接地保护共有 3 段，定值见表 6 - 95。

表 6-95　交流阀侧绕组接地保护

保护	定值	延时	出口方式
交流阀侧绕组接地保护	｜UACY _ L1＋UACY _ L2＋UACY _ L3｜＞0.2 * 99.48 或 ｜UACD _ L1＋UACD _ L2＋UACD _ L3｜＞0.2 * 99.48	2000ms	告警，禁止控制系统解锁

注　昆北站中系统切换段及跳闸段的功能被屏蔽。换流变压器阀侧额定线电压为 172.3kV，相电压为 99.48kV。

6.3.7.8　旁路开关保护（82-BPS）

1. 保护范围

旁路开关保护的保护范围为本换流器的旁路开关。

2. 保护原理

旁路开关保护共有两段。检测分闸失灵与合闸失灵，其中分闸失灵保护整定值为收到分闸指令且旁通开关（BPS）指示分闸位置后，满足旁路开关直流电流大于 219A。合闸失灵保护整定值为收到保护性退换流器或在线退换流器发出的合闸指令后，满足旁路开关直流电流小于 219A 且极线电流大于 281A。定值见表 6-96。

表 6-96　旁路开关保护相关参数

保护	定值	延时	出口方式
分闸失灵	收到分闸指令且旁通开关（BPS）指示分闸位置后，满足：｜IdBPS｜＞219A	50ms	重合并锁定 BPS，触发事件
合闸失灵	收到保护性退阀组或在线退阀组发出的合闸指令后，满足：｜IdBPS｜＜219A&IdCH＞281A	200ms	闭锁极，触发事件

6.3.7.9　换流变压器饱和保护（50/51CTNY，50/51CTND）

1. 保护范围

换流变压器饱和保护检测换流变压器中性点直流电流饱和情况，防止换流变压器中性点流过较大直流电流而损坏换流变压器。

2. 保护原理

检测换流变压器中性点直流是否越限。换流变压器饱和保护共有 3 段，定值见表 6-97。

表 6-97　换流变压器饱和保护

保护	定值	延时	出口方式
告警Ⅰ段	IdNY＞0.1 * I _ Set IdND＞0.1 * I _ Set	反时限	无

续表

保护	定值	延时	出口方式
告警Ⅱ段	IdNY>0.7 * I _ Set IdND>0.7 * I _ Set	反时限	告警
系统切换段	IdNY>0.9 * I _ Set IdND>0.9 * I _ Set	反时限	切换系统
YY 变饱和曲线定值 1：10A，86400s； YY 变饱和曲线定值 2：20A，320s； YY 变饱和曲线定值 3：30A，175s； YY 变饱和曲线定值 4：50A，80s； YY 变饱和曲线定值 5：100A，40s； YY 变饱和曲线定值 6：300A，18s		YD 变饱和曲线定值 1：10A，86400s； YD 变饱和曲线定值 2：20A，320s； YD 变饱和曲线定值 3：30A，175s； YD 变饱和曲线定值 4：50A，80s； YD 变饱和曲线定值 5：100A，40s； YD 变饱和曲线定值 6：300A，18s	

6.3.7.10　直流过电压保护（59DC）

1. 保护范围

检测因直流线路意外断线、逆变器非正常闭锁、控制系统故障等原因造成的阀直流过电压情况。

2. 保护原理

检测换流器直流电压是否越限。直流过电压保护共有 3 段，定值见表 6 - 98。

表 6 - 98　　**直流过电压保护**

保护	定值	延时	出口方式
直流过电压Ⅰ段	正常运行： Vd>1.35p.u.&IdLN<0.05p.u.	1000ms	切换主控
	OLT 试验： Vd>1.36p.u.&IdLN<0.05p.u.	1200ms	ESOF，跳开并锁定换流变压器开关
直流过电压Ⅱ段	正常运行：Vd>1.08p.u.	800ms	切换主控
	OLT 试验：Vd>1.09p.u.	1000ms	ESOF，跳开并锁定换流变压器开关
直流过压Ⅲ段	正常运行：Vd>1.55p.u.	40ms	切换主控
	OLT 试验：Vd>1.55p.u.	50ms	ESOF，跳开并锁定换流变压器开关

注　1. 高端阀：Vd=｜UdL−UdM｜；低端阀：Vd=｜UdM−UdN｜。

2. 本保护中，1p.u.=400kV。

6.3.7.11 直流低电压保护（27DC）

1. 保护范围

直流低电压保护作为本换流器所有设备的后备保护，保护范围包括各种原因造成的接地短路故障；另一用途为无通信下逆变站闭锁后用于整流站闭锁换流器或极。

2. 保护原理

检测直流极线电压是否越限。直流低电压保护共有两段：Ⅰ段仅双换流器运行且满足｜直流极线电压－高低换流器连接线电压｜小于30kV（高端换流器）或｜直流极线电压－高低换流器连接线电压｜大于30kV（低端换流器）时投入，当0.4＊Ud＿NOM＜UdL＜0.6＊Ud＿NOM时动作，Ⅱ段当UdCH＜0.4＊Ud＿NOM时动作。Ud＿NOM为极额定电压，昆柳龙工程中单换流器运行时取400kV，双换流器运行时取800kV。定值见表6-99。

表6-99 直流低电压保护

保护	定值	延时	出口方式
直流低电压Ⅰ段	仅双阀组运行时投入，且满足｜UdL-UdM｜＜30kV（高端阀组）或｜UdL-UdM｜＞30kV（低端阀组）时：0.4p.u.＜｜UdL｜＜0.6p.u.	600ms	切换主控
		800ms	ESOF，跳开并锁定换流变压器交流进线开关
直流低电压Ⅱ段	｜UdL｜＜0.4p.u.	3s	切换主控
		4s	闭锁极，跳开并锁定换流变压器交流进线开关

6.4 柔性直流换流器保护系统数据处理方法

6.4.1 柔性直流换流器保护系统概述

乌东德电站送电广东广西特高压多端直流示范工程柔性直流站的换流器保护（简称柔性直流换流器保护）按照换流器进行配置，每个换流器配置3面屏，包含保护装置、三取二装置，其中三取二装置用于保护动作后的出口逻辑处理。

柔性直流换流器保护的种类及其所用测点信号如图6-51和表6-100所示。

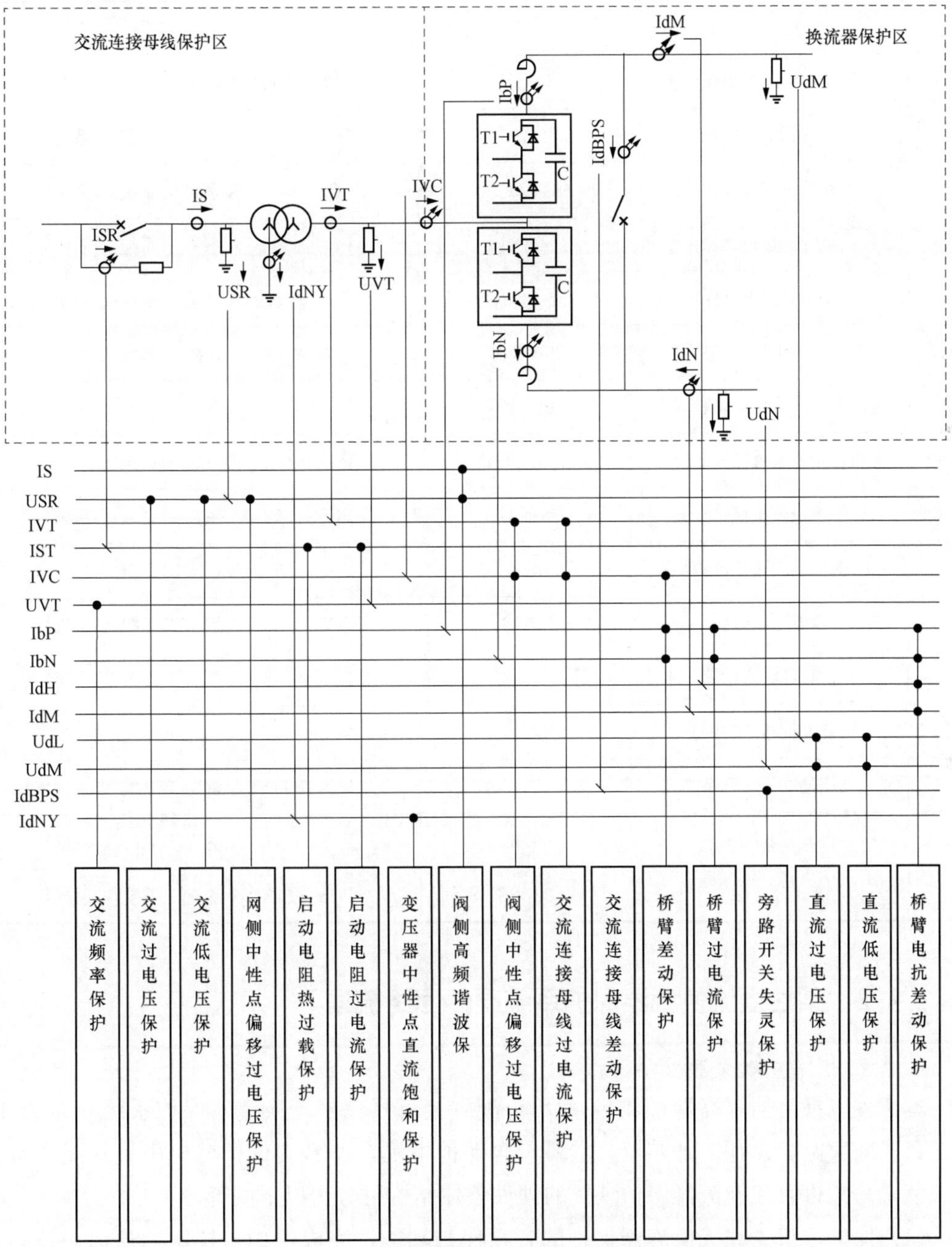

交流连接母线保护区

换流器保护区

IdM　UdM　IbP　IdBPS　T1　T2　C　IS　IVT　IVC　ISR　USR　IdNY　UVT　IbN　IdN　UdN

IS　USR　IVT　IST　IVC　UVT　IbP　IbN　IdH　IdM　UdL　UdM　IdBPS　IdNY

交流频率保护　交流过电压保护　交流低电压保护　网侧中性点偏移过电压保护　启动电阻热过载保护　启动电阻过电流保护　变压器中性点直流饱和保护　阀侧高频谐波保　阀侧中性点偏移过电压保护　交流连接母线过电流保护　交流连接母线差动保护　桥臂差动保护　桥臂过电流保护　旁路开关失灵保护　直流过电压保护　直流低电压保护　桥臂电抗差动保护

图 6-51　柔性直流换流器保护种类及其所用测点信号

表 6-100　　柔性直流换流器保护种类列表

序号	保护名称	保护缩写	备注
1	交流连接母线差动保护	87CH	PCS-9552（A系统/B系统/C系统）
2	交流连接母线过电流保护	50/51T	PCS-9552（A系统/B系统/C系统）
3	交流低电压保护	27AC	PCS-9552（A系统/B系统/C系统）
4	交流过电压保护	59AC	PCS-9552（A系统/B系统/C系统）
5	启动回路热过载保护	49CH	PCS-9552（A系统/B系统/C系统）
6	启动电阻过电流保护	50/51R	PCS-9552（A系统/B系统/C系统）
7	变压器网侧中性点偏移保护	59ACGW	PCS-9552（A系统/B系统/C系统）
8	变压器阀侧中性点偏移保护	59ACVW	PCS-9552（A系统/B系统/C系统）
9	变压器中性点直流饱和保护	50/51CTNY	PCS-9552（A系统/B系统/C系统）
10	交流频率保护	81-U	PCS-9552（A系统/B系统/C系统）
11	阀侧高频谐波保护	81V	PCS-9552（A系统/B系统/C系统）
12	桥臂差动保护	87CG	PCS-9552（A系统/B系统/C系统）
13	桥臂过电流保护	50/51C	PCS-9552（A系统/B系统/C系统）
14	桥臂电抗器差动保护	87BR	PCS-9552（A系统/B系统/C系统）
15	直流过电压开路保护	59DC	PCS-9552（A系统/B系统/C系统）
16	直流低电压保护	27DC	PCS-9552（A系统/B系统/C系统）
17	旁路开关保护	82BPS	PCS-9552（A系统/B系统/C系统）

6.4.2　柔性直流换流器保护系统硬件回路梳理

6.4.2.1　整体架构

本工程以换流器（高端/低端）为单位配置换流器保护，换流器保护系统分为A/B/C三套，每套保护含有1面屏柜，主要包含保护主机，A/B套保护屏柜中另外配置有三取二装置。柔性直流换流器保护装置的硬件整体结构可分为以下两部分：

（1）保护主机。完成换流器保护的各项保护功能，完成保护与控制的通信、站间通信，完成和现场I/O的接口，完成后台通信、事件记录、录波、人机界面等辅助功能。

（2）三取二主机。实现与保护的通信，通过三取二逻辑出口跳柔性直流变压器进线开关，完成后台通信、事件记录、录波、人机界面等辅助功能。

柔性直流换流器保护屏柜布置图（三取二装置仅 A/B 套配置）如图 6-52 所示。

换流器层的三套保护，均以光纤方式分别与三取二装置和本层的控制主机进行通信，传输经过校验的数字量信号。

换流器层非电量信号主要有换流变压器本体重瓦斯、换流变压器分接开关重瓦斯、进线电压互感器（TV）SF_6 等。为防止继电器单一节点故障导致误动进而极闭锁的情况出现，非电量保护均采用三取二逻辑实现。

6.4.2.2　外部接口

柔性直流换流器保护装置的外部接口，通过硬接线、现场总线与站内其他设备完成信息交互。通过 IEC 60044-8 总线与测量系统通信，实现直流场模拟量的读取；通过 SCADA LAN（站 LAN 网）与后台交互信息；通过 CTRL LAN（换流器层控制 LAN 网）是 PCP、CCP、CPR 主机在换流器层之间的实时通信；三取二装置通过硬接线实现保护出口。柔性直流换流器保护网络结构如图 6-53 所示。

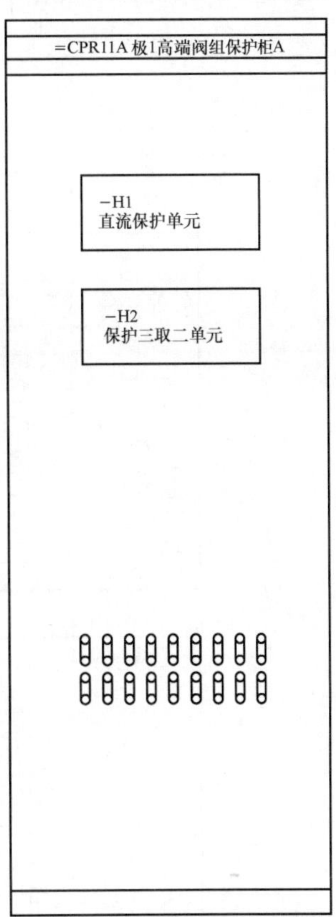

图 6-52　柔性直流换流器保护屏柜布置图（三取二装置仅 A/B 套配置）

换流器保护系统采用 UAPC 硬件平台，保护主机 PCS-9522，三取二主机 PCS-9552A，均属于 PCS-9540 系列。模拟/数字 I/O 采用 PCS-9540 系列 I/O 装置，保护主机板卡配置与网络接口如图 6-54 所示。三取二主机网络接口如图 6-55 所示。

换流器保护主机功能由以下板卡完成。

1301N：电源板卡，双电源配置，为机箱提供 5V 直流工作电源。

1107C：管理 CPU 板，该板卡运行嵌入式实时 Linux 操作系统完成后台通信、事件记录、录波、人机界面等辅助功能。

1192C：浮点 DSP 板，B03 完成核心控制保护功能，B04 完成高速录波功能。

1118B：实现保护与控制的通信以及保护逻辑出口。

1. IEC 60044-8 总线

IEC 60044-8 总线具有传输数据量大、延时短和无偏差的特点，满足控制保护系统对数据实时性的需求。控制保护系统中的 IEC 60044-8 总线是单向总线类型，用于高速传输测量信号。两个数字处理器的端口按点对点的方式连接（DSP-DSP 连接）。

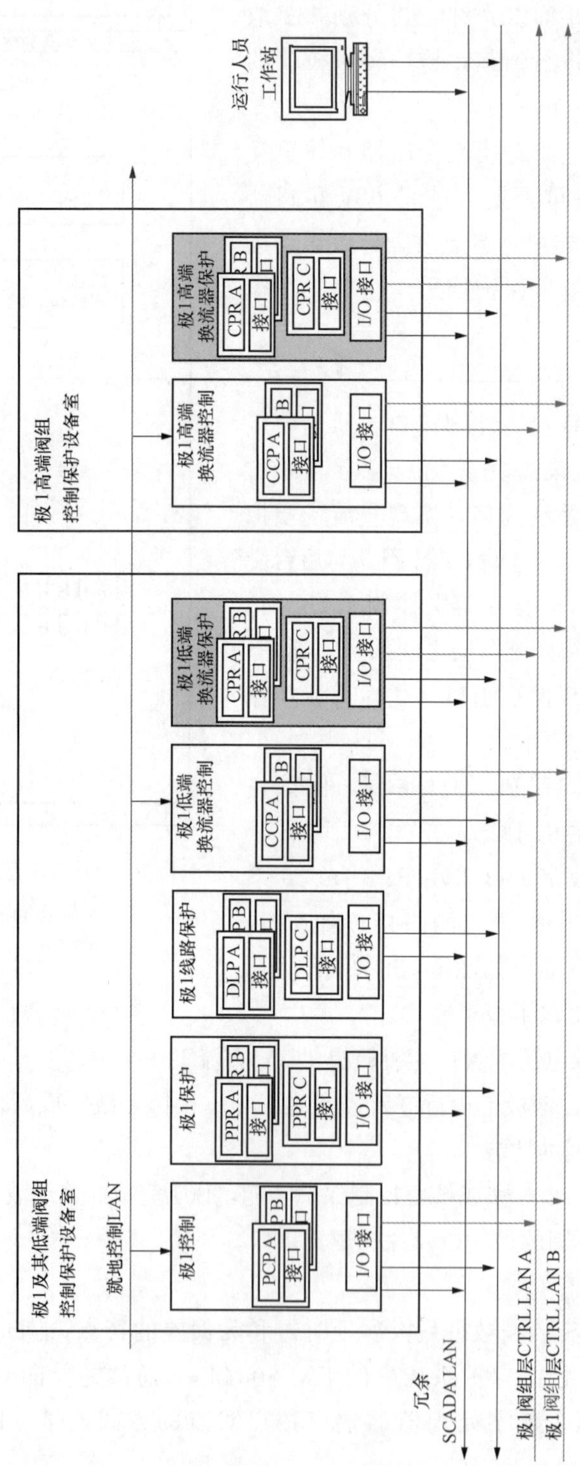

图6-53　柔性直流换流器保护网络结构图

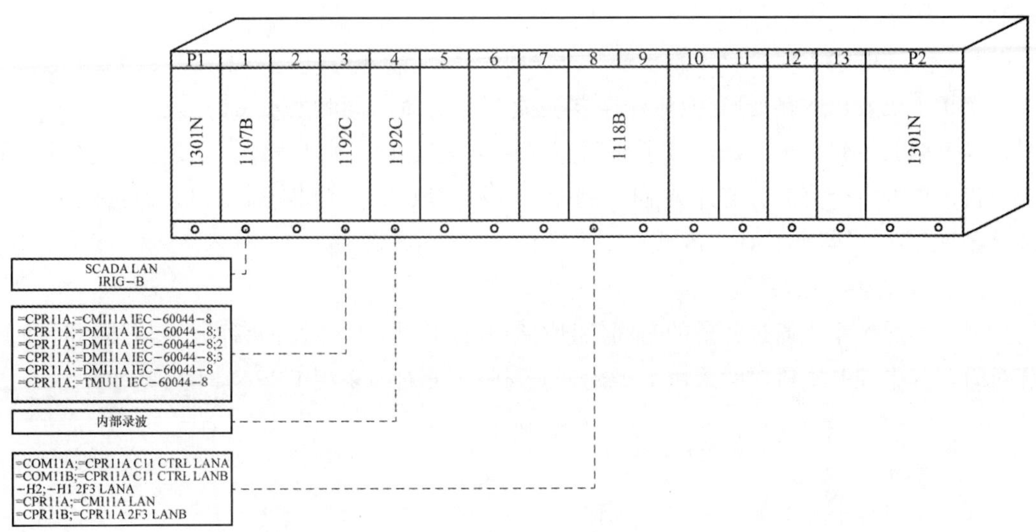

图 6 - 54　换流器保护主机板卡及网络接口图

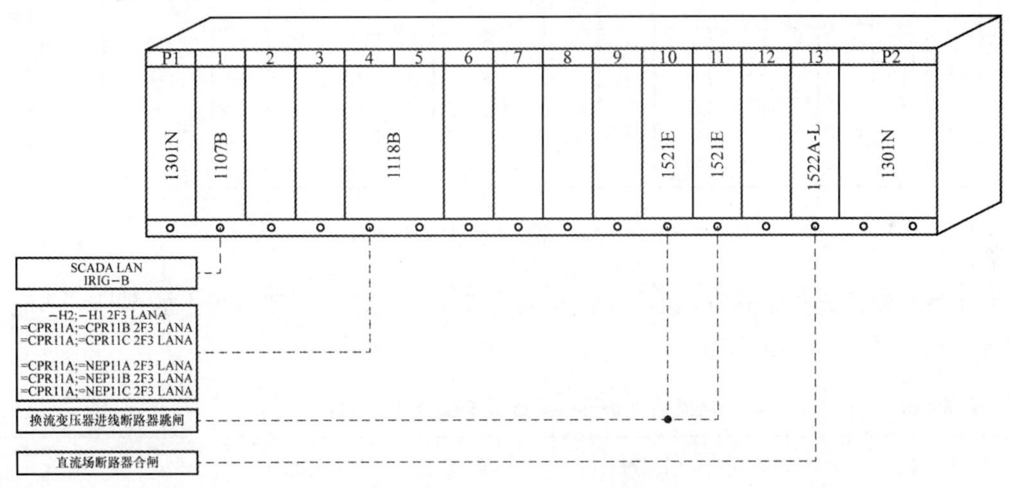

图 6 - 55　三取二主机网络接口图

2. SCADA _ LAN

SCADA LAN 网采用星型结构连接，为提高系统可靠性，SCADA LAN 网设计为完全冗余的 A、B 双重化系统，单网线或单硬件故障都不会导致系统故障。底层 OSI 层通过以太网实现，而传输层协议则采用 TCP/IP。

换流器保护系统与站内交换机双网连接，用于上送事件、波形等信息。

3. CTRL _ LAN

换流器层控制 LAN 网以光纤为介质，用于 CPR、CCP 等换流器层直流控制保护主机之间的实时通信。换流器层控制 LAN 是冗余和高速实时的，每个换流器层的控制 LAN 是相互独立的，任何一套主机发生故障时不会对另一换流器主机的功能造成任何限制。

4. 断路器的接口

保护主机发出的跳/锁定换流变压器交流开关的命令同时发给 CCP 及保护三取二装置，经三取二逻辑后出口，通过硬压板直接接至交流断路器操作箱，实现出口跳闸。保护主机发出的重合直流旁路开关 BPS 的命令，经三取二逻辑判断后出口，通过硬压板直接接至 HSS 开关操作箱，实现重合。

5. 站主时钟 GPS 系统的接口

换流器保护系统通过完整的时间信息对时和秒脉冲 PPS 对时两种方式与站主时钟系统对时，其中控制主机对时采用 B 码对时，I/O 单元对时采用 PPS 对时。

6.4.2.3 装置硬件

1. 主机装置

保护主机板卡配置如图 6-56 所示。

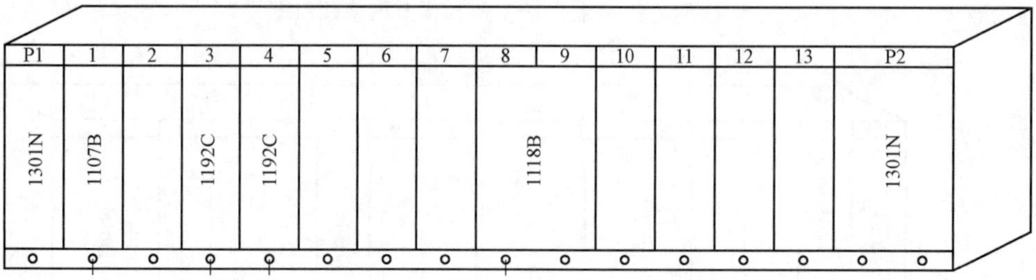

图 6-56 保护主机板卡配置图

柔性直流换流器保护屏 PCS-9522 装置包含 6 块板卡，配置各板卡的型号、功能等见表 6-101。

表 6-101 换流器保护屏装置各板卡型号功能介绍表

插件名称	插件型号	数量	功能
电源插件	1301N	2	电源板为机箱提供 5V 直流工作电源，装置采用双电源配置，以提高供电可靠性
管理插件	1107B	1	实现本机与后台通信以及对时功能
逻辑运算插件	1192C	2	实现模拟量采集与处理，完成核心保护功能
通信插件	1118B	1	实现保护与控制的通信、站间通信

2. 三取二装置

三取二装置板卡配置如图 6-57 所示。

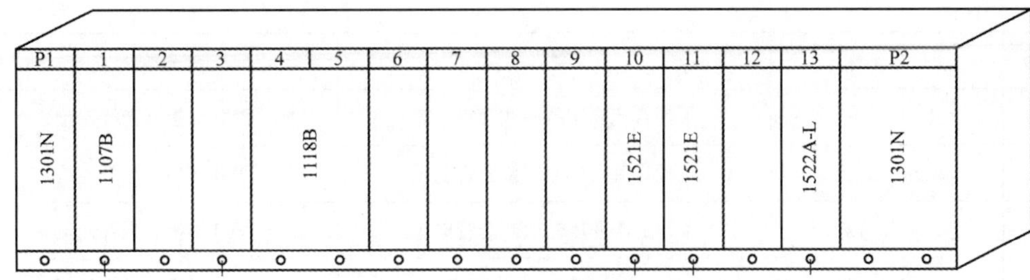

图 6-57　三取二装置板卡配置图

柔性直流换流器保护屏三取二装置包含 6 块板卡，配置各板卡的型号、功能等见表 6-102。

表 6-102　　换流器保护屏三取二装置各板卡型号功能介绍表

插件名称	插件型号	数量	功能
电源插件	1301N	2	电源板为机箱提供 5V 直流工作电源，装置采用双电源配置，以提高供电可靠性
管理插件	1107C	1	实现本机与后台通信以及对时功能
通信插件	1118B	1	实现三取二装置与保护主机的通信，三取二逻辑运算。其中 3 台保护装置可用则进行三取二出口，2 台保护装置可用则进行二取一出口，1 台保护装置可用则进行一取一出口
出口插件	1521E	1	实现换流变压器网侧断路器的跳闸出口
出口插件	1522AL	1	实现直流旁路开关 BPS 的重合出口

6.4.3　柔性直流换流器保护系统信息交互

6.4.3.1　保护主机

1. 合并单元接口

合并单元通过 IEC 60044-8 总线向保护主机传送模拟量，保护主机通过 1192C 插件接收，模拟量输入信号见表 6-103。

表 6-103　　模拟量输入信号列表

序号	信号名称	含义	来源于
1	UAC，3 相	柔性直流变压器网侧 3 相交流电压	CMI 屏柜（光纤连接）
2	ISR，3 相	柔性直流变压器网侧套管电流	CMI 屏柜（光纤连接）

续表

序号	信号名称	含义	来源于
3	IVT，3相	柔性直流变压器阀侧套管电流	CMI屏柜（光纤连接）
4	USR，3相	柔性直流变压器网侧套管电压	DMI屏柜（光纤连接）
5	UVT，3相	柔性直流变压器阀侧套管电压	DMI屏柜（光纤连接）
6	ISR，3相	启动电阻3相电流	DMI屏柜（光纤连接）
7	IbP，3相	上桥臂3相电流	DMI屏柜（光纤连接）
8	IbN，3相	下桥臂3相电流	DMI屏柜（光纤连接）
9	IVC，3相	柔性直流变压器阀侧电流	DMI屏柜（光纤连接）
10	IdBPS	旁路开关直流电流	DMI屏柜（光纤连接）
11	UdNV	换流器下桥臂侧直流电压	DMI屏柜（光纤连接）
12	UdH	直流线路直流电压	DMI屏柜（光纤连接）
13	UdM	高、低压换流器连线电压	DMI屏柜（光纤连接）
14	UdN	中性母线直流电压	DMI屏柜（光纤连接）
15	UdL	直流线路电压	DMI屏柜（光纤连接）
16	IdCH	直流极母线阀侧直流电流	DMI屏柜（光纤连接）
17	IdLH	直流线路侧直流电流	DMI屏柜（光纤连接）
18	IdCN	中性母线阀侧直流电流	DMI屏柜（光纤连接）
19	IdM	高、低压换流器连线直流电流	DMI屏柜（光纤连接）

2. 换流器控制系统接口

保护主机通过换流器层控制LAN与换流器控制系统进行实时通信，通道为1118B插件1M、1S光口。

数字开入量见表6-104～表6-106。

表6-104　　换流器控制系统开入的数据

序号	变量名	含义
1	CCPA/B_DATA0	发送端ALIVE信号
2	CCPA/B_DATA1	换流器控制系统信号1（FROM_DATA1）
3	CCPA/B_DATA2	换流器控制系统信号2（FROM_DATA2）

表 6 - 105　　换流器控制系统信号 1（FROM _ DATA1）数据

序号	变量名	含义
1	ACTIVE _ CCPA ACTIVE _ CCPB	换流器控制 A/B 系统运行信号
2	CCPA _ EF CCPB _ EF	换流器控制 A/B 系统紧急故障
3	FCCPA _ RCV _ CPRA _ A FCCPB _ RCV _ CPRA _ A	换流器控制 A/B 系统与换流器保护 A 通信失败（LANA）
4	FCCPA _ RCV _ CPRB _ A FCCPB _ RCV _ CPRB _ A	换流器控制 A/B 系统与换流器保护 B 通信失败（LANA）
5	FCCPA _ RCV _ CPRC _ A FCCPB _ RCV _ CPRC _ A	换流器控制 A/B 系统与换流器保护 C 通信失败（LANA）
6	FCCPA _ RCV _ CPRA _ B FCCPB _ RCV _ CPRA _ B	换流器控制 A/B 系统与换流器保护 A 通信失败（LANB）
7	FCCPA _ RCV _ CPRB _ B FCCPB _ RCV _ CPRB _ B	换流器控制 A/B 系统与换流器保护 B 通信失败（LANB）
8	FCCPA _ RCV _ CPRC _ B FCCPB _ RCV _ CPRC _ B	换流器控制 A/B 系统与换流器保护 C 通信失败（LANB）

表 6 - 106　　换流器控制系统信号 2（FROM _ DATA2）数据

序号	变量名	含义
1	RECT	整流运行
2	DEBL _ IND	解锁信号
3	BLOCK	闭锁信号
4	OLT	开路试验状态
5	OPN	换流器运行状态
6	BPS _ CLOSE _ ORD	BPS 合闸命令
7	BPS _ OPEN _ ORD	BPS 分闸命令

续表

序号	变量名	含义
8	TRIG _ FROM _ MC1	触发录波
9	URED	降压运行
10	UAC _ ERR	同步电压消失（空气断路器分位）
11	ESOF _ FROM _ MC1	ESOF 命令
12	OPN _ OV	另一换流器运行状态
13	ESOF _ FROM _ CCP	ESOF 命令
14	BLOCK _ FIRPLS _ FM _ CCP	闭锁触发脉冲
15	PCP _ TCOM _ FLT	极间通信中断
16	MSQ _ ORD _ V _ EXIT	换流器退出运行命令
17	ISOGRID _ IND	孤岛运行信号

数字开出量见表 6 - 107、表 6 - 108。

表 6 - 107　　保护开出数据

序号	变量名称	含义
1	PPR _ ALIVE	本装置 ALIVE 信号
2	TOCCP _ DATA1	信号包
3	TOCCP _ DATA2	保护动作信号 1
4	TOCCP _ DATA4	保护使能信号 1
5	TOCCP _ DATA6	保护动作信号 2
6	TOCCP _ DATA8	保护使能信号 2
7	TOCCP _ DATA10	保护动作信号 3
8	TOCCP _ DATA12	保护使能信号 3

表 6 - 108　　TOCCP _ DATA1 信号包

序号	变量名	含义
1	ACTIVE	换流器保护运行信号
2	EF	换流器保护紧急故障
3	REC _ CPRA _ ERR1	换流器控制 A 系统与换流器保护通信失败（LANA）
4	REC _ CPRA _ ERR2	换流器控制 A 系统与换流器保护通信失败（LANA）
5	REC _ CPRB _ ERR1	换流器控制 B 系统与换流器保护通信失败（LANA）
6	REC _ CPRB _ ERR2	换流器控制 B 系统与换流器保护通信失败（LANB）

3. 三取二装置接口

保护装置通过光纤直接与本间隔的三取二装置通信，通道为 1118B 插件 3M、4M 光口。

数字开入量见表 6 - 109。

表 6 - 109　　三取二装置开入的数据

序号	变量名	含义
1	P2FA/B _ DATA0	发送端 ALIVE 信号
2	P2FA/B _ DATA1	三取二允许本保护退出信号（P2FA/B _ PERM _ EXIT）。 该信号表示三取二装置监测到 3 套保护 ALIVE 信号都消失或都与极控断开连接。 0 表示该间隔无保护运行
3	P2FA/B _ DATA2	三取二允许本保护测试信号（P2FA/B _ PERM _ TEST）。 对于保护 A，该信号表示三取二装置监测到保护 B 或 C 运行正常

数字开出量与换流器控接口相同，这里不再赘述。

6.4.3.2　三取二装置

1. 保护装置接口

详见 6.4.3.1 保护主机部分。

2. 就地单元接口

三取二装置开出的信号见表 6 - 110。

表 6 - 110　　三取二输出数据

序号	信号名称	含义	去处
1	ACB _ trip1	电量保护跳边开关命令	断路器操作箱
2	ACB _ trip1 _ F	非电量跳边开关命令	断路器操作箱
3	ACB _ trip 2	电量保护跳中开关命令	断路器操作箱
4	ACB _ trip 2 _ F	非电量保护跳中开关命令	断路器操作箱
5	BPS _ rcl	重合 BPS 命令	就地机构箱

6.4.3.3　TFR

柔性直流换流器保护系统 TFR 录波点见表 6 - 111。

表 6-111　　柔直换流器保护系统 TFR 录波点表

序号	物理量名称	物理量含义
模拟量		
1	US _ L1 _ PR	柔性直流变压器网侧 A 相电压
2	US _ L2 _ PR	柔性直流变压器网侧 B 相电压
3	US _ L3 _ PR	柔性直流变压器网侧 C 相电压
4	IVT1 _ L1 _ PR	柔性直流变压器阀侧套管末端 A 相电流
5	IVT1 _ L2 _ PR	柔性直流变压器阀侧套管末端 B 相电流
6	IVT1 _ L3 _ PR	柔性直流变压器阀侧套管末端 C 相电流
7	IVT0 _ L1 _ PR	柔性直流变压器阀侧套管首端 A 相电流
8	IVT0 _ L2 _ PR	柔性直流变压器阀侧套管首端 B 相电流
9	IVT0 _ L3 _ PR	柔性直流变压器阀侧套管首端 C 相电流
10	UV _ L1 _ PR	柔性直流变压器阀侧 A 相电压
11	UV _ L2 _ PR	柔性直流变压器阀侧 B 相电压
12	UV _ L3 _ PR	柔性直流变压器阀侧 C 相电压
13	USR _ L1 _ PR	启动电阻支路 A 相电压
14	USR _ L2 _ PR	启动电阻支路 B 相电压
15	USR _ L3 _ PR	启动电阻支路 C 相电压
16	IR _ L1 _ PR	启动电阻支路 A 相电流
17	IR _ L2 _ PR	启动电阻支路 B 相电流
18	IR _ L3 _ PR	启动电阻支路 C 相电流
19	IBP _ L1 _ PR	换流器上桥臂 A 相电流
20	IBP _ L2 _ PR	换流器上桥臂 B 相电流
21	IBP _ L3 _ PR	换流器上桥臂 C 相电流
22	IBN _ L1 _ PR	换流器下桥臂 A 相电流
23	IBN _ L2 _ PR	换流器下桥臂 B 相电流
24	IBN _ L3 _ PR	换流器下桥臂 C 相电流
25	UVC _ L1 _ PR	交流连接线阀侧 A 相电压
26	UVC _ L2 _ PR	交流连接线阀侧 B 相电压
27	UVC _ L3 _ PR	交流连接线阀侧 C 相电压
28	IVC _ L1 _ PR	交流连接线阀侧 A 相电流
29	IVC _ L2 _ PR	交流连接线阀侧 B 相电流
30	IVC _ L3 _ PR	交流连接线阀侧 C 相电流

续表

序号	物理量名称	物理量含义
模拟量		
31	IdBPS _ PR	BPS 开关电流
32	UdNV _ PR	低压换流器下桥臂侧直流电压
33	UdL _ PR	直流线路电压
34	UdM _ PR	换流器连接线电压
35	UdN _ PR	中性线电压
36	UdCH _ PR	直流高压母线电压
37	IdLH _ PR	直流线路电流
38	IdCH _ PR	直流高压母线电流
39	IdCN _ PR	换流器中性线电流
40	IdM _ PR	高低压换流器连线电流
41	IdNY _ PR	柔性直流变压器中性点直流电流
42	VD _ LP _ PR	换流器两端电压
43	CGDP _ DIFF _ L1F _ PR	桥臂差动保护 A 相差电流
44	CGDP _ DIFF _ L2F _ PR	桥臂差动保护 B 相差电流
45	CGDP _ DIFF _ L3F _ PR	桥臂差动保护 C 相差电流
46	BDP _ DIFF _ L1 _ PR	交流连接线差动保护 A 相差电流
47	BDP _ DIFF _ L2 _ PR	交流连接线差动保护 B 相差电流
48	BDP _ DIFF _ L3 _ PR	交流连接线差动保护 C 相差电流
49	BRDP _ PF _ PR	桥臂电抗差动保护上桥臂差电流
50	BRDP _ NF _ PR	桥臂电抗差动保护下桥臂差电流
51	US _ ZERO _ SEQ _ PR	启动电阻支路零序电压
52	UV _ ZERO _ SEQ _ PR	柔性直流变压器阀侧零序电压
53	USR _ ZERO _ SEQ _ PR	柔性直流变压器网侧零序电压
54	UVC _ ZERO _ SEQ _ PR	交流连接线阀侧零序电压
55	IVC _ L1 _ DZ _ PR	交流连接线阀侧滤波后 A 相电流
56	IVC _ L2 _ DZ _ PR	交流连接线阀侧滤波后 B 相电流
57	IVC _ L3 _ DZ _ PR	交流连接线阀侧滤波后 C 相电流
58	UV _ L1 _ DZ _ PR	交流连接线阀侧滤波后 A 相电压
59	UV _ L2 _ DZ _ PR	交流连接线阀侧滤波后 B 相电压
60	UV _ L3 _ DZ _ PR	交流连接线阀侧滤波后 C 相电压

续表

序号	物理量名称	物理量含义
模拟量		
61	US_L1_RMS_PR	柔性直流变压器网侧A相电压有效值
62	US_L2_RMS_PR	柔性直流变压器网侧B相电压有效值
63	US_L3_RMS_PR	柔性直流变压器网侧C相电压有效值
64	IVT1_L1_RMS_PR	柔性直流变压器阀侧套管末端A相电流有效值
65	IVT1_L2_RMS_PR	柔性直流变压器阀侧套管末端B相电流有效值
66	IVT1_L3_RMS_PR	柔性直流变压器阀侧套管末端C相电流有效值
67	IVT0_L1_RMS_PR	柔性直流变压器阀侧套管首端A相电流有效值
68	IVT0_L2_RMS_PR	柔性直流变压器阀侧套管首端B相电流有效值
69	IVT0_L3_RMS_PR	柔性直流变压器阀侧套管首端C相电流有效值
70	IR_L1_RMS_PR	启动电阻支路A相电流有效值
71	IR_L2_RMS_PR	启动电阻支路B相电流有效值
72	IR_L3_RMS_PR	启动电阻支路C相电流有效值
73	IBP_L1_RMS_PR	换流器上桥臂A相电流有效值
74	IBP_L2_RMS_PR	换流器上桥臂B相电流有效值
75	IBP_L3_RMS_PR	换流器上桥臂C相电流有效值
76	IBN_L1_RMS_PR	换流器下桥臂A相电流有效值
77	IBN_L2_RMS_PR	换流器下桥臂B相电流有效值
78	IBN_L3_RMS_PR	换流器下桥臂C相电流有效值
79	UVC_L1_RMS_PR	交流连接线阀侧A相电压有效值
80	UVC_L2_RMS_PR	交流连接线阀侧B相电压有效值
81	UVC_L3_RMS_PR	交流连接线阀侧C相电压有效值
82	IVC_L1_RMS_PR	交流连接线阀侧A相电流有效值
83	IVC_L2_RMS_PR	交流连接线阀侧B相电流有效值
84	IVC_L3_RMS_PR	交流连接线阀侧C相电流有效值
85	IR_L1_SQ_LP_PR	启动电阻滤波后A相电流
86	IR_L2_SQ_LP_PR	启动电阻滤波后B相电流
87	IR_L3_SQ_LP_PR	启动电阻滤波后C相电流
88	IVC_L1_HAP_PR	交流连接线阀侧A相谐波电流
89	IVC_L2_HAP_PR	交流连接线阀侧B相谐波电流
90	IVC_L3_HAP_PR	交流连接线阀侧C相谐波电流

续表

序号	物理量名称	物理量含义
		模拟量
91	UV _ L1 _ HAP _ PR	交流连接线阀侧A相谐波电压
92	UV _ L2 _ HAP _ PR	交流连接线阀侧B相谐波电压
93	UV _ L3 _ HAP _ PR	交流连接线阀侧C相谐波电压
		数字量
1	ACGWP _ TRIP _ PR	交流网侧零序过电压保护（59ACGW）动作
2	ACGWP _ QDSL _ PR	交流网侧零序过电压保护（59ACGW）失灵动作
3	ACOVP _ SS _ PR	交流过电压保护（59AC）请求切换系统
4	ACOVP _ TR _ PR	交流过电压保护（59AC）动作
5	ACUVP _ TR _ PR	交流低电压保护（27AC）动作
6	TNSP _ TR _ PR	交流阀侧零序过电压保护（59ACVW）动作
7	TNSP _ QDSL _ PR	交流阀侧零序过电压保护（59ACVW）失灵动作
8	SAT _ SS _ PR	换流变压器中性点直流饱和保护（50/51CTNY）请求切换系统
9	BRDP _ PR	桥臂电抗差动保护（87BR）动作
10	BPSP _ RECL _ PR	旁通开关保护（82 - BPS）重合BPS
11	BPSP _ TRIP _ PR	旁通开关保护（82 - BPS）动作
12	BPS _ OPEN _ ORD _ PR	分旁通开关BPS命令
13	BPS _ CLOSE _ ORD _ PR	合旁通开关BPS命令
14	UVP _ SS1 _ PR	直流低电压保护（27DC）Ⅰ段请求切换系统
15	UVP _ SS2 _ PR	直流低电压保护（27DC）Ⅱ段请求切换系统
16	UVP _ TRIP _ VAVLE _ PR	直流低电压保护（27DC）Ⅰ段动作跳换流器
17	UVP _ TRIP _ POLE _ PR	直流低电压保护（27DC）Ⅱ段动作跳极
18	DCOVP _ SS1 _ PR	直流过电压保护（59DC）Ⅰ段请求切换系统
19	DCOVP _ SS2 _ PR	直流过电压保护（59DC）Ⅱ段请求切换系统
20	DCOVP _ TR1 _ PR	直流过电压保护（59DC）Ⅰ段动作
21	DCOVP _ TR2 _ PR	直流过电压保护（59DC）Ⅱ段动作
22	ABNF _ SS _ PR	交流异常频率保护（81 - U）请求切换系统
23	BOCP _ PTR1A _ PR	上桥臂过电流保护（50/51C）A相Ⅰ段动作
24	BOCP _ PTR1B _ PR	上桥臂过电流保护（50/51C）B相Ⅰ段动作
25	BOCP _ PTR1C _ PR	上桥臂过电流保护（50/51C）C相Ⅰ段动作
26	BOCP _ PTR2A _ PR	上桥臂过电流保护（50/51C）A相Ⅱ段动作

续表

序号	物理量名称	物理量含义
		数字量
27	BOCP_PTR2B_PR	上桥臂过电流保护（50/51C）B相Ⅱ段动作
28	BOCP_PTR2C_PR	上桥臂过电流保护（50/51C）C相Ⅱ段动作
29	BOCP_PTR3A_PR	上桥臂过电流保护（50/51C）A相Ⅲ段动作
30	BOCP_PTR3B_PR	上桥臂过电流保护（50/51C）B相Ⅲ段动作
31	BOCP_PTR3C_PR	上桥臂过电流保护（50/51C）C相Ⅲ段动作
32	BOCP_NTR1A_PR	下桥臂过电流保护（50/51C）A相Ⅰ段动作
33	BOCP_NTR1B_PR	下桥臂过电流保护（50/51C）B相Ⅰ段动作
34	BOCP_NTR1C_PR	下桥臂过电流保护（50/51C）C相Ⅰ段动作
35	BOCP_NTR2A_PR	下桥臂过电流保护（50/51C）A相Ⅱ段动作
36	BOCP_NTR2B_PR	下桥臂过电流保护（50/51C）B相Ⅱ段动作
37	BOCP_NTR2C_PR	下桥臂过电流保护（50/51C）C相Ⅱ段动作
38	BOCP_NTR3A_PR	下桥臂过电流保护（50/51C）A相Ⅲ段动作
39	BOCP_NTR3B_PR	下桥臂过电流保护（50/51C）B相Ⅲ段动作
40	BOCP_NTR3C_PR	下桥臂过电流保护（50/51C）C相Ⅲ段动作
41	CGDP_L1TR_PR	桥臂差动保护（87CG）A相动作
42	CGDP_L2TR_PR	桥臂差动保护（87CG）B相动作
43	CGDP_L3TR_PR	桥臂差动保护（87CG）C相动作
44	BPS_OPEN_ORD_PR	分旁通开关BPS命令
45	BPS_CLOSE_ORD_PR	合旁通开关BPS命令

6.4.4 装置自检

6.4.4.1 ACTIVE与ALIVE信号

装置运行“ACTIVE”信号可通过后台和装置面板生成，但需要以满足以下两个条件为前提：(B09/1118/MAIN2/SUP_SOL/14.SCM_INT1)

（1）装置上电20s后。

（2）装置无“保护长期启动”告警信号。

装置心跳“ALIVE”信号装置上电后生成，表现为周期2ms、占空比50%的方波信号。(B03/1192/MAIN/COMM/03.ALIVE)

6.4.4.2 故障自检

常规直流换流器保护装置有紧急故障（EFH）、严重故障（SFH）、轻微故障（MFH）3类告警级别，1192C插件与1118B插件都分别设置有相应逻辑，分别见表6-112和表6-113。

表 6-112　**B03/1192C 插件自检**

序号	事件类型
EFH	
1	定时器故障
SFH	
1	所有模拟量无效
2	1、2、3、4、5 号模拟量采样板数据无效/监视故障/校验出错
MFH	
1	DSP/定时器告警
2	主机电源板/主机异常
3	模拟量自检异常
4	换流变压器进线 TV 二次电压空气断路器跳位
5	6 号模拟量采样板数据无效/监视故障/校验出错

表 6-113　**B03/1118B/MAIN 插件自检**

序号	事件类型
EFH	
1	定时器故障
2	保护出口长期启动
3	不具备退出保护条件下与极控通信全中断
SFH	
1	CMI 装置电源全丢失
2	与两套组控（CCP）通信全断开
MFH	
1	DSP/定时器告警
2	B01/1107 插件进程异常
3	隔离开关位置异常
4	CMI 通信超时
5	CMI 装置电源异常
6	CMI 信号电源丢失
7	测试模式设定
8	组控（CCP）通信任一 LAN 失去“ALIVE”信号/数据无效/监视故障
9	三取二装置通信异常
10	具备退出保护条件下与极控通信全中断

以上3类信号分别汇总后报相应报文。若产生EFH信号，系统将产生“HD_NOTOK”信号闭锁所有保护逻辑。

6.4.5 开关量数据监视与处理

乌东德工程柔性直流站换流器保护系统用于开关量数据接收和处理的功能模块为B09/1118：MAINCPU/Main2/IOSW：IOSWAPP。

换流器保护系统通过LAN总线等方式收到直流场开关、隔离开关位置节点数据，包括旁路开关、隔离开关BPS、启动电阻旁路隔离开关Q90开关信息。换流器保护装置对旁路开关、隔离开关位置的开入量全部采用了RS触发器保持。当信号电源丢失时，其位置信号保持电源丢失前的状态不变，保护的功能保持正常状态，在不操作隔离开关或断路器的前提下系统仍然可以正常运行。如果在信号电源恢复前操作相关的隔离开关或断路器则保护可能误动。开关量数据经上述预处理后打包发送至换流器保护系统的多个程序以供使用。

换流器保护会对断路器、隔离开关位置进行有效性判断，若双位置节点中分位、合位信号不是对应取反，延时30s，则认为位置异常，保护报轻微故障，发出SER报文“断路器、隔离开关位置错误”。该轻微故障可能引起本套保护系统相关保护误动或拒动。

对CMI设备的监视包括三套CMI设备的现场I/O节点、机柜心跳和每个CMI机柜的A、B两套电源的状态。

6.4.6 模拟量数据监视与处理

柔性直流换流器保护系统的接收IEC 60044-8模块和数据处理逻辑功能模块为B03/1192：CONV_PROT/DATA_PROC：DATA_PROCAPP，接收IEC 60044-8模块用于接收互感器采集的网侧交流量、阀侧交流量、阀侧桥臂电流、直流极电气量、换流变压器中性点电流等测点的模拟量数据。

6.4.6.1 模拟量数据监视策略

数据接收模块将对电流、电压等模拟量从以下两方面进行数据有效性判断：

（1）对光纤数据进行校验，若发现光纤数据有效性异常/光纤通信中断（如光纤通道断链、连续超时等情况）或CRC校验错误，延时4ms，将判断该数据无效，闭锁该模拟量相关保护功能。当数据帧异常时，发出SER报文“光纤数据帧错误”；当光纤通信中断时发出SER报文“光纤数据接收错误”；当发现CRC校验错误时，发出SER报文“光纤数据CRC错误”。

（2）依据直流一次接线及电路原理，对模拟量数值进行比对，当出现明显异常数据时，报保护装置轻微故障，同时发出模拟量异常的SER信号。该部分监视功能由ACS模块完成，典型的测点模拟量监视策略如下：

1）交流电压测量异常（UAC、USR）。该部分主要检测交流电网电压UAC与换流变压器网侧电压 USR。该逻辑依据为正常运行工况下交流电压应与额定交流电压一致且三相电压平衡。满足下列两个条件之一延时 10s 报“UAC 测量异常”：

a. 计算滤波后的正序交流电压 UAC _ ACS _ CALC，其与额定交流电压相差大于 0.1 倍额定电压。

b. 换流变压器电流 IVT0、IVT1 最大值大于 0.06 倍额定值（即换流器处于运行状态）且各相电压最大值大于 0.404 倍额定。若判断 UAC 测量异常且该相电压一周期直流分量和的绝对值大于两倍的额定值，延时 10s 则报 UAC 的该相电压零漂异常。

换流变压器网侧电压 USR 判据相同。

交流电压测量异常数据监视策略如图 6 - 58 所示。

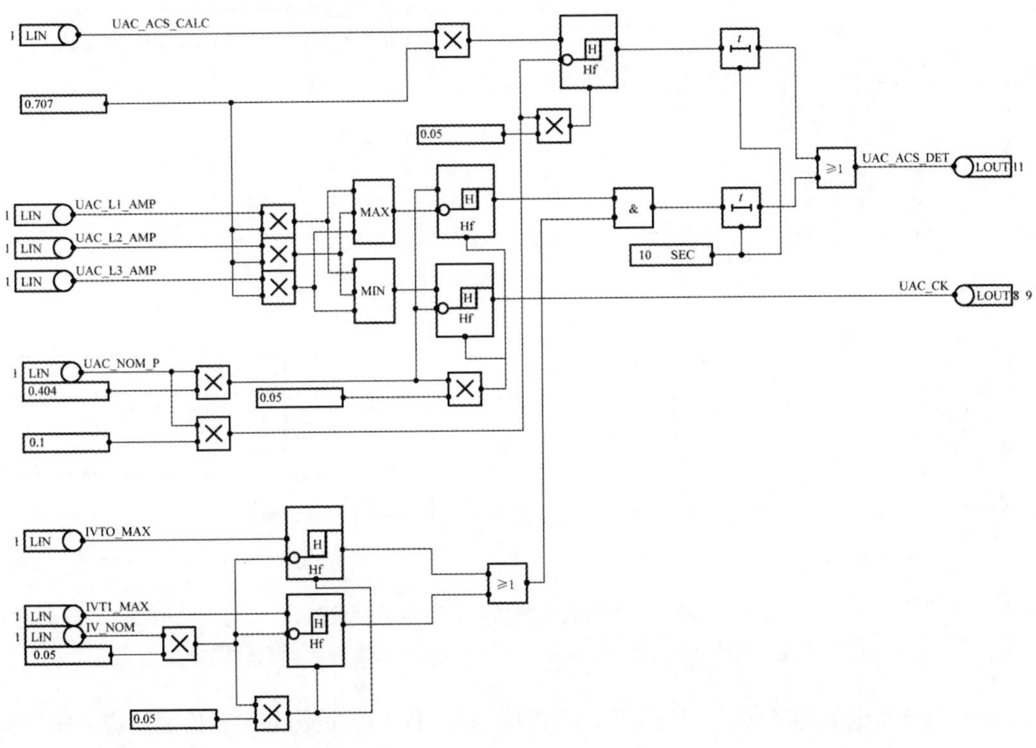

图 6 - 58　交流电压测量异常数据监视策略

2）阀侧电压测量异常（UV、UVC）。该部分主要检测换流变压器阀电压 UV 与换流器网侧电压 UVC，该逻辑依据为正常运行工况下阀侧电压应与额定电压一致且三相电压平衡。满足下列两个条件之一则认为阀侧电压测量异常：

a. 在交流电压 UAC 或 US 测量正常的前提下，滤波后的正序电压 UV _ ACS _ CALC 与额定交流电压相差大于 0.25 倍额定电压或三相 UV 最小值小于 0.5 倍额定电压，延时 10s 判定 UV 测量异常并发出报文“UV 测量异常”。

b. 单相电压一周期直流分量和的绝对值大于两倍的额定值，延时 10s 则报 UV 的该相电压零漂异常。

UVC 测量异常判据与 UV 一致。当任意一相的阀侧电压 UV 和 UVC 差值的绝对值大于设定值 21.21 后报“UV 和 UVC 测量值偏差异常”。

阀侧电压测量异常数据监视策略如图 6-59 所示。

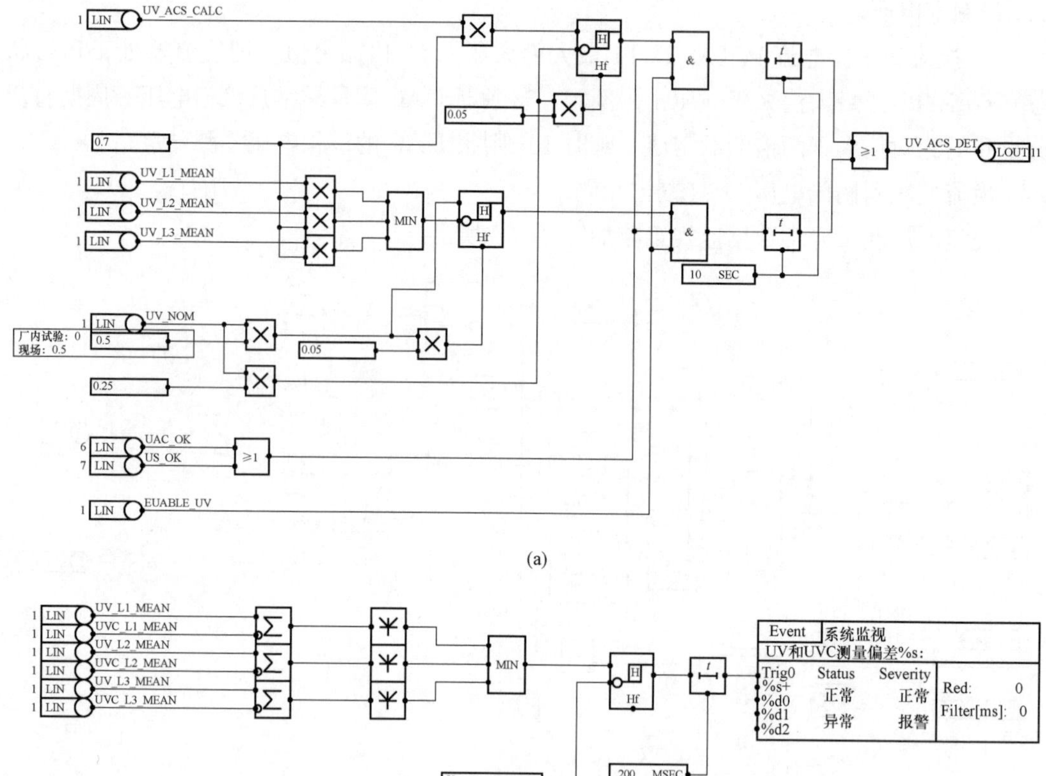

图 6-59 阀侧电压测量异常数据监视策略

（a）阀侧电压测量异常监视策略步骤 1；（b）阀侧电压测量异常监视策略步骤 2

3）换流器电流测量异常（IBP、IBN、IVC、IR、IVT）。该部分主要检测换流变压器阀侧套管首端电流 IVT1 _ L1/2/3、换流变压器阀侧套管尾端电流 IVT0 _ L1/2/3、换流变压器网侧套管电流 IS _ L1/2/3、换流器上桥臂电流 IBP _ L1/2/3、换流器下桥臂电流 IBN _ L1/2/3、换流器网侧电流 IVC _ L1/2/3、启动电阻电流 IR _ L1/2/3 测量值是否正常，该逻辑依据为正常运行工况下三相电流平衡。满足下列两个条件之一则认为阀侧电流测量异常：

a. 对 IBP 三相电流两两作差，取差值绝对值的最大值，与 0.2 倍三相电流平均值比较，若差值过大则延时 10ms 判断电流异常，发出 SER 报文“IBP 测量异常”。为防止异常数据超限，将 0.2 倍电流平均值限定在 96～2400。

b. 该相电流一周期内直流分量和的绝对值大于两倍的额定值，延时 10s 则报该相桥臂电流 IBP 异常。

IBN、IVC、IR、IVT 测量异常判据与 IBP 一致。换流器电流测量异常数据监视策略如图 6 - 60 所示。

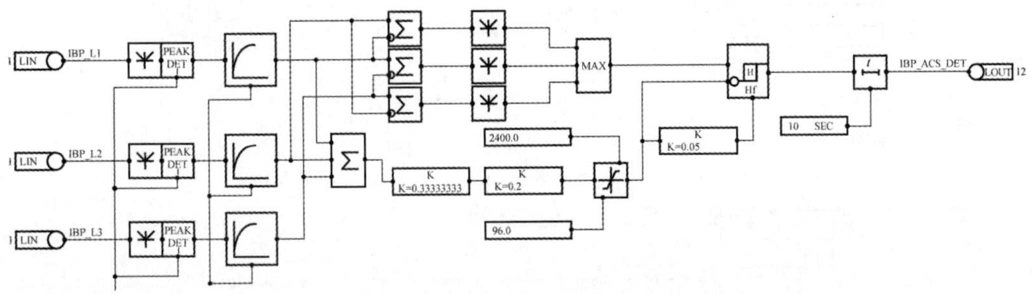

图 6 - 60　换流器电流测量异常数据监视策略

6.4.6.2　模拟量数据预处理策略

换流器保护系统通过 IEC 60044 - 8 总线接收到采集的模拟量数据后将根据保护判据需要进行数据预处理。

1. 数据还原

1192 接收 IEC 60044 - 8 模块的每一个输出量均为 16 位数据，部分数据首先需要根据通信规约将对应的电流、电压数据还原，将 3 个通道输出的 16 位原始数据还原为两个 24 位采样数据。如图 6 - 61 所示，convert _ 16bit _ to _ 24bit 模块将接收模块输出的通道 1、2、3 的数据转化为换流变压器网侧 A、B 相的电压数据。

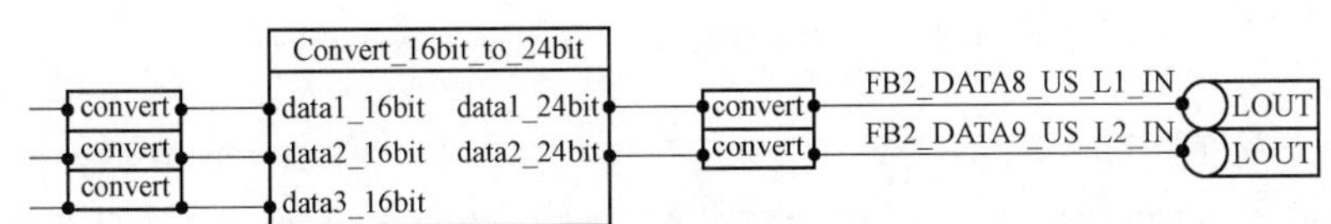

图 6 - 61　3 个 16 位数据转化为两个 24 位采样数据

对于换流变压器测量接口屏 CMI 采样的换流变压器阀侧套管首端三相电流 IVT0 _ L1/2/3、换流变压器阀侧套管尾端三相电流 IVT1 _ L1/2/3、交流网侧三相电压 UAC _ L1/2/3 以及换流变压器阀侧三相电压 UV _ L1/2/3 等数据，则不需要进行这一转换。

得到采样数据后，保护系统程序根据各个测点的对应测量装置变比对电流、电压数据进行还原。以高低换流器连接线电流 IdM 为例，其数据处理过程如图 6 - 62 所示。以龙门站保护系统为例，直流保护程序 CONV _ PROT/DATA _ PROC：DATA _ PRO-CAPP/MIF _ SET _ 1 页面中已经对模拟量的变比值进行了设定，如图 6 - 62（a）所示，在 MIF _ SET _ 2 页面下用户可通过调整 1 或－1 改变极性并得到最终的变比值 IdM _ SCALE，在 INPUT5 页面下依据该变比值对 IdM 测量值进行还原，如图 6 - 62（c）所示。

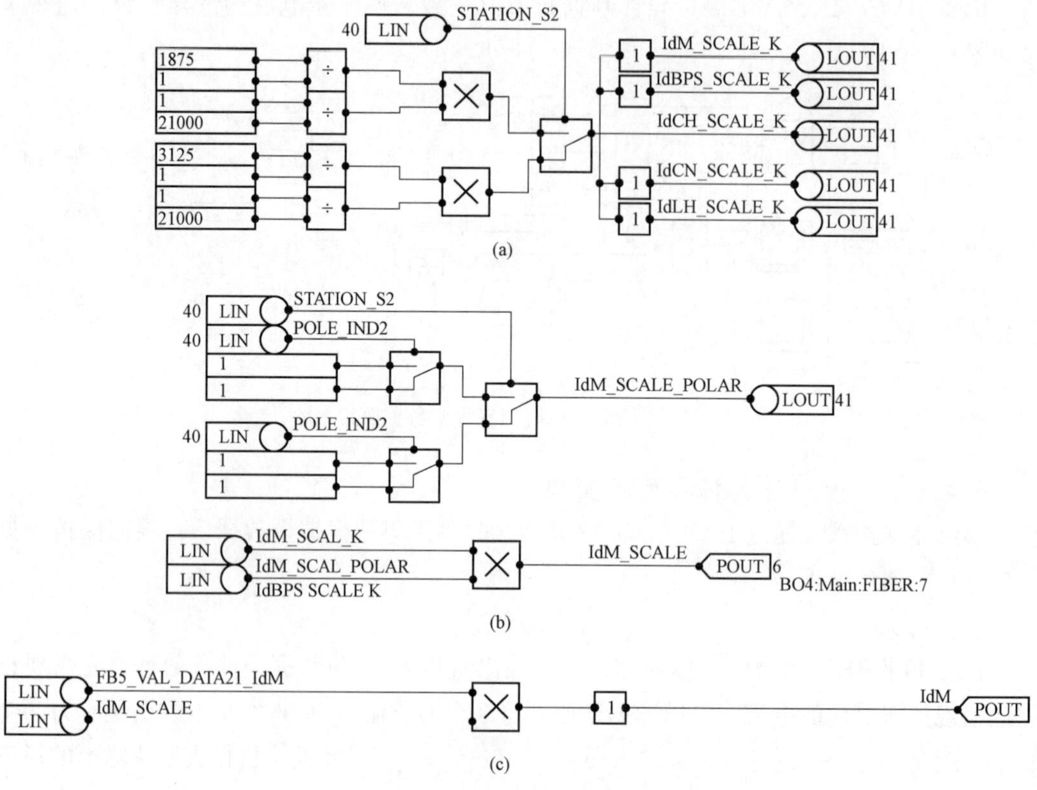

图 6-62　高低换流器连接线电流 IdM 变比换算过程

(a) 数据还原步骤 1；(b) 数据还原步骤 2；(c) 数据还原步骤 3

2. 滤波与峰值检验

此后将根据保护判据需要对数据进行滤波、峰值检验等处理，换流器保护由于采用了交流侧电压和电流，因此根据需要对交流量进行三相比对或取有效值。

换流器保护系统采用了无限长脉冲响应（infinite impluse response，IIR）滤波器。根据不同的需要对模拟量分别使用了一阶、二阶与四阶滤波，部分数据进行了峰值检验，各个模拟量使用的滤波器与峰值检验参数见表 6-114。

表 6-114　各模拟量的滤波器参数

模拟量	滤波器	滤波器 Z 变换方程	滤波器系数
IdCH	一阶低通滤波器	H(z) = (b0 + b1 * z^ − 1)/(1 − a1 * z^−1)	b0=0.022324862 b1=0.022324862 a1=1.9848945

续表

模拟量	滤波器	滤波器 Z 变换方程	滤波器系数
IdNY	二阶滤波器	H(z) = (b0 + b1 * z^ − 1 + b2 * z^ − 2)/(1 − a1 * z^ − 1 − a2 * z^ − 2)	b0＝0.000028309 b1＝0.000056618 b2＝0.000028309 a1＝1.9848945 a2＝−0.98500772
UdN			
UdM			b0＝0.016581932 b1＝0.033163863 b2＝0.016581932 a1＝1.6041302 a2＝−0.67045791
UdCH			
UAC _ L1/2/3	四阶滤波器	两个二阶滤波器级联而成	b0＝0.25096697 b1＝0.50193393 b2＝0.25096697 a1＝0.19585544 a2＝−0.048429098 b0＝0.25096697 b1＝0.50193393 b2＝0.25096697 a1＝0.27153444 a2＝−0.45354456
US _ L1/2/3			
UVC _ L1/2/3			
UV _ L1/2/3			
IVT1 _ L1/2/3	四阶滤波器		b0＝0.25096697 b1＝0.50193393 b2＝0.25096697 a1＝0.19585544 a2＝−0.048429098 b0＝0.25096697 b1＝0.50193393 b2＝0.25096697 a1＝0.27153444 a2＝−0.45354456
IVT0 _ L1/2/3			
IR _ L1/2/3	四阶滤波器		b0＝0.25096697 b1＝0.50193393 b2＝0.25096697 a1＝0.19585544 a2＝−0.048429098 b0＝0.25096697 b1＝0.50193393 b2＝0.25096697 a1＝0.27153444 a2＝−0.45354456
IVC _ L1/2/3			
IdNY			

3. 三相交流量有效值计算

换流器保护由于采用了交流侧电压和电流，因此根据需要对交流量进行三相比对或取有效值，以交流网侧三相电压为例，其运算逻辑如图 6-63 所示。

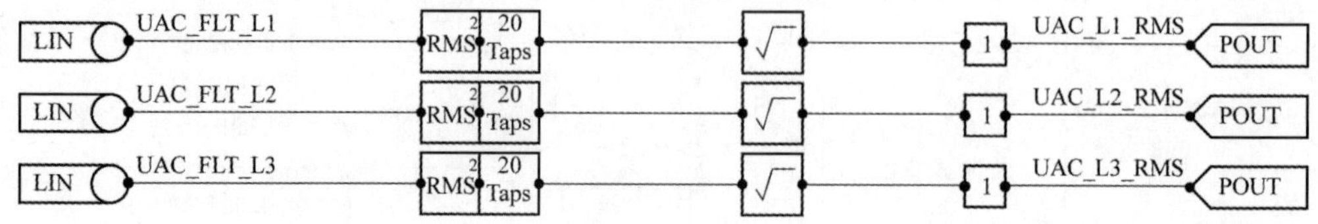

图 6-63　交流量有效值计算（UAC）

RMS 模块用于有效值计算，输出为交流电气量有效值的平方。RMS 模块阶数大小依据采样值的频率而定，图中所示模块阶数为 20，即对于 50Hz 的输入信号，周期为 20ms，该模块若每 1ms 运行一次，则阶数为 20ms/1ms=20。计算得到的有效值 UAC _ L1/2/3 _ RMS 直接应用于换流器保护功能。

6.4.7　柔性直流换流器交流连接线区保护功能梳理

6.4.7.1　交流连接母线差动保护（87CH）

1. 保护范围

交流连接母线差动保护的保护范围为交流连接母线相间短路及接地故障。

2. 保护原理

正常运行时，流入交流连接母线的电流与流出交流连接母线的电流一致，交流连接母线区故障时，两者不等。交流连接母线差动保护共 1 段，定值见表 6-115。

表 6-115　交流连接母线差动保护

保护	定值	延时	出口方式
交流连接母线差动保护	(IAC2 _ L1－IVC _ L1) ＞0.4 * IVPEAK _ NOM 或 (IAC2 _ L2－IVC _ L2) ＞0.4 * IVPEAK _ NOM 或 (IAC2 _ L3－IVC _ L3) ＞0.4 * IVPEAK _ NOM	1ms	阀组 ESOF，跳开并锁定换流变压器交流进线开关

注　IVPEAK _ NOM 为正常运行时流过交流连接母线的电流峰值：对应龙门站，IVPEAK _ NOM 取 4182.9A；对应柳北站，IVPEAK _ NOM 取 2783.5A。

6.4.7.2　交流连接母线过电流保护（50/51T）

1. 保护范围

交流连接母线过电流保护的保护范围为交流连接母线及阀区的短路、接地故障。

2. 保护原理

为了防止柔性直流变压器阀侧绕组及换流阀承受过高的电流应力，阀侧电流越限时，保护迅速动作闭锁换流器。交流连接母线过电流保护分两段动作，快速段取阀侧电流的

瞬时值，慢速段取阀侧电流的有效值。各段的定值见表 6-116。

表 6-116　交流连接母线过电流保护

保护	定值	延时	出口方式
快速段	max(IAC2_L1,IVC_L1)>1.9 * IVPEAK_NOM 或 max(IAC2_L2,IVC_L2)>1.9 * IVPEAK_NOM 或 max(IAC2_L3,IVC_L3)>1.9 * IVPEAK_NOM	5ms	阀组 ESOF，跳开并锁定换流变压器交流进线开关
慢速段	max(IAC2_L1_RMS,IVC_L1_RMS)>1.2 * IV_NOM 或 max(IAC2_L2_RMS,IVC_L2_RMS)>1.2 * IV_NOM 或 max(IAC2_L3_RMS,IVC_L3_RMS)>1.2 * IV_NOM	450ms	阀组 ESOF，跳开并锁定换流变压器交流进线开关

注　IVPEAK_NOM、IV_NOM 为满功率运行且功角为 0 时，阀侧相电流的峰值和有效值，对于龙门站：IVPEAK_NOM=1250/1.5/(244 * 1.414/1.732)=4182.9A,IV_NOM=IVPEAK_NOM/1.414=2957.7A，对于柳北站：IVPEAK_NOM = 750/1.5/(220 * 1.414/1.732) = 2783.5A，IV_NOM = IVPEAK_NOM/1.414=1968.2A。

6.4.7.3　交流低电压保护（27AC）

1. 保护范围

交流低电压保护的保护范围包括交流母线、换流阀故障。

2. 保护原理

正常运行时，换流变压器网侧线电压有效值维持在 525kV 附近，故障导致交流电压过低时，为了防止加剧直流系统异常，需要迅速闭锁换流器，跳开并锁定换流变压器进线开关。交流低电压保护定值见表 6-117。

表 6-117　交流低电压保护

保护	定值	延时	出口方式
交流低电压保护	UAC_L1_RMS<0.6 * 303.1089 或 UAC_L2_RMS<0.6 * 303.1089 或 UAC_L3_RMS<0.6 * 303.10893	2000ms	阀组 ESOF，跳开并锁定换流变压器交流进线开关

注　交流低电压以 525kV 为基准，525/1.732=303.1089(kV)。

6.4.7.4　交流过电压保护（59AC）

1. 保护范围

交流过电压保护的保护范围包括交流母线、换流阀故障。

2. 保护原理

正常运行时，换流变压器网侧线电压有效值维持在 525kV 附近，故障导致交流电压过高时，为了防止设备过电压，需要迅速闭锁换流器，跳开并锁定换流变压器进线开关。

交流过电压保护分为切换段和跳闸段，各段定值见表 6-118。

表 6-118　交流过电压保护

保护	定值	延时	出口方式
交流过电压保护切换段	UAC _ L1 _ RMS>1.15 * 317.543 或 UAC _ L2 _ RMS>1.15 * 317.543 或 UAC _ L3 _ RMS>1.15 * 317.543	1600ms	切换组控
交流过电压保护跳闸段	UAC _ L1 _ RMS>1.15 * 317.543 或 UAC _ L2 _ RMS>1.15 * 317.543 或 UAC _ L3 _ RMS>1.15 * 317.543	2000ms	阀组 ESOF，跳开并锁定换流变压器交流进线开关

注　交流过电压以 550kV 为基准，550/1.732=317.543(kV)。

6.4.7.5　启动电阻热过载保护（49CH）

1. 保护范围

启动电阻热过载保护的保护范围为启动电阻。

2. 保护原理

为防止启动电阻热过载，单位电阻的发热量超过限值时，启动电阻热过载保护动作跳开换流器交流进线开关，该保护与启动失灵其定值见表 6-119。

表 6-119　直流过电压保护

保护	定值	延时	出口方式
启动电阻热过载	∫(IACS _ L1)^2dt > ∫(1.05 * ISR _ NOM)^2dt 或 ∫(IACS _ L2)^2dt > ∫(1.05 * ISR _ NOM)^2dt 或 ∫(IACS _ L3)^2dt > ∫(1.05 * ISR _ NOM)^2dt	3ms	阀组 ESOF，跳开并锁定换流变压器交流进线开关
		200ms	启动失灵，产生报文，启动保护装置录波

注　ISR _ NOM 为正常投入时，启动电阻电流有效值的峰值，龙门站、柳北站均按 550/1.732/5 整定，即两站均取 63.5A。

6.4.7.6　启动电阻过流保护（50/51R）

1. 保护范围

启动电阻过电流保护的保护范围为启动电阻。

2. 保护原理

为防止启动电阻电流应力过大，流过启动电阻电流有效值超限时，需要保护动作跳开换流器交流侧进线开关。启动电阻过电流保护分为两段，两段皆与启动失灵保护相配合，其定值见表 6-120。

表6-120 直流过电压保护

保护	定值	延时	出口方式
启动电阻过电流Ⅰ段	IACS_L1_RMS>0.3*ISR_NOM或 IACS_L2_RMS>0.3*ISR_NOM或 IACS_L2_RMS>0.3*ISR_NOM	3s	阀组ESOF，跳开并锁定换流变压器交流进线开关
		3.2s	启动失灵动作，产生报文，启动保护装置录波
启动电阻过电流Ⅱ段	IACS_L1_RMS>0.7*ISR_NOM或 IACS_L2_RMS>0.7*ISR_NOM或 IACS_L2_RMS>0.7*ISR_NOM	100ms	阀组ESOF，跳开并锁定换流变压器交流进线开关
		300ms	启动失灵动作，产生报文，启动保护装置录波

注 ISR_NOM为正常投入时，启动电阻电流有效值的峰值，龙门站、柳北站均按550/1.732/5整定，即两站均取63.5A。

6.4.7.7 变压器网侧零序过电压保护（59ACGW）

1. 保护范围

变压器网侧零序过电压保护的保护范围为启动电阻与柔性直流变压器之间的接地故障。

2. 保护原理

正常运行时，柔性直流变压器网侧电压三相对称，启动电阻与网侧绕组间发生不对称故障时，零序电压将超过限值，交流网侧零序过电压保护与失灵保护配合，失灵段在启动电阻旁路后退出，各段定值见表6-121。

表6-121 变压器网侧零序过电压保护

保护	定值	延时	出口方式
交流网侧零序过电压	（UAC1_L1＋UAC1_L2＋UAC1_L3）*0.707>(UAC_NOM/1.732)*0.2	150ms	不可控充电：跳阀组交流断路器、阀组隔离，失灵段动作后启动失灵。 可控充电：阀组ESOF、跳阀组交流断路器、阀组隔离
		350ms	启动失灵

注 1. 表中UAC_NOM为交流侧额定线电压有效值，即525kV。

2. 启动电阻旁路后本保护退出启动失灵出口，柔性直流阀组解锁后本保护退出。

6.4.7.8 变压器阀侧零序过电压保护（59ACVW）

1. 保护范围

变压器阀侧零序过电压保护的保护范围为换流器与柔性直流变压器之间的接地故障。

2. 保护原理

正常运行时，柔性直流变压器阀侧电压三相对称，阀侧绕组与换流器间发生不对称故障时，零序电压将超过限值。阀侧零序过电压保护与失灵保护配合，失灵段在启动电阻旁路后退出，各段定值见表 6 - 122。

表 6 - 122　　变压器阀侧零序过电压保护

保护	定值	延时	出口方式
阀侧零序过电压	（UAC2 _ L1 + UAC2 _ L2 + UAC2 _ L3）* 0.707>UV_NOM * 0.2	150ms	不可控充电：跳阀组交流断路器、阀组隔离，失灵段动作后启动失灵。 可控充电：阀组 ESOF、跳阀组交流断路器、阀组隔离
		350ms	启动失灵

注　1. UV _ NOM 为柔性直流变压器阀侧额定相电压的有效值，龙门站 UV _ NOM 取 140.8734kV，柳北站 UV _ NOM 取 127.0171kV。
2. 启动电阻旁路后本保护退出启动失灵出口，柔性直流阀组解锁后本保护退出。

6.4.7.9　换流变压器饱和保护（50/51CTN）

1. 保护范围

换流变压器饱和保护检测换流变压器中性点直流电流饱和情况，防止换流变压器中性点流过较大直流电流而损坏换流变压器。

2. 保护原理

检测换流变压器中性点直流是否越限。换流变压器饱和保护共有 3 段，定值见表 6 - 123。

表 6 - 123　　换流变压器饱和保护

保护	定值	延时	出口方式
告警Ⅰ段	IdNY>0.1 * I _ Set	反时限	无
告警Ⅱ段	IdNY>0.7 * I _ Set	反时限	告警
系统切换段	IdNY>0.9 * I _ Set	反时限	切换系统

YY 变饱和曲线定值 1：10A，86400s；
YY 变饱和曲线定值 2：20A，320s；
YY 变饱和曲线定值 3：30A，175s；
YY 变饱和曲线定值 4：50A，80s；
YY 变饱和曲线定值 5：100A，40s；
YY 变饱和曲线定值 6：300A，18s

6.4.7.10　交流频率保护（81-U）

1. 保护范围

交流频率保护的保护范围为交流连接线区故障。

2. 保护原理

该保护防止由交流频率异常引起设备损坏。检测交流电压频率与 50Hz 的差值是否越限，交流频率保护共 1 段。保护的定值见表 6-124。

表 6-124　交流频率保护相关参数

保护	定值	延时	出口方式
交流频率保护	|Freq_UAC-50Hz|>0.5Hz	2000ms	系统切换

6.4.7.11　网侧高频谐波保护（81V）

1. 保护范围

网侧高频谐波保护的保护范围为交流连接线区故障。

2. 保护原理

该保护避免高次谐波对直流设备及系统造成损害。检测对象为三相 IVC、UV 是否越限，其中 UV 取柔性直流变压器阀侧套管电压减去基波、二次谐波与常规直流特征次谐波电压分量；IVC 取柔性直流变压器阀侧电流减去基波、二次谐波与常规直流特征次谐波电流分量。保护的定值见表 6-125。

表 6-125　网侧高频谐波保护相关参数

保护	定值	延时	出口方式
系统切换段	IVC_L1/2/3>0.05*IVC_NOM	1600ms	系统切换
跳闸段	IVC_L1/2/3>0.05*IVC_NOM UV_L1/2/3>0.3*UV_NOM	2000ms	阀组 ESOF，跳开并锁定换流变压器交流进线开关

注　1. 柳北站：IVC_NOM=2055A，UV_NOM=127.0171kV。
　　2. 龙门站：IVC_NOM=3005A，UV_NOM=140.8734kV。

6.4.8　柔性直流换流器区保护功能梳理

6.4.8.1　桥臂差动保护（87CG）

1. 保护范围

桥臂差动保护的保护范围为换流阀的接地故障。

2. 保护原理

根据基尔霍夫电流定理，正常运行时，从柔性直流变压器阀侧注入的交流电流与换流阀上桥臂电流之和等于下桥臂电流，换流阀出线接地故障时，三者间出现差动电流。桥臂差动保护共1段。保护的定值见表6-126。

表6-126　桥臂差动保护相关参数

保护	定值	延时	出口方式
桥臂差动保护	|IBP_L1+IVC_L1-IBN_L1|>0.6*Id_NOM或 |IBP_L2+IVC_L2-IBN_L2|>0.6*Id_NOM或 |IBP_L3+IVC_L3-IBN_L3|>0.6*Id_NOM	0.5ms	阀组ESOF，跳开并锁定换流变压器交流进线开关

6.4.8.2　桥臂过电流保护（50/51C）

1. 保护范围

桥臂过电流保护的保护范围为换流阀桥臂的接地、短路故障。

2. 保护原理

为防止功率模块过电流，换流阀任一桥臂电流越限时，保护迅速动作闭锁换流器，桥臂过电流保护分两段动作，快速段取桥臂电流的瞬时值，慢速段取桥臂电流的有效值且包括跳闸和系统切换两种出口形式。柳北站、龙门站桥臂过电流保护各段的定值分别见表6-127和表6-128。

表6-127　柳北站桥臂过电流保护

保护	定值	延时	出口方式
Ⅰ段	max（IBP_L1，IBN_L1）>1.66*IBPEAK_NOM或 max（IBP_L2，IBN_L2）>1.66*IBPEAK_NOM或 max（IBP_L3，IBN_L3）>1.66*IBPEAK_NOM	80μs	阀组ESOF，跳开并锁定换流变压器交流进线开关
Ⅱ段	max（IBP_L1_RMS，IBN_L1_RMS）>1.2*IB_NOM或 max（IBP_L2_RMS，IBN_L2_RMS）>1.2*IB_NOM或 max（IBP_L3_RMS，IBN_L3_RMS）>1.2*IB_NOM	450ms	
Ⅲ段	max（IBP_L1_RMS，IBN_L1_RMS）>1.1*IB_NOM或 max（IBP_L2_RMS，IBN_L2_RMS）>1.1*IB_NOM或 max（IBP_L3_RMS，IBN_L3_RMS）>1.1*IB_NOM	3s	

注　对于柳北站：IBPEAK_NOM=2078A、IB_NOM=1202A。

表 6 - 128　　龙门站桥臂过电流保护

保护	定值	延时	出口方式
Ⅰ段	max（IBP _ L1，IBN _ L1）>1.64 * IBPEAK _ NOM 或 max（IBP _ L2，IBN _ L2）>1.64 * IBPEAK _ NOM 或 max（IBP _ L3，IBN _ L3）>1.64 * IBPEAK _ NOM	80μs	阀组 ESOF，跳交流侧进线开关
Ⅱ段	max（IBP _ L1 _ RMS，IBN _ L1 _ RMS）>1.2 * IB _ NOM 或 max（IBP _ L2 _ RMS，IBN _ L2 _ RMS）>1.2 * IB _ NOM 或 max（IBP _ L3 _ RMS，IBN _ L3 _ RMS）>1.2 * IB _ NOM	450ms	
Ⅲ段	max（IBP _ L1 _ RMS，IBN _ L1 _ RMS）>1.1 * IB _ NOM 或 max（IBP _ L2 _ RMS，IBN _ L2 _ RMS）>1.1 * IB _ NOM 或 max（IBP _ L3 _ RMS，IBN _ L3 _ RMS）>1.1 * IB _ NOM	3s	
Ⅳ段	max（IBP _ L1 _ RMS，IBN _ L1 _ RMS）>1.05 * IB _ NOM 或 max（IBP _ L2 _ RMS，IBN _ L2 _ RMS）>1.05 * IB _ NOM 或 max（IBP _ L3 _ RMS，IBN _ L3 _ RMS）>1.05 * IB _ NOM	10s	

注　对于龙门站：IBPEAK _ NOM=3167A、IB _ NOM=1828A。

6.4.8.3　桥臂电抗器差动保护（87BR）

1. 保护范围

桥臂电抗器差动保护的保护范围为桥臂电抗器及相连母线接地故障。

2. 保护原理

根据基尔霍夫电流定理，正常运行时，高端换流器上桥臂三个桥臂电流与 IdBPS 之和与 IdH 相等，上桥臂电流与 IdH 测点间发生接地故障时，相应地产生差动电流，高端换流器下桥臂、低端换流器上桥臂、低端换流器下桥臂的桥臂电抗器差动保护原理与之类似，保护定值见表 6 - 129。

表 6 - 129　　桥臂电抗器差动保护相关参数

保护	定值	延时	出口方式
分闸失灵	高端阀组上桥臂：｜IBP _ L1＋IBP _ L2＋IBP _ L3＋IdBPS - IdCH｜>0.6 * Id _ NOM 高端阀组下桥臂：｜IBN _ L1＋IBN _ L2＋IBN _ L3＋IdBPS - Id-CM｜>0.6 * Id _ NdM	0.5ms	阀组 ESOF，跳开并锁定换流变压器交流进线开关

注　表中 Id _ NOM 为龙门站、柳北站的额定直流电流，龙门站取 3125A，柳北站取 1875A。

6.4.8.4　直流过电压保护（59/37DC）

1. 保护范围

直流线路或其他位置开路以及控制系统调节错误等易使直流电压过高。该保护检测高压直流过电压，保护高压线上的设备；另一用途为无通信下逆变站闭锁且未投旁通对时用于整流站闭锁换流器或极。

2. 保护原理

检测高低端换流器连线直流电压与直流极线电压差值是否越限。直流过电压保护共有两段，定值见表 6 - 130。

表 6 - 130　　直流过电压保护

保护	定值	延时	出口方式
直流过电压 Ⅰ段	高端阀组：｜UdCH - UdM｜>1.05 * Ud _ NOM _ VALVE 低端阀组：｜UdM - UdN｜>1.05 * Ud _ NOM _ VALVE	1s	切换组控
		1.2s	阀组 ESOF，跳开并锁定换流变压器交流进线开关
直流过电压 Ⅱ段	高端阀组：｜UdCH - UdM｜>1.55 * Ud _ NOM _ VALVE 低端阀组：｜UdM - UdN｜>1.55 * Ud _ NOM _ VALVE	50ms	切换组控
		100ms	阀组 ESOF，跳开并锁定换流变压器交流进线开关

注　表中 Ud _ NOM _ VALVE 为阀组额定承压，即 400kV。

6.4.8.5　直流低电压保护（27DC）

1. 保护范围

直流低电压保护作为本换流器所有设备的后备保护，保护范围包括各种原因造成的接地短路故障；另一用途为无通信下逆变站闭锁后用于整流站闭锁换流器或极。

2. 保护原理

检测直流极线电压是否越限。直流低电压保护共有两段：Ⅰ段仅双换流器运行且满足｜直流极线电压—高低换流器连接线电压｜小于 30kV（高端换流器）或｜直流极线电压—高低换流器连接线电压｜大于 30kV（低端换流器）时投入，当 0.4 * Ud _ NOM<UdL<0.6 * Ud _ NOM 时动作，Ⅱ段当 UdCH<0.4 * Ud _ NOM 时动作。Ud _ NOM 为极额定电压，昆柳龙工程中单换流器运行时取 400kV，双换流器运行时取 800kV。定值见表 6 - 131。

表 6 - 131　　直流低电压保护

保护	定值	延时	出口方式
直流低电压 Ⅰ段	仅双阀组运行时投入，且满足｜UdCH - UdM｜<30kV（高端阀组）或｜UdCH - UdM｜>30kV（低端阀组）时：0.4 * Ud _ NOM. <UdL<0.6 * Ud _ NOM	600ms	切换组控
		800ms	阀组 ESOF，跳开并锁定换流变压器交流进线开关

续表

保护	定值	延时	出口方式
直流低电压Ⅱ段	UdCH<0.4＊Ud _ NOM	3s	切换组控
		4s	闭锁极，跳开并锁定换流变压器交流进线开关

注　表中 Ud _ NOM 为极额定电压，单阀组运行时取 400kV，双阀组运行时取 800kV。

6.4.8.6　旁通开关保护（82 - BPS）

1. 保护范围

旁路开关保护的保护范围为本换流器的旁路开关。

2. 保护原理

旁路开关分闸失灵后，流经旁路开关的直流电流将不能有效转移至其他路径；旁路开关合闸失灵后，直流电流将不能有效转移至旁路开关。旁路开关保护共有两段，定值见表 6 - 132。

表 6 - 132　　旁路开关保护相关参数

保护	定值	延时	出口方式
分闸失灵	收到分闸指令且旁通开关（BPS）指示分闸位置后，满足：IdBPS>50A	80ms	重合并锁定 BPS，触发事件
合闸失灵	收到保护性退阀组或在线退阀组发出的合闸指令后，满足：IdBPS<50A&IdCH>150A	120ms	闭锁极，触发事件

第 7 章　柔性直流换流阀控制保护系统数据处理方法

7.1　柔性直流换流阀一次设备配置情况

柔直极包含高、低端两个阀厅，每个阀厅包含 6 个柔性换流阀桥臂，每个桥臂由两座阀塔组成，两个阀塔的接线采用“高进、低连、高出”的模式。阀塔采用空气绝缘、水冷却、级联功率模块“半桥＋全桥”混合结构。阀塔采用双列支撑式结构，配置检修平台，便于检修人员在阀塔上直立进行安装和检修作业，如图 7-1 所示。

整个柔性换流阀由大至小可逐级分解为相单元、桥臂单元、阀塔、阀层、换流器件和功率模块。每个相单元由两个桥臂组成，每个桥臂由两座阀塔组成，采用高进、高出的进出线方式，如图 7-2 所示。

单座阀塔包含 4 个阀层，每层包含 6 个换流器件，共计 24 个换流器件、108 个功率模块。阀塔从上往下依次布置为第 1、2、3、4 层，第 1 层设计为半桥换流器件，第 2、3、4 层为全桥换流器件。阀层均采用 5-4-5 两列对称方式布置，如图 7-3 所示。为保证阀塔的稳定，实现功率模块的均衡分布，第一层左侧两个 5 模块换流器件各缺 1 个模块，第 2 层右侧两个 5 模块换流器件各缺 1 个模块，第 3、4 层无空模块。

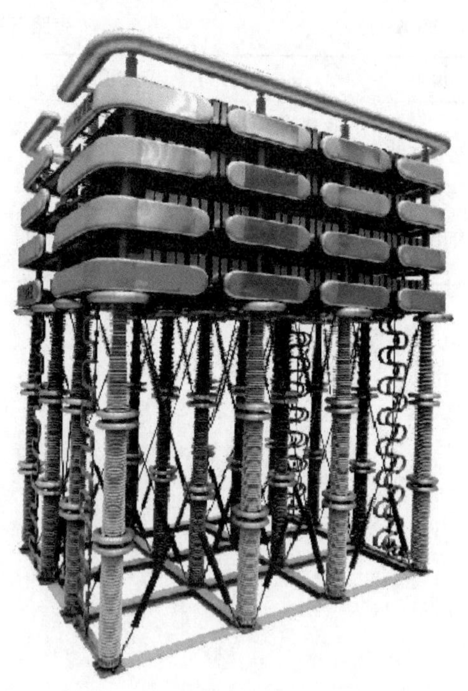

图 7-1　极 2 柔性换流阀阀塔实物图

换流器件间、功率模块间通过软连接铜排串联。单桥臂额定功率模块数量为 200 个，全桥模块功率模块占比 74%，即全桥功率模块数为 164 个，半桥功率模块数为 52 个；冗余度为 8%，即 16 个冗余功率模块，均为全桥功率模块；因此，功率模块总数为 216 个。混合型多电平换流阀单桥臂主要技术参数见表 7-1。

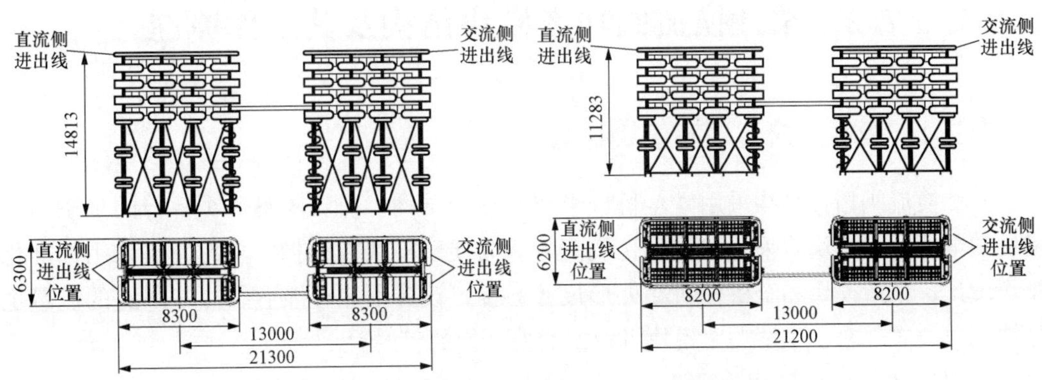

图7-2　极2高低端换流阀阀塔结构及阀层布置图

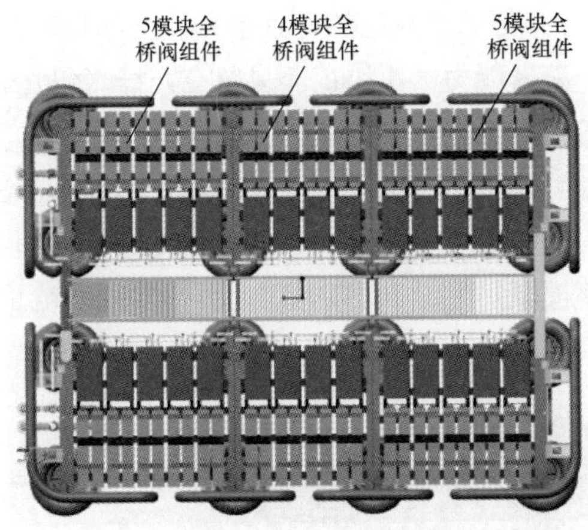

图7-3　阀层示意图

表7-1　　　　换流阀单桥臂主要技术参数

项目	参数
阀塔外形（长×宽×高）	高端：21.3m×6.3m×14.91m。 低端：21.2m×6.2m×11.28m
阀塔质量	高端：119t。 低端：115t
桥臂功率模块数量	216个
桥臂冗余功率模块数量	16个
单桥臂内桥臂电抗器数量	1个
阀塔数量	2个
阀塔层数	4层
换流器件数量	48个
备用光纤数量	24+1（每个组件配1对备用光纤，整个阀塔配1对备用光纤）

7.2 柔性换流阀功率模块结构及其工作原理

7.2.1 柔性换流阀功率模块结构

柔性换流阀拓扑结构采用“全桥+半桥”混合结构，换流阀每一个桥臂的全桥功率模块和半桥功率模块均采用相同的比例配置。为便于模块的维护，功率模块采用标准化模块设计，半桥模块和全桥模块在外形尺寸、接口设计上完全兼容，冷却回路的流量也保持一致，实现全、半桥功率模块可依据需要互换的目的。

1. 功率模块外形尺寸及重量

功率模块外形尺寸为 2228mm×395mm×779mm（长×宽×高），每个功率模块约 700kg。功率模块的电容外露便于自然散热，其余元件全部封装在金属罩内，使得功率模块具备一定的放水能力、防爆能力。模块正面只留有光纤（包含冗余通信光纤）、交叉取能、水管和母排接口，各接口均能单独拆装，便于安装和维护。功率模块内部由大口径 PVDF 水管组成串联水路，水路连接可靠，接头数量少，不易堵塞，而且接头均向下，远离功率元件，避免接头漏水导致功率元件发生电气短路，如图 7-4 所示。因为单个半桥功率模块只有全桥功率模块一半的 IGBT，因此，为实现水流量的均衡以及相互兼容的要求。

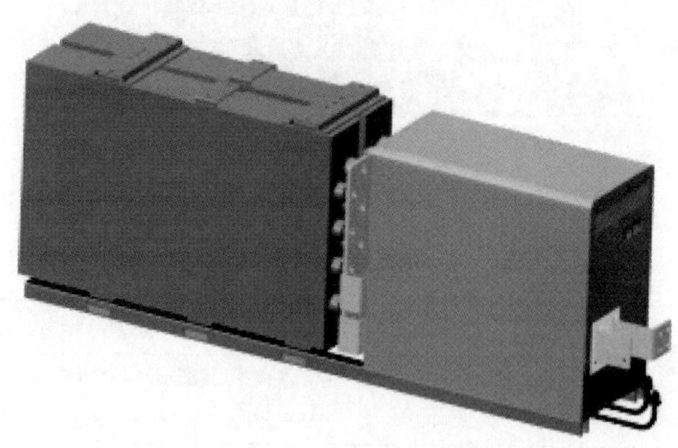

图 7-4　功率模块实物图

2. 功率模块的连接方式

功率模块通过载流母排串联在一起，两两为一对。为避免功率模块发生单一故障引起系统跳闸或闭锁，取能电源采用交叉冗余高位取能设计，即将两个功率模块的高压电源输出端进行交叉互联，实现冗余供电。当某一个模块高压电源故障情况下，由相邻模块的高压电源继续给该功率模块供电，最大限度地保证了换流阀功率模块供电可靠性，如图 7-5 所示。

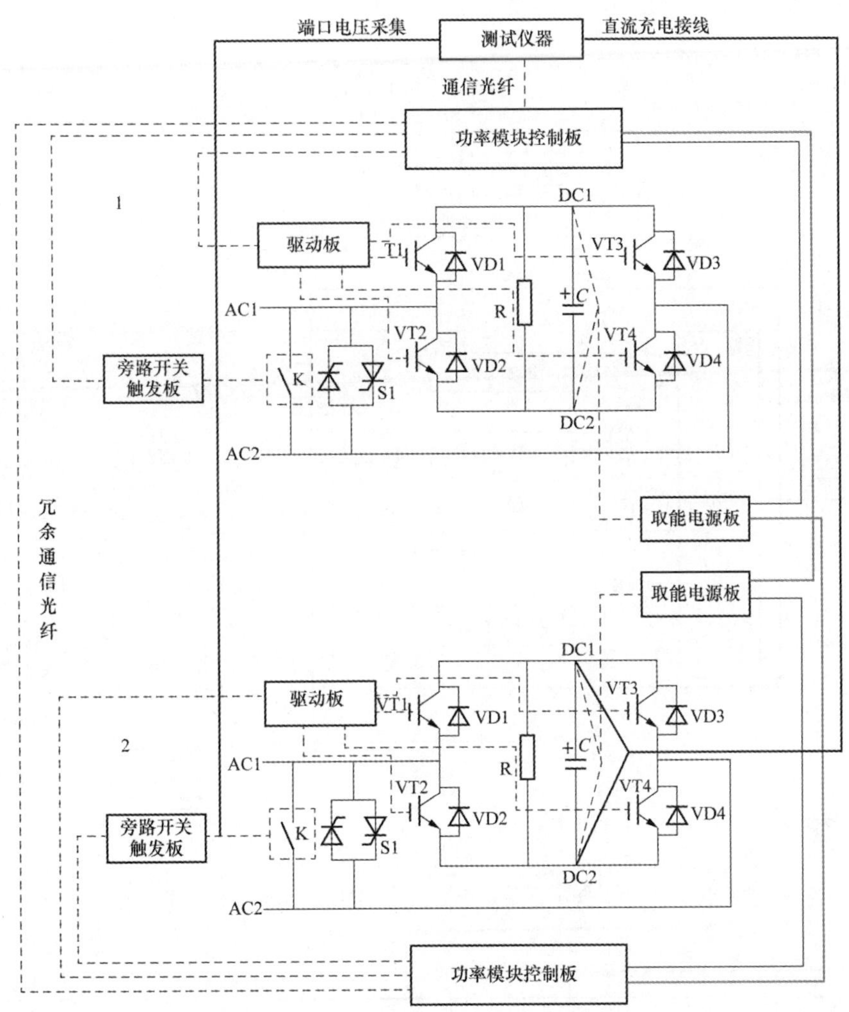

图 7-5　功率模块交叉冗余取能原理图

同时，为避免上下行通信中断造成“黑模块”、模块被旁路等问题，两相邻功率模块之间增加一对冗余通信光纤，当主用通道故障无法与换流器控制系统通信时，功率模块会通过冗余通信光纤接收经相邻模块下发的触发命令，并通过冗余通信光纤发送本模块的状态信息至换流器控制，避免单一通信故障导致功率模块无法正常工作，提高柔性直流换流阀系统的稳定性。

3. 功率模块组成

半桥和全桥功率模块包含一次及二次元件。其中，一次元件主要由 IGBT、二极管、晶闸管、旁路开关、放电电阻、电容组成；二次元件主要由功率模块控制板、开关器件驱动板、取能电源板、旁路开关触发板组成。半桥、全桥电气原理框图如图 7-6 所示。

其中功率模块的技术参数及性能见表 7-2。

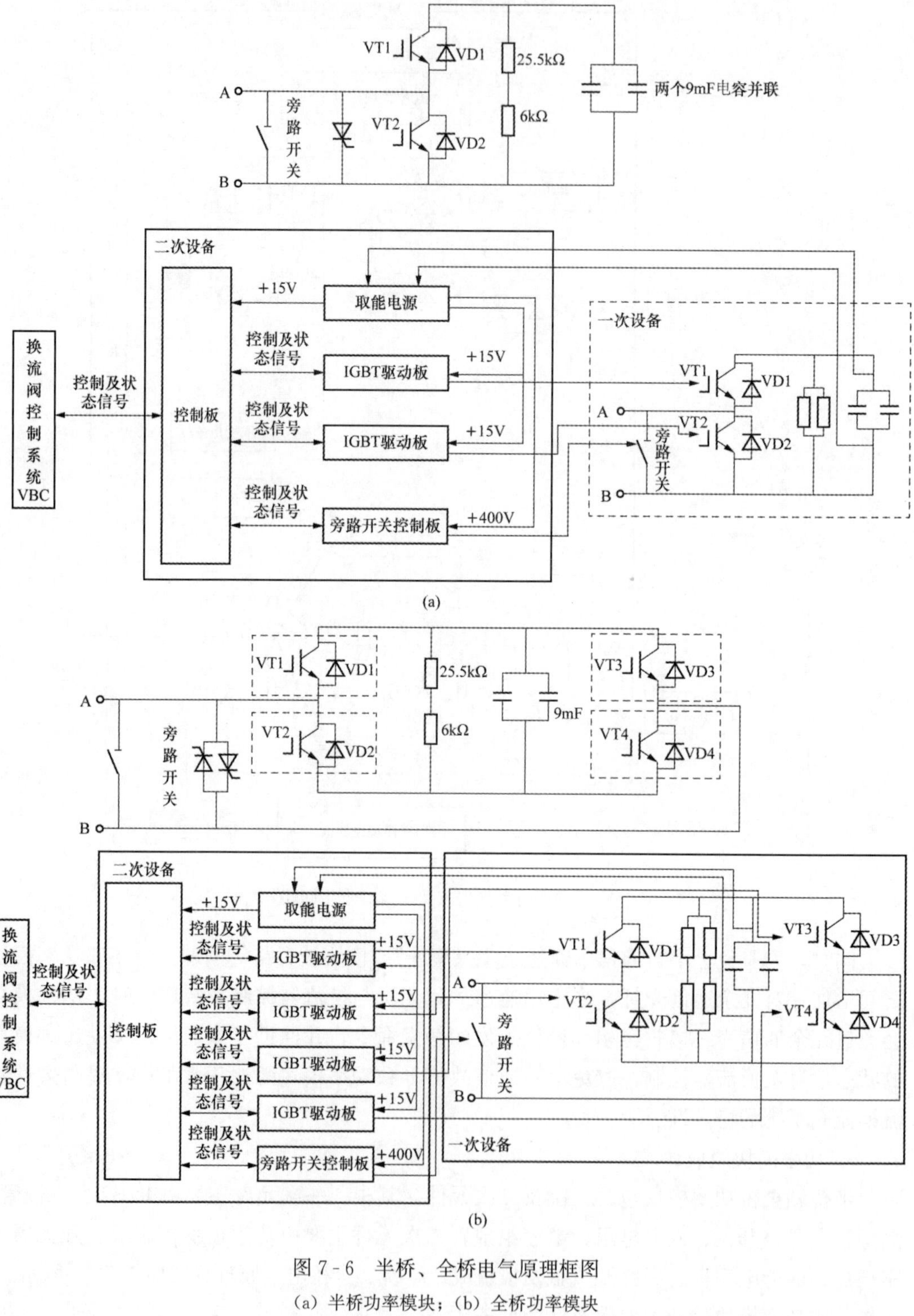

(a)

(b)

图 7-6　半桥、全桥电气原理框图

(a) 半桥功率模块；(b) 全桥功率模块

表 7-2　　功率模块技术参数及性能

特性	参数	数值
电气参数	额定电压	2100V
	额定电流	1894A rms（含环流）
	额定电流各分量	1042A DC（直流分量）＋1472A AC-rms 50Hz（工频）＋425A（二倍频）
	开关频率	＜150Hz
各部件参数	IGBT	4500V/3000A
	二极管	4500V/4000A
	直流电容	两只 9mF 电容并联
	旁路开关	3.6kV，2500A
	均压电阻	两个电阻串联
	晶闸管	4500V/5600A，双向晶闸管

为实现功率模块的各项控制目的，功率模块内部各元器件的功能如下：

（1）IGBT（S1～S4）。通过控制可以完成能量的传输和直流电容的充放电功能。

（2）直流电容（C）。存储能量、支撑直流母线电压、抑制电压波动等作用，同时为功率模块内部元器件提供能量源，功率模块中采用 2 只 9mF 电容并联的方式。

（3）反并联二极管（VD1～VD4）。最主要的作用是续流，同时保护 IGBT 不会被截止后的反向电压击穿。

（4）旁路晶闸管（VT1）。当功率模块的旁路开关出现拒动时，触发晶闸管导通以旁路功率模块，依托交叉冗余高电位取电技术，即故障模块从相邻模块取电，可确保晶闸管的持续导通。即使相邻模块取能电源也损坏且同时发生旁路开关拒动的情况下（概率极低），依然能够通过晶闸管过电压击穿后长期短路来旁路功率模块。

（5）均压电阻（R1）。均压电阻的作用有两个方面：一是保证换流阀的自然均压特性；二是为换流器退出运行后的功率模块提供放电通道，便于换流阀检修与维护。从降低换流阀损耗、均压控制方面和放电时间考虑，选取均压电阻总阻值为 31.5kΩ，由两只电阻串联组成，放电时间约为 43.3min。

（6）旁路开关（K）。功率模块发生故障时，旁路开关合闸形成长期可靠稳定通路，将故障模块从系统中切出而不影响系统继续运行。旁路开关为电动后机械保持接触器。

（7）控制板（SCE）。作为功率模块的控制核心，在功率模块中实现单元的控制、保护、监测及通信功能。在整个换流器控制系统中，控制板属于最底层控制单元，直接控制驱动板驱动功率器件完成功率模块工作状态切换，同时采集电源电压、驱动板、取能电源状态并反馈给上层控制系统。

（8）驱动板（GDU）。按控制命令开通或关断 PP-IGBT，同时检测及反馈 PP-IGBT 的状态，若出现驱动故障，驱动板需及时关断器件以保护器件免受损坏。

（9）旁路开关触发板。在功率模块发生故障时接收控制板的命令触发旁路开关合闸，当控制信号有效时，触发板的晶闸管开通，线圈流过电流，旁路开关主触点受电动力合闸。为避免功率模块发生单一故障引起系统跳闸或闭锁，当发生“旁路开关拒动”时，采用旁路晶闸管击穿以实现功率模块旁路，如图7-7所示。

（10）取能电源（DY）。实现给功率模块内控制板、驱动板及其他板卡供电。取能电源从直流电容取电，输出板卡所需的供电电源。通过取能电源，可以实现在功率模块的宽电容电压范围，给各板卡提供稳定的5、15、220V供电电压，并能够在出现输入电压异常、输出电压异常、内部故障时，可以通过光耦次级的通断信号给功率模块控制板报出故障。

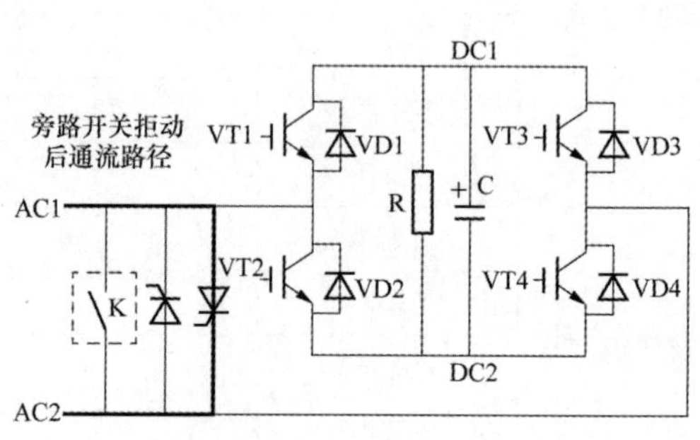

图7-7　旁路开关拒动，晶闸管被击穿示意图

7.2.2　柔性换流阀功率模块工作原理

7.2.2.1　半桥功率模块工作原理

半桥功率模块运行状态及相应的电流通路如图7-8所示。根据半桥功率模块内两个IGBT的开关状态，可将功率模块状态分位闭锁、全电压（投入）、零电压（切除）三种状态，具体三种状态分析如下：

（1）VT1导通、VT2关断。功率模块端口电压等于功率模块电容电压，桥臂电流的方向决定了电容处于充电或是放电状态，此状态称为全电压状态（投入）。

（2）VT1关断、VT2导通。功率模块端口电压等于零，功率模块电容被导通的VT2管旁路，模块电容电压保持稳定，此状态称为零电压状态（切除）。

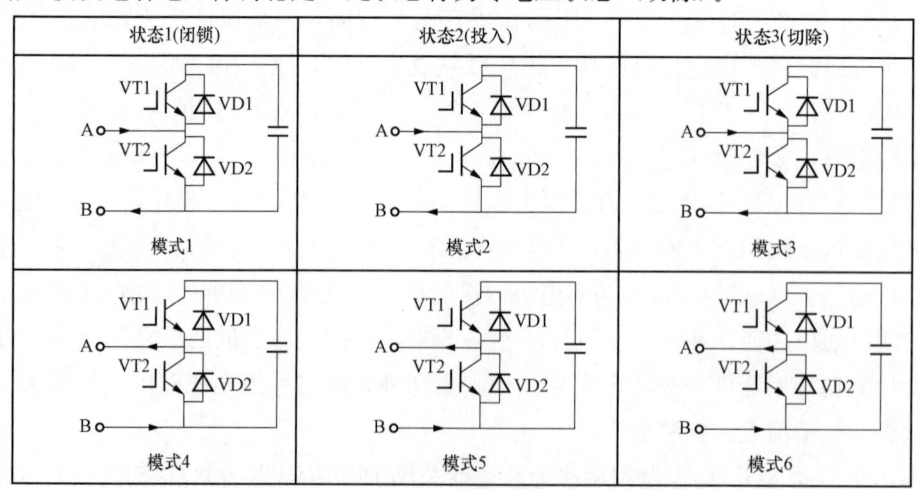

图7-8　半桥功率模块运行状态及相应的电流通路

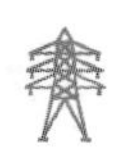

（3）VT1 关断、VT2 关断。此状态为闭锁状态，一般在故障与启动时使用。通常情况下，闭锁状态发生在以下两种工况下：

1）柔性换流阀启动初期，换流阀处于不控整流模式，桥臂电流通过反并联二极管 VD1 为电容充电；

2）当发生较为严重的故障，例如直流侧母线短路时，功率模块内的两个 IGBT 都应立即关断，并闭锁其门级触发电路，以免承受过电流遭到损坏。

7.2.2.2　全桥功率模块工作原理

全桥功率模块相比半桥功率模块具有更灵活的电压输出特性，当柔性直流系统直流侧发生故障时，控制系统闭锁所有 IGBT，此时的短路电流通路，全桥拓扑对外等效为带电的电容与二极管串联的形式，电容在故障回路中提供反电动势，迅速阻断故障电流。全桥功率模块的拓扑结构如图 7-9 所示。

全桥功率模块的 IGBT 触发状态有 5 种，分别如下：

（1）VT1 导通，VT2 关断，VT3 导通，VT4 关断：输出 0 电平（切除）。

（2）VT1 关断，VT2 导通，VT3 关断，VT4 导通：输出 0 电平（切除）。

（3）VT1 关断，VT2 关断，VT3 导通，VT4 关断：输出 0 电平，全桥模块被旁路，工作模式用于直流短接可控充电模式。

（4）VT1 关断，VT2 关断，VT3 关断，VT4 导通：输出 0 电平，等效为半桥功率模块，换流器进入不可控充电时，平衡半桥与全桥功率模块的充电速度。

（5）VT1 导通，VT2 关断，VT3 关断，VT4 导通：输出正电平。

（6）VT1 关断，VT2 导通，VT3 导通，VT4 关断：输出负电平。

（7）VT1 关断，VT2 关断，VT3 关断，VT4 关断：功率模块闭锁。

状态一：全桥功率模块切除状态有两种触发方式，如（1）、（2）所述，分别为对 VT1、VT2 同时施加触发信号或 VT3、VT4 同时施加触发信号，功率模块处于被切除状态输出电压为零。两种触发管子不同但触发后导通的路径类似，均归为切除状态。

状态二：龙门换流站采用“400kV+400kV”双换流器串联的接线方式，存在一个换流器在运行，另外一个换流器闭锁的状态，若此时需要双换流器运行，另一个换流器必须在直流侧短接的方式下进行充电。若仍沿用交流充电的方式，由于直流侧短接，桥臂总会呈现反向截止的状态，无法进行充电。因此，需将 VT1 关断，VT2 关断，VT3 导通，VT4 关断，切除大量模块，使功率模块能够顺利进行充电。

状态三：柔性直流换流阀正常进行充电时，由于全桥模块的特性，正反方向均能对其电容进行充电，充电效率是半桥功率模块的 2 倍，若不对其进行干预，进入可控充电前，半桥模块电压将远远低于全桥模块电压。因此，VT1 关断，VT2 关断，VT3 关断，VT4 导通，将全桥等效为半桥功率模块，平衡半桥与全桥功率模块的充电速度。

状态四：柔性换流阀处于解锁状态时 VT1、VT4 开关状态一致；VT2、VT3 开关状态一致，两种组合状态互补。对 VT1、VT4 施加导通信号，输出正电平；对 VT2、VT3

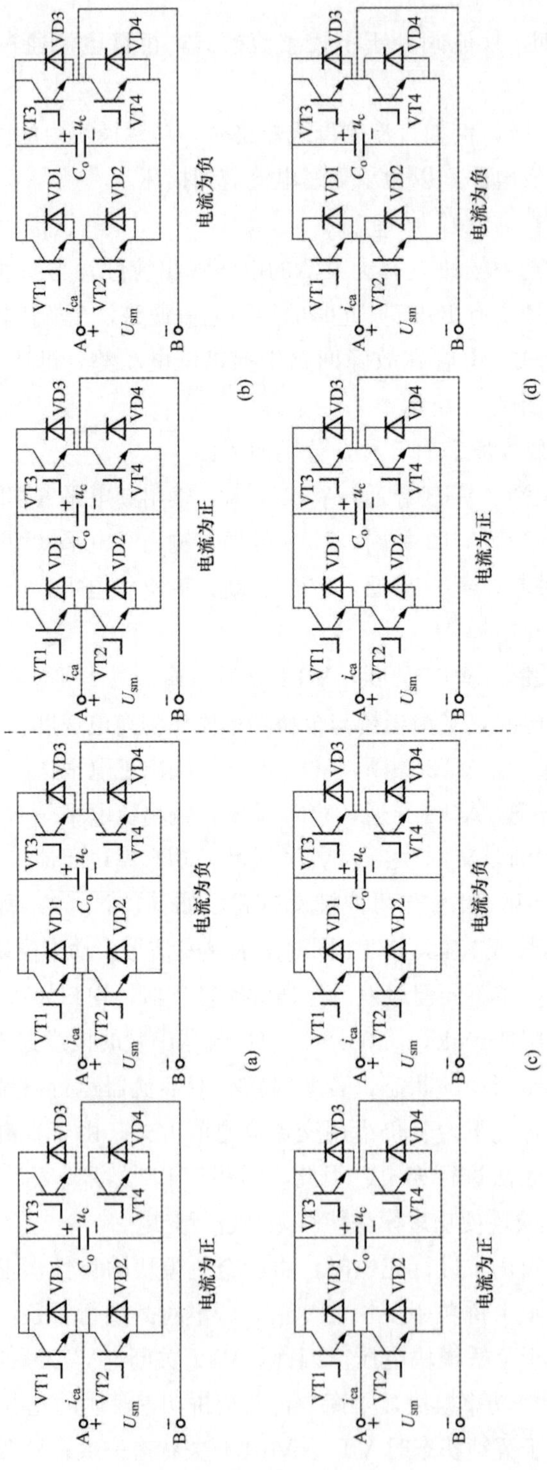

图 7-9　全桥功率模块的拓扑结构图

(a)正投入；(b)负投入；(c)切除；(d)闭锁

施加导通信号，输出负电平。

状态五：全桥功率模块 VT1、VT2、VT3、VT4 全部关断时，功率模块呈闭锁状态，若此时模块充电未完成，若充电电流大于 0 时，端口电压等于电容电压，若充电电流小于 0 时，端口电压等于负的电容电压。

7.2.2.3　功率模块的保护策略

为避免单一功率模块故障导致整个柔性换流阀停运，使功率模块故障时通过旁路开关可靠闭合而退出运行，不影响其余功率模块的正常运行；另一方面，功率模块内的功率器件 IGBT 等核心器件价格高昂，为避免设备的进一步损坏造成较大经济损失，也需要功率模块出现故障时可通过旁路开关可靠闭合而退出运行。因此，需针对功率模块的典型故障设置相应的保护策略，实现故障的快速隔离。极 2 柔性换流阀功率模块的故障策略见表 7-3。

表 7-3　　功率模块保护策略表

序号	保护名称	故障原因	保护说明	出口策略
1	欠电压保护	功率模块电压值小于 500V	当桥臂所有子模块（半桥、全桥子模块）平均电压大于 960V，延时 2s，换流器控制系统下发预检信号至功率模块（相当于使能该保护），当功率模块电压小于 350V 时，旁路开关闭合	触发旁路开关
2	解锁状态下模块过电压	解锁状态下功率模块电压大于 3200V	充电、解锁状态下，单个功率模块过电压均由模块自身进行判断，大于 3200V 过电压定值，延时 300μs 则自行旁路	触发旁路开关
3	停机闭锁状态下模块过电压	停机闭锁状态下功率模块电压大于 3980V	当换流器控制下发停机闭锁信号至模块并生效后，单个功率模块过电压定值为 3980V，延时 300μs 则自行旁路	触发旁路开关
4	上行通信故障	通信光纤中断，连续 1.5ms 内无数据；连续出现 5 次以上校验错误	（1）换流器控制系统上电后实时判断功率模块上行光纤是否中断，判别条件为连续 4 个点（200μs）未收到回检信息，即认为该功率模块上行光纤通信中断。若发生上行光纤中断，换流器控制不会主动下发功率模块旁路指令，默认模块电压为 15V，上行光纤断指示灯亮，继续为该功率模块进行充电，直至该模块过电压保护动作（3200V）自行闭合旁路开关，无任何故障信号。 （2）充电阶段或解锁后，功率模块上行光纤恢复后，功率模块将恢复控制，电压逐步降低	触发旁路开关

续表

序号	保护名称	故障原因	保护说明	出口策略
5	下行通信故障	通信光纤中断，连续 1.5ms 内无数据；连续出现 5 次以上校验错误	（1）换流器控制下发预检信号（全桥平均电压、半桥平均电压超过 960V 延时 2s）开始检测下行光纤是否中断，连续 40 个点（2ms）未收到下行信息，即认为该功率模块下行光纤通信中断；若发生下行通信中断，则功率模块维持光纤中断前的状态，包括脉冲状态（即保持切除、充电、放电状态，IGBT 继续维持原导通/闭合状态），最终功率模块因达到过电压（3200V）闭合旁路开关。 （2）充电阶段或解锁后，功率模块下行光纤恢复后，功率模块将恢复控制，电压逐步降低	触发旁路开关
6	取能电源故障	取能电源故障，无输出	双电源供电；取能电源共两种输出：旁路开关供电为 220V，主控板等供电为 15V，中控板只检测高压电源回路（176V）；中控板对取能板输出电压进行检测，是否大于定值，否则判取能电源故障。 若是单一取能的模块，主控板检测到取能电源输出小于 176V 时，报取能电源故障告警，同时主控板发合旁路开关命令。 若是冗余取能的模块，主控板检测到 1 路取能电源故障，则切换到另外一路进行取能，若第 2 路再次出现取能电源故障，则闭合旁路开关	触发旁路开关
7	驱动故障	IGBT 功率器件故障或驱动电路异常	中控板检测反馈信号，连续两次检测到持续时间大于 6μs 反馈无光信号，闭锁 IGBT，闭合旁路开关，上传故障信号。（当电容完全失电时，IGBT 上无电流通过，此时无光信号返回中控板）	触发旁路开关
8	旁路拒动	旁路开关故障，旁路开关驱动板故障，电源故障	功率模块自行进行判断，功率模块旁路开关拒动个数不小于 1，换流器控制上传故障事件，中控板发出旁路开关合闸命令，延时 11ms 仍未检测到反馈触点闭合，闭锁 IGBT，上传故障告警，等待功率模块双向晶闸管过电压击穿	晶闸管击穿
9	旁路误动	旁路开关触点误闭合，旁路开关误合	换流器控制下发预检信号（全桥平均电压、半桥平均电压超过 960V 延时 2s）后开始旁路误动判断；功率模块中控板未发出旁路开关闭合命令，收到旁路开关辅助触点返回信号持续 500μs，旁路误动状态指示灯亮。 旁路误动发生时功率模块不会判模块故障，仍默认模块为正常受控状态，若旁路开关已闭合，则上送旁路开关闭合，并不报模块故障，则模块电压开始下降，当电压下降至欠电压定值 350V 以下时，报功率模块欠电压故障，上送 SER 信号	触发旁路开关

7.2.3　柔性换流器控制保护系统的结构及其工作原理

7.2.3.1　柔性换流器控制保护系统结构

换流器控制设备是整个换流器控制系统的“心脏”，在功能上是联系上层控制保护系统与底层子模块的中间枢纽，实现对 IGBT 换流阀的触发和监测功能，同时也是功率模块与其他控制和保护系统的接口设备，如图 7 - 10 所示。

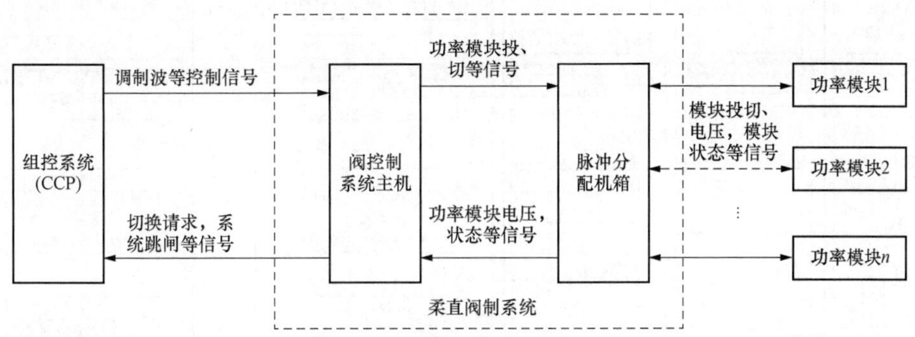

图 7 - 10　换流器控制系统简图

换流器控制系统功能主要分为控制功能、保护功能和监视及其他辅助功能 3 部分，见表 7 - 4。

表 7 - 4　柔直换流器控制系统功能表

功能	控制功能	保护功能	监视及其他辅助功能
柔性直流换流器控制	调制波解析。 桥臂内功率模块均压控制。 桥臂环流抑制。 换流阀充电控制。 开关频率优化控制。 功率模块冗余控制	桥臂过电流保护。 功率模块故障保护。 换流器控制设备本体故障保护。 桥臂电流上升率保护	高速数据录波。 换流阀所有功率模块的运行状态监视。 换流器控制运行状态监视。 阀塔漏水监视等。 状态评估及故障预测

换流器控制系统采用双重冗余设计，一套柔性直流换流器控制设备包括 A、B 两套完全独立的系统，互为冗余备用，运行过程中可实现无缝切换。换流器控制内部机箱之间、屏柜之间以及换流器控制与控制保护和换流阀功率模块的接口均采用光纤通信，抗干扰能力强，通信稳定可靠。同时，换流器控制内置故障录波功能、状态评估及故障预警，通过对每个功率模块的电压波动、开关频率、器件温度变化、功率模块与换流器控制通信故障率等信息进行监测及数据采集，实现对功率模块的健康状态评估和故障预警，便于对各种故障进行分析定位。

7.2.3.2 柔性换流器控制保护系统硬件结构

柔性直流站换流器控制系统从屏柜结构上设计为9面控制柜，其中2面为互为冗余的换流器控制制保护柜、6面桥臂接口柜和1面监视柜，屏柜配置如图7-11所示。

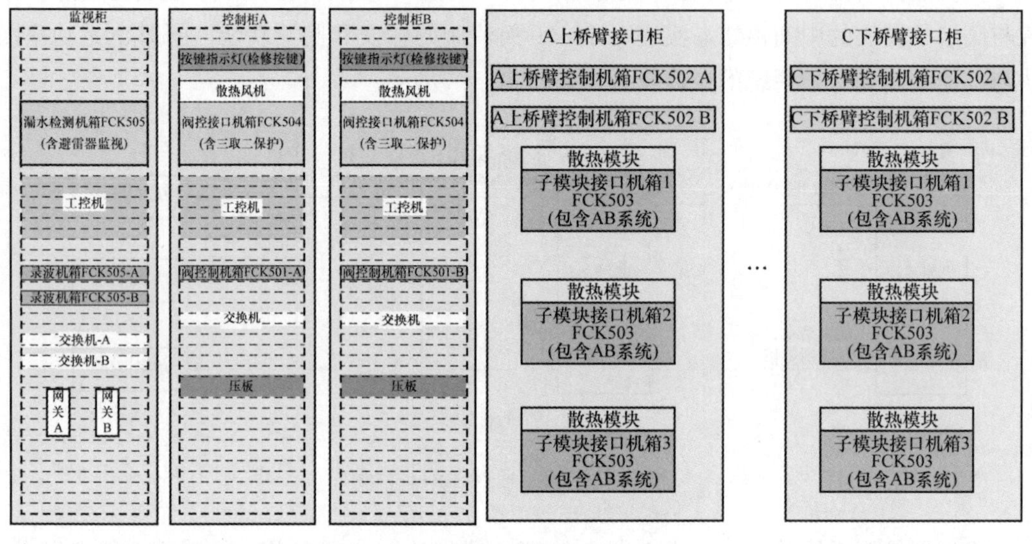

图7-11 换流器控制系统屏柜配置

换流器控制系统主要包含以下6种控制机箱：

(1) FCK501——换流器控制机箱。

(2) FCK502——桥臂控制机箱。

(3) FCK503——功率模块接口机箱。

(4) FCK504——换流器控制接口机箱。

(5) FCK505——漏水检测机箱。

(6) FCK506——系统监视机箱。

换流器控制保护柜主要负责完成与上层控制保护及运行人员工作站之间的数据交互处理、环流抑制、换流阀保护、实现换流阀运行状态的实时监测和模块故障报警等功能。AB两个控制保护柜分开组屏，内部硬件配置完全相同。

监视柜中包含了漏水检测装置、故障录波装置、工控机和交换机等三个主要装置，其中漏水检测装置负责接收阀塔漏水检测装置反馈的阀塔漏水信息，并对该信息做三取二计算，再将计算结果发送给两个控制保护柜。录波装置实现换流器控制和保护稳态和暂态录波，同时接收来自脉冲分配屏上传的所有模块电容电压、运行、故障状态，完成功率模块稳态和暂态数据的记录和存储，实现功率模块录波功能。

桥臂接口柜是功率模块和换流器控制保护之间的数据转发的关键装置，每面柜子由若干个功率模块接口机箱和桥臂控制机箱组成，主要完成桥臂的均压控制、换流阀状态监测与保护以及与功率模块的接口和控制等功能。

工作方式采用双系统热备份冗余工作方式，换流器控制屏和换流器控制保护装置 A、B 两套系统完全独立，同时接收换流器控制保护装置命令，经过 A、B 两套系统发送至桥臂接口柜，桥臂接口柜选择状态为主套或信号有效的换流器控制保护装置命令执行。

1. 换流器控制保护柜

换流器控制保护柜由 1 个工控机、1 个 FCK504 机箱、1 个 FCK501 机箱和 1 个以太网交换机组成。

(1) 换流器控制接口机箱（FCK504）。系统接口机箱为 6U 结构，包含对外接口单元和过电流保护单元，对外接口单元实现换流器控制系统与控制保护系统、测量系统、换流器控制机箱的通信连接，过电流保护单元完成对桥臂过电流的检测和闭锁动作，内部采用“三取二”配置。

换流器控制接口机箱板卡从左至右依次为电源板、LE＋DI 板、光收发板 1、主控板、光收发板 2、光收发板 3、光收发板 4、保护输出板 1、保护输出板 2、保护输出板 3、三取二裁决板、过电流检测板 1、过电流检测板 2、过电流检测板 3、电源板。

1) 电源板：为主控机箱中的板卡提供电源。

2) LE＋DI 板：获取 GPS 时标并转发给桥臂接口机箱。

3) 主控板：接收 CCP 下发的控制命令及调制波，同时向 CCP 上送换流器控制状态信息；接收合并单元发送的桥臂电流信息（桥臂电流方向等）；转发控制命令及调制波至换流器控制机箱 FCK501 等。

4) 光收发板：接收自检信号、CCP 下发的 ACTIVE 信号、跳闸信号、同步信号。

5) 过电流检测板：接收合并单元（MU）发送的桥臂电流实现阀过电流闭锁跳闸保护、暂时性闭锁保护、桥臂电流 di/dt 越限保护。

6) 三取二裁决板：根据过电流检测板的健康状态实现保护三取二输出、二取一输出、一取一输出逻辑。

7) 保护输出板：输出紧急闭锁命令。

(2) 换流器控制机箱 FCK501。换流器控制机箱为 1U 结构，其主要功能是完成对 6 个桥臂的环流抑制、换流器控制系统自检等功能，主要通过接收换流器控制接口机箱转发控制保护系统及测量系统的系统控制指令、桥臂电流、过电流保护指令、时标信息等信号，实行对 6 个桥臂的换流抑制、充电控制、解闭锁顺控逻辑等功能。

2. 阀监视柜

监视柜由 1 个 FCK505 机箱（A/B 系统）、1 个工控机、2 个 FCK506 机箱、2 个以太网交换机、2 个网关组成。

(1) 漏水检测机箱 FCK505。主要完成阀塔漏水检测功能，具有如下特点：

1) 通过光纤进行阀塔漏水检测；

2) 通过以太网接口与网关进行通信，上传漏水故障报文及装置故障报文；

3）6U结构设计，机箱内AB系统冗余设计，带独立电源开关。

阀塔漏水检测采取“三取二”方式配置。阀塔底部配置集水区和漏水检测装置，集水区的最低位放置漏水检测装置，用来收集泄漏的水。为了监测水位，漏水检测装置内装设了一个浮子。浮子上设计有光纤挡板（阻光器）。在漏水检测装置上，安装有若干路光纤通道。

漏水检测装置原理示意如图7-12所示。

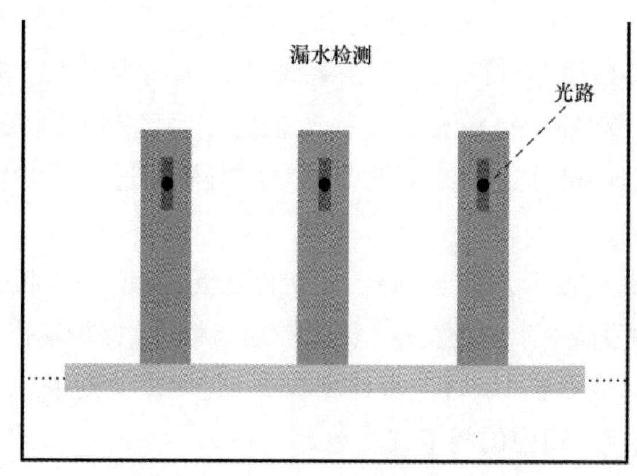

图7-12　漏水检测装置原理示意图

阀塔内漏水时，泄漏的水通过集水区的倾斜面收集到漏水检测装置的容器里。浮子上的阻光器将随着水量的多少，高度发生变化。当升高至报警值时，相应的光通道被阻断（通光孔与光通道错位），漏水处理单元如果收不到相应的返回信号，就会发送报警信号到换流器控制。每个阀塔的每套检测装置都配有单独的信号传输系统，从而可以很快确定发生漏水的阀塔。

为了提高漏水检测的可靠性，阀塔漏水检测采取“三取二”方式配置，三个独立的保护单元对阀塔漏水信号进行判断后，将判断结果发送给“三取二”裁决器，由裁决器根据“三取二”原则选择最终的保护动作方式。

（2）换流器控制监视机箱FCK506。换流器控制监视机箱FCK506为1U结构，主要功能是对功率模块电容电压、模块故障等信息进行显示、统计及分析，完成换流阀的在线监测和健康状态评估。同时配备高速录波功能，可以手动或自动记录和极控系统通信的所有电气信号、功率模块的重要电气状态信息和换流器控制内部的关键中间信号。具体特点如下：

1）设计有高速通信接口，接入并监测记录换流阀、换流器控制运行的关键信号以及极控接口信息等。

2）可配置多种录波触发选项，满足各种运行工况的需要。

3）大容量录波数据存储。

4）采样率高达20kHz。

5）提供标准 comtrade 格式录波数据输出，可在线导出。

换流器控制监视机箱 FCK506 不仅可以对换流器控制监视数据进行实时显示，故障情况下还可以对相应数据进行记录和保存，录波数据包括：

a. 故障录波采集数据。

b. 换流器控制与 CCP 之间的接口信号。

c. 换流器控制与测量系统之间的接口信号。

d. 换流器控制内部板卡、机箱的运行监视信号。

e. 换流器控制内部关键控制保护信号。

f. 所有功率模块的电容电压。

g. 所有功率模块的运行状态信息（包括旁路状态和故障状态）。

h. 换流阀实际执行的调制波（总投入模块数）、换流阀实际投入的全桥模块数。

i. 桥臂内模块电容电压最大值（全桥）、桥臂内模块电容电压最大值（半桥）、桥臂内模块电容电压最小值（全桥）、桥臂内模块电容电压最小值（半桥）、桥臂内模块电容电压平均值（全桥）、桥臂内模块电容电压平均值（半桥）。

g. 桥臂旁路模块数、解闭锁信号及其他相关状态信号。

3. 桥臂接口柜

桥臂接口柜由两个 FCK502 机箱和 3 个 FCK503 功率模块接口机箱组成。

（1）桥臂控制机箱 FCK502。桥臂控制机箱 FCK502 为 1U 结构，其主要功能是完成一个桥臂的均压控制、功率模块控制指令生成、换流阀故障监测与保护、IGBT 开关频率优化和状态信息上传等功能。

FCK502 在每个控制周期都通过功率模块接口机箱 FCK503 读取该桥臂所有功率模块的电容电压和状态信息。根据电容电压分布、控制保护系统下发的功率模块导通个数以及桥臂电流方向等，采用非排序的 MMC 均压方法来确定该桥臂每个功率模块的投入或切除，并生成功率模块控制指令，通过功率模块接口机箱 FCK503 下发到每个功率模块。

FCK502 机箱完成对本桥臂功率模块的运行监视，当出现功率模块故障时，根据故障情况发出报警或跳闸请求信号，并通过以太网通信接口发送故障功率模块的位置信息和具体故障类型。

（2）功率模块接口机箱 FCK503。功率模块接口机箱 FCK503 为 6U 结构，主要功能是通过光纤接口连接换流阀子模块。每个 FCK503 机箱可以控制 90 个功率模块，一个桥臂控制柜中配置 3 个 FCK503 机箱。

功率模块接口机箱中包括光收发（LER）板、通信接口板、电源板 3 种板卡。采用 AB 冗余系统设计，电源板有两个相互独立的供电通道，分别给 AB 系统供电。光收发（LER）板，即脉冲分配板通过光纤直接与功率模块连接，每个脉冲分配板连接 6 个功率模块。

4. 换流器控制系统对外接口

（1）与控制保护系统的接口。组控系统 CCP 和换流器控制系统 VBC 均采用双重化冗余配置，CCP 和 VBC 之间采用“一对一”连接，如图 7-13 所示，正常运行中采用“一主一备”的方式。二者之间所有信号均采用光纤通道，通信协议采用 IEC 60044-8 通用协议或者光调制协议。VBC 与 CCP 之间的物理接口位于 VBC 处。换流器控制与 CCP 接口如图 7-13 所示。

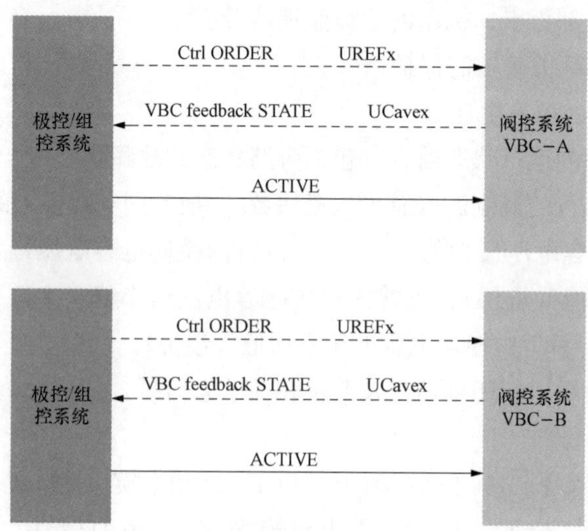

图 7-13　换流器控制与 CCP 接口

换流器控制系统与组控系统之间的通信内容包含了数字信号和光调制信号，详细信号见表 7-5。

表 7-5　换流器控制系统与 CCP 接口信号

序号	接口名称	信号介质	信号方向	信号内容
1	VBC_OK	光纤	VBC→CCP	换流器控制 VBC 发送给 CCP 的换流器控制可用信号
2	VALVE_READY	光纤	VBC→CCP	换流器控制 VBC 发送给 CCP 的换流器控制就绪信号
3	TRIP	光纤	VBC→CCP	换流器控制 VBC 发送给 CCP 的跳闸请求信号
4	CTRL_CHARGE_ING	光纤	VBC→CCP	换流器控制 VBC 发送给 CCP 的正在可控充电信号
5	Tem_BLOCK	光纤	VBC→CCP	换流器控制 VBC 发送给 CCP 的暂时性闭锁状态信号
6	UcaveX	光纤	VBC→CCP	换流器控制 VBC 发送给 CCP 的桥臂电容电压平均值
7	UcsumX	光纤	VBC→CCP	换流器控制 VBC 发送给 CCP 的投入模块电容电压和
8	DEBLOCK	光纤	CCP→VBC	CCP 发送给 VBC 的阀解锁/闭锁命令
9	ACTIVE	光纤	CCP→VBC	CCP 发送给 VBC 的主系统选择命令
10	Thy_on	光纤	CCP→VBC	CCP 发送给 VBC 的晶闸管触发命令
11	REC_Trig	光纤	CCP→VBC	CCP 发送给 VBC 的启动录波的命令

续表

序号	接口名称	信号介质	信号方向	信号内容
12	STOP	光纤	CCP→VBC	CCP 发送给 VBC 的停运命令
13	AC _ ENERGIZE	光纤	CCP→VBC	CCP 发送给 VBC 的交流侧充电命令
14	BPS _ CHARGE _ MODE	光纤	CCP→VBC	CCP 发送给 VBC 的直流侧短接充电命令
15	CTRL _ CHARGE	光纤	CCP→VBC	CCP 发送给 VBC 的可控充电命令
16	UrefX	光纤	CCP→VBC	CCP 发送给 VBC 的电压参考值
17	Uabc	光纤	CCP→VBC	CCP 发送给 VBC 的阀侧交流电压

（2）与测量系统的接口。换流器控制系统需要对功率模块所在桥臂的电流进行检测和电流方向进行判断，以实现功率模块的均压及桥臂过电流保护。合并单元上送换流器控制系统的测量光纤共需要 8 套（1 套桥臂电流需要若干路光纤传输，其中 3 路上桥臂电流采用 1 路光纤传输；3 路下桥臂电流采用 1 路光纤传输），如图 7 - 14 所示。

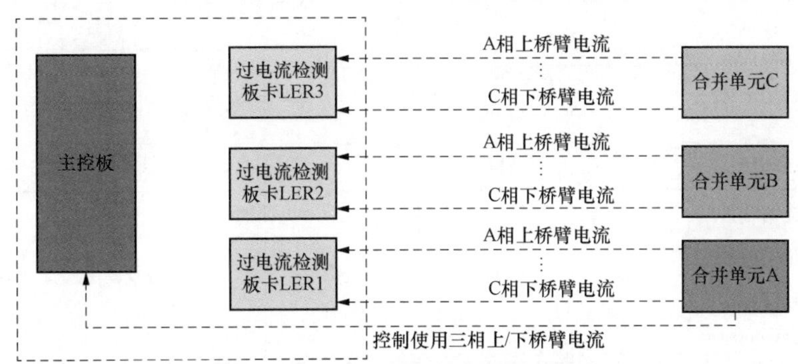

图 7 - 14　换流器控制与合并单元接口

传输数据帧格式见表 7 - 6 和表 7 - 7。

表 7 - 6　　合并单元上传到换流器控制系统的 FT1 数据帧格式（第一通道）

含义	长度	帧位置	备注
分组 0			
启动字符	8bit	0	
	8bit	1	
逻辑设备名	8bitt	2	0～255
数据状态（bit0：Ch1 通道；bit1：Ch2 通道；bit3：Ch3 通道）	8bit	3	0 表示有效；1 表示无效
A 通道采样值：A 上电流	24bit	4～6	Ch1 采样值，最高位符号位

续表

含义	长度	帧位置	备注
B通道采样值：B上电流	24bit	7～9	Ch2 采样值，最高位符号位
C通道采样值：C上电流	24bit	10～12	Ch3 采样值，最高位符号位
备用	8bit	15	填充 0x00
备用	8bit	16	填充 0x00
备用	8bit	17	填充 0x00
采样计数器	16bit	13～14	0～19999
校验	8bit	18	无符号整型
	8bit	19	无符号整型

表 7-7　合并单元上传到换流器控制系统的 FT1 数据帧格式（第二通道）

含义	长度	帧位置	备注
分组 0			
启动字符	8bit	0	
	8bit	1	
逻辑设备名	8bitt	2	0～255
数据状态 （bit0：Ch1 通道； bit1：Ch2 通道； bit3：Ch3 通道）	8bit	3	0 表示有效；1 表示无效
A通道采样值：A下电流	24bit	4～6	Ch1 采样值，最高位符号位
B通道采样值：B下电流	24bit	7～9	Ch2 采样值，最高位符号位
C通道采样值：C下电流	24bit	10～12	Ch3 采样值，最高位符号位
备用	8bit	15	填充 0x00
备用	8bit	16	填充 0x00
备用	8bit	17	填充 0x00
采样计数器	16bit	13～14	0～19999
校验	8bit	18	无符号整型
	8bit	19	无符号整型

注　桥臂电流为有符号数据，最高位为符号位。

（3）与监控系统的接口。换流阀状态监视连接到站 LAN 网上；上传的信息包括但不限于以下方面：

1）VBC 自身状态。

2）换流阀状态。

3）子模块电容电压。

4）VBC 的报警事件。

（4）与时钟系统的接口。VBC 通过 GPS 获得时间信息（B 码），用于事件时间的标注。VBC 与外部设备间的重要控制信号全部采用光信号，因此信号抗干扰能力强，提高了信号的传输正确性。

（5）与子模块的接口。换流器控制设备的桥臂接口柜通过子模块接口机箱 FCK503 连接柔性直流子模块，每个子模块对应有一收一发两根光纤。按照工程配置，每个桥臂接口柜安装 3 个 FCK503 机箱，每个 FCK503 机箱连接 72 个子模块，每个桥臂共接入 216 个子模块。

桥臂接口柜与子模块之间的连接关系如图 7-15 所示。

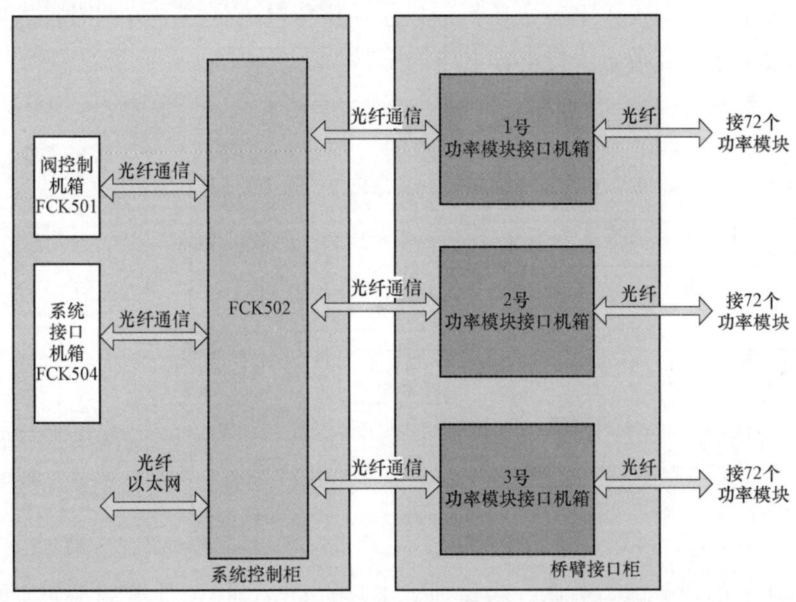

图 7-15　桥臂接口柜与子模块的接口示意图

换流器控制系统与换流阀子模块的接口位于 FCK503 机箱的背面，采用 ST 光纤接口，每个子模块包括一收一发两根光纤。换流器控制系统发送到子模块的控制指令如下：

1）复位。

2）禁止驱动使能，即闭锁。

3）投入子模块。

4）切除子模块。

5）晶闸管使能。

6）晶闸管禁止。

7）旁路开关使能。

8）旁路开关禁止。

子模块上传到换流器控制系统的信息如下：

1）电容电压。

2）子模块运行状态信息。

7.2.3.3 柔性换流器控制保护系统工作原理

1. 功能逻辑框图

换流器控制环流抑制策略对组控下发的调制波进行修正，根据修正后的调制波决定当前周期投入模块的个数，并由换流器控制均压策略来最终决定投入功率模块的具体位置。换流器控制根据桥臂电流方向和功率模块电容电压值对功率模块进行充放电控制，以维持桥臂内功率模块的电容电压在一定范围内平衡。换流器控制均压控制的原则是：桥臂电流为充电方向时投入电容电压低的模块，桥臂电流为放电方向时投入电容电压高的模块，通过动态的充放电维持电容电压均衡。

换流器控制核心控制功能框图如图 7-16 所示。

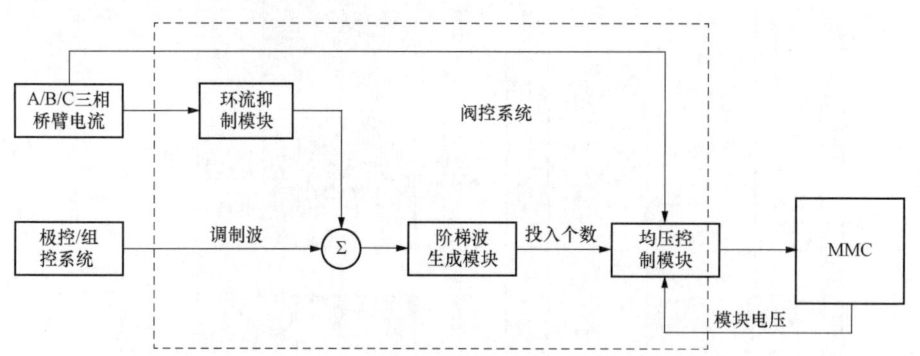

图 7-16　换流器控制核心控制功能框图

由于 IGBT 的通流能力有限，为保证 IGBT 的安全，换流器控制系统实时监测桥臂电流的大小，并根据功率模块设计进行过电流检测。对桥臂电流的过电流检测按“桥臂电流瞬时值检测”和“桥臂电流变化率检测”两种方式配置，过电流判断的逻辑按照硬件“三取二”来出口。

2. 最近电平逼近调制算法

用 $U_s(t)$ 表示调制波的瞬时值，U_c 表示功率模块电容电压的平均值。每个相单元中只有 n 个功率模块被投入。如果这 n 个功率模块由上、下桥臂平均分担，则该相单元输出电压为 0。随着调制波瞬时值从 0 开始升高，该相单元下桥臂处于投入状态的功率模块需要逐渐增加，而上桥臂处于投入状态的子模块需要相应地减少，使该相单元的输出电压跟随调制波升高，将二者之差控制在 $\pm U_c/2$ 以内。

最近电平逼近（NLM）在 MMC 中的实现方法如下，在每个时刻根据计算得到的桥臂电压参考值，桥臂需要投入的子模块数可以表示为

$$N_{SM} = \text{round}\left(\frac{U_s}{U_c}\right)$$

式中：round（x）为取与 x 最接近的整数。

3. 环流抑制控制

功率模块的储能元件是电容器，上下桥臂充电功率中的基频和二倍频分量对功率模块电容器充放电，从而造成子模块电容电压的基频和二次波动。上下桥臂经调制后输出的换流阀端电压中的二倍频分量方向相同，不能抵消，控制直流电压无波动。于是阀电抗器两端就要感生出与换流阀端电压方向相反的二次谐波电压，从而使桥臂中出现二倍频的单向电流。桥臂负序二倍频环流的存在增大了桥臂电流有效值，增加了功率模块器件的功率损耗，同时也增加了功率模块电容电压的波动范围，所以需要对桥臂负序二倍频换流进行抑制。

如图 7 - 17 所示，对于某一相桥臂换流将上下桥臂电流相减除以 2，即可得到该相桥臂的换流值，将计算出来的三相桥臂环流值进行 dq 变换得到 dq 坐标系下的换流值，与目标值 0 相减经两个 PI 环控制，再与 dq 坐标系下环流产生的电压叠加，并经过 dq 反变换，得到可抑制二倍频环流抑制的三相桥臂电压调制波，叠加至换流器控制系统下发的调制信号，作为最终换流阀级的调制信号。

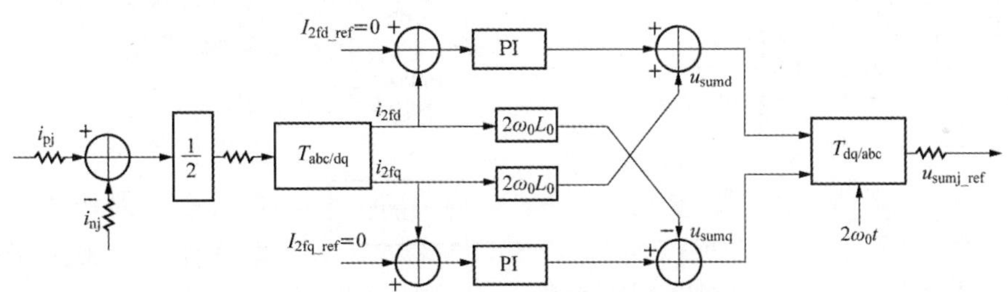

图 7 - 17　换流器控制环流抑制逻辑图

在暂态故障时由于桥臂电流畸变有可能导致环流抑制控制器积分输出与正常控制积分输出相比差别较大，为保证换流阀的安全稳定运行，对两个 PI 控制器分别采用了相同的积分限幅和输出限幅。积分限幅和输出限幅如图 7 - 18 所示。

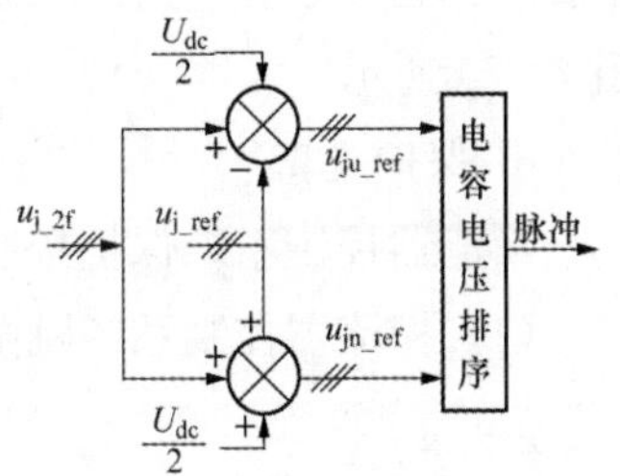

图 7 - 18　积分限幅和输出限幅图

4. 环流注入控制

为保证桥臂电流检测的准确性，避免桥臂电流方向检测错误或出现频繁的桥臂电流正负变化。当所有桥臂电流有效值的平均值小于 30A 时，换流器控制主控使能桥臂环流注入，注入 30A 的环流量。当桥臂电流有效值的平均值大于 60A，环流设定值为 0，由环流注入转为环流抑制。换流器控制环流注入如图 7 - 19 所示。

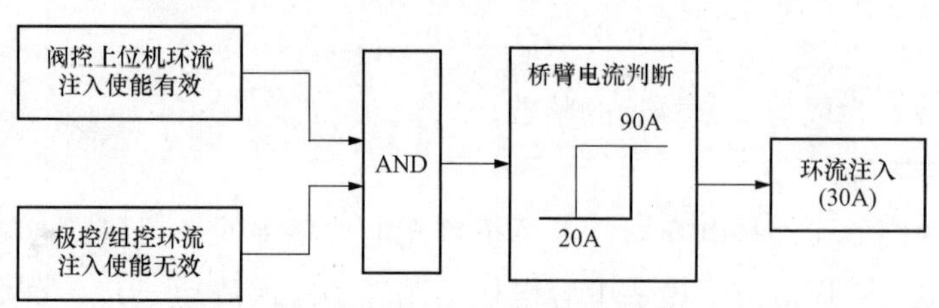

图 7-19　换流器控制环流注入

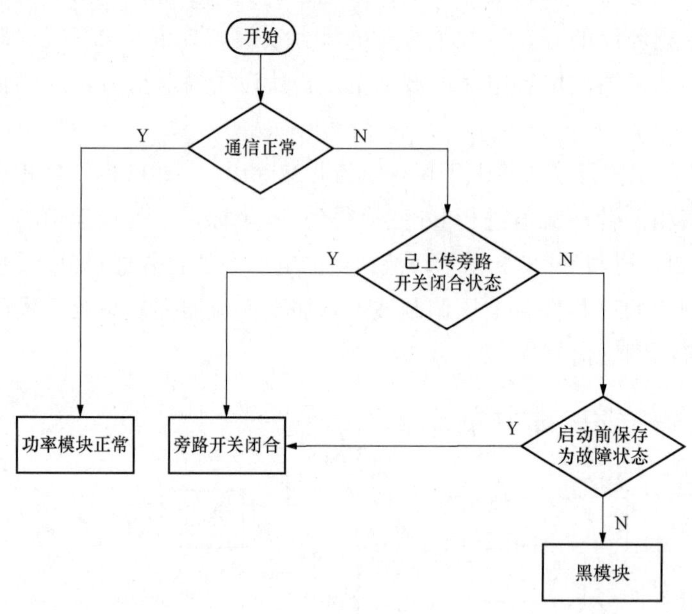

图 7-20　黑模块判断流程

5. “黑模块”检测

除去已知旁路的功率模块，在充电过程中一直未上传信息至换流器控制系统的功率模块均定义为“黑模块”。系统上电后，换流器控制监测到功率模块平均电压达到设定值时，开始检测是否存在通信异常的模块，若有，则报“黑模块”出现告警，同时上送模块位置。若换流器控制检测到功率模块在充电过程中上报过旁路开关闭合，则认为该模块已正确旁路，不判该模块为黑模块。换流阀每次停机后换流器控制系统会保存已旁路模块的位置，作为下次上电后换流器控制进行黑模块判断的参考信息，详细的判别流程如图 7-20 所示。

6. 保护逻辑

换流器控制系统保护按照出口方式分为闭锁跳闸、请求切换、告警。

(1) 换流器控制系统跳闸类故障见表 7-8。

表 7-8　　换流器控制闭锁跳闸类故障

序号	名称	判断逻辑及定值	动作策略
1	桥臂过电流Ⅰ段（暂时性闭锁）	桥臂电流瞬时值连续三个采样点不小于4700A，延时 30μs；电流小于 2000A，持续不小于 5ms 暂时性闭锁收回	暂时性闭锁

续表

序号	名称	判断逻辑及定值	动作策略
2	桥臂过电流Ⅱ段	桥臂电流瞬时值连续三个采样点不小于 5300A，延时 30μs	换流器控制闭锁、跳闸
3	桥臂电流上升率保护	桥臂电流大于 3400A，10A/1μs，滑动判断，连续五个点（点与点之间间隔 10μs）	换流器控制闭锁、跳闸
4	桥臂过电压保护	任一桥臂全桥/半桥模块电压平均值大于 3000V，持续 500μs	换流器控制闭锁、跳闸
5	暂时性闭锁超限	1s 内任一桥臂暂时性闭锁的次数大于等于 3 次	换流器控制闭锁、跳闸
6	暂时性闭锁超时	暂时性闭锁未复归，持续 30ms	换流器控制闭锁、跳闸
7	VBC 切换失败	换流器控制上报请求切换，另一套有故障或 1.5ms 未切换成功	换流器控制闭锁、跳闸
8	双备超时故障	极控/组控双套系统同时下发主动信号无效超过 500μs	换流器控制闭锁、跳闸
9	子模块缺少冗余	任一桥臂旁路模块数量大于 16	换流器控制闭锁、跳闸
10	充电阶段暂时性闭锁故障	接收到极控/组控充电命令后，解锁之前，出现暂时性闭锁	换流器控制闭锁、跳闸
11	极控/组控下发 ESOF 命令	充电阶段收到极控/组控下发的 ESOF 信号	换流器控制闭锁、跳闸

（2）换流器控制请求切换类故障见表 7-9。

表 7-9　　换流器控制请求切换类故障

序号	名称	判断逻辑及定值	动作策略
1	板卡故障	换流器控制保护屏任一板卡故障或脉冲分配屏桥臂控制机箱、脉冲分配机箱电源及通信板卡故障	请求切换
2	换流器控制与极控/组控通信故障	换流器控制检测到接收极控/组控的通信校验失败，持续时间大于 500μs 通信正常，持续时间大于 10s 故障恢复	请求切换
3	换流器控制与测量系统通信故障	换流器控制检测到接收极控/组控的通信校验失败，持续时间大于 500μs 通信正常，持续时间大于 10s 故障恢复	请求切换
4	换流器控制内部通信故障	换流器控制检测到接收极控/组控的通信校验失败，持续时间大于 1ms 通信正常，持续时间大于 10s 故障恢复	请求切换

续表

序号	名称	判断逻辑及定值	动作策略
5	换流器控制接收极控/组控主动信号故障保护	换流器控制检测到接收极控/组控主动信号故障，持续时间大于 500μs 通信正常，持续时间大于 10s 故障恢复	请求切换
6	换流器控制内部独立光纤通道故障保护	换流器控制检测到内部独立光纤通道故障，持续时间大于 1ms 通信正常，持续时间大于 10s 故障恢复	请求切换
7	系统控制柜电源故障	系统控制柜两路电源都故障，持续时间大于 5ms 电源正常，持续时间大于 5ms 故障恢复	请求切换
8	脉冲分配屏电源故障	脉冲分配屏两路电源都故障，持续时间大于 1.5ms 电源正常，持续时间大于 5ms 故障恢复	请求切换
9	值班信号异常	未检测到 5MHz 或 50kHz 的信号时，视为该通道异常	请求切换

第 8 章　柔性换流阀冷却系统数据处理方法

8.1　阀冷系统概述

换流阀是实现高压直流系统交直流电能转换的核心设备，IGBT（IEGT）作为柔性直流换流阀子模块内的基本通流元件，在正常运行中会产生大量的损耗。阀冷系统是换流站的一个重要组成部分，它将换流阀子模块内各元件的功耗发热量排放到换流阀外，保证 IGBT 运行结温在正常范围内。

常见的冷却方式根据冷却介质可分为空气冷却、油冷却、水冷却和氟利昂冷却等。其中水冷却的散热效果最高，是空气自然对流冷却的 150～300 倍，可大大提高被冷却器件的通流容量。相比较油冷却方式，水的比热比油大一倍，同时因水的热容量大、黏度小，具有良好的冷却效果，有利于减少单位容量所占得体积和损耗，且水冷结构检修、维护方便，制造技术成熟，运行经验丰富，不会引起爆炸和火灾，不存在环境污染问题。然而，水冷却方式也有一定的弊端。比如室外换热设备（闭式冷却塔）内的换热盘管在长期喷水运行过程中，容易滋生藻类等微生物，并且由于水中各类杂质的存在，会在热交换盘管外表面产生较严重的结垢现象，影响换热能力。目前可采取的解决方案是对喷淋水进行处理：在喷淋水进入水池之前先进行过滤、反渗透处理将水软化；此外还应设置利用砂滤器进行喷淋水自循环水处理的旁通回路；同时为了控制喷淋水水质，还需定期添加缓释阻垢剂、杀菌剂等药剂。

昆柳龙工程柔性直流换流阀采用典型的水冷却方式，基本结构可分为内冷水循环系统和外冷水循环系统两个部分，另有对喷淋水进行补水处理净化软化的水处理系统。与一般化学工业循环内冷水系统相比，柔性直流换流阀冷却系统对温度、压力、流量、电导率等性能要求更高，一旦温度过高、过低或流量电导率不满足正常运行要求，轻则导致换流阀散热得不到满足而跳闸影响功率输送，甚至可能导致过热或放电击穿而损坏换流阀部件。因此，对换流阀冷却系统中水的杂质含量、氧气含量、电导率、水温、水压和流速等都要进行严格控制，同时，为保证换流阀内冷水的纯度，高压直流输电工程换流站内换流阀的冷却均采用密闭式循环水冷却系统。因此，换流阀冷却系统的总体设计应满足以下要求：

（1）冷却系统能长期稳定运行，不允许有变形、泄漏、异常振动和其他影响换流阀正常工作的缺陷。

（2）冷却系统管路的设计应保证其沿程水阻最小。

（3）冷却回路材料的选择应考虑冷却系统在长期高电压运行环境下产生的腐蚀、老化、损耗的可能性。

（4）冷却系统必须具有足够的冷却能力，以保证在各种运行条件下，都能够有效冷却换流阀。

（5）为降低阀塔承压，提高换流阀的运行安全程度，应将阀塔布置在内冷水回路中循环水泵的入口端。

（6）冷却系统的重要设备应实现冗余配置，当失去一个单一的主要部件时对于任何规定的环境条件，都不应导致换流阀额定连续负荷能力或短时负荷能力的降低。

（7）换流冷却系统的机械结构必须合理，应当简单、坚固、便于检修。

8.2 阀冷系统内冷水系统数据处理方法

8.2.1 内冷水系统的结构及其测量装置配置

8.2.1.1 内冷水循环系统的结构

内冷水循环系统简称为内冷水系统，作为与换流阀内IGBT接触的第一媒介，担负着子模块元件散热的功能，在流过子模块内部时，将换流阀上散发出的热量交换至内冷水中。其主要设备包括主循环回路、去离子循环回路和补水回路。

1. 主循环回路

内冷水主循环回路由主循环泵、主过滤器、脱气罐、加热器、监测仪表及相关应管道阀门组成，从换流阀流出的热水由主循环泵加压后送入外冷水冷却塔进行冷却，冷却后的水依次经过脱气罐、电加热器后再次进入换流阀进行循环冷却。

主循环泵为阀冷系统提供密闭循环流体所需动力，将流出换流阀的热水泵入冷却塔进行冷却，设两台一用一备，一台故障可立即切换至备用泵，以保证内冷水循环流量和压力得到满足。主过滤器滤除水冲刷内冷水管道壁形成的金属微粒，保护换流阀塔上较脆弱的PVDF管道不受损伤。脱气罐置于主循环回路主循环泵进口，罐顶设自动排气阀，可彻底排出冷却水中气体，同时罐内设电加热器，用于冬天温度极低以及换流阀停运时的冷却水温度调节，避免冷却水温度过低从而引起换流阀部件凝露。

2. 去离子回路

为了控制进入换流阀冷却水的电导率，并联去离子水处理回路于主循环回路，主要由混床离子交换器及相关附件组成，不间断对阀冷系统主循环回路中的部分介质进行纯化，吸附内冷却回路中部分冷却液的阴阳离子，去离子后的冷却水电导率降低，并再回

至主循环回路，通过对冷却水中离子的不断脱除，从而抑制在长期运行条件下金属接液材料的电解腐蚀或其他电气击穿等不良后果。离子交换器设两台，一用一备，其中一台更换时不影响系统运行。

同时去离子回路上串联膨胀罐（高位水箱）氮气稳压系统，由氮气瓶、氮气管路、膨胀罐等组成。在膨胀罐的顶部充有稳定压力的高纯氮气，以保持管路的压力恒定和冷却介质的充满。膨胀罐可缓冲冷却水因温度变化而产生的体积变化。氮气密封使冷却介质与空气隔绝，对管路中冷却介质的电导率及溶解氧等指标的稳定起着重要的作用。膨胀罐底部设置曝气装置，可有效脱出水中溶解的氧气。

氮气管路主要由减压阀、电磁阀、安全阀、氮气瓶及监控仪表等组成。通过氮气管路将氮气瓶连接至膨胀罐，氮气瓶共 4 瓶，两用两备，通过实时检测膨胀罐内压力，由 PLC 控制实现气源的自动减压、补充、排气等。当压力低时打开减压阀，通过氮气瓶高压氮气补充膨胀罐压力；当压力高时打开排气阀，排出多余氮气。

3. 补水回路

因为内冷水是在一个密闭的循环回路里运行，自然消耗的水量微乎其微，但考虑到检修需要或者设备故障导致漏水情况的出现，需要对内冷水系统设置在线补水系统。其主要包括原水罐、补水泵、原水泵及补水管道等。内冷水回路在投运前即充满去离子水，外部补充水采用蒸馏水，通过原水泵向原水罐补水，再由与原水罐相连的补水泵（一用一备）向主循环回路补水。

8.2.1.2　内冷水循环系统测量装置配置

为实时检测换流阀冷却系统运行状态，避免因内冷水温度过高、电导率过高、流量过低等不正常现象引起换流阀停运甚至损坏设备，在换流阀冷却系统上配置诸多传感器。

传感器是利用各种物理效应、化学效应（或反应）以及生物效应实现非电量到电量转换的装置或者器件。一般传感器配置要求包括三方面：①监测反映设备状态的特征量信号，并具有良好的动、静态特性；②不能影响被测对象正常运行；③具备可靠性与灵敏性。

传感器一般由敏感元件、转换元件和测量电路三部分组成，有时还需增加辅助电源，如图 8-1 所示。敏感元件是将不能直接变换为电量的非电量转换为可直接变换为电量的非电量元件，是直接感受被测量并输出与被测量成确定关系的某一物理量元件。转换元件将感受到的非电量直接转换为电量，其输入为敏感元件的输出，如压电晶体、热电偶等为转换元件。上述电路参量输入基本转换电路，进行放大、运算、处理等便可转换为所需电量输出。

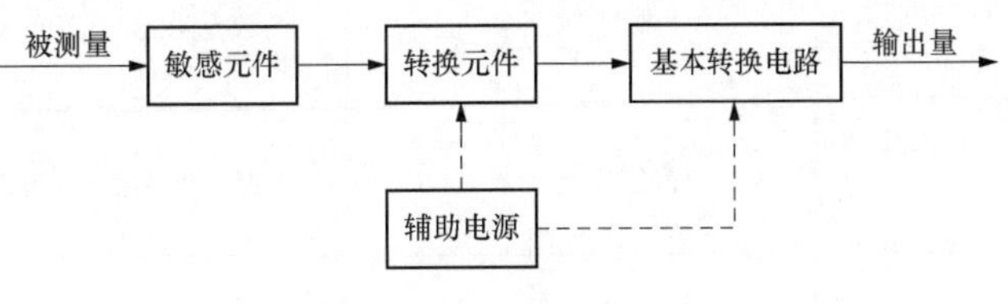

图 8-1　传感器的组成

换流阀冷却系统应用的传感器主要有温度传感器、流量传感器、压力传感器、电导率传感器、液位传感器、温湿度传感器。换流阀内冷却系统传感器配置见表 8-1。

表 8-1　换流阀内冷却系统传感器配置

参数量	传感器	配置类型/输出信号	作用
流量	流量传感器（三冗余）	涡街流量传感器，4～20mA	监测内冷水主水回路流量及其变化趋势
	流量传感器	脉冲式流量计，脉冲信号输出	监测去离子水回路流量及其变化趋势
压力	压力开关	电接点压力表，弹性变形使指针机械变化和电接点输出	监测氮气罐内氮气压力，及时发现氮气不足
	压力传感器（双冗余）	压力变送器，4～20mA	监测主泵出水压力以及内冷水进出阀压力
	压力传感器（三冗余）	压力变送器，4～20mA	监测内冷水进阀压力
	压力传感器（双冗余）	压力变送器，4～20mA	监测内冷水出阀压力
	压力传感器（双冗余）	压力变送器，4～20mA	监测内冷水膨胀罐压力
	压力表	直读式压力表，就地显示，无数据上送	就地显示主泵出水压力，进出阀塔压力
	压差开关	机械式压力表，电接点输出	监测主过滤器进出口压差，及时发现主过滤器堵塞情况
温度	温度传感器（三冗余）	铂热电阻 PT100，4～20mA	监测内冷水进阀温度
	温度传感器（双冗余）	铂热电阻 PT100，4～20mA	监测内冷水出阀温度
	温度传感器	热敏电阻，4～20mA	监测主循环泵电机、轴承、泵端温度
	温湿度传感器	温湿度变送器，4～20mA	监测阀厅内温湿度以及户外温湿度
电导率	电导率传感器（三冗余）	电导率变送器，4～20mA	监测内冷水主水电导率，及时发现电导率高
	电导率传感器	电导率变送器，4～20mA	监测内冷水去离子回路电导率，及时发现去离子树脂失效

续表

参数量	传感器	配置类型/输出信号	作用
液位	电容式液位传感器（三冗余）	电容式液位传感器，4～20mA	监测膨胀罐液位
	电容式液位传感器（三冗余）	电容式液位传感器，4～20mA	监测原水罐液位
	磁翻板液位计	磁翻板液位就地显示，无数据上送	就地显示膨胀罐液位以及原水罐液位
	浮球液位开关	浮球液位电接点开关	管内积水上升至一定程度接通电接点，反应主泵漏水情况
	溶解氧传感器	溶解氧变送器，4～20mA	监测内冷水内溶解氧浓度

8.2.1.3　阀冷系统所用传感器原理介绍

1. 温度传感器

温度传感器是实现温度检测和控制的重要器件，应用广泛，发展速度快，类型繁多，阀冷系统常用 PT100 铂热电阻，环境温度为 0，RTD 热电阻的阻值为 100Ω，在 100℃时，它的阻值约为 138.5Ω。IEC 60751 将其定义为 PT100 热电阻。根据热电阻效应表明物质的阻抗随其温度的变化而变化。大多数金属导体的阻抗随其温度的升高而增加。铂热电阻就是基于此效应来测量过程温度的。使用铂热电阻温度传感器测量温度时，需要外加电源，使流过铂热电阻的电流为规定值，通过测量规定电流在铂热电阻两端的电压降达到测量温度的目的。热电阻供电电源为直流 24V 电源，输出信号为 4～20mA 电流。温度传感器及其结构如图 8-2 所示。

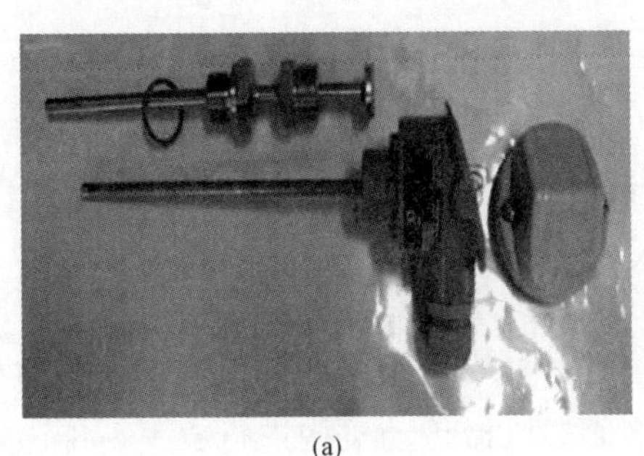
(a)

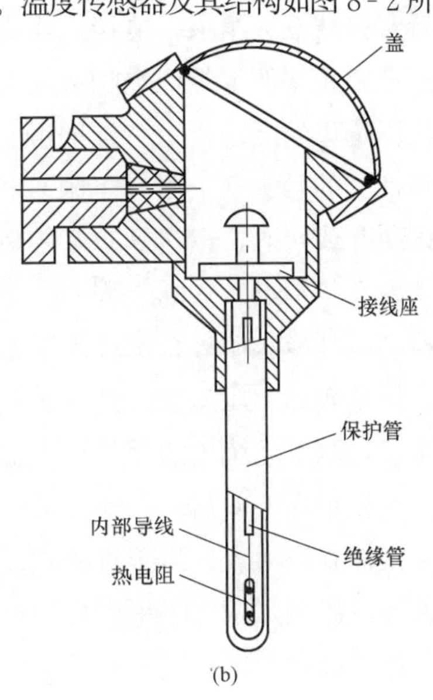

(b)

图 8-2　温度传感器及其结构

(a) 实物图；(b) 结构图

2. 流量传感器

涡街流量计是工业常用测量流量仪表，也称为涡旋流量计或卡门涡街流量计，其测量基于卡门涡街原理，即流体在特定通道条件下流动时产生振荡，振荡频率与流速正比，通过测量振荡频率得到流量。

在流体中设置三角柱型旋涡发声体，则从旋涡发生体两侧交替地产生有规则的旋涡，这种旋涡称为卡门旋涡。流体平均速度 v 与振荡频率 f 的关系：$f=0.2v/d$，其中 d 为旋涡发生体特征宽度，测量的流量与旋涡频率成正比，范围取决于流体和公称直径。流量传感器基本原理如图 8-3 所示。

3. 压力传感器

压力传感器是将压力转换为电信号输出的传感器，通常将压力测量仪表称为压力传感器。压力传感器由弹性敏感元件和位移敏感元件（或应变计）组成，一般利用压阻效应或压电效应测量。压阻效应是指电阻丝在外力作用下发生机械形变时，其电阻值发生变化，压阻式压力传感器动态响应快、测量范围宽；压电效应是指某些电介质物体在某方向受压力或拉力作用产生形变时，表面会产生电荷，外力撤销后，又回到不带电状态，压电式压力传感器适用于变化快的动态压力测量。

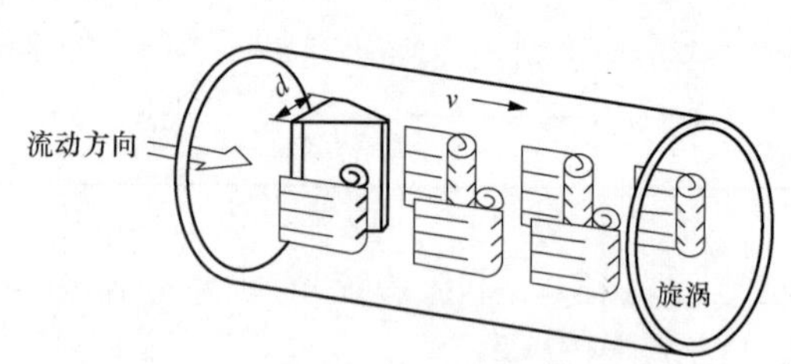

图 8-3　流量传感器基本原理

在换流阀冷却系统中，压力传感器的应用主要有以下四类。

（1）电接点压力表。电接点压力表由测量系统、指示系统、磁助电接点装置、外壳、调整装置和接线盒等组成。电接点压力表基于测量系统中的弹簧管在被测介质的压力作用下，迫使弹簧管的末端产生相应的弹性变形，借助拉杆经齿轮传动机构的传动并予以放大，由固定齿轮上的指示（连同触头）将被测值在度盘上指示出来。与此同时，当其与设定指针上的触头（上限或下限）相接触（动断或动合）的瞬时，致使控制系统中的电路得以断开或接通，以达到自动控制和发信报警的目的，具有动作可靠、寿命长、触点开关功率大等特点。实际工程中，电接点压力表通常用于喷淋泵出口压力监测、砂滤器启动控制、外冷水循环系统补水压力监测。

（2）压差表计。压差表计是一种机械式压力测量仪表，主要用于阀塔压差测量。由于存在压差，测量系统中的膜片产生偏转，通过活塞传递至显示机构或微动开关，从而在指示器上显示压差或启动微动开关。

（3）机械式压力表。由于机械式压力表的弹性敏感元件具有很高的机械强度及生产方便等特性，机械式压力表得到广泛的应用。压力表的工作原理为弹簧管在压力和真空作用下，产生弹性变形引起管端位移，其位移通过机械传动机构进行放大，传递给指示装置，再由指针在刻有法定计量单位的分度盘上显示被测对象压力值。机械式压力表采用不锈钢结构，常用弹性敏感元件有弹簧管（波登管）、膜片、膜盒及波纹管等，根据动态压力载荷和振动载荷情况决定表计内是否填充液体。

机械式压力表是换流阀冷却系统最为常用的压力传感器，用于现场压力指示，如主循环泵出水压力、去离子回路过滤器压力、阀塔进出水压力等。

（4）压力变送器。换流阀冷却系统运行过程中，维持进、出阀压力稳定是保证换流阀冷却效果的重要措施，需要将进、出阀压力值传输到控制保护系统进行逻辑判断，其测量精度和灵敏度要求较高，常采用压力变送器。压力变送器是一种接受压力变量按比例转换为标准输出信号的仪表。陶瓷压力传感器是一种常用的压力变送器，液体压力直接作用在陶瓷膜片表面，使膜片产生微小形变，变送器上膜片电极检测出与压力成正比例的电容变化，从而转换为标准的 4～20mA 直流电流信号输出。

4. 电导率传感器

溶液的电导率与电解质的性质、浓度、温度有关，常用于溶液含盐量和纯水的重要标志。图 8-4 为电导率传感器的测量原理，振荡器的交流电在一次线圈中产生交变磁场，交变磁场在溶液中感应出环形交流电场，交变电场产生交变磁场，进而在二次线圈中感应出交流电流，探测器通过测量感应电流后经处理得到溶液的电导率。其中，感应电流强度取决于介质的电导率和离子浓度。

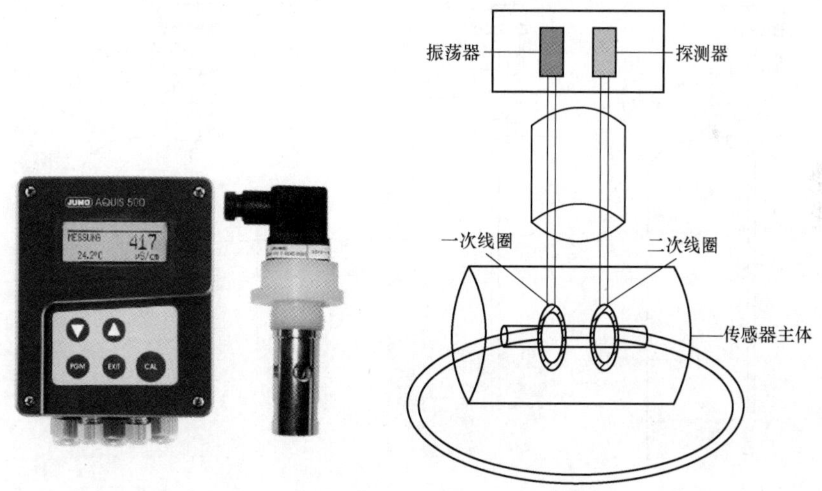

图 8-4　电导率传感器及其测量原理

5. 液位传感器

（1）磁翻板液位传感器。磁翻板液位计安装在容器外的延伸管上，有延伸管外加液位指示器，将装有磁铁的浮球放入延伸管内，因磁性色片内装有与浮球磁性相反的磁铁，当浮球上升时吸引磁性色片翻转，磁性色片颜色发生翻转，以指示实际液位高度。磁翻板液位显示如图 8-5 所示。

（2）电容式液位传感器。电容式液位传感器利用液位高低变化影响电容值变化的原理进行液位测量。R 为液体电阻值，C 为液体电容值，C_A 为初始电容值，C_E 为最终电容

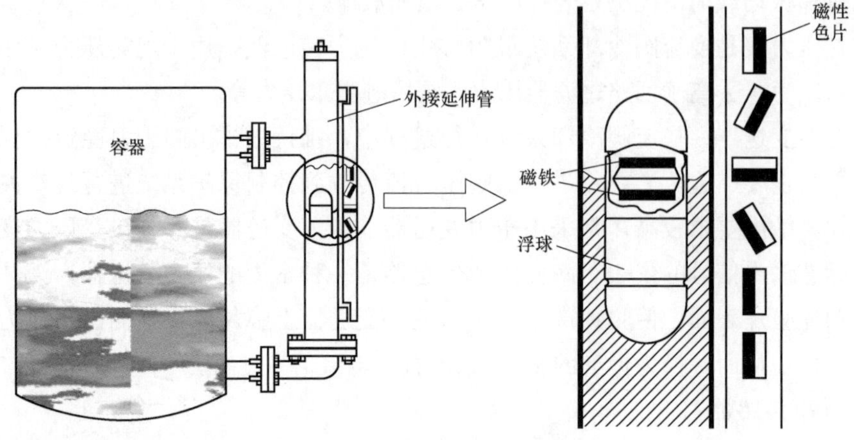

图 8-5　磁翻板液位显示

值，ΔC 为电容变化值，如图 8-6 所示。探头与罐壁（导电材料制成）构成一个电容，当探头处于空气中时，此时电容值较小，为初始电容，当罐体中有液位注入时，电容值随探头被液体锁覆盖区域面积的增加而增加，进而反馈液位的变化。

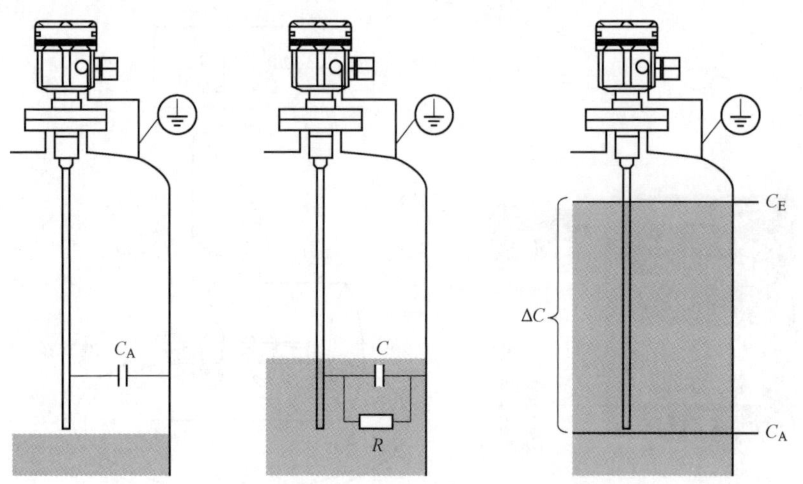

图 8-6　电容式液位传感器测量原理

（3）浮球液位开关。浮球液位开关是利用微动开关或水银开关作为接点元件，当液位上升接触到浮球时，浮球会随着水位上升做角度变化，当浮球上仰角度与水平面超过一定角度时，浮球液位开关会有接通或断开的接点信号输出，作为告警信号或控制水泵启停、水阀开关。浮球液位开关在液位监控要求不高的场合应用较多，如喷淋泵坑集水池、主泵漏水检测等。

6. 温湿度传感器

温湿度传感器为温湿感应元件共体，常选用湿敏电容型传感器，主要由湿敏电容和转换电路两部分组成。其中测温为标准的铂热电阻 P100，湿度为湿敏电容变化量经转换

电路转为电压量，根据湿度与电容变化量线性关系得到湿度值温湿度传感器主要用于稳定的室内环境，如阀厅温湿度监测。

8.2.2　内冷水系统控制保护系统数据处理方法

阀冷控制系统选用西门子 S7 - 400H 系列 PLC，内、外冷控制系统直流电源各设置 6 路进线，控制系统 CPU 及 I/O 模块均冗余配置。

两个 CPU 配置同步模板通过光缆连接，实现 CPU 硬件冗余。S7 - 400H 采用热备用模式的主动冗余原理，发生故障时，无扰动地自动切换。无故障时两个子单元都处于运行状态，如果发生故障，正常工作的子单元能独立完成整个过程的控制。冗余 CPU 通过同步光纤来同步数据。阀冷控制系统与上位机采用 profibus 转光纤通信，阀冷控制 A 系统上送上位机 A 系统，阀冷控制 B 系统送上位机 B 系统。在发生错误时，将会出现一个无扰动的控制传输，即未受影响的热备用设备将在中断处继续执行而不丢失任何信息。

通过设置在内冷水回路上的诸多传感器上传的标准电流信号，上传至控制系统后在系统内部转换为相应的现场实际物理值，从而对设备的运行状态及冷却系统运行参数，如流量、压力、温度、水位和导电率进行监控，对参数超限及设备故障将进行报警，同时实现对现场相关阀门以及电动设备的控制与保护。

8.2.2.1　主要保护功能

为保证现场关键传感器可靠工作，依据传感器重要程度不同，分三冗余传感器、双冗余传感器和单冗余传感器，为保证直流系统运行稳定，可能导致停运的传感器均为三冗余配置。告警定值设两段，一段低、高，二段超低、超高，两者定值不同，产生逻辑也有差别，同时动作后果也有差异。对于三冗余仪表，当三个传感器均可用时，一段告警产生逻辑为三取二取一，即三仪表中先判定两个检测值较为接近的两路传感器检测值作为有效数据，两路有效数据中一路超出定值即可出口，二段告警则为三取二取二，即三仪表中先判定两个检测值较为接近的两路传感器检测值作为有效数据，两路有效数据中必须两路同时超出定值才能出口。对于双冗余仪表或三冗余仪表中一路仪表故障时，一段与二段告警均只需两路仪表中一路满足定值即出口。通常一段出口仅为告警，二段出口依据传感器的不同，由现场运维人员设定告警或停运直流。

1. 冷却水进阀温度保护

该保护原理主要为三取二原则：阀冷控制系统计算三台冷却水进阀温度变送器之间的偏差，若两个偏差值不相等则取偏差值较小的两仪表进行控制；若两个偏差值相等则取在线值较大的两仪表再进行控制。当三取二后的 2 台温度变送器检测值同时超过进阀温度超高设定值时，阀冷控制系统发出跳闸保护。

当一台冷却水进阀温度变送器故障，同时另两台冷却水进阀温度变送器检测值有一路超过进阀温度超高设定值时，阀冷控制系统发出跳闸保护。当 2 台冷却水进阀温度变送器故障，同时第 3 台冷却水进阀温度变送器检测值超过进阀温度超高设定值时，阀冷控制系统发出跳闸保护。当 3 台冷却水进阀温度变送器故障，阀冷控制系统发出跳闸保护。

冷却水进阀温度保护跳闸逻辑如图 8-7 所示。

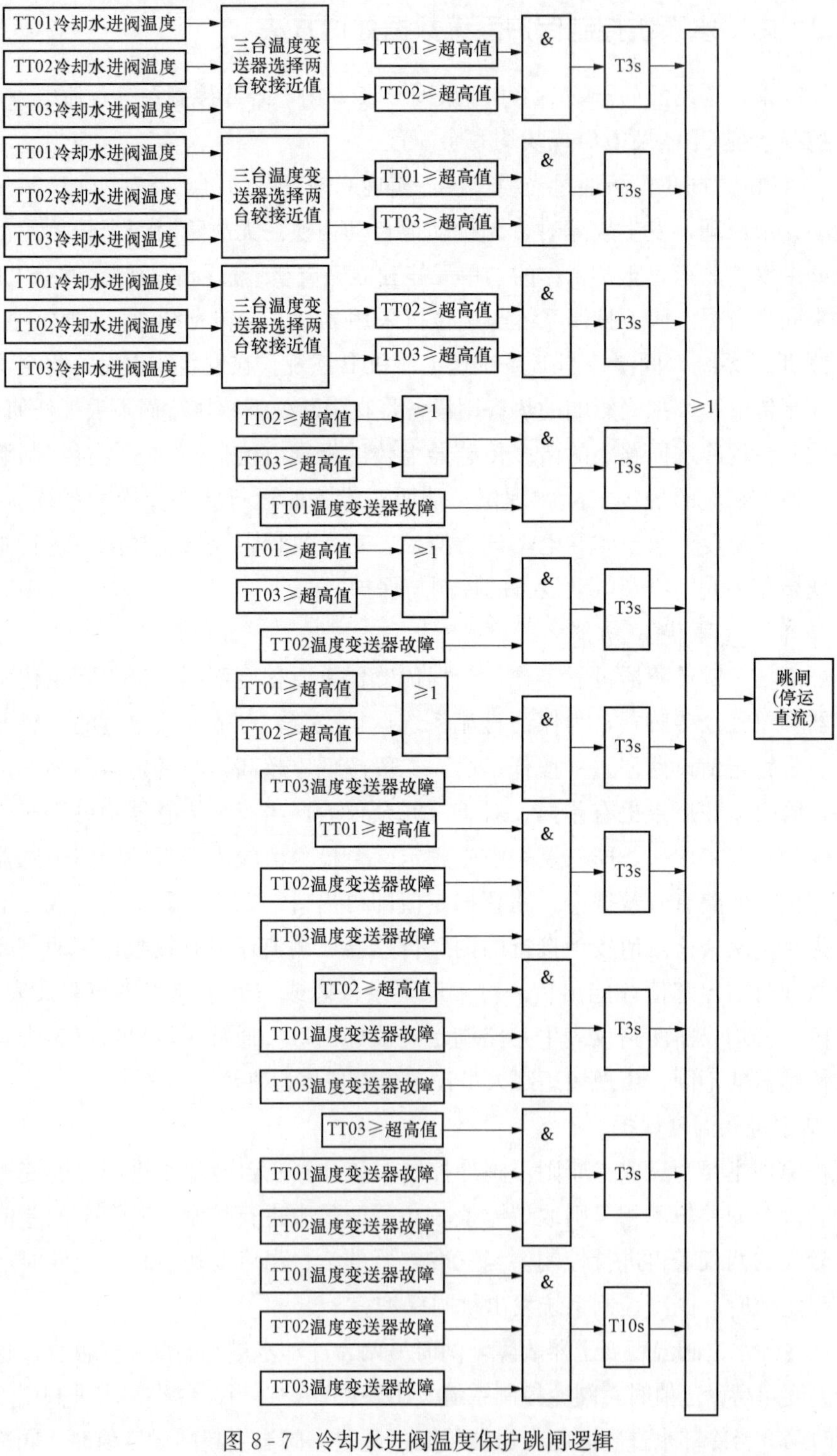

图 8-7　冷却水进阀温度保护跳闸逻辑

2. 流量及压力保护

此保护需要进阀压力数据与冷却水流量数据配合完成保护，包括冷却水流量超低与进阀压力高、冷却水流量低与进阀压力超低、冷却水流量超低与进阀压力低、两台主循环泵均故障与进阀压力低、两台主循环泵均故障与冷却水流量低。冷却水流量低、进阀压力低，进阀压力高属于一段告警，仅需三取二后的两路传感器有效值中有一路满足即可出口，冷却水流量超低，进阀压力超低为二段告警，需三取二后的两路有效传感器均满足定值才可出口，当上述条件任意一个同时满足，阀冷控制系统发出请求命令停运直流。

冷却水流量超低判断逻辑如图 8-8 所示。进阀压力超低判断逻辑如图 8-9 所示。冷却水流量超低与进阀压力低配合保护跳闸逻辑如图 8-10 所示。冷却水流量超低与进阀压力高配合保护跳闸逻辑如图 8-11 所示。冷却水流量低与进阀压力超低配合保护跳闸逻辑如图 8-12 所示。两台主循环泵均故障与冷却水流量低配合保护跳闸逻辑如图 8-13 所示。两台主循环泵均故障与进阀压力低配合保护跳闸逻辑如图 8-14 所示。

3. 液位保护

该保护原理主要为三取二原则：控制系统计算三台膨胀罐液位交送器之间的偏差，如两个偏差值不相等，则取偏差值较小的两仪表进行控制；两个偏差值相等，则取在线值较大的两仪表再进行控制。当三取二后的二台膨胀罐液位变送器检测值同时超过膨胀罐液位超低设定值时，阀冷控制系统发出跳闸保护。

当一台膨胀罐液位变送器故障，同时另两台中任意一台膨胀罐液位变送器测量值超过膨胀罐液位超低设定值时，阀冷控制系统发出跳闸保护。当两台膨胀罐液位变送器故障，同时第三台膨胀罐液位变送器检测值低于膨胀罐液位超低设定值时，阀冷控制系统发出跳闸保护。三台膨胀罐液位变送器全部故障时，阀冷控制系统发出跳闸保护。

液位保护跳闸逻辑如图 8-15 所示。

4. 电导率保护

该保护原理主要为三取二原则：阀冷控制系统计算三台冷却水电导率变送器之间的偏差，如两个偏差值不相等，则取偏差值较小的两仪表进行控制；如两个偏差值相等，则取在线值较大的两仪表再进行控制。当三取二后的两台冷却水电导率变送器检测值同时超过冷却水电导率超高设定值时，阀冷控制系统发出跳闸保护。

当一台冷取水电导率变送器故障，同时另两台中任意一台冷取水电导率变送器测量值超过冷取水电导率超高设定值时，阀冷控制系统发出跳闸保护。当两台冷取水电导率变送器故障，同时第三台冷取水电导率变送器检测值高于冷取水电导率超低设定值时，阀冷控制系统发出跳闸保护。三台冷取水电导率变送器全部故障时，阀冷控制系统发出跳闸保护。

电导率保护跳闸逻辑如图 8-16 所示。

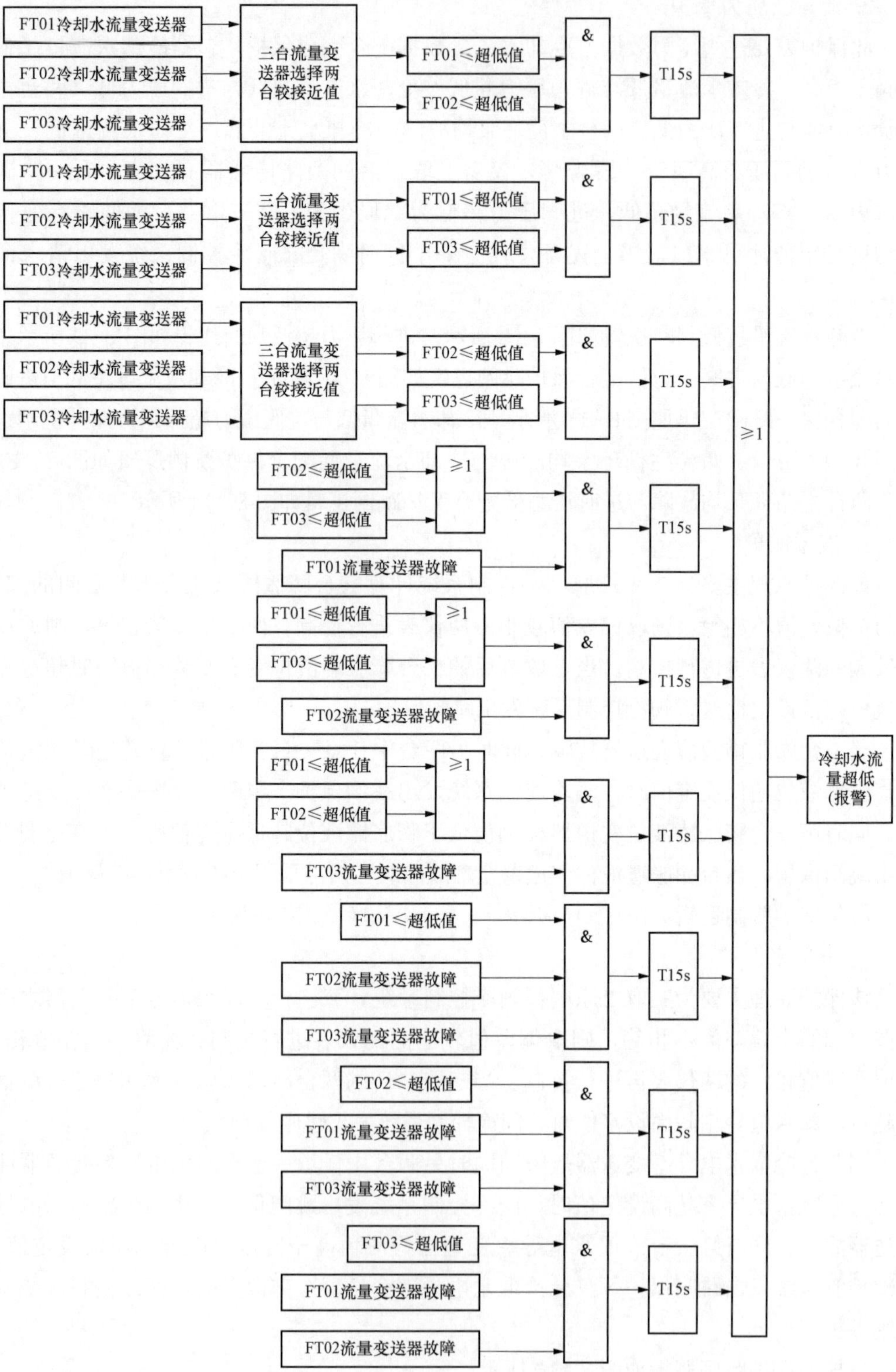

FT01冷却水流量变送器
FT02冷却水流量变送器
FT03冷却水流量变送器
三台流量变送器选择两台较接近值
FT01≤超低值
FT02≤超低值
&
T15s

FT01冷却水流量变送器
FT02冷却水流量变送器
FT03冷却水流量变送器
三台流量变送器选择两台较接近值
FT01≤超低值
FT03≤超低值
&
T15s

FT01冷却水流量变送器
FT02冷却水流量变送器
FT03冷却水流量变送器
三台流量变送器选择两台较接近值
FT02≤超低值
FT03≤超低值
&
T15s

FT02≤超低值
FT03≤超低值
≥1
FT01流量变送器故障
&
T15s

FT01≤超低值
FT03≤超低值
≥1
FT02流量变送器故障
&
T15s

FT01≤超低值
FT02≤超低值
≥1
FT03流量变送器故障
&
T15s

FT01≤超低值
FT02流量变送器故障
FT03流量变送器故障
&
T15s

FT02≤超低值
FT01流量变送器故障
FT03流量变送器故障
&
T15s

FT03≤超低值
FT01流量变送器故障
FT02流量变送器故障
&
T15s

≥1
冷却水流量超低(报警)

图 8-8　冷却水流量超低判断逻辑

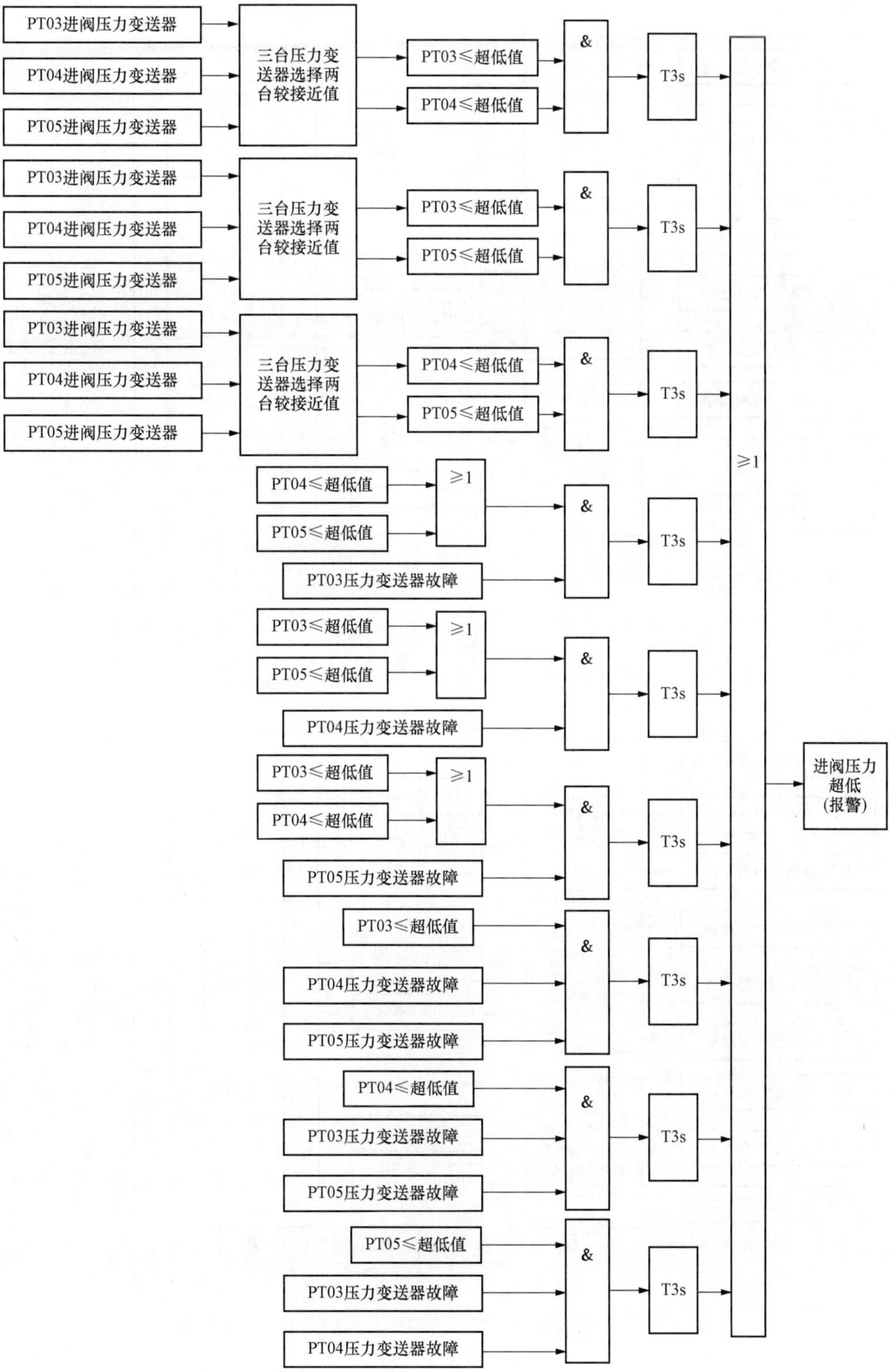

图 8-9　进阀压力超低判断逻辑

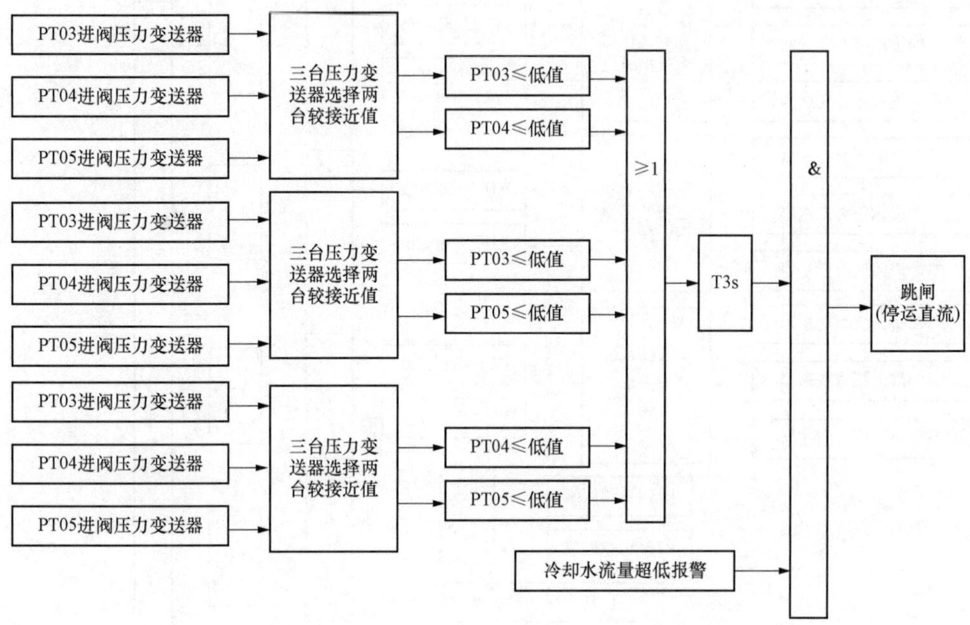

图 8 - 10　冷却水流量超低与进阀压力低配合保护跳闸逻辑

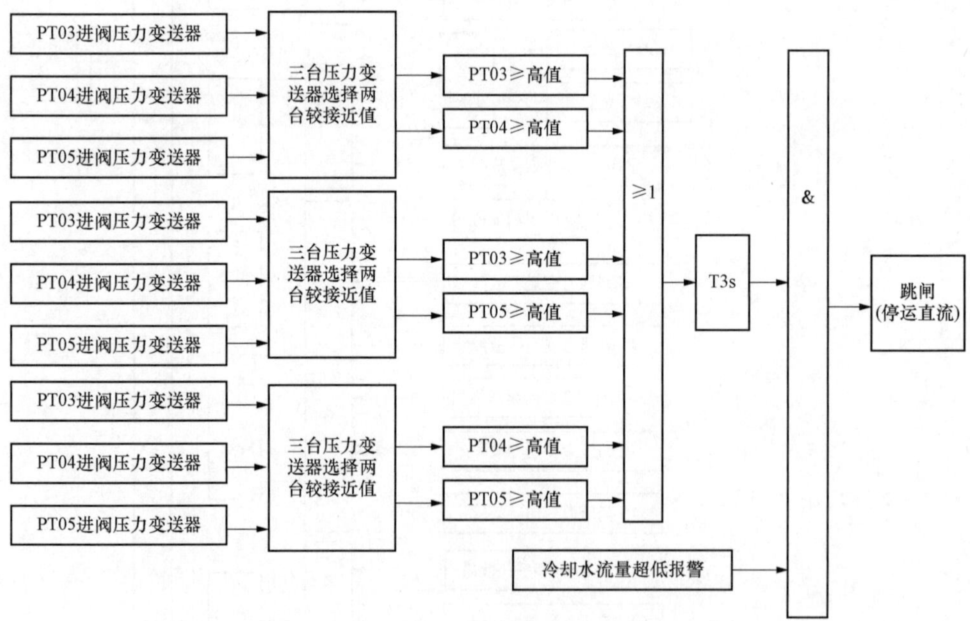

图 8 - 11　冷却水流量超低与进阀压力高配合保护跳闸逻辑

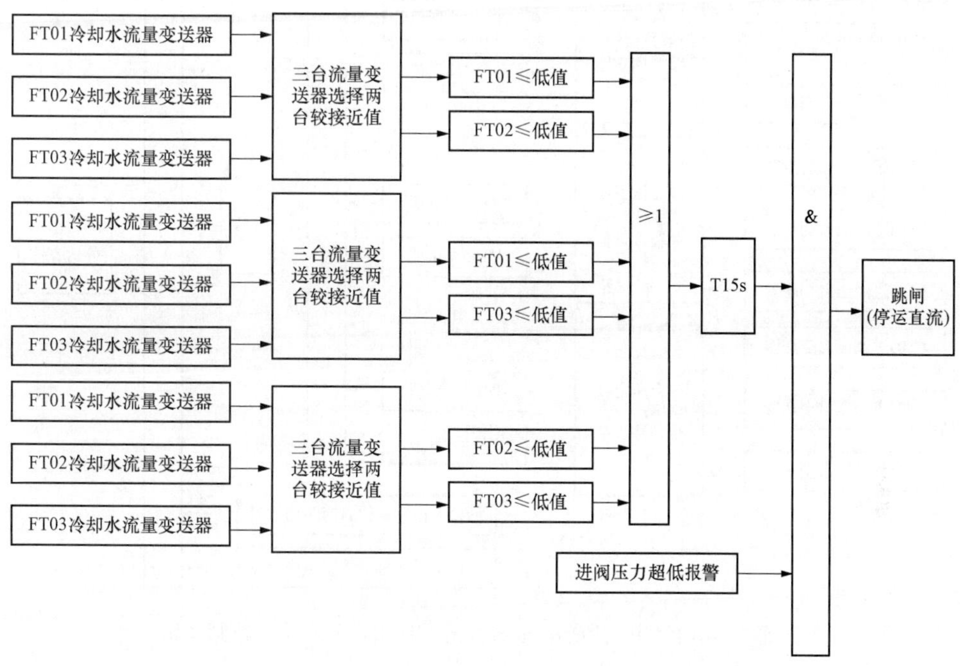

图 8-12　冷却水流量低与进阀压力超低配合保护跳闸逻辑

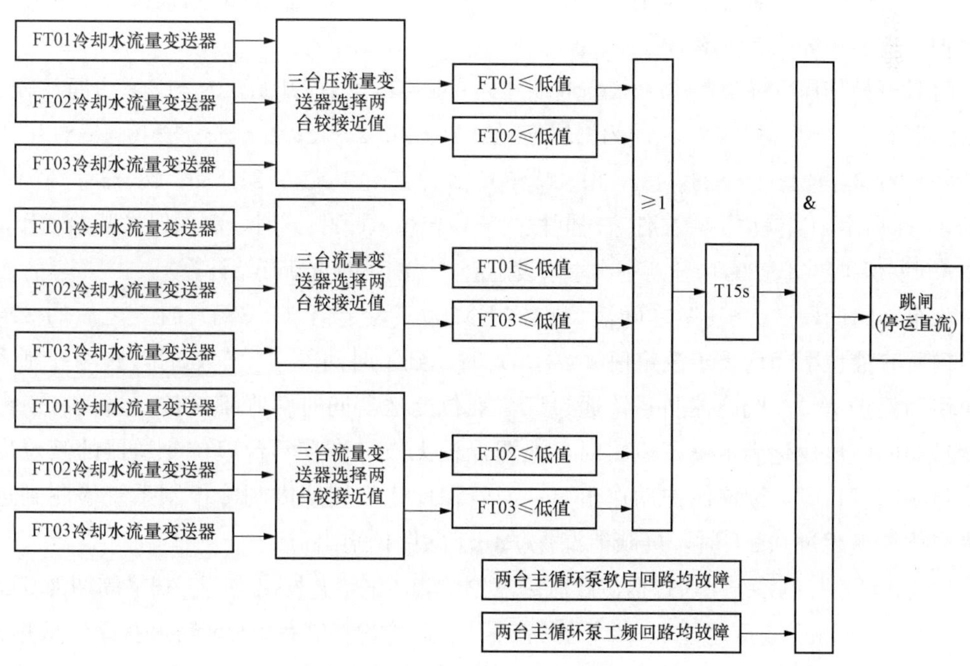

图 8-13　两台主循环泵均故障与冷却水流量低配合保护跳闸逻辑

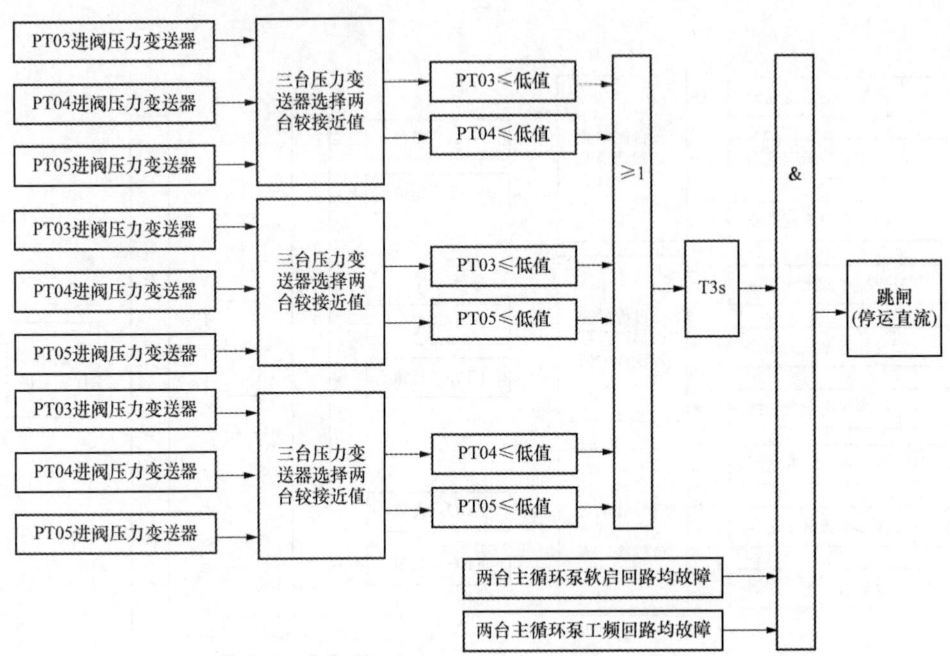

图 8 - 14　两台主循环泵均故障与进阀压力低配合保护跳闸逻辑

5. 泄漏渗漏保护

阀冷控制对膨胀罐液位连续监测，每个扫描周期都对当前值进行计算和判断。扫描周期为 2s，液位比较周期为 10s，比较周期内泄漏量为 0.3%，延时 30s 后泄漏保护动作。泄漏保护原理如图 8 - 17 所示。

CPU 开始扫描后每 2s 为一个扫描周期。如 0 为 CPU 扫描开始，0s 与 10s 进行比较，2s 与 12s 进行比较，每隔 10s 为一次液位比较。如“0→10；2→12；4→14；6→16；8→18；10→20；12→22；14→24；16→26；18→28；20→30；22→32；24→34；26→36；28→38；30→40”，如图 8 - 17 所示，当液位下降在任一时间段大于设定值（0.3%）时，泄漏保护开始动作，延时 30s 泄漏保护出口，30s 内任意一次小于设定值，泄漏延时重新开始计算。

如果在时间段“0→10”之间液位扫描下降大于设定值（0.3%）时，之后的 30s 时间段内所有液位下降均大于设定值（0.3%）时，到了时间段“40”处时，阀冷控制系统发出泄漏保护信号。阀冷控制系统通过三台液位变送器同时膨胀罐液位。当仅有一台液位变送器的液位变化满足跳闸逻辑时，泄漏保护无效，当有两台液位变送器的液位变化均满足跳闸逻辑时，泄漏保护动作出口。而若在此比较周期内阀冷控制系统检测到进阀温度变化梯度超过 0.2℃时，屏蔽泄漏保护，泄漏保护不出口。

同时，阀冷控制系统可通过监测膨胀罐液位检测渗漏，并发出预警。扫描周期为 60min，在扫描周期之间液位下降超过 0.6%，连续产生 6 次，阀冷控制系统显示渗漏报警信息并上传报警。任意一次采样值间下降量小于设定值，则将累计次数清零、报警复位，重新开始计数。

泄漏保护跳闸逻辑如图 8 - 18 所示。

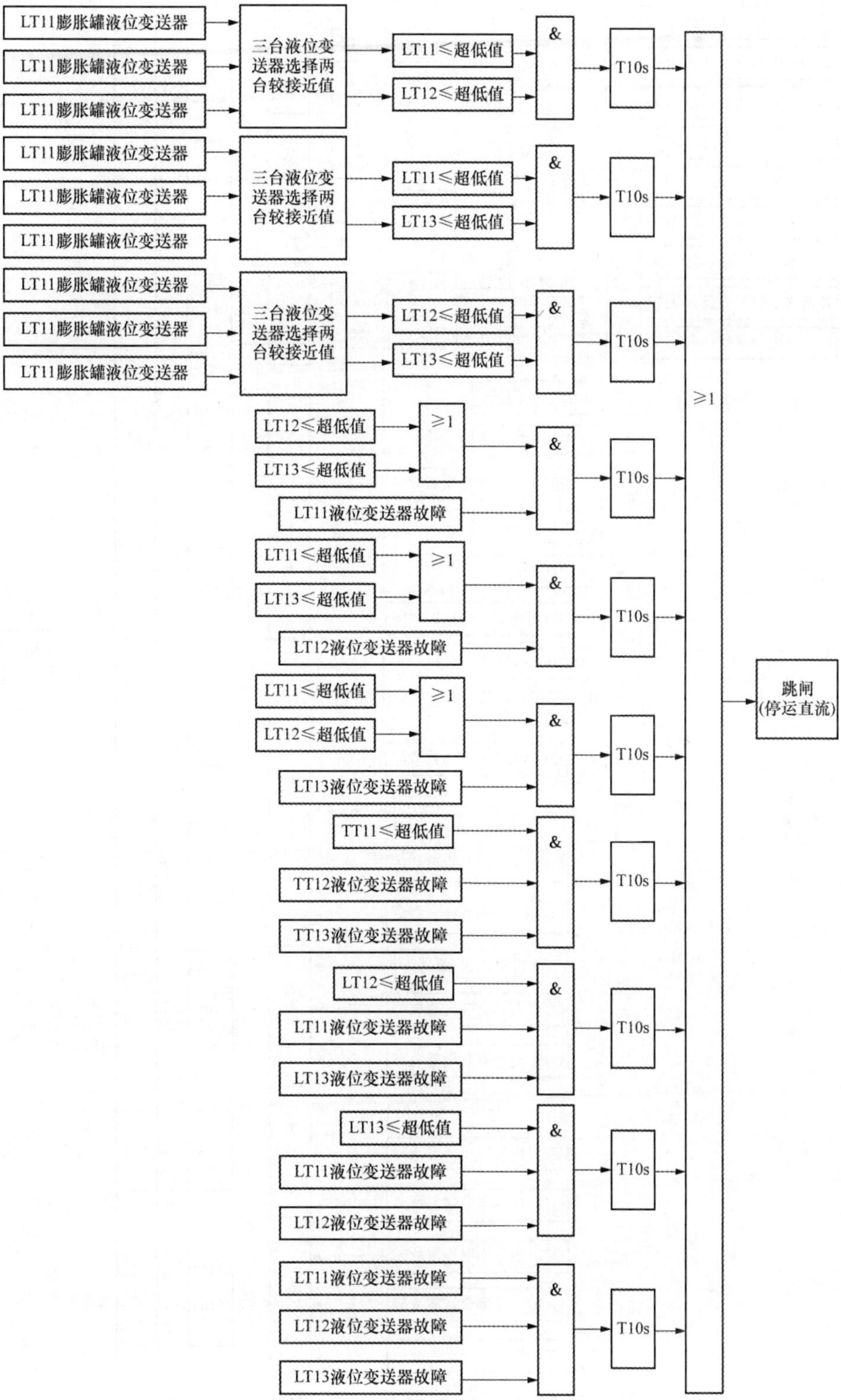

LT11膨胀罐液位变送器
LT11膨胀罐液位变送器
LT11膨胀罐液位变送器
三台液位变送器选择两台较接近值
LT11≤超低值
LT12≤超低值
&
T10s

LT11膨胀罐液位变送器
LT11膨胀罐液位变送器
LT11膨胀罐液位变送器
三台液位变送器选择两台较接近值
LT11≤超低值
LT13≤超低值
&
T10s

LT11膨胀罐液位变送器
LT11膨胀罐液位变送器
LT11膨胀罐液位变送器
三台液位变送器选择两台较接近值
LT12≤超低值
LT13≤超低值
&
T10s

LT12≤超低值
LT13≤超低值
≥1
LT11液位变送器故障
&
T10s

LT11≤超低值
LT13≤超低值
≥1
LT12液位变送器故障
&
T10s

LT11≤超低值
LT12≤超低值
≥1
LT13液位变送器故障
&
T10s

TT11≤超低值
TT12液位变送器故障
TT13液位变送器故障
&
T10s

LT12≤超低值
LT11液位变送器故障
LT13液位变送器故障
&
T10s

LT13≤超低值
LT11液位变送器故障
LT12液位变送器故障
&
T10s

LT11液位变送器故障
LT12液位变送器故障
LT13液位变送器故障
&
T10s

≥1
跳闸
(停运直流)

图 8-15　液位保护跳闸逻辑

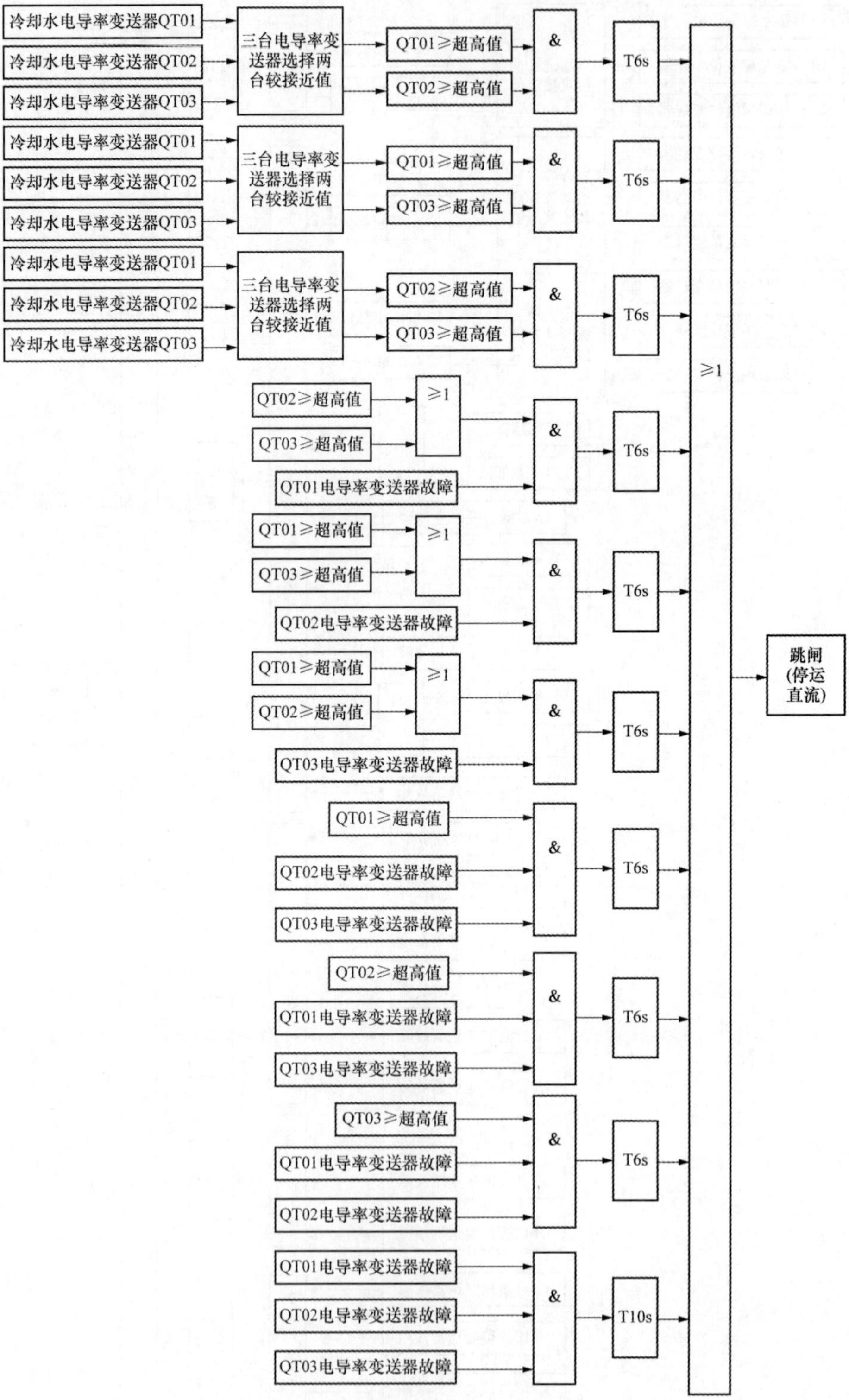

冷却水电导率变送器QT01
冷却水电导率变送器QT02
冷却水电导率变送器QT03
三台电导率变送器选择两台较接近值
QT01≥超高值
QT02≥超高值
&
T6s

冷却水电导率变送器QT01
冷却水电导率变送器QT02
冷却水电导率变送器QT03
三台电导率变送器选择两台较接近值
QT01≥超高值
QT03≥超高值
&
T6s

冷却水电导率变送器QT01
冷却水电导率变送器QT02
冷却水电导率变送器QT03
三台电导率变送器选择两台较接近值
QT02≥超高值
QT03≥超高值
&
T6s

QT02≥超高值
QT03≥超高值
≥1
QT01电导率变送器故障
&
T6s

QT01≥超高值
QT03≥超高值
≥1
QT02电导率变送器故障
&
T6s

QT01≥超高值
QT02≥超高值
≥1
QT03电导率变送器故障
&
T6s

QT01≥超高值
QT02电导率变送器故障
QT03电导率变送器故障
&
T6s

QT02≥超高值
QT01电导率变送器故障
QT03电导率变送器故障
&
T6s

QT03≥超高值
QT01电导率变送器故障
QT02电导率变送器故障
&
T6s

QT01电导率变送器故障
QT02电导率变送器故障
QT03电导率变送器故障
&
T10s

≥1
跳闸(停运直流)

图 8-16　电导率保护跳闸逻辑

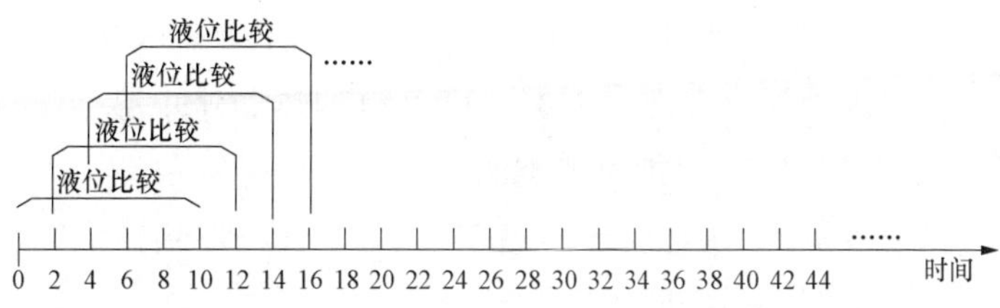

图 8-17　泄漏保护原理

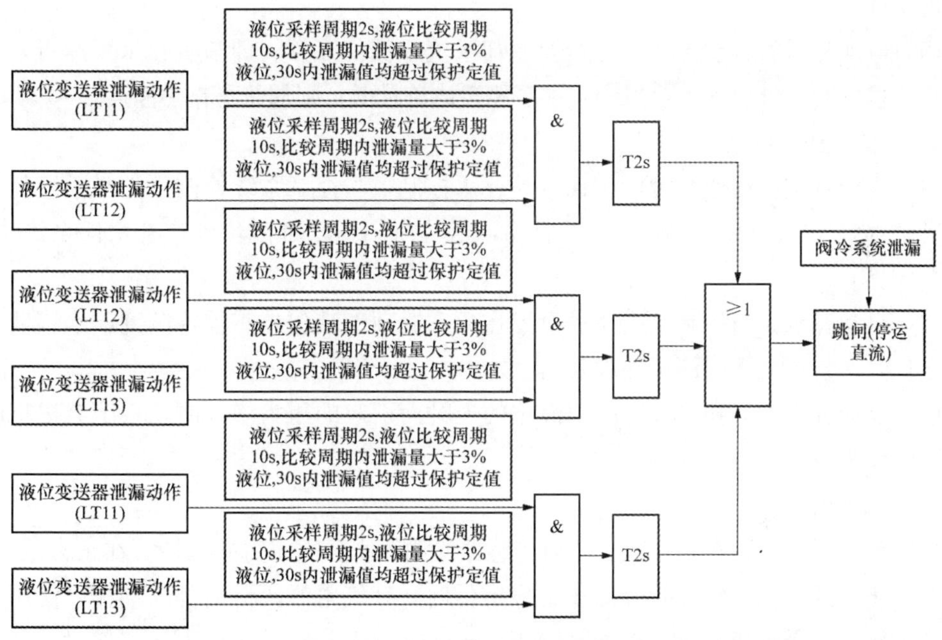

图 8-18　泄漏保护跳闸逻辑

8.2.2.2　主要设备控制

1. 主循环泵控制

主泵电机、轴承以及泵端均设置有温度传感器，可用于实时监测三处温度，当温度过高时，可能损坏主泵甚至着火，因此控制系统对主泵电机温度设置过热切泵逻辑，当温度传感器检测值超过主泵过热保护定值时，报出“主循环泵过热”，并可依据人工设置切换至另一台主循环泵运行。

当控制系统检测到主泵出水压力测量值低于一段保护定值，同时检测到进阀压力送器有效测量值低于一段保护定值时，延时 3s 后，切换备用泵直接运行，同时控制系统报出“阀冷系统压力低切换主泵，请检查并确认报警”。

另外控制系统内设电压监视继电器，通过直流供电，当检测到主泵进线电源电压低于额定值 80%时，报“动力电源故障”，并切换至备用泵运行。

2. 电加热器控制

控制系统通过进阀温度传感器检测冷却水进阀温度，并通过进阀温度控制启停。

(1) 冷却水进阀温度不大于 H01、H02 电加热器启动温度设定值时，电加热器 H01、H02 启动；冷却水进阀温度大于 H01、H02 电加热器停止温度设定值时，电加热器 H01、H02 停止。H03、H04 电加热器类似。

(2) 冷却水进阀温度低于/接近阀厅露点 1℃时，4 台电加热器强制启动，其中阀厅露点为阀冷控制系统依据阀厅温湿度计算得来。

(3) 当进阀温度大于（进阀温度高定值－5℃）时，电加热器强制停止。此条件优先于其他条件。

(4) 电加热器的启动与主泵运行及冷却水流量低值互锁（即只有在水泵运行，且无冷却水流量低时才可启动加热器，若主泵停运或流量低，则加热器自动停运）。

3. 补水泵补水控制

(1) 阀冷系统自动运行时可实现自动补水控制，当控制系统检测到膨胀罐液位下降到自动补水启动液位时，控制补水泵启动，当检测到膨胀罐液位到达补水停泵液位时，补水泵停止。

(2) 自动补水时当控制系统通过设置在原水罐顶部液位传感器检测到原水罐液位到达低液位时，系统会强制停止补水泵。

(3) 自动补水时，膨胀罐压力因液位的上升而引起的压力增大时，系统会根据膨胀罐压力的大小自动进行排气。

4. 氮气稳压控制

控制系统通过设置在膨胀罐上压力传感器检测膨胀罐内压力并维持其在正常范围内。当膨胀罐压力低于补气电磁阀开启压力设定值时，补气电磁阀开启补气动作，使用高压氮气瓶内氮气给膨胀罐增压，当膨胀罐压力到达补气电磁阀关闭压力设定值时，补气停止。排气回路设置排气电磁阀，当膨胀罐压力高于排气电磁阀开启压力时，排气电磁阀开启排气，使膨胀罐内压力降低，当膨胀罐压力低于排气电磁阀关闭压力时，排气停止。

同时，通过设定在冷却水回路中的溶解氧变送器，阀冷控制系统可在启动监测主水回路中溶解氧浓度，并控制设置在膨胀罐底部的曝气装置喷洒氮气瓶中氮气脱去冷却水中溶解氧，而在阀冷系统启动正常运行后，冷却水由于是密闭运行，不会接触外界空气，此控制逻辑退出。

8.3 阀冷系统外冷水系统数据处理方法

8.3.1 外冷水系统的结构及其测量装置配置

外冷水循环系统与内冷系统水循环是完全独立不连通的，它们各自拥有一套主设备，相互配合分工完成整个换流阀的冷却任务。外冷水循环系统主要用于冷却流经换流阀内部与发热元件热交换后的内冷水，经过水喷淋后将内冷水中热量带走，从而使内冷水能

够再次进入换流阀内部冷却通流元件。同时由于在外冷水运行过程中会挥发大量水蒸气以及盐碱化导致的弃水，需要定期对外冷水池内喷淋水进行补充，需要对其配套一套喷淋水处理设备，降低补充水电导率，防止喷淋水电导率过高而盐碱化在内冷水喷淋盘管上结垢，影响冷却效率。

8.3.1.1　外冷水循环系统的结构

外冷水循环系统简称外冷水系统，主要设备包括外冷水池、闭式冷却塔、喷淋泵、管道、阀门、传感器及控制设施等。外冷水系统的主要功能是对内冷水回路进行冷却。每台闭式冷却塔配置两台喷淋泵，一运行一备用，为冷却塔热交换提供低温冷却水循环动力，将外冷水由喷淋水池抽出喷淋至冷却塔的盘管上。

密闭冷却塔为流体热交换提供空间，内冷水在闭式冷却塔的盘管内进行循环，其热量经过盘管散入流过盘管的水中。同时机组外的空气从底盘上的进风格栅进入，与水的流动方向相反，向上流经盘管。一部分的水蒸发吸走热量，热湿空气从冷却塔顶部排出到大气中。其余的水落入底部水盘，汇集到地下循环水池，由喷淋水泵再次送至喷淋水分配管道系统进行喷淋。

每台闭式冷却塔配置两组风机，每组风机具备变频回路以及工频回路，依据工况调整转速。空气流动方向与水流方向形成逆向流动，提高了传热系数及传热效率。

喷淋水处理装置主要由自循环过滤器、石英砂过滤器、活性炭过滤器、反渗透装置、反渗透加药装置、反洗装置、排污装置、管道、传感器以及控制设施等组成。可间断对喷淋水池内喷淋水进行清洗过滤，同时弃除一部分喷淋水以补充新水，并对补充喷淋新水进行过滤以及反渗透处理。

自循环过滤器由两台自循环泵、石英砂过滤器以及相应阀门组成，根据喷淋水池水质情况，对喷淋水池内的水进行间断性过滤，当喷淋水质不满足要求时，通过过滤器进行排污，排污量可通过流量计观察。

石英砂过滤器选用不同粒径的石英砂滤料，自上而下粒径逐级分配，利用深层过滤原理，当补充水通过石英砂滤层，水中的悬浮物、机械颗粒、胶体等杂质在流经滤料层中弯弯曲曲的孔道时，由于滤料表面的接触作用，悬浮物和滤料表面互相黏附，从而去除水中的悬浮物、胶体、机械颗粒。通过在进水管道投加絮凝剂，采用直流凝聚方式，使水中大部分悬浮物和胶体变成微絮体在石英砂滤层中截留而去除。过滤器为立式结构，通过压差或时间进行反冲洗，石英砂过滤器的反洗、正洗过程，可将石英砂滤层的杂质冲洗出来，同时使滤层松动，提高流量及吸附效果。

活性炭过滤器内装粒状椰完净水型清性和石英砂层，主要去除水中的大分子有机物、胶体、异味、余氯等杂质，防止下游反渗透膜被氧化。活性炭过滤器的反洗、正洗过程，可将活性炭滤层的杂质冲洗出来，同时使滤层松动，提高流量及吸附效果。

反渗透装置是一种借助于选择透过半透过性膜的功能以压力为推动力的膜分离技术，当系统中所加的压力大于进水溶液渗透压时，水分子不断地透过膜，经过产水流道流入中心管，然后在一端流出水中的杂质，如离子、有机物、细菌、病毒等，被截留在膜的进水侧，然后在浓水出水端流出，从而达到分离净化目的。

反渗透装置主要由保安过滤器、反渗透膜、高压泵、化学清洗单元等组成。经砂滤器碳滤器过滤后的补充水首先通过保安过滤器，过滤精度 5μm，后经过高压水泵为反渗透装置提供足够的进水压力，保证反渗透膜的正常运行。高压泵共两台，一用一备，采用变频控制。

喷淋水补水装置主要由两台补水泵以及相关管道阀门组成，当喷淋水池液位低于喷淋水池补水启动液位时，启动工业补水泵对喷淋水池进行补水；喷淋水池液位高于喷淋水池补水停止液位时，停止工业补水泵对喷淋水池进行补水。喷淋水补水需要经过砂滤器、碳滤器以及反渗透装置最终补充至喷淋水池。

8.3.1.2 外冷水循环系统测量装置配置

外冷水循环系统以及水处理系统虽不是直接与换流阀一次设备接触热交换的设备，但是作为重要的辅助设备，若其运行异常如喷淋水电导率较高，则可能在内冷水管道上产生结垢，使得冷却塔内热交换效率降低，同时若喷淋水池内喷淋水位极低，则喷淋水无法得到保证，也会影响阀冷系统正常运行。因此，对外冷水系统以及水处理系统的监测是十分有必要的。换流阀内冷却系统传感器配置见表 8-2。

表 8-2　换流阀内冷却系统传感器配置

参数量	传感器	配置类型/输出信号	作用
流量和压力	流量传感器	脉冲式流量计，脉冲信号输出	监测反渗透装置清洗水流量
	流量传感器	脉冲式流量计，脉冲信号输出	监测外冷水补水流量
	流量传感器	脉冲式流量计，脉冲信号输出	监测反渗透装置产水流量
	流量传感器	脉冲式流量计，脉冲信号输出	监测反渗透装置浓水流量
	流量传感器	脉冲式流量计，脉冲信号输出	监测自循环装置排污水流量
	压力传感器	压力变送器，4～20mA	监测喷淋泵出水压力
	压力传感器	压力变送器，4～20mA	监测自循环泵出水压力
	压力传感器	压力变送器，4～20mA	监测反渗透清洗过滤器进水压力
	压力传感器	压力变送器，4～20mA	监测反渗透清洗过滤器出水压力
	压力传感器	压力变送器，4～20mA	监测反洗泵出水压力
	压力传感器	压力变送器，4～20mA	监测反渗透浓水压力
	压力传感器	压力变送器，4～20mA	监测反渗透第一段压力
	压力传感器	压力变送器，4～20mA	监测反渗透进水压力
	压力传感器	压力变送器，4～20mA	监测反渗透高压泵出水压力
	压力传感器	压力变送器，4～20mA	监测反渗透高压泵进水压力
	压力传感器	压力变送器，4～20mA	监测反渗透过滤器进水压力
	压力传感器	压力变送器，4～20mA	监测碳滤器出水压力
	压力传感器	压力变送器，4～20mA	监测碳滤器进水压力
	压力传感器	压力变送器，4～20mA	监测外冷补水压力

续表

参数量	传感器	配置类型/输出信号	作用
温度	温度传感器（双冗余）	铂热电阻 PT100，4～20mA	监测外冷喷淋水温度
	温湿度传感器（双冗余）	温湿度变送器，4～20mA	监测户外温湿度
电导率	电导率传感器	电导率变送器，4～20mA	监测反渗透装置出水电导率
液位	电容式液位传感器（双冗余）	电容式液位传感器，4～20mA	监测喷淋水池液位
	浮球液位计（双冗余）	浮球液位计	就地监测喷淋水池内液位

8.3.2　外冷水系统控制保护系统数据处理方法

外冷水系统以及水处理设备无三冗余传感器，相应的告警信号与内冷系统一致分一段二段，但全部为双冗余或单冗余，且一段二段均只告警，不会直接导致直流系统停运。

8.3.2.1　喷淋泵控制

当阀冷系统启动且没有出现喷淋水池液位低报警时，喷淋泵开始运行。每组喷淋泵出口设置压力开关，当阀冷控制系统检测到喷淋泵出水压力低于保护定值时，延时 3s 后，切换备用喷淋泵运行，同时控制系统报出相应“喷淋泵压力低切换，请就地确认”报警。此报警存在时，该组喷淋泵压力低不再执行切换。

8.3.2.2　冷却塔风机控制

冷却塔风机共 6 台，当阀冷控制系统检测到进阀温度超过风机启动设定值时，风机启动，同时根据进阀温度的变化进行 PID 调节，通过变频器控制风机转速。当检测到进阀温度持续低于风机启动温度－2℃且风机频率达到 20Hz，则延时一段时间后停运风机。

8.3.2.3　自循环控制

正常运行过程中自循环装置通过自循环泵对喷淋水进行过滤，滤除其中的杂质，每组自循环泵出口设置压力开关，当阀冷控制系统检测到喷淋泵出水压力低于保护定值时，切换备用自循环泵运行，同时控制系统报出相应“自循环泵压力低切换，请就地确认”报警。

8.3.2.4　反渗透控制

阀冷控制系统通过在线监测外冷补水流量以及反渗透出水流量，可调整反渗透高压泵运行状态，增加或减少高压泵出水压力，同时当阀冷控制系统监测到高压泵出水压力低于保护定值时，切换备用高压泵运行，同时控制系统报出相应“高压泵压力低切换，请就地确认”报警。

第 9 章　昆柳龙直流工程数据处理故障典型案例分析

本章主要介绍在昆柳龙工程的 FPT、DPT 试验和现场调试试验期间出现的典型故障案例，通过分析其 SER 信号、HMI 截图和故障录波，发现其中涉及的数据处理方法缺陷与不足，从原理上找出故障原因并提出对应的解决或优化方案。

9.1　锁相环输出异常导致调制波紊乱故障分析

9.1.1　试验过程

9.1.1.1　故障事件经过

2020 年 7 月 6 日，昆柳龙直流现场系统调试开展昆北—龙门极 2 低端系统调试试验项目“41.2 极 2 低端失去冗余设备试验”，昆北—龙门极 2 低端换流阀处于稳定运行状态，有功功率 200MW。17：32：3：66，运行人员在调试过程将换流器控制屏（CCP）主用由 B 套手动切换至 A 套时，CCP 收到换流器控制系统“暂停触发次数超限”“换流器控制请求跳闸”，极 2 低端换流阀退至交流侧热备用、极 2 退至极直流侧隔离状态。

9.1.1.2　故障时序分析

为了便于进行故障原因分析，将故障前极 2 低端换流阀测量系统和控制系统的时序信息罗列如下：

初态为极 2 组控 A 套备用、B 套主用。

16：38：11，断开极 2 低端柔性直流变压器测量接口屏 A 的 F11/F12/F13 空开后；16：42：23，S3P2CCP2A 报紧急故障；16：42：26，S3P2CCP2A 由备用退至服务状态。

16：51：13，恢复极 2 低端柔性直流变压器测量接口屏 A 的 F11/F12/F13 空开后，S3P2CCP2A 紧急故障消失；16：56：12，S3P2CCP2A 由服务状态恢复至备用状态。

16：59：52，断开极 2 及双极区测量接口屏 A 的 F11/F12/F13 空开后；17：02：48，S3P2CCP2A 报紧急故障，S3P2CCP2A 由备用退至服务状态。17：07：51，断开极 2 及双极区测量接口屏 A 的 F21/F22 空开；17：10：34，恢复极 2 及双极区测量接口屏 A 的 F11/F12/F13 空开；17：12：26，恢复极 2 及双极区测量接口屏 A 的 F21/F22 空开；17：13：24，S3P2CCP2A 由服务状态恢复至备用状态。

17：14：12，断开极 2 低端换流阀测量接口屏 A 的 F11/F12/F13 空开；17：16：49，断开极 2 低端换流阀测量接口屏 A 的 F21/F22 空开；17：18：15，S3P2CCP2A 报紧急故障，S3P2CCP2A 由备用退至服务状态。17：25：47，S3P2CCP2A 由服务状态恢复至备用状态。

17：32：03.066，为了更好地验证控制系统的切换功能，现场在 HMI 上手动将 S3P2CCP2B 由值班切换为备用。17：32：03.067，S3P2CCP2A 运行状态出现；17：32：03.068，S3P2CCP2B 备用状态出现。

17：32：03.330、17：32：03.424、17：32：03.526，S3P2G2 换流器控制先后 3 次暂时性闭锁；17：32：03.526，S3P2G2 换流器控制报“暂停触发次数越限”，龙门极 2 X-ESOF，昆龙闭锁，极隔离。B 相上桥臂 69、70 号故障旁路。

故障期间的运行人员工作站报文和换流器控制界面报文如图 9-1、图 9-2 所示。

事件列表　告警列表　故障列表　系统事件　历史事件　历史系统事件

索引	时间	主机	系统告警	事件等级	报警组	事件列表
10016	2020-07-06 17:32:03.103	S3P1PPR1	B	正常	暂态故障录波	触发PPR录波
10017	2020-07-06 17:32:03.103	S3P1PPR1	A	正常	暂态故障录波	触发PPR录波
10018	2020-07-06 17:32:03.330	S3P2CCP2	A	报警	阀控监视	阀控暂停触发信号 出现
10019	2020-07-06 17:32:03.330	S3P2CCP2	B	报警	阀控监视	阀控暂停触发信号 出现
10020	2020-07-06 17:32:03.336	S3P2CCP2	A	正常	阀控监视	阀控暂停触发信号 消失
10021	2020-07-06 17:32:03.337	S3P2CCP2	B	正常	阀控监视	阀控暂停触发信号 消失
10022	2020-07-06 17:32:03.424	S3P2CCP2	B	报警	阀控监视	阀控暂停触发信号 出现
10023	2020-07-06 17:32:03.424	S3P2CCP2	A	报警	阀控监视	阀控暂停触发信号 出现
10024	2020-07-06 17:32:03.430	S3P2CCP2	B	正常	阀控监视	阀控暂停触发信号 消失
10025	2020-07-06 17:32:03.430	S3P2CCP2	A	正常	阀控监视	阀控暂停触发信号 消失
10026	2020-07-06 17:32:03.526	S3P2CCP2	A	紧急	阀控监视	阀控请求跳闸信号 出现
10027	2020-07-06 17:32:03.526	S3P2CCP2	A	报警	阀控监视	阀控暂停触发信号 出现
10028	2020-07-06 17:32:03.526	S3P2CCP2	A	紧急	阀控监视	暂停触发次数越限 出现
10029	2020-07-06 17:32:03.526	S3P2CCP2	A	紧急	闭锁顺序	换流器紧急停运命令 出现
10030	2020-07-06 17:32:03.526	S3P2CCP2	A	紧急	闭锁顺序	保护发出紧急停运命令 已执行
10031	2020-07-06 17:32:03.526	S3P2CCP2	B	轻微	切换逻辑	退出备用
10032	2020-07-06 17:32:03.527	S3P2CCP2	A	正常	阀控监视	阀控阀组就绪信号 消失
10033	2020-07-06 17:32:03.527	S3P2CCP2	A	紧急	闭锁顺序	换流器紧急停运 隔离本极命令 出现
10034	2020-07-06 17:32:03.527	S3P2CCP2	A	紧急	阀组控制	极隔离命令 出现
10035	2020-07-06 17:32:03.527	S3P2CCP2	A	紧急	阀组控制	非电量保护跳交流断路器命令 出现
10036	2020-07-06 17:32:03.527	S3P2CCP2	A	紧急	阀组控制	锁定交流断路器命令 出现
10037	2020-07-06 17:32:03.527	S3P2CCP2	A	正常	顺序控制	换流器 闭锁
10038	2020-07-06 17:32:03.527	S3P2CCP2	B	紧急	阀控监视	阀控请求跳闸信号 出现
10039	2020-07-06 17:32:03.527	S3P2CCP2	B	报警	阀控监视	阀控暂停触发信号 出现
10040	2020-07-06 17:32:03.527	S3P2CCP2	B	正常	阀控监视	阀控阀组就绪信号 消失
10041	2020-07-06 17:32:03.527	S3P2CCP2	B	紧急	阀控监视	暂停触发次数越限 出现
10042	2020-07-06 17:32:03.527	S3P2CCP2	B	正常	顺序控制	换流器 闭锁
10043	2020-07-06 17:32:03.528	S3P2PCP1	B	紧急	极控	极隔离命令 出现
10044	2020-07-06 17:32:03.528	S3P2PCP1	B	报警	极控	向其它站发出X-ESOF命令 出现
10045	2020-07-06 17:32:03.529	S3P2PCP2	A	紧急	极控	极隔离命令 出现

图 9-1　运行人员工作站报文

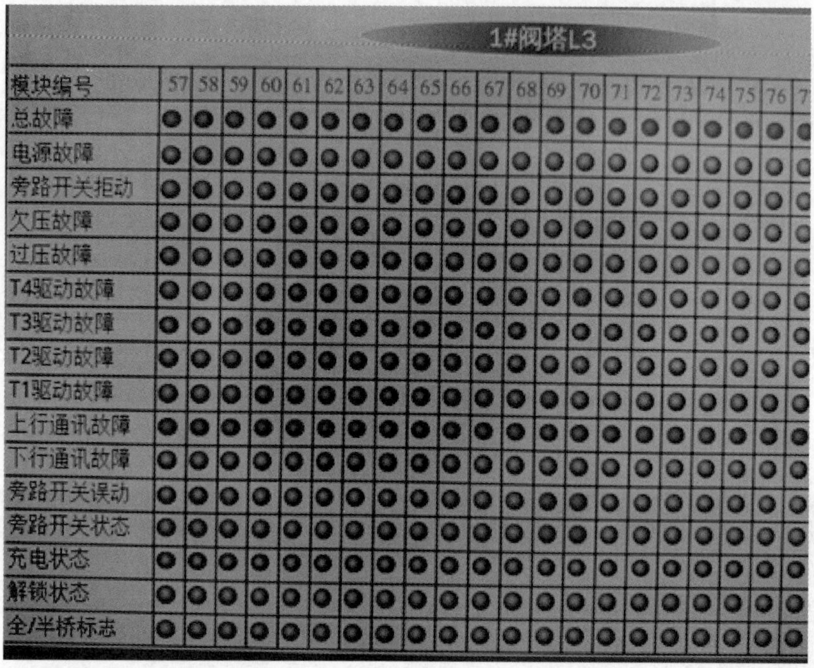

图 9-2　换流器控制界面报文

9.1.2　故障原因分析

9.1.2.1　故障闭锁直接原因分析

从 SER 报文看，CCP 转发换流器控制“暂停触发次数越限”为最早的故障跳闸信号，也是本次故障闭锁的直接原因。查看换流器控制工作站报文，A 上、C 上和 B 下三个桥臂先后报暂时性过电流故障。

如图 9-3 所示，在故障闭锁前，桥臂电流共有三次超过暂停触发闭锁定值 4700A，分别为 4738、4704A 和 4834A，并产生 3 次暂停触发，在第 3 次闭锁时满足暂停触发次数超限逻辑（1s 内产生暂停闭锁次数不小于 3 次），换流器控制桥臂过电流保护判断及暂停触发次数越限逻辑符合设计。

9.1.2.2　桥臂过电流原因分析

从图 9-4 可知，桥臂电流显著增大时刻为 17：32：03 068，与图 9-5 所示 CCP 主备切换（B 主 A 备→A 主 B 备）时刻相对应。

进一步查看 A、B 两套 CCP 的内、外环控制器的输出波形，如图 9-6 所示。切换前 A 套 CCP（备用）与 B 套 CCP（主运）输出的调制波存在较为明显差异，即在切换前 A 套 CCP（备用）已产生控制异常，因此可认为切换后 A 套 CCP 所发异常调制波是导致桥臂电流显著增加并产生暂停触发信号的直接原因。

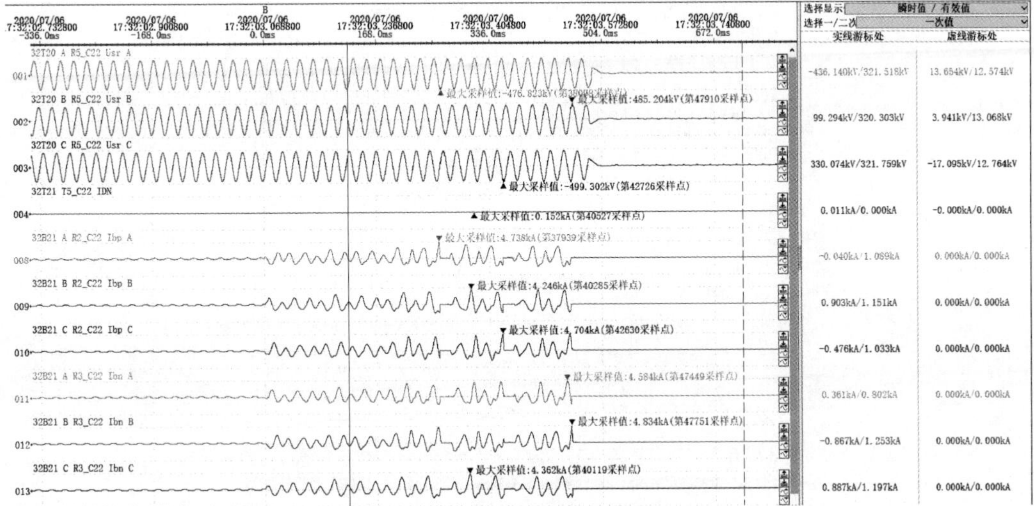

图 9-3　跳闸前后桥臂电流录波

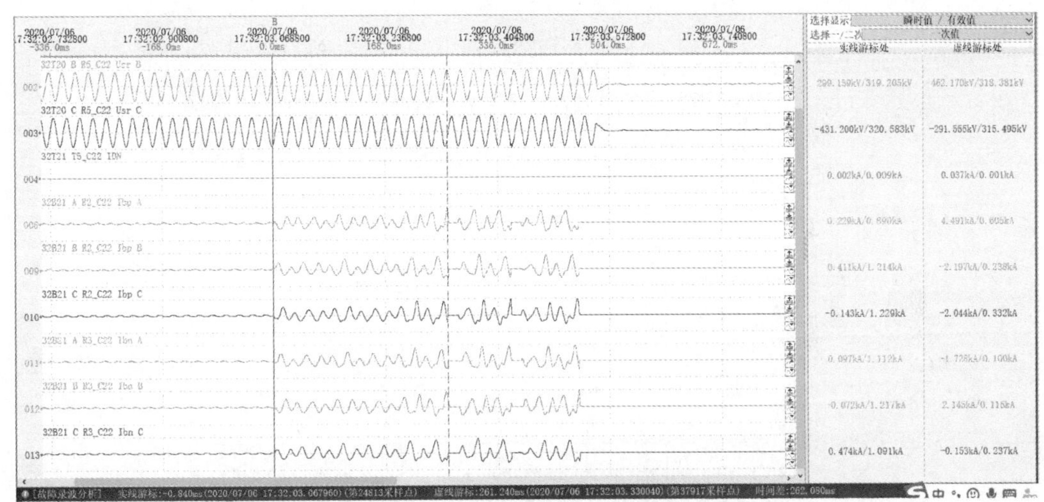

图 9-4　桥臂电流变化的时间点 B

2020-07-06 17:32:03.066	S3P2CCP2	B	正常	切换逻辑	wdd-s3o3/Customer 发出 备用 指令
2020-07-06 17:32:03.067	S3P2CCP2	A	正常	切换逻辑	运行
2020-07-06 17:32:03.068	S3P2CCP2	A	正常	暂态故障录波	触发CCP录波
2020-07-06 17:32:03.068	S3P2CCP2	B	正常	切换逻辑	退出运行
2020-07-06 17:32:03.068	S3P2CCP2	B	正常	切换逻辑	备用

图 9-5　CCP 主备切换时刻报文

9.1.2.3　A 套 CCP 调制波异常原因分析

从图 9-6 看，在切换前 CCP A 套内环电流输入值 I_{ref_D}已存在明显波动，是导致内环控制器输出的调制波产生异常的直接原因。通过研究 CCP 控制程序外环控制器的原理，探明 d、q 轴电流参考值异常的原因。

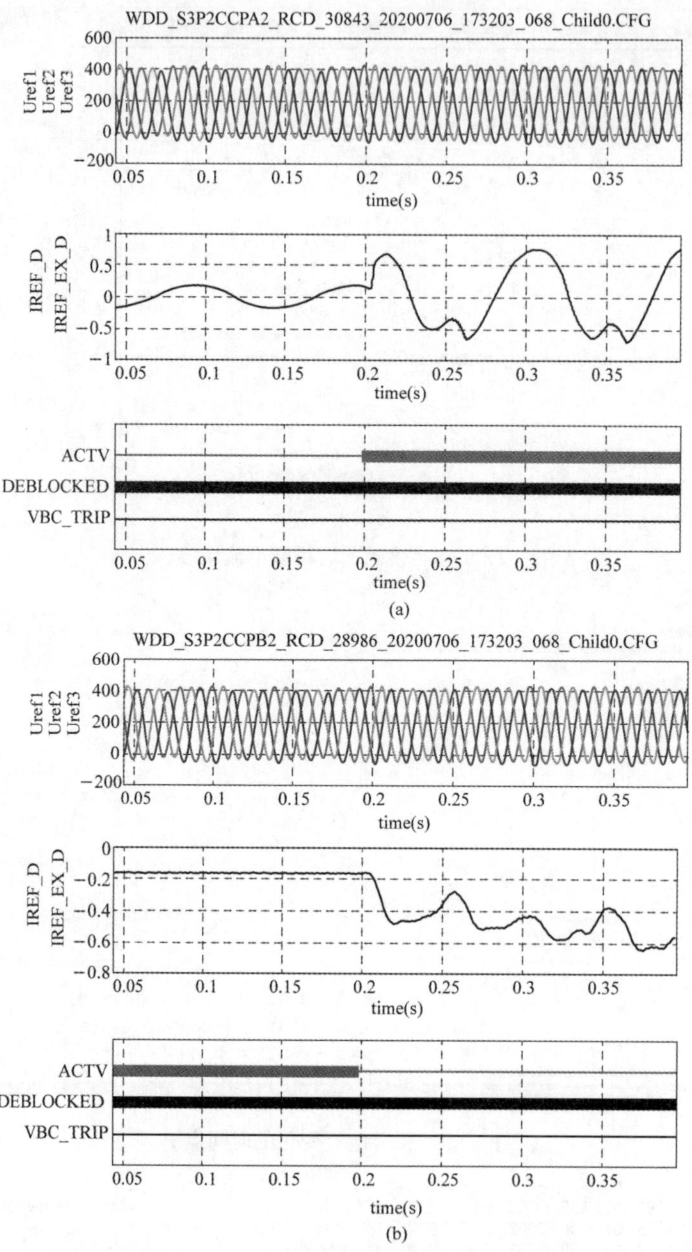

图 9-6　切换前后 CCP 内环、外环控制器输出波形

(a) A 套 CCP；(b) B 套 CCP

CCP 控制程序外环控制器的原理如图 9-7 所示。d 轴电流参考量 I_{ref_D}由有功功率 P_{ref}、无功功率、交流电压 d 轴正序分量 $U_{S\_pos\_D}$、交流电压 q 轴正序分量 $U_{S_pos_Q}$经过瞬时功率公式计算得到：

$$\begin{bmatrix} p_{ref} \\ q_{ref} \end{bmatrix} = \frac{3}{2} \begin{bmatrix} u_{sd} & u_{sq} \\ u_{sq} & -u_{sd} \end{bmatrix} \begin{bmatrix} i_{vd} \\ i_{vq} \end{bmatrix}$$

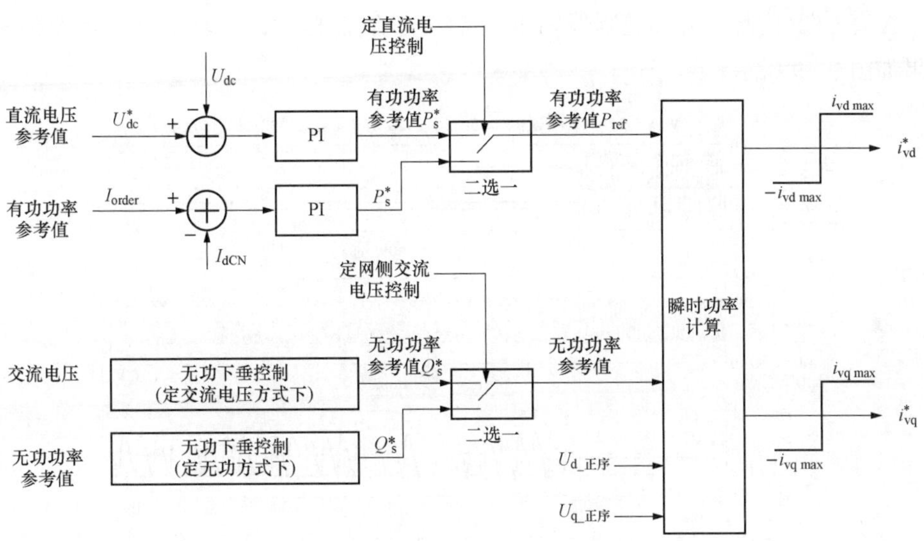

图 9-7　外环控制器结构示意图

若外环控制器得到的 P_{ref} 为稳定值、无异常情况，可推断 $U_{S\_pos\_D}$、$U_{S_pos_Q}$计算产生异常。$U_{S\_pos\_D}$、$U_{S_pos_Q}$在 CCP 程序中依靠换流变压器测量接口屏 CMI 输入的交流电压采样处理值经 Park 变换计算得到：

$$\begin{bmatrix} u_{sd} \\ u_{sq} \end{bmatrix} = T_{2s-dq}(\theta)\begin{bmatrix} u_{s\alpha} \\ u_{s\beta} \end{bmatrix} = \begin{bmatrix} \cos\theta & \sin\theta \\ -\sin\theta & \cos\theta \end{bmatrix}\begin{bmatrix} u_{s\alpha} \\ u_{s\beta} \end{bmatrix} = U_{sm}\begin{bmatrix} \cos(\omega t-\theta) \\ \sin(\omega t-\theta) \end{bmatrix}$$

Park 变换所需的电网相位信息 θ 由锁相环计算得到，高压直流控制保护系统使用的锁相环原理如图 9-8 所示，锁相环实际上是利用 q 轴电压正序分量 $U_{S_pos_Q}$趋向为 0 这一特征来实现鉴相器功能。

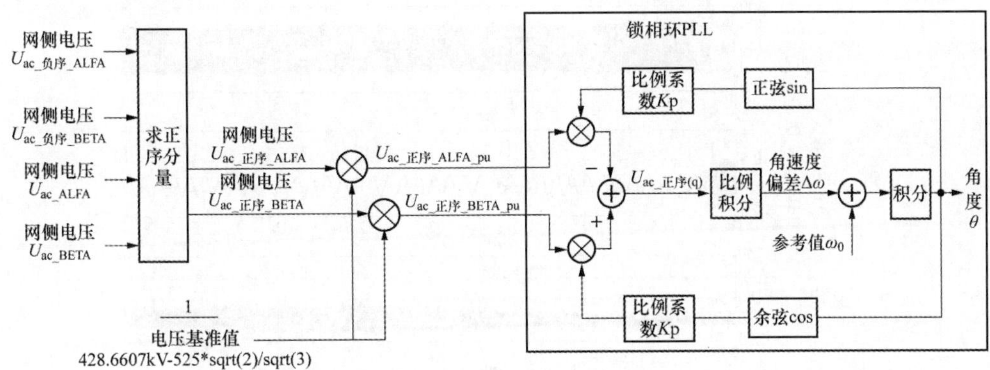

图 9-8　锁相环计算逻辑框图

16：42：23 进行换流变压器测量接口屏 CMI A 套掉电，它送到换流器控制系统 A 套的交流系统电压量进行了锁存，保持在掉电时刻的数值，同时 I_{REF_D}也发生波动；16：51：13 恢复电源，I_{REF_D}仍然存在波动，掉电、复电前后 A 套 CMI 提供的三相电压波形、A套CCP内环、外环控制器输出与CCP控制器接收的有功功率参考值信号的录波结果如图9-9所示。

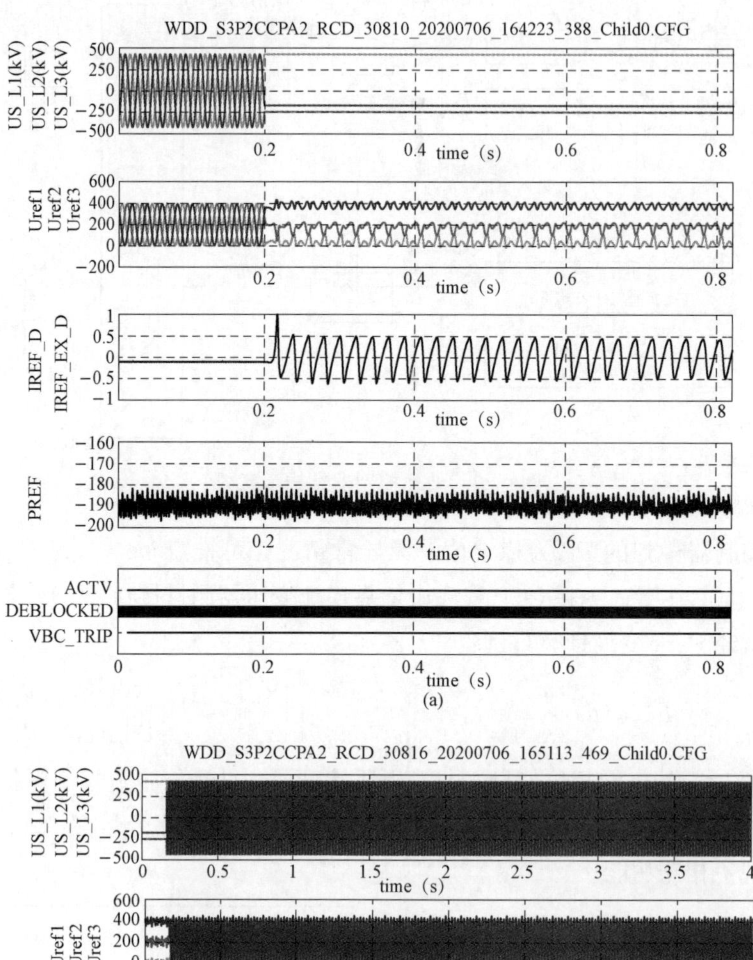

(a)

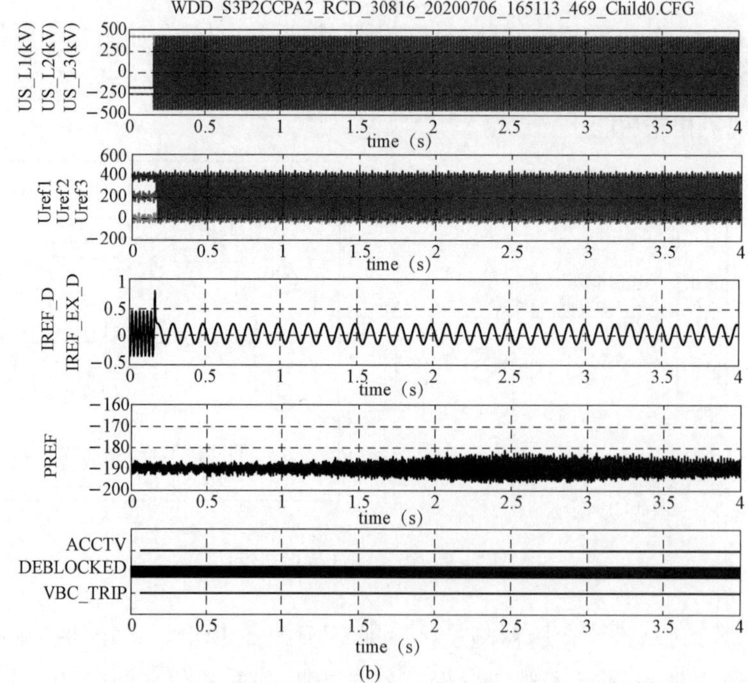

(b)

图9-9　A套CMI掉电前后的录波结果图

（a）A套CMI掉电后；（b）A套CMI掉电恢复后

由录波结果可知，由于 A 套 CCP 掉电前后均处于备用状态，CMI 掉电不会对有功、无功功率参考值信号的产生造成影响，P_{ref}信号的波形在 CMI 掉电、复电前后无明显差异，始终保持正常状态，此前猜想的前提条件成立，引起外环控制器输出异常的唯一原因是$U_{S_pos_}$D、$U_{S_pos_Q}$计算功能出现错误，而换流器控制备用系统采样得到的交流电压为固定值以及由此导致的锁相环输出异常是 CMI 掉电时该计算功能错误的直接原因。CMI 复电后送到 CCP 的三相电压波形已恢复正常，但I_{REF_D}仍未恢复到正常值，此时的故障点可以锁定在锁相环输出。

综上所述，故障原因认定为 CMI 掉电并恢复后，CCP A 套的锁相环输出未恢复到正常值，导致交流电压 d、q 轴正序分量异常，进而导致外环输出的I_{REF_D}参考值异常，控制系统产生的三相调制波紊乱。

9.1.3　消除锁相环输出异常的方法

9.1.3.1　改进措施

该故障发生的主要原因在于控制保护程序设计存在的缺陷：自监视策略的原设计没有覆盖到非值班状态的 CCP 主机，未能较好地防止备用 CCP 锁相环输出的异常；同时由于非值班状态的 CCP 输出异常不会对直流系统的正常运行造成影响，该套 CCP 主机切至主用前系统并未将这一风险信息作为报文发送至运行人员工作站，运维人员无从获知系统运行风险而提前做出预防措施。

针对这两点缺陷，提出的改进措施包括：非值班 CCP 主机监视到 US 采样光纤通信中断时，闭锁锁相环，以确保电压恢复正常时，锁相环控制器输出为正常状态；增加双系统间频率偏差越限告警功能：在非值班系统锁相环频率输出与值班系统偏差较大时，上报“两系统间频率偏差偏大出现”事件，并进轻微故障。

9.1.3.2　仿真分析

南方电网仿真重点实验室在昆柳龙仿真平台上对该改进方案进行了验证，进行了包括解锁试验、闭锁试验、稳态试验、交流故障在内的多项试验以验证改进方案是否对后锁相环和控制程序的功能和性能是否有影响，主要的仿真试验项目和试验结果见表 9 - 1。

表 9 - 1　　主要的仿真试验项目和试验结果

项目编号	试验项目	试验目的	程序修改前后试验结果
1	站间通信正常，双极大地回线，昆龙两端双极四换流阀解锁	测试程序修改前后解锁性能是否有变化	程序修改前后，直流解锁的直流电压、直流电压、参考波等响应都一致
2	站间通信正常，双极大地回线，昆龙两端双极四换流阀闭锁	测试程序修改前后闭锁性能是否有变化	程序修改前后，直流闭锁的直流电压、参考波等响应都一致
3	站间通信正常，双极大地回线，昆龙两端双极四换流阀有功功率升降试验，800～5000MW，在 800、2500、5000MW 进行稳态比对	测试程序修改前后有功功率升降和稳态性能是否有变化	程序修改前后，直流有功功率都可以按照执行速率进行升降。各功率点电气量一致

续表

项目编号	试验项目	试验目的	程序修改前后试验结果
4	站间通信正常，双极大地回线，昆龙两端双极四换流阀无功功率升降试验，0～1（标幺值），0～−1（标幺值）	测试程序修改前后无功功率升降和稳态性能是否有变化	程序修改前后，直流无功功率都可以按照执行速率进行升降。各功率点电气量一致
5	站间通信正常，双极大地回线，昆龙两端双极四换流阀5000MW，龙门站 A 相接地20%，100ms	测试程序修改前后，柔性直流站交流故障响应是否一致	程序修改前后，柔性直流站单相接地直流的暂态响应一致
6	站间通信正常，双极大地回线，昆龙两端双极四换流阀2500MW，龙门站 AB 相接地0%，100ms	测试程序修改前后，柔性直流站交流故障响应是否一致	程序修改前后，柔性直流站两相接地直流的暂态响应一致
7	站间通信正常，双极大地回线，昆龙两端双极四换流阀5000MW，龙门站 ABC 相接地0%，100ms	测试程序修改前后，柔性直流站交流故障响应是否一致	程序修改前后，柔性直流站三相接地直流的暂态响应一致
8	站间通信正常，双极大地回线，昆龙两端双极四换流阀2500MW，龙门站 AB 相短路，100ms	测试程序修改前后，柔性直流站交流故障响应是否一致	程序修改前后，柔性直流站两相短路直流的暂态响应一致
9	交流系统 A 相接地故障，0%，500ms；间隔 300ms，AB 两相接地，0%，800ms，全压，（P1，P2；_，_；P1，P2），龙门	测试程序修改前后，柔性直流站交流故障响应是否一致	程序修改前后，柔性直流站复杂交流故障直流的暂态响应一致

仿真试验证明：

（1）对于昆龙两端的解锁和闭锁试验，程序修改前后的直流电压、直流电流变化的暂态过程重合，调制波的变化也基本一致，证明此次锁相环的修改不影响解锁和闭锁过程锁相环的功能和性能；

（2）对于昆龙两端的稳态性能试验，程序修改前后的直流电压、直流电流、i_d/i_q参考值，在各功率点都表现一致，证明此次锁相环的修改不影响直流的稳态性能；

（3）对于昆龙两端运行，龙门站交流故障试验，龙门站交流系统单相接地、两相相间、两相接地、三相接地、复杂交流故障在程序修改前后响应一致，证明此次锁相环的修改不影响交流故障的响应。

综上所述，本节提出的锁相环逻辑升级优化方案不会对锁相环原有的功能造成影响，可以应用于工程现场。

9.2　双极功率控制转换到单极电流控制后功率上升故障分析

9.2.1　故障事件经过

2021 年 3 月 29 日，在开展昆柳龙双极高端及四换流器试运行测试项目过程中，初态为三端四换流器双极功率控制平衡运行，昆柳龙三站双极功率分别为 800、300、500MW，当主控站龙门站操作极 2 由“双极功率控制”切换为“单极电流控制”模式后，昆北站双极功率由 800MW 升至 950MW，柳北站双极功率由 300MW 升至 450MW。切换后三站极 1 功率保持 400、150、250MW 不变，三站极 2 功率分别为 550、300MW 和 250MW。

9.2.2　故障原因分析

9.2.2.1　功率上升故障直接原因分析

发生故障后，南网科研院电网仿真与控制技术研究所开展了复现仿真实验，其初始条件为昆柳龙三端运行，极 1、极 2 均为“双极功率”控制模式，龙门站作为主控站。昆北功率目标值为 800MW，柳州功率目标值为 300MW。系统稳定后在龙门站将极 2 转为“单极电流”控制模式。转换后昆北柳州极 2 电流发生突变，仿真波形如图 9 - 10 所示，三端功率情况如图 9 - 11 所示。图 9 - 10 中波形从上到下依次为极 2 直流电压（UdL _ IN)、极 2 直流电流（IdL)、接地极电流（IdEE1 _ SW、IdEE2 _ SW)、电流指令值（IO)、双极功率模式（BC _ ON)。由图 9 - 11 可见，极 2 退出双极功率控制模式后电流指令值发生突变。

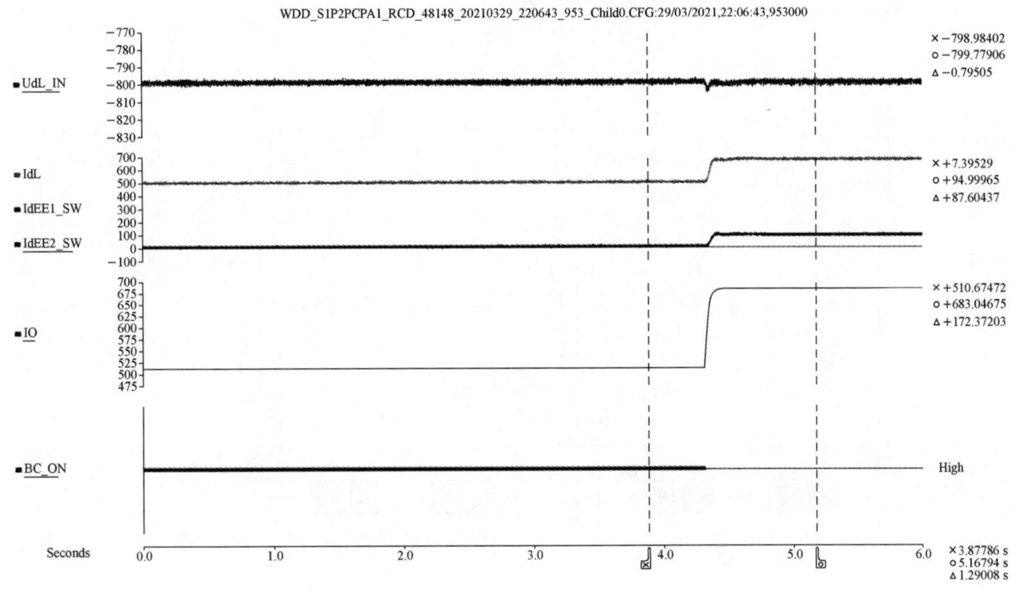

图 9 - 10　昆北站 PCP 录波

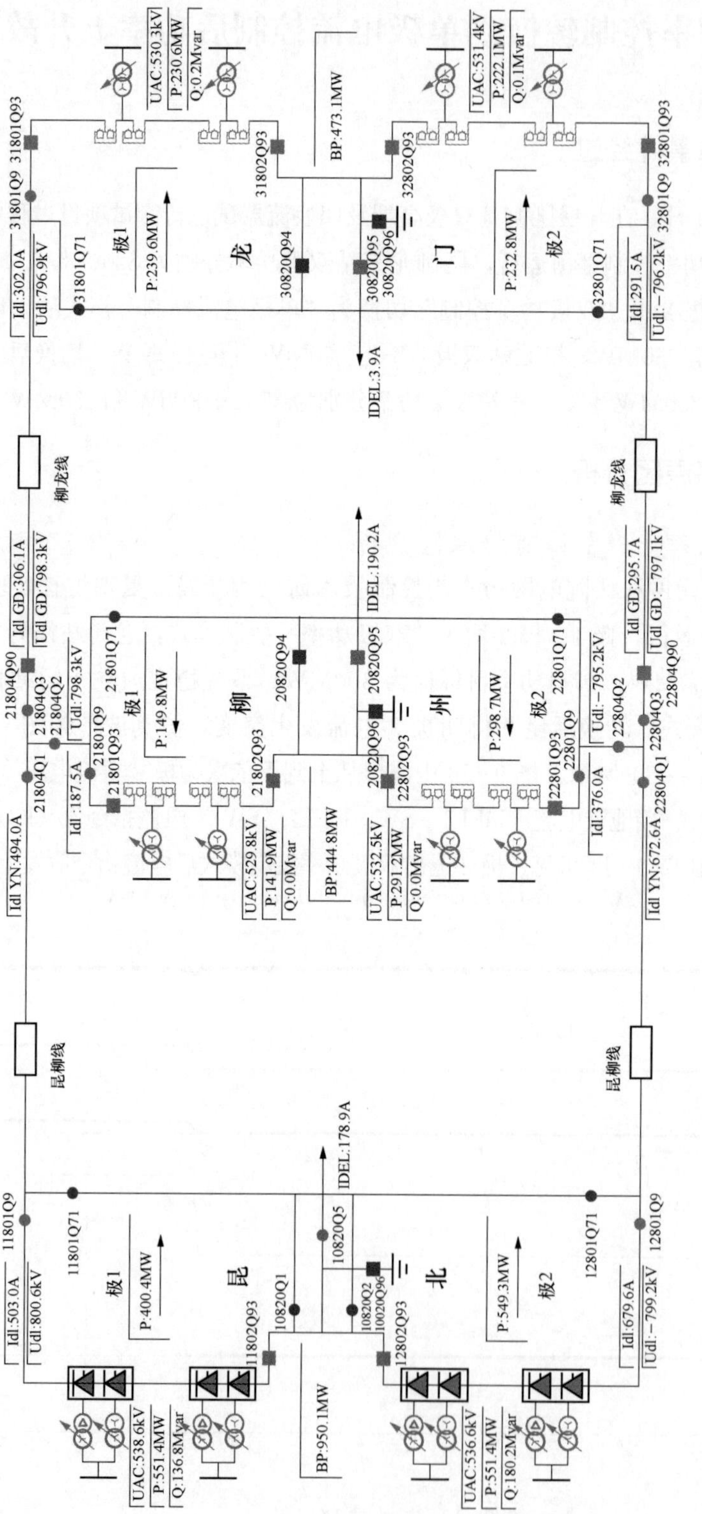

图 9-11　极 2 转为单极电流后的系统界面

昆北站和柳州站极 2 功率/电流指令正常时分别为 500A 和 187.5A，昆北站和柳州站极 2 在模式切换后功率/电流指令分别变为 687A 和 375A，其直接导致昆北站和柳州站实际直流功率都比预期增大 150MW。

作为对照，在昆北和柳州作为主控站时同样进行双极功率转单极电流的操作，并未出现电流异常变化的情况，因而本次故障事件的原因锁定在龙门站控制策略中。

三端运行模式下，昆北站、柳州站作为控制功率站，龙门站作为控制电压站。根据仿真结果显示，电流指令定值修改与龙门站作为主控站相关。因此，认为功率上升故障的直接原因为龙门站作为主控站进行功率模式切换时相关逻辑存在不足，使得柳州站在模式切换后电流上升，而为了保证龙门站极 2 电流不低于下限 312.5A，昆北站极 2 实际电流是在三站电流指令协调逻辑的作用下被动增大。

9.2.2.2　电流指令值错误原因分析

根据控制系统程序的数据选择逻辑，极 2 处于双极功率控制模式时，极 2 的功率/电流指令（后续简称 PO _ IO）为双极的功率参考值；在极 2 处于单极电流控制模式时，极 2 的 PO _ IO 为极 2 的单极电流参考值，相关计算公式简化如下。

$$IO = \frac{PO\_IO}{Ud\_FILT\_B * Ud_{本极}}$$

$$Ud\_FILT\_B = \frac{Ud_{本极} + Ud_{对极}}{Ud_{本极}}$$

式中：PO _ IO 为双极功率指令值；$Ud_{本极}$ 为本极直流电压；$Ud_{对极}$ 为对极直流电压。单极电流控制模式时 Ud _ FILT _ B 计算公式中不计对极直流电压，Ud _ FILT _ B 变为 1。当极 2 从双极功率控制切换为单极电流控制时，极控系统检测到控制模式切换，启动 PO _ IO 从双极功率参考值到单极电流参考值的切换，其中切换后的 PO _ IO 需要和切换前的电流指令（IO）保持一致（IO 计算示意图见图 9 - 12），从而保证控制模式切换后直流实际输送功率保持不变。

理想情况下，切换控制模式后，IO 会用模式切换前计算得到的值来更新参考值，之后 Ud _ FILT _ B 才会由 2 变为 1。而根据实际情况分析，柳州站极 2 在退出双极功率控制后，因为时序配合问题（BC _ ON 信号比 PWR _ CTRL 信号早消失，如图 9 - 13 所示），Ud _ FILT _ B 先变为 1，然后按照上述公式中的 IO 计算公式更新本极电流参考值，导致电流指令变为 375A。

9.2.3　消除功率上升故障的办法

9.2.3.1　改进措施

经过实验仿真分析可知，柔性直流站控制模式信号（PWR _ CTRL）的时序配合逻辑出现异常导致本次故障，导致功率上升问题。通过查阅控制系统程序发现，柔性直流站 PWR _ CTRL 信号所在页面位置与常规直流站不同，因此需要对柔性直流站 PCP 程序中 PWR _ CTRL 信号逻辑所在页面位置进行修改，使其与常规直流极程序保持一致，程序修改页面如图 9 - 14 和图 9 - 15 所示。

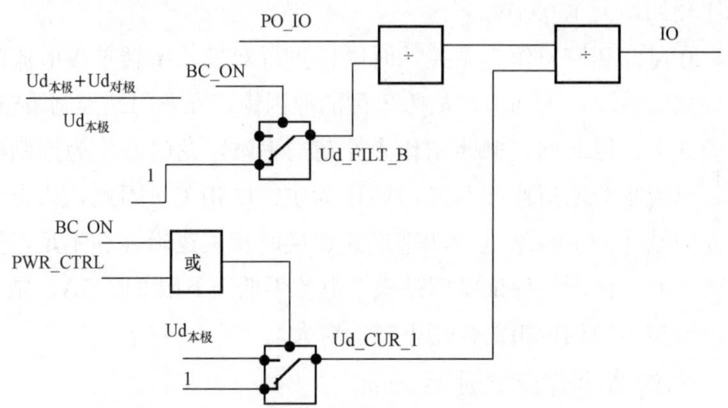

图 9 - 12　电流指令（IO）计算逻辑示意图

Ud本极—本极直流电压；Ud对极—对极直流电压；

BC _ ON—双极功率控制标志位；PWR _ CTRL—功率控制标志位；

PO _ IO—功率/电流指令；IO—最终电流指令

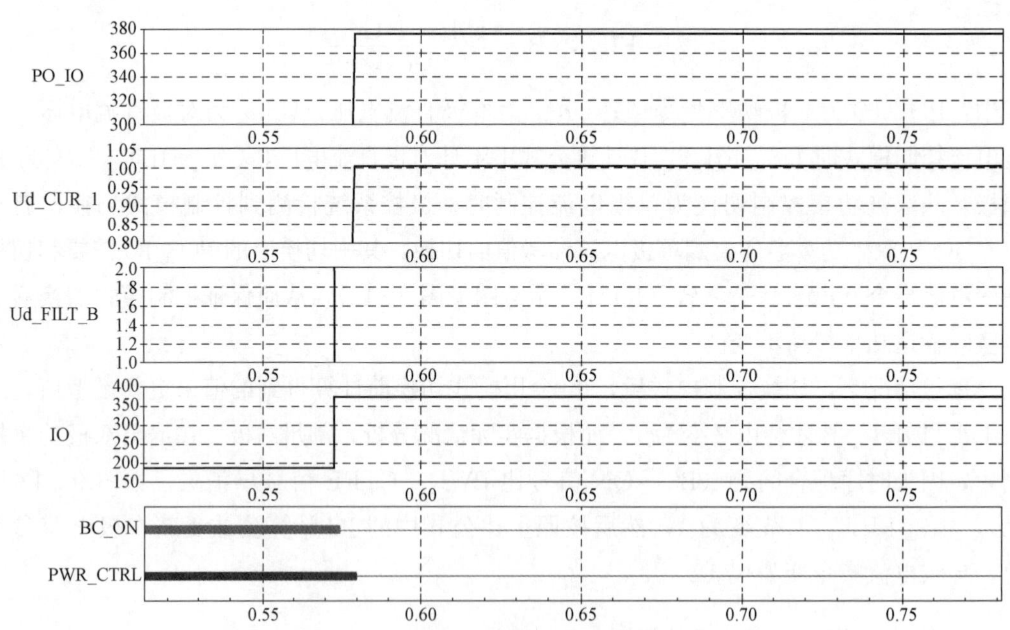

图 9 - 13　相关逻辑值仿真波形图

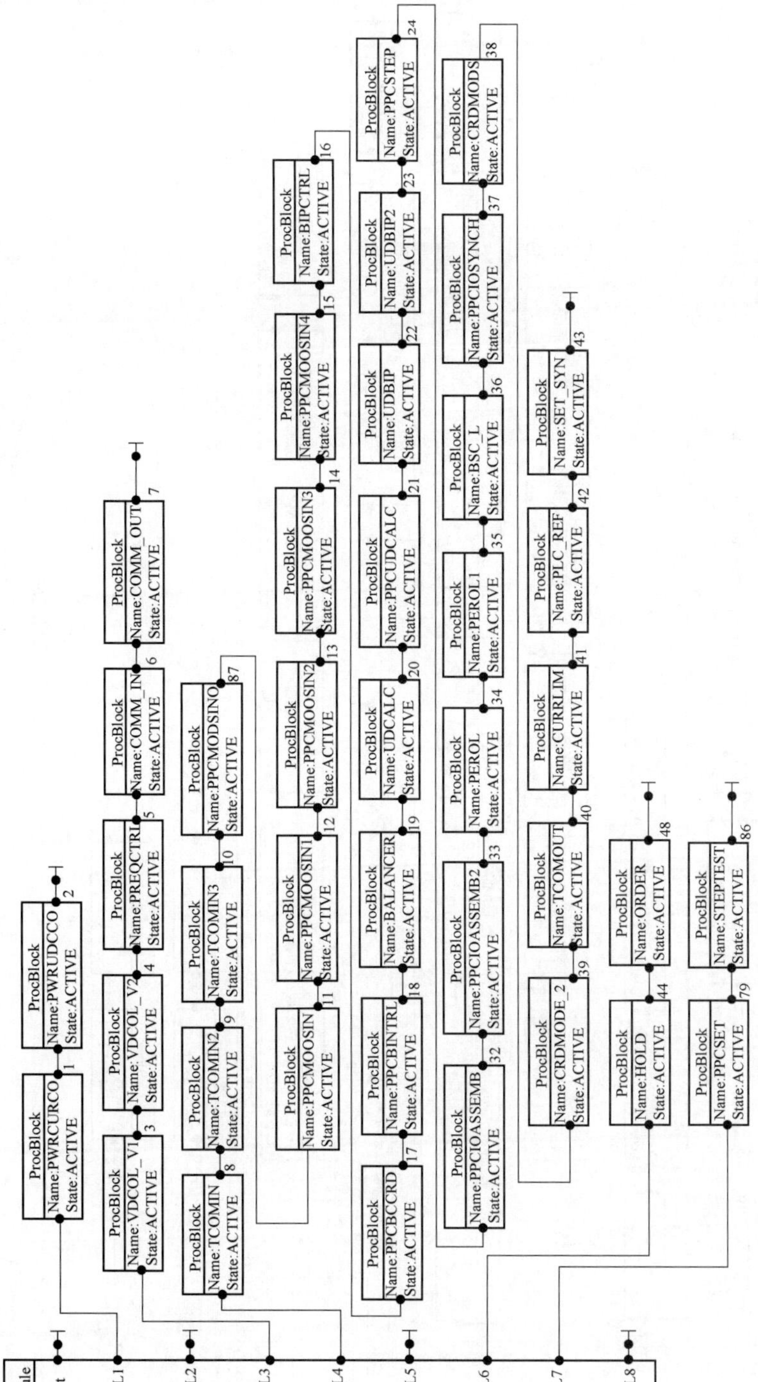

图 9－14　修改前逻辑框图

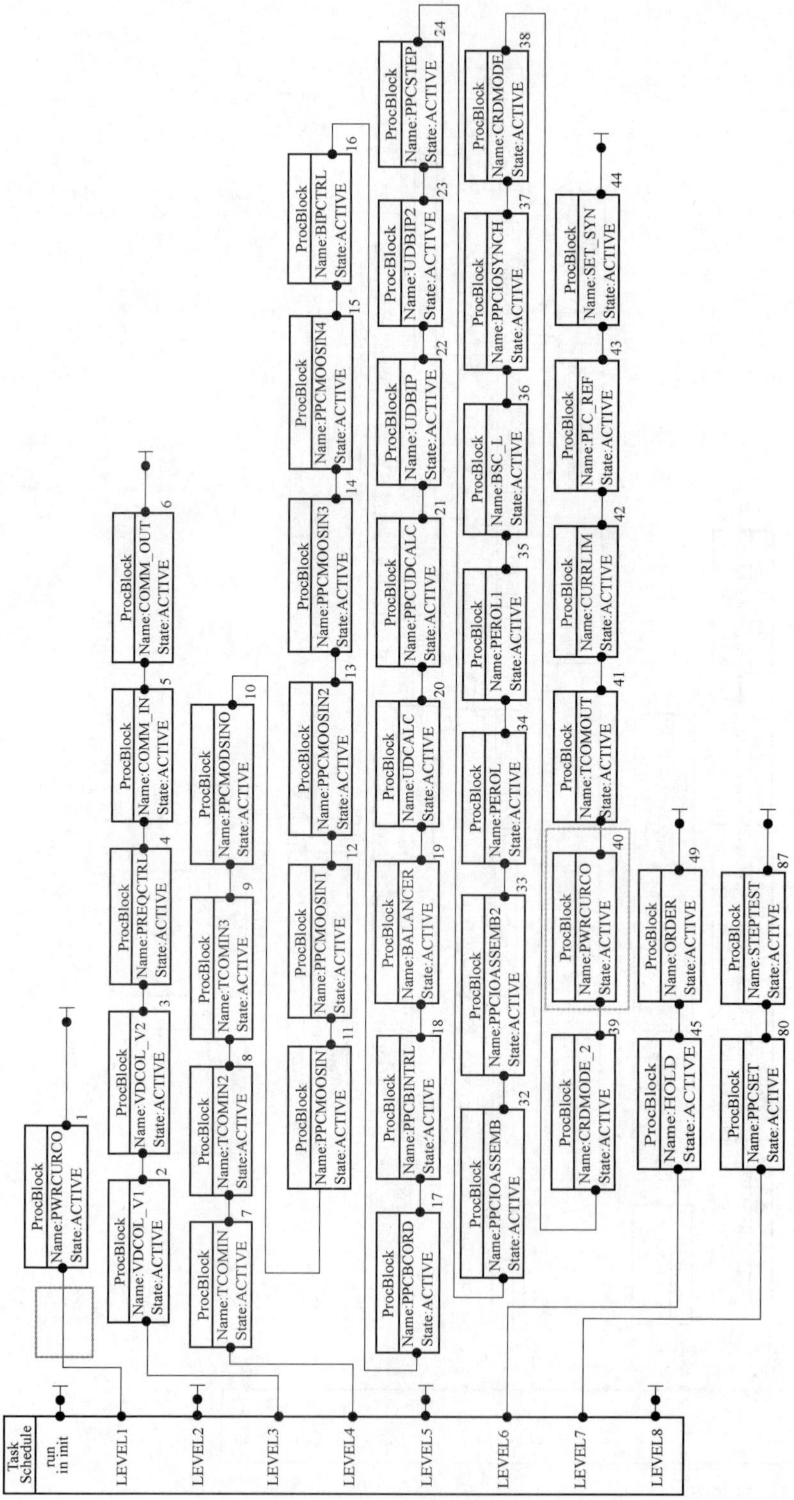

图 9-15　修改后逻辑框图

9.2.3.2　仿真分析

修改程序后在系统上重新测试了此次试验仿真内容，试验波形如图 9-16 所示，可以看到，PWR _ CTRL 和 BC _ ON 同时消失，PO _ IO 正确更新，IO 在切换前后无变化，从而消除了此功率上升故障事件。

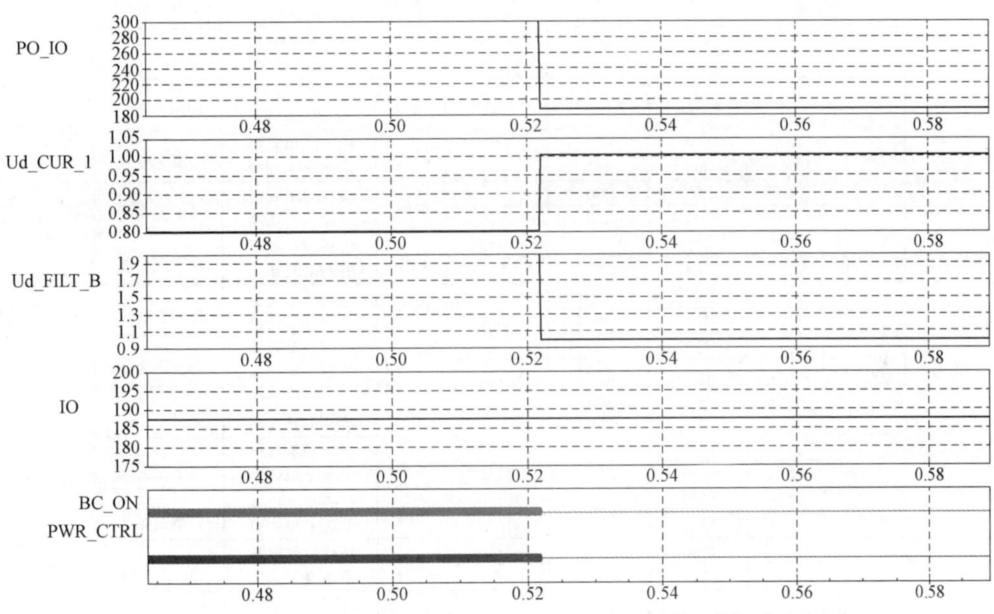

图 9-16　修改后的相关逻辑值仿真波形图

继续测试不同工况下双极功率/单极电流切换，试验结果正常，部分试验结果如图 9-17 所示。

编号	模式	昆北	柳州	龙门	主控站	试验步骤	试验结果
1	双	400	150	250	昆北	极1和2单双极手动来回切换	功率无变化
	双	400	150	250			
2	双	400	150	250	柳州	极1和2单双极手动来回切换	功率无变化
	双	400	150	250			
3	双	400	150	250	龙门	极1和2单双极手动来回切换	功率无变化
	双	400	150	250			
4	双	2000	750	1250	昆北	极1和2单双极手动来回切换	功率无变化
	双	2000	750	1250			
5	双	2000	750	1250	柳州	极1和2单双极手动来回切换	功率无变化
	双	2000	750	1250			
6	双	2000	750	1250	龙门	极1和2单双极手动来回切换	功率无变化
	双	2000	750	1250			
7	双	4000	1500	2500	昆北	极1和2单双极手动来回切换	功率无变化
	双	4000	1500	2500			
8	双	4000	1500	2500	柳州	极1和2单双极手动来回切换	功率无变化
	双	4000	1500	2500			
9	双	4000	1500	2500	龙门	极1和2单双极手动来回切换	功率无变化
	双	4000	1500	2500			
10	单	400	400	0	昆北	极2单双极手动来回切换	功率无变化
	双	400	150	250			

图 9-17　模式切换部分试验结果图（一）

编号	模式	昆北	柳州	龙门	主控站	试验步骤	试验结果
11	单	400	400	0	柳州	极2单双极手动来回切换	功率无变化
	双	400	150	250			
12	单	400	400	0	龙门	极2单双极手动来回切换	功率无变化
	双	400	150	250			
13	单	400	400	0	昆北	极2单双极手动来回切换	功率无变化
	双	400	0	400			
14	双	400	400	0	柳州	极1单双极手动来回切换	功率无变化
	单	400	0	400			
15	单	400	400	0	龙门	极2单双极手动来回切换	功率无变化
	双	400	0	400			
16	双	400	400	0	昆北	极1和2单双极手动来回切换	功率无变化
	双	400	400	0			
17	双	400	400	0	柳州	极1和2单双极手动来回切换	功率无变化
	双	400	400	0			
18	双	400	0	400	昆北	极1和2单双极手动来回切换	功率无变化
	双	400	0	400			
19	双	400	0	400	龙门	极1和2单双极手动来回切换	功率无变化
	双	400	0	400			
20	双	750	750	0	昆北	极1和2单双极手动来回切换	功率无变化
	双	750	750	400			
21	双	750	750	0	柳州	极1和2单双极手动来回切换	功率无变化
	双	750	750	0			
22	双	1250	0	1250	昆北	极1和2单双极手动来回切换	功率无变化
	双	1250	0	1250			
23	双	1250	0	1250	龙门	极1和2单双极手动来回切换	功率无变化
	双	1250	0	1250			
24	双	1500	1500	0	昆北	极1和2单双极手动来回切换	功率无变化
	双	1500	1500	0			
25	双	1500	1500	0	柳州	极1和2单双极手动来回切换	功率无变化
	双	1500	1500	0			
26	双	2500	0	2500	昆北	极1和2单双极手动来回切换	功率无变化
	双	2500	0	2500			
27	双	2500	0	2500	龙门	极1和2单双极手动来回切换	功率无变化
	双	2500	0	2500			

图 9-17　模式切换部分试验结果图（二）

9.3　直流测量设备故障问题分析及运维措施

9.3.1　测量装置故障现象

自投产以来，柔性直流站的柔性直流阀桥臂纯光 TA、启动电阻纯光 TA、直流场及换流变压器阀侧直流电子式 TA 均发生多起故障，其现象主要包括：

（1）纯光 TA 测量通道光强水平下降，超出正常范围；

（2）纯光 TA 测量量有效值偏差过大；

（3）纯光 TA 测量通道光强水平先上升再突然降到，超出正常范围；

（4）纯光 TA 测量通道驱动电流偏大；

（5）电子式 TA 测量通道测量值丢帧；

（6）电子式 TA 测量通道激光器关闭，导致测量通道不可用。

9.3.2　测量装置故障原因分析

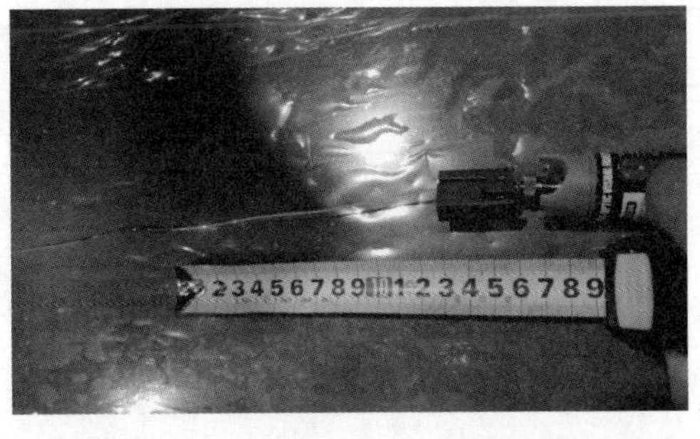

图 9-18　光纤绝缘子光纤断点位置

对故障的纯光 TA 测量装置和电子式 TA 进行光纤通断测试，通过 OTDR（光时域反射仪）及打光笔测试，结果均显示光纤绝缘子内部光纤回路存在断点，如图 9-18 所示。

参照 GB/T 26216.1—2010《高压直流输电系统直流电流测量装置　第 1 部分：电子式直流电流测量装置》，对直流 TA 本体进行局部放电试验，耐压局部放电期间用紫外成像仪检查未发现外部放电点，试验结果见表 9-2，结果表明直流 TA 内部存在放电。

表 9-2　　故障 TA 光纤绝缘子直流局部放电试验表

试验电压	试验阶段	局部放电数量（个）			
		＞300pC	＞500pC	＞1000pC	＞2000pC
612kV	前 50min	1115	758	144	18
	后 10min	201	97	18	0
612kV	前 50min	768	148	52	36
	后 10min	137	81	44	84
1100kV	前 22min	207	180	44	399
1224kV	中 8min	91	25	3	88
820kV	后 30min	1	0	0	7

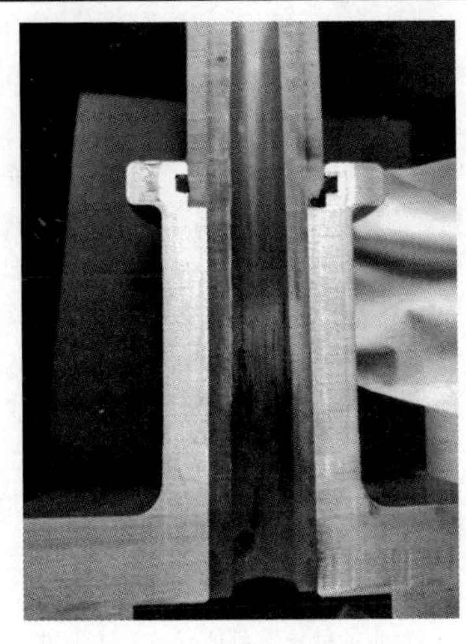
图 9-19　光纤绝缘子环氧管内壁放电痕迹

对绝缘子进行解体检查，发现环氧管内的膏状绝缘介质发黑，环氧管内壁对应光纤断点位置有明显的黑色痕迹，如图 9-19 所示。

9.3.3　风险分析及控制措施

纯光式/电子式电流测量装置故障会导致电流测量值异常，进而引起直流控制系统工作不稳定，严重时还可能导致保护拒动或误动，造成换流器闭锁。可能受到影响的保护有桥臂过电流保护（50/51C）、桥臂差动保护（87CG）、桥臂电抗器差动保护（87BR）、桥臂电抗器 100Hz 保护（81BR）、阀控桥臂过电流保护、阀控桥臂电流上升率保护、阀控暂时性闭锁超限、阀控暂时性闭锁超时等。纯光式/电子式电流测量装置故障时对控制保护系统的影响分析见表9-3。

表9-3　纯光式/电子式电流测量装置故障时对控制保护系统的影响

故障类型	测量异常具体情况	对控制保护系统的影响
单套测量系统故障	A/B/C套测量通道关闭	(1)接收到单套(A或B)测量系统光纤中断信号,按照故障等级进行控制系统切换。 (2)接收到单套(A或B或C)测量系统光纤中断信号,故障测量系统对应保护系统不可用,由三取二转为二取一
	A/B/C套测量品质位异常	(1)接收到单套(A或B)测量系统品质位异常信号,按照故障等级进行控制系统切换。 (2)接收到单套(A或B或C)测量系统品质位异常,故障测量系统对应保护系统不可用,由三取二转为二取一
	A/B/C套测量偏差过大	(1)接收到单套(A或B)测量系统测量异常信号,按照故障等级进行控制系统切换。 (2)可能导致A/B/C套保护单套保护动作,保护动作不出口
双套测量系统故障	A、B/A、C/B、C两套测量通道关闭	(1)接收到两套(A和B)测量系统光纤中断信号,如为紧急故障执行本换流器/本极闭锁跳闸,其余故障本换流器/极维持运行。 (2)接收到两套(A、B/A、C/B、C)测量系统光纤中断信号,故障测量系统对应保护系统不可用,由三取二转为一取一
	A、B/A、C/B、C两套测量品质位异常	(1)接收到两套(A和B)测量系统品质位异常信号,如为紧急故障执行本换流器/本极闭锁跳闸,其余故障本换流器/极维持运行。 (2)接收到两套(A、B/A、C/B、C)测量系统品质位异常信号,故障测量系统对应保护系统不可用,由三取二转为一取一
	A、B/A、C/B、C两套测量偏差过大	可能导致保护误动或拒动
	A/B套测量通道关闭或品质位异常+C套测量偏差	(1)A/B套换流器控制系统、阀控系统不可用,控制系统失去冗余。 (2)A/B套保护不可用,由三取二出口转为二取一出口,C套测量量异常可能导致C套保护拒动或误动

续表

故障类型	测量异常具体情况	对控制保护系统的影响
双套测量系统故障	A/B 套测量通道关闭或品质位异常＋C 套测量通道关闭	（1）A/B 套换流器控制系统、阀控系统不可用，控制系统失去冗余。 （2）相关保护的 A/B 套和 C 套保护不可用，由二取一转为一取一
	C 套测量通道关闭或品质位异常＋A/B 套测量偏差	相关保护 C 套保护不可用，由三取二出口转为二取一出口，可能导致保护拒动或误动
三套测量系统故障	A、B、C 套测量通道均关闭	接收到三套测量系统光纤中断信号，闭锁相应换流器或极
	A、B、C 套测量品质位均异常	接收到三套测量系统测点品质位异常，闭锁相应换流器或极
IDLH 送双极测点六套测量系统故障	同一测点送双极三套保护六个测量通道同时故障	双极保护系统均不可用，可引起双极闭锁

通过分析纯光式/电子式电流测量装置运行风险和故障表象，需要在平时的运维过程中加强对测量装置参数的监视和趋势分析，以便提前发现隐患，提前处理，避免非计划停运。乌东德工程设备的测量异常监视原则见表 9-4、表 9-5。

表 9-4　　纯光 TA 通道参数监视原则

名称	单位	正常工作范围	数据置无效	需要关注值	退出保护值
测量数值	A	误差范围：[−1%～1%]	—	误差大于 2%或误差绝对值大于 20A	误差大于 10%（额定）
光强水平	V	−0.4～0.4	<−0.7 或>0.7	<−0.4	<−0.7
光源驱动电流	mA	40～120	最大可调节值：150mA	>100	>140

注　监盘时纯光 TA 测量通道数据跟踪优先级：测量数值、光强水平、驱动电流。

表 9-5　　电子式 TA 通道参数监视原则

名称	单位	正常工作范围	合并单元关闭	需要关注值	退出保护值
驱动电流	mA	<1100	≥1500	>1000	≥1500

注　1. 监盘时电子式 TA 测量通道数据主要跟踪驱动电流值、定期抄录通道丢帧数据。

2. 电子式 TA 测量通道激光器正常温度 35℃左右，温度高报警值 50℃，无闭锁值。

当监视到测量异常达到注意值时需缩短监视间隔时间，当单套测量异常达到退出保护值时，应尽快使用热备用测量通道更换故障测量通道。根据运维经验，一路测量通道发生故障时，其他测量通道发生故障的概率比较大，因此需尽快在低负荷阶段停电更换绝缘子。若是发生两套以上测量通道故障，则需立即停电更换绝缘子。

附　　录

昆北站、柳州站和龙门站的主接线与测点分布分别如附图 1～附图 3 所示。

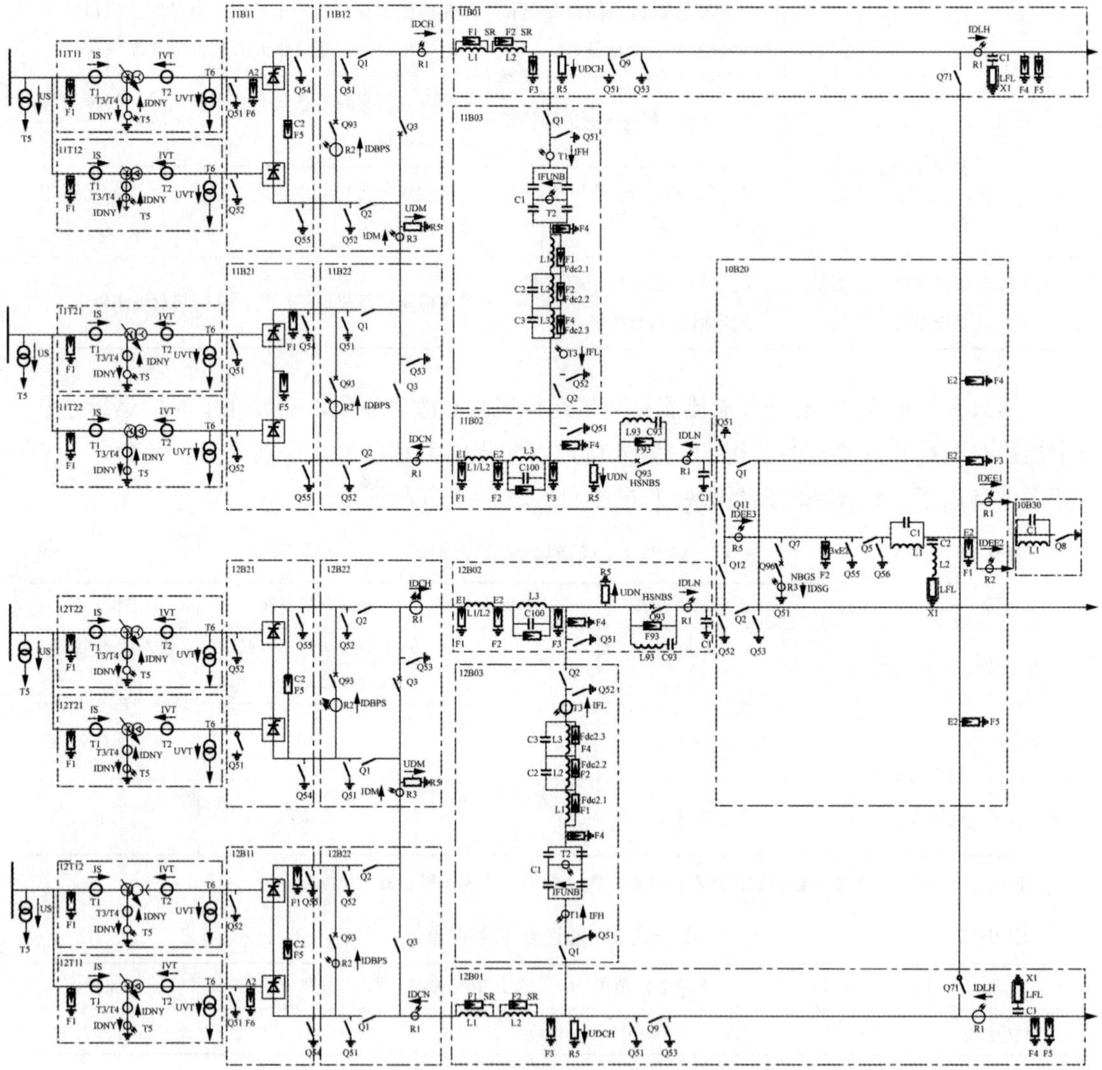

附图 1　昆北站主接线与测点分布

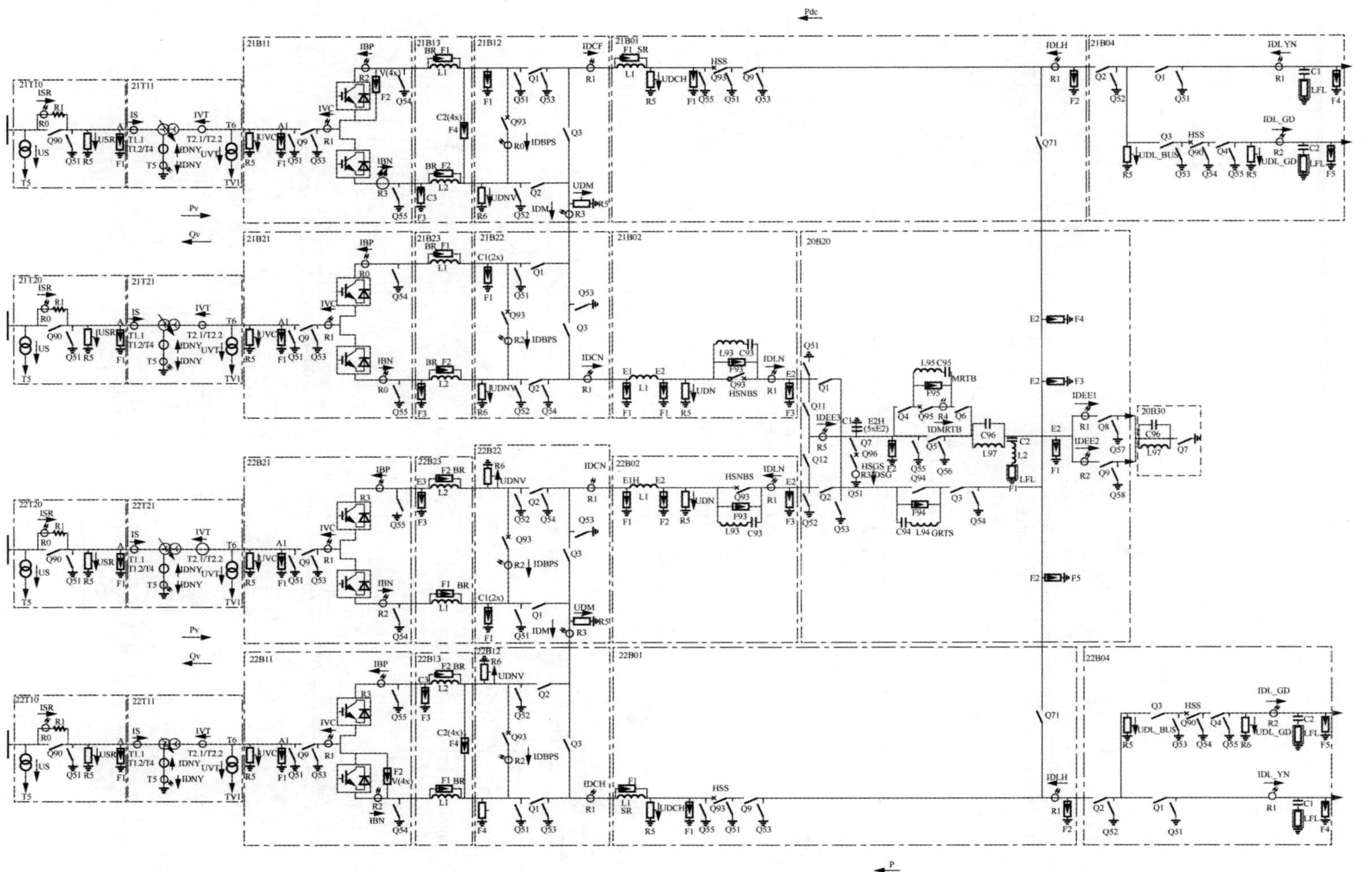

附图 2 柳州站主接线与测点分布

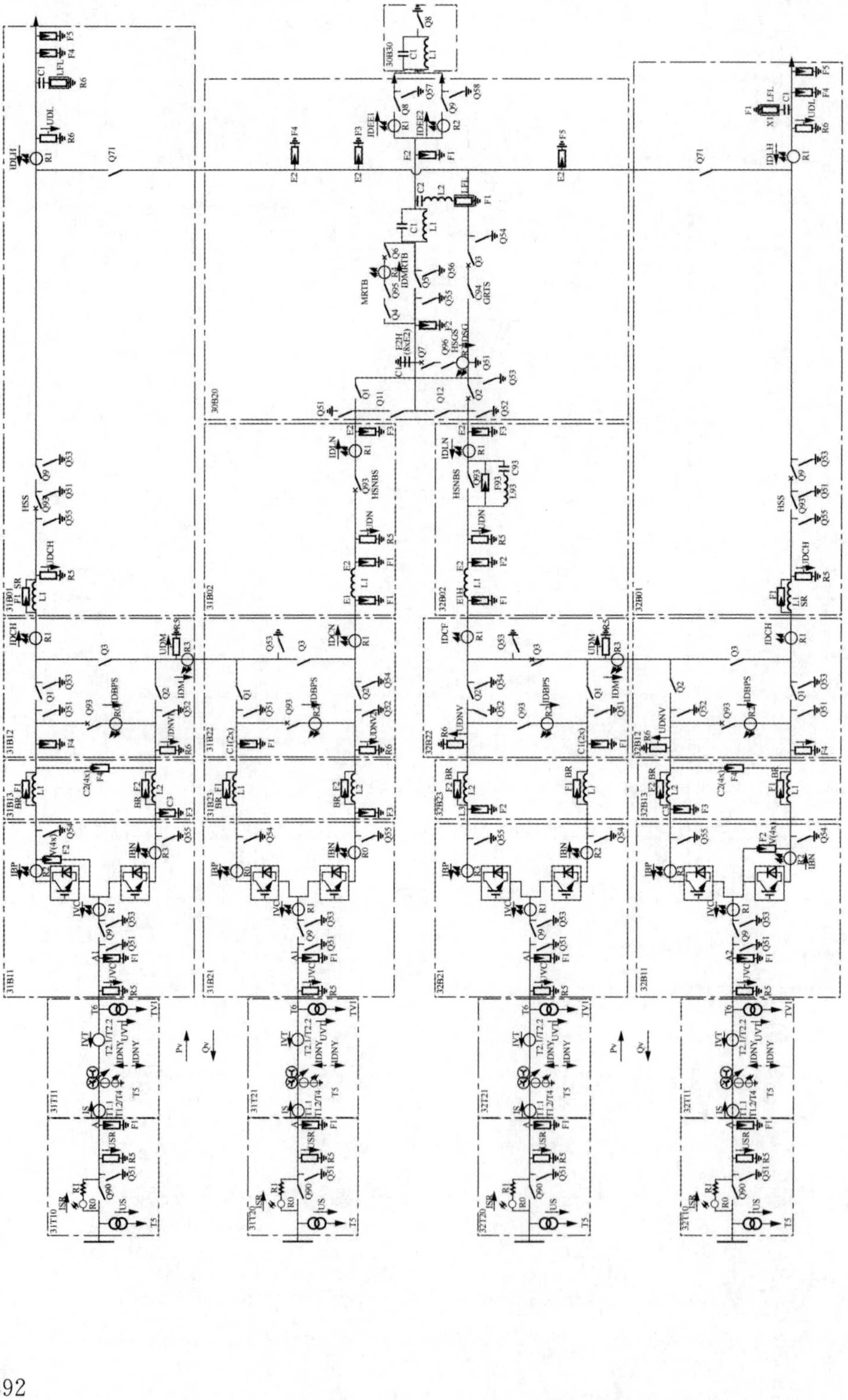

附图 3　龙门站主接线与测点分布

参 考 文 献

[1] 徐政. 柔性直流输电系统 [M]. 北京：机械工业出版社，2012.

[2] 赵畹君. 高压直流输电工程技术 [M]. 北京：中国电力出版社，2004.

[3] 汤广福. 基于电压源换流器的高压直流输电技术 [M]. 北京：中国电力出版社，2014.

[4] Flourentzou N，Agelidis V G，Demetriades G D. VSC - Based HVDC Power Transmission Systems：An Overview [J]. IEEE Transactions on Power Electronics，2009，24 (3)：592 - 602.

[5] 季舒平. 上海南汇柔性直流输电示范工程关键技术研究 [D]. 上海交通大学，2013.

[6] 蔡新红，赵成勇. 模块化多电平换流器型高压直流输电系统控制保护体系框架 [J]. 电力自动化设备，2013，33 (09)：157 - 163.

[7] Yu T，Long Y，Han W. Status and Development of HVDC Control and Protection [J]. High Voltage Engineering，2004.

[8] 刘涛，李婧靓，李明，等. 南方电网鲁西背靠背直流异步联网工程控制保护系统设计方案 [J]. 南方电网技术，2014，8 (06)：18 - 22.

[9] 何慈武，刘鹏华. 特高压直流输电技术的应用探究 [J]. 科技创新与应用，2020 (20)：177 - 179 +182.

[10] 陶辛杰. LCC - MMC 混合直流输电系统控制策略研究 [D]. 昆明理工大学，2021.

[11] 费烨，王晓琪，汪本进，等. ±1000kV 特高压直流互感器的选型与研制 [J]. 高电压技术，2010，36 (10)：2380 - 2387.

[12] 李豹，张蔷，毛海鹏，等. 光电互感器及其测量系统在 HVDC 中的应用研究 [J]. 高压电器，2013，49 (05)：101 - 105.

[13] 赖增强. 高压直流光学电流互感器关键技术研究 [D]. 哈尔滨工业大学，2020.

[14] 韩丰收，郑炯光，肖一鹏，等. 全光纤电流互感器在禄高肇±500kV 三端直流工程的应用 [J]. 电子测试，2022 (01)：102 - 104+115.

[15] Cheng J，Yang S，Cheng H. Application and Fault Analysis of Optical Current Transformer (OCT) in Three Gorges Power Output HVDC Projects [J]. Electric Power Science and Engineering，2008.

[16] 梁钰华，孙豪，朱盛强，等. ±500kV 超高压云贵互联工程直流测量系统全光纤电流互感器分析 [J]. 电工技术，2021 (20)：38 - 40.

[17] 龙建华. ±800kV 特高压直流测量系统优化研究 [J]. 电工技术，2021 (20)：119 - 122.

[18] Emmanuel I，Barrie J. 数字信号处理实践方法 [M]. 北京：电子工业出版社，2004.

[19] Paulo S. R. Diniz，Eduardo A. B. da Silva，Sergio L. Netto. 数字信号处理系统分析与设计 [M]. 北京：电子工业出版社，2004.

[20] Liu Y，Zhang J H，Wang M X，et al. Study on Centralized HVDC Control Center [J]. Power System Technology，2006.

[21] 胡静. 基于 MMC 的多端直流输电系统控制方法研究 [D]. 华北电力大学，2013.

[22] Tian J. Design and realization of HVDC control and protection system [J]. Electric Power Automa-

tion Equipment，2005.

[23] 高锡明，张鹏，贺智．直流输电线路保护行为分析 [J]．电力系统自动化，2005 (14)：96-99.

[24] 束洪春，田鑫萃，董俊，等．±800kV 云广直流输电线路保护的仿真及分析 [J]．中国电机工程学报，2011，31 (31)：179-188.

[25] 文继锋，陈松林，李海英，等．超高压直流系统中的直流滤波器保护 [J]．电力系统自动化，2004 (21)：69-72.

[26] 严喜林，国建宝，杨光源，等．高压直流换流阀冷却系统保护配置及定值整定 [J]．广东电力，2019，32 (04)：125-130.

[27] 李金安，周登波，何园峰．国产阀冷系统数据处理方法及回路优化方案 [J]．电工技术，2018 (17)：138-141.

[28] 胡煜亮，宋嗣义．柔性直流阀冷系统的控制及监测 [J]．华东电力，2011，39 (07)：1148-1150.

[29] 洪乐洲，江一，翁洪志，等．换流站阀冷系统设计缺陷与改进措施 [J]．南方电网技术，2013，7 (01)：44-46.

[30] 王超，周翔胜，汪洋．云广±800kV 直流输电工程直流测量系统异常情况分析 [J]．南方电网技术，2010，4 (05)：36-38+61.

[31] Takahashi M，Sasaki K，Hirata Y，et al. Field test of DC optical current transformer for HVDC Link [C] // IEEE. IEEE，2010：1-6.

[32] 吴祥．直流输电光测量系统中关键器件失效机理研究 [D]．南京邮电大学，2019.